异步电机数字控制系统建模与实现

张德宽　编著

机械工业出版社

本书从工程嵌入式软件设计角度出发，系统化介绍了异步电机数字控制系统的设计思想，其中涉及两电平逆变器、三电平逆变器、级联多电平逆变器，以及有源前端等数字系统的标幺化设计方法。本书集作者近 40 年的研究成果，特别是在 PWM 过调制、最小脉冲限制、逆变器非线性补偿、电机参数自学习、变频器空载振荡抑制、最小拍磁链规划、动态电流控制以及无电跨越、飞车起动等敏感问题均有作者的独到见解，这些成果已在作者所从事的产品研究和设计方面得到了全面的证实和应用。

本书对从事逆变器产品研究及设计的工程技术人员、高等学校本科生和研究生等均有一定的参考价值。

图书在版编目（CIP）数据

异步电机数字控制系统建模与实现/张德宽编著. —北京：机械工业出版社，2022. 12

ISBN 978-7-111-72233-5

Ⅰ.①异…　Ⅱ.①张…　Ⅲ.①异步电机 – 数字控制系统 – 系统建模　Ⅳ.①TM343

中国版本图书馆 CIP 数据核字（2022）第 252739 号

机械工业出版社（北京市百万庄大街 22 号　邮政编码 100037）
策划编辑：林春泉　刘星宁　责任编辑：王　荣
责任校对：郑　婕　李　婷　封面设计：马若濛
责任印制：郜　敏
北京富资园科技发展有限公司印刷
2023 年 7 月第 1 版第 1 次印刷
184mm×260mm · 21.5 印张 · 532 千字
标准书号：ISBN 978-7-111-72233-5
定价：99.00 元

电话服务	网络服务
客服电话：010-88361066	机　工　官　网：www.cmpbook.com
010-88379833	机　工　官　博：weibo.com/cmp1952
010-68326294	金　书　网：www.golden-book.com
封底无防伪标均为盗版	机工教育服务网：www.cmpedu.com

前　言

随着国家推广新能源政策的力度不断加大，电力电子变换器相关产品在风电、光伏、机车牵引、电动汽车、充电桩等领域得到更加广泛的应用。在电子元器件不断升级换代的前提下，为控制策略和算法实现奠定了坚实的硬件基础。本书对两电平、三电平、级联多电平变频器的控制系统设计进行了详细的阐述，对促进电力电子变换器领域的技术更新、普及和发展具有积极的推动作用。

作者自 1989 年至今，从事交流传动领域的研发工作 30 余年，带领团队先后开发出了两电平、三电平及多电平变频调速器的系列产品，积累了丰富的实践经验和科研成果，先后发表论文 10 余篇。本着技术传承、造福行业的初心，作者希望将多年的研究成果整理成书，回报社会。这一想法得到了同行的赞赏和鼓励，从而付诸行动。书稿自 2018 年夏末开始至 2022 年初完成。如今呈献给大家，希望本书能真正对电力电子变换器领域的工程师和研究人员有参考价值，并起到抛砖引玉的作用。同时也恳请业界前辈和同行批评指正，提出宝贵意见和建议。

本书共分 10 章。第 1 章系统阐述了数学模型标幺化的原理，并给出了滤波器、积分器、PI 调节器等典型环节模型的标幺化方法。第 2 章重点分析了 PWM 逆变系统的数字实现一般原则，给出了正弦 PWM 角度、限幅给定积分器以及 S 形加、减速曲线的实现方法。第 3 章系统阐述了两电平逆变器空间矢量脉宽调制（SVPWM）方法，从空间电压矢量概念、特征、SVPWM 的基本原则、直角坐标 SVPWM 法，逐步推演到 $g-h$ 非正交 SVPWM 法、谐波注入 PWM（HIPWM）法，并给出了 SVPWM 的限幅细则。第 4 章主要阐述了中性点钳位（NPC）逆变器的空间矢量 PWM 方法，其中详细介绍了 NPC 主电路拓扑、逻辑及空间矢量，分别介绍并比较了直角坐标法、$g-h$ 非正交坐标法、中性点钳位及 PWM 细则。第 5 章系统阐述了异步电机的数学模型及其静态、动态特性分析。第 6 章阐述磁场定向控制基本原理及实施方法，包括磁链观测与闭环控制、特殊条件下的电机动态模型。第 7 章介绍直接转矩控制（DTC）系统的设计方法，包括最佳开关矢量表、磁链观测器、飞车起动、磁场优化、最小拍磁链规划以及标量 DTC 模式等实用方法。第 8 章系统阐述了级联多电平高压变频器 PWM 原理，结合主电路拓扑对子单元 PWM 驱动、载波移相控制与单元奇偶数选择、单元旁路输出电压平衡控制、光纤通信协议等方面给出了具体的工程设计方案。第 9 章针对变频器的特殊功能进行理论分析并给出具体实现方法，其中包括逆变器死区时间的影响及补偿、VF 模式下的直流制动、无电跨越功能、速度搜索跟踪再起动、VF 模式的最大电流限制、变频器空载振荡抑制方法、逆变器－电网同步切换等。第 10 章详细介绍了电机主要参数自测试的方法并给出了传感器零漂校正、逆变器非线性及死区时间等测试方法，为电机的精确控制提供了保障。

本书编写过程中得到了天津方圆电气有限公司尹汉斌、刘格凡、王杰、董兆辉、乔奕玮、韩达、关瑜等同事的大力支持。澳大利亚国立大学张千同学在建模、仿真及绘图等方面做了大量工作，在此一并表示感谢！

因作者水平有限，书中难免有不妥之处，恳请读者批评指正。

张德宽

2022 年 1 月于天津

目　录

第1章　典型控制环节的数字标幺化

1.1　标幺化一般概念

所谓标幺化是指将描述原始物理系统函数模型中的所有带量纲参数、变量均用所占其基准值的比例值进行替换，从而营造一个去量纲化的纯数学环境，实现与数字系统的对接。

1.1.1　物理量基准值

标幺化的第一步是对物理函数中的物理量用其所占基准值的比例来代替，该基准值称物理基准值，它们的关系可表示为

$$\frac{x}{X_{\mathrm{BASE}}} = \% x_1 \tag{1-1}$$

式中，x 为原始物理量；$\% x_1$ 为相对比例系数；X_{BASE} 为物理基准值，通常取物理量的额定参数作为物理基准值。例如，电气系统电压量取额定电压（220V）作为电压基准值，即

$$V_{\mathrm{BASE}} = 220\mathrm{V}$$

1.1.2　数字量基准值

对于定点数字系统，去量纲以后模型还要进行数字标幺化。数字标幺化涉及数字量基准值，它们的关系为

$$\frac{x^{\mathrm{pu}}}{D_{\mathrm{BASE}}} = \% x_2 \tag{1-2}$$

式中，x^{pu} 为数字标幺值；$\% x_2$ 为相对比例系数；D_{BASE} 为数字量基准值。对定点数字系统，数字量基准值通常取

$$D_{\mathrm{BASE}} = 2^q \tag{1-3}$$

式中，q 为自然数。

由该数字基准值决定的数字格式也称为 q 格式，例如，16 位数字系统常用的 $q12$ 格式即表明

$$D_{\mathrm{BASE}} = 2^{12} = 4096$$

对于浮点数字系统，式（1-2）可简化为

$$D_{\mathrm{BASE}} = 1 \tag{1-4}$$

因数字系统需要完全反映物理系统，故两个相对比例系数应相等，即

$$\% x_1 = \% x_2$$

则联立式（1-1）、式（1-2）得

$$x = \frac{X_{\text{BASE}}}{D_{\text{BASE}}} x^{\text{pu}} \tag{1-5}$$

物理量基准值通常取该物理量的额定值。

原始物理函数模型除了涉及纯物理量之外，还涉及无量纲参数（常数），无量纲参数不需要去量纲化，可直接进行数字标幺化，其数字基准值可与物理量对应的数字基准值不同，即

$$D_{\text{BASE}-k} = 2^r \tag{1-6}$$

式中，r 为自然数。它与原始无量纲变量的关系可表示为

$$k = \frac{K^{\text{pu}}}{D_{\text{BASE}-k}} = 2^{-k} K^{\text{pu}} \tag{1-7}$$

式中，k 为原始无量纲变量或参数；K^{pu} 为无量纲参数标幺值；$D_{\text{BASE}-k}$ 为无量纲参数的数字基准值。

标幺化的优势在于保证数字精度不变的前提下实现系列控制对象的软件平台一体化。

1.2 典型环节数字标幺化

1.2.1 一阶滤波器

1. 电路模型

图 1-1 给出了一阶滤波器物理模型。

其电路微分方程为

$$\begin{cases} V_1 = T\dfrac{\mathrm{d}V_2}{\mathrm{d}t} + V_2 \\ T = RC \end{cases} \tag{1-8}$$

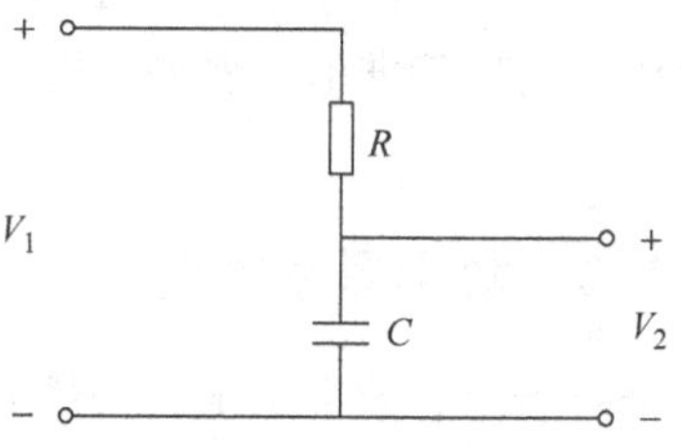

2. 连续数学模型

变量替换的数学模型为

$$\begin{cases} x = T\dfrac{\mathrm{d}y}{\mathrm{d}t} + y \\ T = RC \end{cases} \tag{1-9}$$

图 1-1　一阶滤波器物理模型

式中，x 为输入电压（V）；y 为输出电压（V）；T 为滤波时间常数（s）。

其连续数学模型如图 1-2 所示。

其阶跃响应如图 1-3 所示。

3. 离散数学模型

用 ΔT 代替 $\mathrm{d}t$，用 Δy 代替 $\mathrm{d}y$，则式（1-9）可离散化为

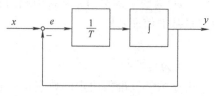

图 1-2　一阶滤波器连续数学模型

$$\begin{cases} \Delta y(k) = K_i [x(k) - y(k-1)] \\ y(k) = y(k-1) + \Delta y(k) \\ K_i = \dfrac{\Delta T}{T} \end{cases} \tag{1-10}$$

整理得

$$y(k) = K_1 y(k-1) + K_2 x(k) \quad (1\text{-}11)$$

其中

$$\begin{cases} K_1 = \dfrac{T}{T + \Delta T} \\[2mm] K_2 = \dfrac{\Delta T}{T + \Delta T} \end{cases} \qquad (1\text{-}12)$$

4. 离散标幺化模型

若物理量 x、y 的物理基准值统一为 X_{BASE}（V），定点数字基准值统一为 D_{BASE}；比例系数取相同数字基准值 $D_{\text{BASE}-k}$，式（1-11）可表示为

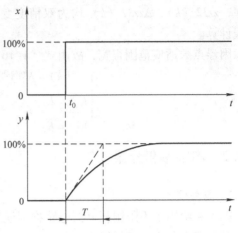

图 1-3　一阶滤波器的阶跃响应

$$\frac{y^{\text{pu}}(k)}{D_{\text{BASE}}} X_{\text{BASE}} = \frac{K_1^{\text{pu}}}{D_{\text{BASE}-k}} \left[\frac{y^{\text{pu}}(k-1)}{D_{\text{BASE}}} X_{\text{BASE}} \right] + \left[\frac{K_2^{\text{pu}}}{D_{\text{BASE}-k}} \right] \left[\frac{x^{\text{pu}}(k)}{D_{\text{BASE}}} X_{\text{BASE}} \right]$$

其中

$$\begin{cases} K_1^{\text{pu}} = K_1 D_{\text{BASE}-k} = 2^r K_1 \\[2mm] K_2^{\text{pu}} = K_2 D_{\text{BASE}-k} = 2^r K_2 \end{cases} \qquad (1\text{-}13)$$

可离线计算得出。化简得定点低精度离散标幺化算法为

$$\begin{cases} zz32(k) = K_1^{\text{pu}} y^{\text{pu}}(k-1) + K_2^{\text{pu}} x^{\text{pu}}(k) \\[2mm] y^{\text{pu}}(k) = zz32(k)/D_{\text{BASE}-k} = zz32(k) \times 2^{-r} \end{cases} \qquad (1\text{-}14)$$

式中，zz32（k）为双精度中间累加器变量，其他变量均为单精度变量。因积分算法涉及两个定点数相乘，故须增设双精度中间变量作为缓存，否则会出现精度损失，严重时会使算法失效。

最终输出涉及的双精度数除法运算可通过双精度数右移 r 位来实现。特别地，对于 16 位定点数字系统，若取 $r = 16$，则 zz32 的高 16 位即为对应的最终输出。

因

$$K_1^{\text{pu}} = 2^r \frac{T}{T + \Delta T} < 2^r$$

故不会出现定点数上溢出。考虑最小数字分辨率为"1"，令

$$K_2^{\text{pu}} = \frac{\Delta T}{T + \Delta T} 2^r > 1$$

则得该算法不会出现下溢出的条件为

$$\frac{T}{\Delta T} < 2^r - 1 \approx 2^r \qquad (1\text{-}15)$$

因此，当 $\Delta T/T$ 较小时，该算法失效。

由式（1-10）可得出如下的高精度算法：

$$\begin{cases} \Delta zz32(k) = \dfrac{\Delta T \times D_{\text{BASE}-k} \left[x^{\text{pu}}(k) - y^{\text{pu}}(k-1) \right]}{T} \\[2mm] zz32(k) = zz32(k-1) + \Delta zz32(k) \\[2mm] y^{\text{pu}}(k) = zz32(k)/D_{\text{BASE}-k} \end{cases} \qquad (1\text{-}16)$$

式中，zz32（k）、Δzz32（k）均为双精度变量，且 Δzz32（k）需要高精度算法子程序进行在线计算。

因浮点数适应范围很宽，故由式（1-16）可得浮点离散化算法为

$$\begin{cases} y^{\mathrm{pu}}(k) = K_1^{\mathrm{pu}} y^{\mathrm{pu}}(k-1) + K_2^{\mathrm{pu}} x^{\mathrm{pu}}(k) \\ K_1^{\mathrm{pu}} = K_1 \\ K_2^{\mathrm{pu}} = K_2 \end{cases} \tag{1-17}$$

1.2.2 不限幅积分器

1. 电路模型

图 1-4 给出了不限幅积分器电路物理模型。

其电路微分方程可描述为

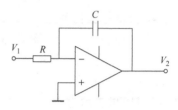

图 1-4 不限幅积分器电路物理模型

$$\begin{cases} T\dfrac{\mathrm{d}V_2}{\mathrm{d}t} = -V_1 \\ T = RC \end{cases} \tag{1-18}$$

式中，T 为积分时间常数。

2. 连续数学模型

忽略式（1-18）中的负号，不限幅积分器的连续数学模型为

$$\begin{cases} \dfrac{\mathrm{d}y}{\mathrm{d}t} = \dfrac{1}{T}x \\ T = RC \end{cases} \tag{1-19}$$

其连续数学模型如图 1-5 所示。

其阶跃响应如图 1-6 所示。

3. 离散标幺化模型

对式（1-19）差分并标幺化得到高精度离散算法为

$$\begin{cases} \mathrm{zz}32(k) = \mathrm{zz}32(k-1) + \Delta\mathrm{zz}32(k) \\ \Delta\mathrm{zz}32(k) = \Delta T \times D_{\mathrm{BASE}-k} \times x^{\mathrm{pu}}(k)/T \\ y^{\mathrm{pu}}(k) = \mathrm{zz}32(k)/D_{\mathrm{BASE}-k} = \mathrm{zz}32(k) \times 2^{-r} \end{cases} \tag{1-20}$$

式中，zz32（k）为双精度中间累加器变量；Δzz32（k）为双精度误差变量，对于高精度运算，需设计子程序按式（1-20）在线一次计算，低精度运算可简化为

$$\begin{cases} \mathrm{zz}32(k) = \mathrm{zz}32(k-1) + \Delta\mathrm{zz}32(k) \\ K_1^{\mathrm{pu}} = (\Delta T/T)2^r \\ \Delta\mathrm{zz}32(k) = K_1^{\mathrm{pu}} \times x^{\mathrm{pu}}(k) \\ y^{\mathrm{pu}}(k) = \mathrm{zz}32(k)/D_{\mathrm{BASE}-k} = \mathrm{zz}32(k) \times 2^{-r} \end{cases} \tag{1-21}$$

图 1-5 不限幅积分器的连续数学模型

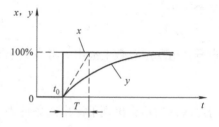

图 1-6 不限幅积分器的阶跃响应

式中，K_1^{pu} 可离线计算。

高精度运算对参数的适应范围较宽，低精度算法适应范围窄，但实时性相对较高。

浮点离散标幺化算法可简化为

$$\begin{cases} y^{\mathrm{pu}}(k) = y^{\mathrm{pu}}(k-1) + K_{\mathrm{i}}^{\mathrm{pu}} x^{\mathrm{pu}}(k) \\ K_{\mathrm{i}}^{\mathrm{pu}} = \Delta T / T \end{cases} \tag{1-22}$$

1.2.3 限幅积分器

1. 连续数学模型

变频器的给定积分器会用到限幅积分器。对不限幅积分器进行闭环改造即可得到限幅积分器，其连续数学模型如图 1-7 所示。

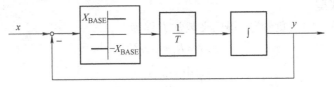

图 1-7 限幅积分器连续数学模型

其数学表达式为

$$T \frac{\mathrm{d}y}{\mathrm{d}t} = X_{\mathrm{BASE}} \mathrm{sgn}(x - y) \tag{1-23}$$

式中，sgn 为取值为 1 或 -1 的单位符号函数；X_{BASE} 为 x、y 物理基准值。

图 1-8 为其阶跃响应。

由于闭环负反馈的作用，该模型可在输出接近输入值后保持"不变"。

2. 离散标幺化模型

逆变器系统要求限幅积分器的 T 参数变化范围很宽，故需要高精度算法支持。对式（1-23）进行离散标幺化得定点高精度算法为

$$\begin{cases} \mathrm{if}\left[x^{\mathrm{pu}}(k) - y^{\mathrm{pu}}(k)\right] \geqslant 0 \\ \mathrm{then}\ zz32(k) = zz32(k-1) + \mathrm{KK32} \\ \mathrm{else}\ zz32(k) = zz32(k-1) - \mathrm{KK32} \\ y^{\mathrm{pu}}(k) = zz32(k)/D_{\mathrm{BASE}-k} = zz32(k) \times 2^{-r} \\ \mathrm{KK32} = \Delta T \times 2^r \times 2^q / T = \Delta T \times 2^{q+r} / T \end{cases}$$

$$\tag{1-24}$$

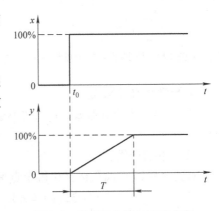

图 1-8 限幅积分器的阶跃响应

式中，$zz32(k)$ 为双精度中间累加器变量，其作用同 1.2.1 节的一阶滤波器；KK32 为双精度常数，可采用离线算法得出。

浮点离散标幺算法可简化为

$$\begin{cases} y^{\mathrm{pu}}(k) = y^{\mathrm{pu}}(k-1) + K_{\mathrm{i}}^{\mathrm{pu}} \times \mathrm{sgn}\left[x^{\mathrm{pu}}(k) - y^{\mathrm{pu}}(k)\right] \\ K_{\mathrm{i}}^{\mathrm{pu}} = K_{\mathrm{i}} = \Delta T / T \end{cases} \tag{1-25}$$

式中，K_{i} 为积分增益。

1.2.4 开环限幅 PI 调节器

1. 电路模型

图 1-9 给出模拟量 PI（比例积分）调节器电路图（物理模型）。

其电路微分方程为

$$
\begin{cases}
V_2 = \dfrac{R_2}{R_1}V_1 + V_C \\[2ex]
R_1 C \dfrac{\mathrm{d}V_C}{\mathrm{d}t} = -V_1
\end{cases}
\tag{1-26}
$$

2. 连续数学模型

忽略式（1-26）的"负号"，得广义数学方程为

$$
\begin{cases}
y = K_{\mathrm{p}}x + zz32 \\[2ex]
T \dfrac{\mathrm{d}(zz32)}{\mathrm{d}t} = x
\end{cases}
\tag{1-27}
$$

式中，K_{p} 为比例增益，$K_{\mathrm{p}} = R_2/R_1$；T 为积分时间常数，$T = R_1 C$；$zz32$ 为中间变量。

连续数学模型如图 1-10 所示。

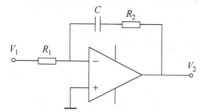

图 1-9 PI 调节器物理模型

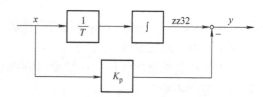

图 1-10 PI 调节器连续数学模型

3. 离散标幺化模型

考虑一般 PI 调节器 $\Delta T/T$ 比例不会太小，但对实时性要求较高，故以下只考虑低精度算法。

（1）单拍迭代法

对式（1-27）离散标幺化得定点标幺化算法为

$$
\begin{cases}
zz32(k) = zz32(k-1) + K_{\mathrm{i}}^{\mathrm{pu}}x^{\mathrm{pu}}(k) + K_{\mathrm{p}}^{\mathrm{pu}}x^{\mathrm{pu}}(k) \\[1.5ex]
y^{\mathrm{pu}}(k) = zz32(k)/D_{\mathrm{BASE}-k} \\[1.5ex]
K_{\mathrm{i}}^{\mathrm{pu}} = (\Delta T/T)D_{\mathrm{BASE}-k} \\[1.5ex]
K_{\mathrm{p}}^{\mathrm{pu}} = K_{\mathrm{p}}D_{\mathrm{BASE}-k}
\end{cases}
\tag{1-28}
$$

浮点标幺化算法为

$$
\begin{cases}
y^{\mathrm{pu}}(k) = y^{\mathrm{pu}}(k-1) + K_{\mathrm{i}}^{\mathrm{pu}}x^{\mathrm{pu}}(k) + K_{\mathrm{p}}^{\mathrm{pu}}x^{\mathrm{pu}}(k) \\[1.5ex]
K_{\mathrm{i}}^{\mathrm{pu}} = K_{\mathrm{i}} \\[1.5ex]
K_{\mathrm{p}}^{\mathrm{pu}} = K_{\mathrm{p}}
\end{cases}
\tag{1-29}
$$

（2）两拍离散迭代法[51]

将 PI 调节器改写为相邻两拍的累加方程为

$$\begin{cases} y(k) = K_{\mathrm{p}}x(k) + K_{\mathrm{i}}\sum_{i=0}^{k}x(i) \\ y(k-1) = K_{\mathrm{p}}x(k-1) + K_{\mathrm{i}}\sum_{i=0}^{k-1}x(i) \end{cases} \tag{1-30}$$

两式相减得

$$y(k) = y(k-1) + K_{\mathrm{p}}\left[x(k) - x(k-1)\right] + K_{\mathrm{i}}x(k) \tag{1-31}$$

该方法比例成分用到了两次相邻采样误差，属于单拍算法的变种。

定点两拍迭代标幺化算法为

$$\begin{cases} zz32(k) = zz32(k-1) + K_{\mathrm{p}}^{\mathrm{pu}}\left[x^{\mathrm{pu}}(k) - x^{\mathrm{pu}}(k-1)\right] + K_{\mathrm{i}}^{\mathrm{pu}}x^{\mathrm{pu}}(k) \\ y^{\mathrm{pu}}(k) = zz32(k)/D_{\mathrm{BASE}-k} \\ K_{\mathrm{p}}^{\mathrm{pu}} = K_{\mathrm{p}}D_{\mathrm{BASE}-k} \\ K_{\mathrm{i}}^{\mathrm{pu}} = K_{\mathrm{i}}D_{\mathrm{BASE}-k} \end{cases} \tag{1-32}$$

浮点两拍迭代标幺化算法为

$$\begin{cases} y^{\mathrm{pu}}(k) = y^{\mathrm{pu}}(k-1) + K_{\mathrm{p}}^{\mathrm{pu}}\left[x^{\mathrm{pu}}(k) - x^{\mathrm{pu}}(k-1)\right] + K_{\mathrm{i}}^{\mathrm{pu}}x^{\mathrm{pu}}(k) \\ K_{\mathrm{p}}^{\mathrm{pu}} = K_{\mathrm{p}} \\ K_{\mathrm{i}}^{\mathrm{pu}} = K_{\mathrm{i}} \end{cases} \tag{1-33}$$

（3）梯形算法[51]

若对式（1-31）$y(k)$表达式中的积分项$x(k)$用前后两拍误差量的平均值来替代，则有下列梯形算法

$$y(k) = y(k-1) + K_{\mathrm{p}}\left[x(k) - x(k-1)\right] + K_{\mathrm{i}}\frac{x(k) + x(k-1)}{2}$$

整理得

$$\begin{cases} y(k) = y(k-1) + K_1 x(k) - K_2 x(k-1) \\ K_1 = K_{\mathrm{p}} + \dfrac{K_{\mathrm{i}}}{2} \\ K_2 = K_{\mathrm{p}} - \dfrac{K_{\mathrm{i}}}{2} \end{cases} \tag{1-34}$$

定点梯形标幺化算法为

$$\begin{cases} zz32(k) = zz32(k-1) + K_1^{\mathrm{pu}}x^{\mathrm{pu}}(k) - K_2^{\mathrm{pu}}x^{\mathrm{pu}}(k-1) \\ y^{\mathrm{pu}}(k) = zz32(k)/D_{\mathrm{BASE}-k} \\ K_1^{\mathrm{pu}} = K_1 D_{\mathrm{BASE}-k} = (K_{\mathrm{p}} + K_{\mathrm{i}}/2)D_{\mathrm{BASE}-k} \\ K_2^{\mathrm{pu}} = K_2 D_{\mathrm{BASE}-k} = (K_{\mathrm{p}} - K_{\mathrm{i}}/2)D_{\mathrm{BASE}-k} \end{cases} \tag{1-35}$$

浮点梯形标幺化算法为

$$\begin{cases} y^{\mathrm{pu}}(k) = y^{\mathrm{pu}}(k-1) + K_1^{\mathrm{pu}}x^{\mathrm{pu}}(k) - K_2^{\mathrm{pu}}x^{\mathrm{pu}}(k-1) \\ K_1^{\mathrm{pu}} = K_1 = K_{\mathrm{p}} + \dfrac{K_{\mathrm{i}}}{2} \\ K_2^{\mathrm{pu}} = K_2 = K_{\mathrm{p}} - \dfrac{K_{\mathrm{i}}}{2} \end{cases} \tag{1-36}$$

梯形算法将输出量的比例成分弱化。

（4）开环两级限幅

为限制积分器过饱和，在对输出限幅的同时，也要对积分器进行限幅，此称开环两级限幅，其离散标幺化算法模型如图 1-11 所示。

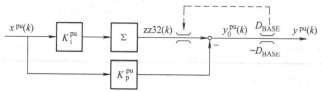

图 1-11　开环两级限幅 PI 调节器离散标幺化算法模型

定点离散标幺化算法可表示为

$$\begin{cases} y_0^{\mathrm{pu}}(k) = \mathrm{zz32}(k)/D_{\mathrm{BASE}-k} \\ \mathrm{if}\ y_0^{\mathrm{pu}}(k) \geqslant D_{\mathrm{BASE}}\ \mathrm{then}\ y^{\mathrm{pu}}(k) = D_{\mathrm{BASE}}\ \mathrm{zz32}(k) = D_{\mathrm{BASE}-k}D_{\mathrm{BASE}} \\ \mathrm{if}\ y_0^{\mathrm{pu}}(k) < -D_{\mathrm{BASE}}\ \mathrm{then}\ y^{\mathrm{pu}}(k) = -D_{\mathrm{BASE}}\ \mathrm{zz32}(k) = -D_{\mathrm{BASE}-k}D_{\mathrm{BASE}} \end{cases} \quad (1\text{-}37)$$

对浮点算法可不考虑中间变量，可简化为

$$\begin{cases} \mathrm{if}\ y^{\mathrm{pu}}(k) \geqslant 1\ \mathrm{then}\ y^{\mathrm{pu}}(k) = 1 \\ \mathrm{if}\ y^{\mathrm{pu}}(k) < 1\ \mathrm{then}\ y^{\mathrm{pu}}(k) = -1 \end{cases} \quad (1\text{-}38)$$

开环两级限幅受比例环节的影响不能保证积分器处于理想的饱和状态，从而影响退饱和动态，且双精度数字限幅对实时性影响较大。

1.2.5　闭环限幅 PI 调节器

1. 连续数学模型

国外学者提出改进的闭环补偿反馈限幅方法[52]，其中闭环限幅 PI 调节器连续数学模型如图 1-12 所示。

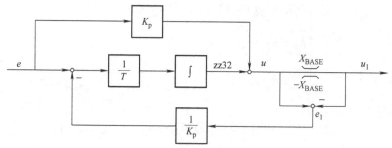

图 1-12　闭环限幅 PI 调节器连续数学模型

图中，e 为误差量，K_{p} 为比例增益，T 为积分时间常数。对应的数学算法为

$$\begin{cases} \mathrm{zz32} = \dfrac{1}{T}\displaystyle\int \left(e - \dfrac{e_1}{K_{\mathrm{p}}}\right)\mathrm{d}t \\ u = K_{\mathrm{p}}e_1 + \mathrm{zz32} \\ u_1 = u \\ \mathrm{if}\ u > X_{\mathrm{BASE}}\ \mathrm{then}\ u_1 = X_{\mathrm{BASE}} \\ \mathrm{if}\ u < -X_{\mathrm{BASE}}\ \mathrm{then}\ u_1 = -X_{\mathrm{BASE}} \\ e_1 = u - u_1 \end{cases} \quad (1\text{-}39)$$

2. 离散标幺化模型

对式（1-39）中的积分表达式进行差分化，有

$$\frac{\Delta zz32(k)}{\Delta T} = \frac{1}{T}\left[e(k) - \frac{e_1(k)}{K_p} \right]$$

变换得

$$\begin{cases} \Delta(zz32) = K_i e - K_{cor} e_1 \\ K_i = \dfrac{\Delta T}{T} \\ K_{cor} = K_i / K_p \end{cases} \tag{1-40}$$

于是有以下定点离散标幺化算法为

$$\begin{cases} K_p^{pu} = K_p D_{BASE-k} \\ K_i^{pu} = (\Delta T/T) D_{BASE-k} \\ K_{cor}^{pu} = (K_i/K_p) D_{BASE-k} \\ u^{pu}(k) = zz32(k)/D_{BASE-k} \\ u_1^{pu}(k) = u^{pu}(k) \\ \text{if } u^{pu}(k) \geqslant D_{BASE} \text{ then } u_1^{pu}(k) = D_{BASE} \\ \text{if } u^{pu}(k) < -D_{BASE} \text{ then } u_1^{pu}(k) = -D_{BASE} \\ e_1^{pu}(k) = u^{pu}(k) - u_1^{pu}(k) \\ zz32(k) = zz32(k-1) + K_i^{pu} e^{pu}(k) - K_{cor}^{pu} e_1^{pu}(k) \end{cases} \tag{1-41}$$

以上算法双精度中间累加器靠非线性负反馈实现自然限幅并处于理想的饱和状态，仅需要对输出量进行一次限幅，因此比开环两级限幅具有更好的实时性。

浮点离散标幺化算法为

$$\begin{cases} K_i^{pu} = \Delta T/T \\ K_{cor}^{pu} = K_i/K_p \\ K_p^{pu} = K_p \\ u^{pu}(k) = zz32(k) + K_p^{pu} e^{pu}(k) \\ u_1^{pu}(k) = u^{pu}(k) \\ \text{if } u^{pu}(k) > 1 \text{ then } u_1^{pu}(k) = 1 \\ \text{if } u^{pu}(k) < -1 \text{ then } u_1^{pu}(k) = -1 \\ e_1^{pu}(k) = u^{pu}(k) - u_1^{pu}(k) \\ zz32(k) = zz32(k-1) + K_i^{pu} e^{pu}(k) - K_{cor}^{pu} e_1^{pu}(k) \end{cases} \tag{1-42}$$

其离散标幺化算法模型如图 1-13 所示。

3. 大误差数字仿真

图 1-14 给出闭环限幅 PI 调节器在大误差阶跃输入时的 Simulink 仿真波形（$K_p = 4$，$T = 10ms$）。

可见，在大阶跃输入条件下，此模型积分输出（zz32）朝限幅值（D_{BASE}）自由收敛，

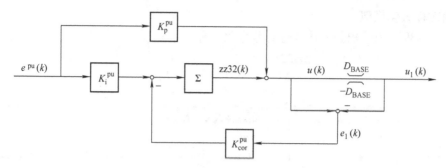

图 1-13　闭环限幅 PI 调节器离散标幺化算法模型

而 zz32 与比例项合成结果 u 会超过限幅值，但末级强迫限幅会使总输出 u_1 依然保持限幅值（D_{BASE}）。

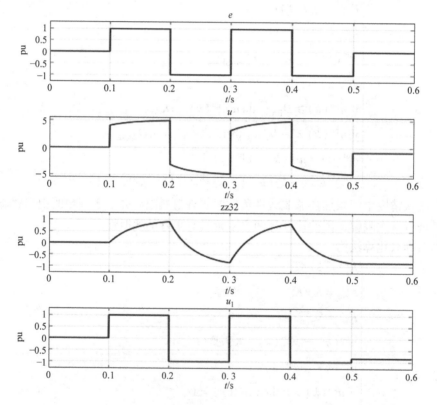

图 1-14　闭环限幅 PI 调节器在大误差阶跃输入时的 Simulink 仿真波形

第2章 数字 PWM⊖ 逆变系统的一般概念

2.1 主电路拓扑

为提高变换器的工作效率，电力电子变换器多采用开关工作模式，即组成主电路的电子器件仅工作在导通和关断两种状态。IGBT（Insulated Gate Bipolar Transistor，绝缘栅双极型晶体管）作为高速可关断器件近年得以广泛应用，且以商用半桥模块最为普及。

2.1.1 开关管半桥模块

中小功率的 IGBT（如 600A/1200V 以下）模块基本单元多为半桥型式，其内部由两个IGBT（VT_1、VT_2）和相应的逆导二极管（VD_1、VD_2）组成，IG-BT 半桥模块如图 2-1 所示。

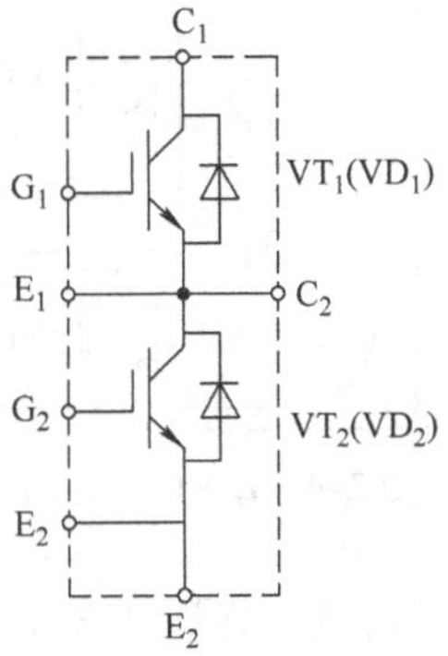

半桥的 IGBT 模块可方便组成 DC – DC 降压（BUCK）斩波器、DC – DC 升压（BOOST）斩波器、DC – AC 单相逆变器或 DC – DC 移相全桥（H 形桥）、DC – AC 三相变换器等多种型式的变换器拓扑。

2.1.2 半桥控制逻辑与互锁

图 2-2 给出了典型的 DC – AC 半桥变换器的控制原理图。

可见，半桥内的两个开关管在变换电路中串联在直流母线电源两端。为避免开关过程中出现直通现象，上、下两个桥臂在开关过程中必须服从宏观互反逻辑原则。

图 2-1 IGBT 半桥模块

事实上，考虑开关管的导通、关断时间（典型值为 1μs），微观上还需要在宏观逻辑互反前提下加入必要的互锁时间（也称死区时间）DT，开关管驱动逻辑及死区时间如图 2-3 所示。

死区时间一般应大于开关管通断时间，并远小于开关管的开关周期，以便尽可能减小死区引起的输出电压损失。

典型地，如 75A/1200V 的 IGBT 通断时间小于 0.6μs，600A/1200V 的 IGBT 通断时间小于 0.8μs；死区时间应大于开关管的动作时间，如某品牌逆变器 45kW 以下装置死区时间为 2μs，160kW 装置死区时间为 3μs。死区时间会带来输出波形畸变。

注：直流斩波器（升压或降压斩波器），由于仅有一个开关管工作，另外一个开关管始终处于关断状

⊖ PWM 为脉冲宽度调制（Pulse Width Modulation）的简称。

态，客观上已经存在互锁延时，故不需要额外增加互锁延时（除非涉及可逆双向斩波模式）。

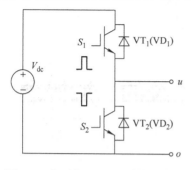

图 2-2　典型的 DC – AC 半桥变换器
　　　　的控制原理图

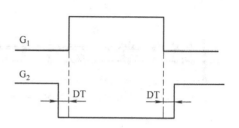

图 2-3　开关管驱动逻辑及死区时间

2.1.3　半桥逆导二极管的作用

以上桥臂开关管导通（$S_1 = 1$）、下桥臂开关管关断（$S_2 = 0$）驱动逻辑为例，说明感性负载输出电流的路径，参考图 2-4 及图 2-5。

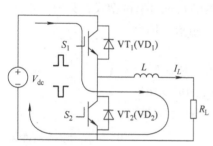

图 2-4　$I_L > 0$，$S_1 = 1$ 时的电流路径

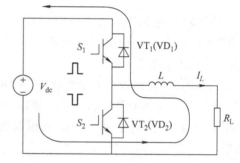

图 2-5　$I_L < 0$，$S_1 = 1$ 时的电流路径

可见，在图 2-5 中的 VT_1 虽然接收了导通指令，但逆向电流只能选择流过其逆导二极管（VD_1），VT_1 的控制逻辑形成冗余。

同理，当 $S_1 = 0$（$S_2 = 1$）时，下管 VT_2（VD_2）也有类似情形发生。

所以，对于开关器件，逆导二极管不可或缺，否则不能满足感性负载的开关要求（产生高压，击穿开关器件）。

2.1.4　半桥控制的理论模型

考虑到含有逆导二极管的开关器件半桥对各类负载均具有双向电流导通特性，忽略死区时间，半桥模块可抽象为理想开关。半桥理论模型如图 2-6 所示。

因上下桥臂控制逻辑服从互反关系，故半桥变换器的两个开关器件只有一个控制自由度。习惯上，通常我们只关心上桥臂开关的控制逻辑 S_1，显然有

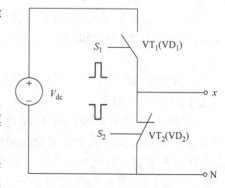

图 2-6　半桥理论模型

$$V_{xN} = S_1 V_{dc} \tag{2-1}$$

式中，V_{xN} 为输出 x 对负母线排的电压；S_1 为上桥臂开关的驱动逻辑（0—关断；1—导通）；V_{dc} 为直流母线电压。

可见，半桥输出电压相当于对 S_1 驱动逻辑的"放大"，即两者波形一致，这也是后续逆变器算法推导的基本依据。

同理，三相逆变器输出电压可表示为

$$\begin{cases} V_{xN} = V_{dc} S_x \\ x = \mathrm{U}、\mathrm{V}、\mathrm{W} \end{cases} \tag{2-2}$$

2.1.5　半桥的控制与隔离

由于半桥中两个开关管的发射极（E_1、E_2）不属同一参考电位，故上、下桥臂开关管的驱动信号，包括各自驱动电路的控制电源，必须进行电气隔离。

可见，半桥变换器需要两路隔离驱动电源。控制信号的隔离方法有许多，如光隔离器、变压器、光纤等。

半桥变换器的隔离驱动如图 2-7 所示。

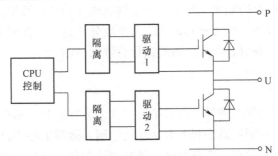

图 2-7　半桥变换器的隔离驱动

2.1.6　三相逆变器主电路

同理，三相逆变器的隔离驱动如图 2-8 所示。

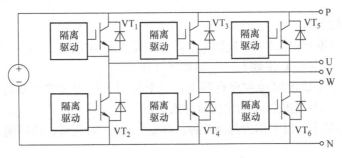

图 2-8　三相逆变器的隔离驱动

因三相下桥臂开关管具有共同的参考点"N"，而三相上桥臂驱动彼此独立，故三相系统至少需要 4 路隔离电源及驱动。

三相逆变器的驱动信号的生成规则有很多，其中最简单的方法是三角波与三相正弦PWM（SPWM）信号比较法，典型波形如图2-9所示。

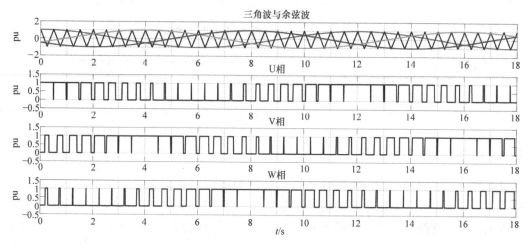

图 2-9　三相逆变器 SPWM 典型波形

事实上，变频器所改变的频率本质上是改变输出电压的基波频率，而三相负载电压波形除了含有必要的基波成分外，也含有其他高次谐波成分。优秀的控制策略即是最大限度地提高输出电压的基波成分，并对各类高次谐波进行有效的抑制[1,6]。

2.1.7　小结

1）半桥变换器的开关管与逆导二极管组合可抽象为理想开关模型。

2）半桥上、下桥臂控制逻辑宏观上服从互反原则，微观上必须设置互锁延时。

3）半桥变换器的控制只有一个自由度，忽略死区时间，半桥输出电压波形与上桥臂开关管控制波形一致。

4）上、下桥臂开关管驱动电源、驱动信号必须进行电气隔离。

2.2　数字 PWM

1. PWM 计数时钟

PWM 计数时钟是 PWM 波形生成的最小时间单元或最小单位，它直接决定 PWM 波形生成的精度，它来源于主 CPU 主频 $f_{cpu-clk}$ 的数字分频。

涉及 PWM 波形生成的时钟主要有两个：一个是用于控制载波频率的定时器中断时钟 $f_{int-clk}$，另一个是 PWM 比较模块的比较时钟或三角波的基础时钟 $f_{pwm-clk}$。为简化设计，通常选择统一的时钟频率，以下称为基础时钟，并记作 f_{clk}；对应时钟的周期为基础时钟周期，记作 T_{clk}。

2. 数字 PWM 的幅值与周期

数字 PWM 是指以数字三角波（或锯齿波）与数字参考值比较产生 PWM 信号的方法，如图 2-10 所示。

可以用 T_{ZD} 表示半载波周期对应的基础时钟个数，也称半开关周期数字值，它可表示为

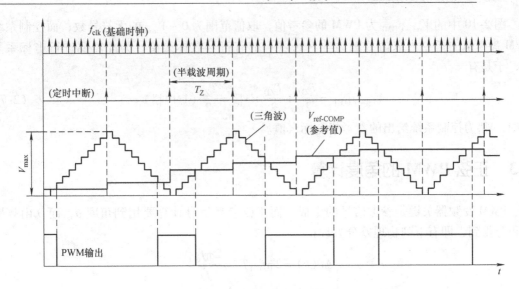

图 2-10 数字 PWM 方法

$$T_{ZD} = \frac{T_Z}{T_{clk}} = f_{clk} T_Z \qquad (2\text{-}3)$$

式中，f_{clk} 为 PWM 模块的基础时钟频率（Hz）；T_Z 为采样时间（s），也称半载波周期，它与载波频率的关系为

$$T_Z = \frac{1}{f_Z} = \frac{1}{2f_c} \qquad (2\text{-}4)$$

式中，f_Z 为采样频率；f_c 为期望的载波频率（Hz）。联立式（2-3）、式（2-4）得

$$T_{ZD} = \frac{T_Z}{T_{clk}} = \frac{f_{clk}}{2f_c} \qquad (2\text{-}5)$$

数字三角波是以最小时间单位（T_{clk}）进行循环计数，计数器的数字幅值 V_{max} 刚好对应三角波半周期数字值，即

$$V_{max} = T_{ZD} = \frac{f_{clk}}{2f_c} \qquad (2\text{-}6)$$

由式（2-5）和式（2-6）可见，为提高数字 PWM 的精度（分辨率），在 T_{ZD} 不发生数字溢出的前提下应尽量提高基础时钟频率（f_{clk}）。

若 $f_{clk} = 37.5\mathrm{MHz}$，考虑采样频率上限 $f_c = 16\mathrm{kHz}$，代入式（2-6），得

$$\min(T_{ZD}) = \frac{37500}{2 \times 16} = 1172$$

可见，在时钟频率为 37.5MHz，载波频率为 16kHz 的条件下，PWM 模块拥有 1/1172 的数字分辨率。对于一般工业产品，该分辨率能够满足要求。

若 $f_{clk} = 37.5\mathrm{MHz}$，考虑采样频率下限 $f_c = 1\mathrm{kHz}$，代入式（2-6），得

$$\max(T_{ZD}) = \frac{37500}{2} = 18750$$

对于 16 位定点计数器而言，该值小于 $2^{16} = 65536$，故不存在 T_{ZD} 溢出问题。

需要注意的是，对浮点 DSP，具体到 PWM 波形发送时也要转化为定点数参与 PWM 比较。

图 2-10 中的 $V_{\text{ref-COMP}}$ 为 PWM 的参考值，取值范围为 $0 \sim V_{\max}$ 的无符号数；而控制系统 PWM 参考值的指令为取值范围为 $[-1, 1]$ 的有符号数标幺值，为此需要进行坐标系平移，于是有

$$V_{\text{ref-COMP}} = \frac{T_{\text{ZD}}}{2} + \frac{T_{\text{ZD}}}{2} \times v_{\text{ref}}^{\text{pu}} = \frac{T_{\text{ZD}}}{2}(1 + v_{\text{ref}}^{\text{pu}}) \tag{2-7}$$

式中，$v_{\text{ref}}^{\text{pu}}$ 为控制系统给出的参考指令标幺值。

2.3　正弦 PWM 的角度计算

PWM 变频器关键是参考信号的生成，而正弦参考信号计算要用到角度 θ，而 θ 由频率的积分得到，即有下列物理差分方程：

$$\begin{cases} \Delta\theta(k) = 2\pi f_{\text{out}} T_{\text{Z}} = \dfrac{2\pi f_{\text{out}}}{f_{\text{Z}}} \\ \theta(k) = \theta(k-1) + \Delta\theta(k) \end{cases} \tag{2-8}$$

式中，$\theta(k)$ 为角度（rad）；f_{out} 为变频输出频率（Hz）；T_{Z} 为采样时间（s），对应 PWM 半载波周期。

对式（2-8）进行数字标幺化为

$$\begin{cases} \dfrac{\Delta\theta^{\text{pu}}(k)}{D_{\text{BASE}-\theta}}\theta_{\text{BASE}} = 2\pi \dfrac{f_{\text{out}}^{\text{pu}}(k)}{D_{\text{BASE}-F}}F_{\text{BASE}}T_{\text{Z}} \\ \dfrac{\theta^{\text{pu}}(k)}{D_{\text{BASE}-\theta}}\theta_{\text{BASE}} = \dfrac{\theta^{\text{pu}}(k-1)}{D_{\text{BASE}-\theta}}\theta_{\text{BASE}} + \dfrac{\Delta\theta^{\text{pu}}(k)}{D_{\text{BASE}-\theta}}\theta_{\text{BASE}} \end{cases}$$

式中，θ_{BASE} 为角度的物理基准值；$D_{\text{BASE}-\theta}$ 为角度的数字基准值；F_{BASE} 为频率的物理基准值；$D_{\text{BASE}-F}$ 为频率的数字基准值。化简得

$$\begin{cases} \Delta\theta^{\text{pu}}(k) = K_1 f_{\text{out}}^{\text{pu}}(k) \\ K_1 = \dfrac{2\pi D_{\text{BASE}-\theta}F_{\text{BASE}}T_{\text{Z}}}{\theta_{\text{BASE}}D_{\text{BASE}-F}} = \dfrac{2\pi D_{\text{BASE}-\theta}F_{\text{BASE}}}{\theta_{\text{BASE}}D_{\text{BASE}-F}f_{\text{Z}}} \\ \theta^{\text{pu}}(k) = \theta^{\text{pu}}(k-1) + \Delta\theta^{\text{pu}}(k) \end{cases} \tag{2-9}$$

定义角度及频率的物理基准值为

$$\begin{cases} \theta_{\text{BASE}} = 2\pi(\text{rad}) \\ F_{\text{BASE}} = \dfrac{\text{EF}_{\text{BASE}}}{100}(\text{Hz}) \end{cases} \tag{2-10}$$

式中，EF_{BASE} 为系统参数表给出的频率基准。代入式（2-9）得

$$\begin{cases} \Delta\theta^{\text{pu}}(k) = K_1 f_{\text{out}}^{\text{pu}}(k) \\ K_1 = \dfrac{D_{\text{BASE}-\theta}\text{EF}_{\text{BASE}}T_{\text{Z}}}{100 D_{\text{BASE}-F}} = \dfrac{D_{\text{BASE}-\theta}\text{EF}_{\text{BASE}}}{100 D_{\text{BASE}-F}f_{\text{Z}}} \\ \theta^{\text{pu}}(k) = \theta^{\text{pu}}(k-1) + \Delta\theta^{\text{pu}}(k) \end{cases} \tag{2-11}$$

为提高精度，K_1 系数也需要标幺化，式（2-11）可表示为

$$\begin{cases} \Delta zz32(k) = K_1^{\mathrm{pu}} f_{\mathrm{out}}^{\mathrm{pu}}(k) \\[2mm] K_1^{\mathrm{pu}} = K_1 D_{\mathrm{BASE}-K1} = \dfrac{D_{\mathrm{BASE}-K1} D_{\mathrm{BASE}-\theta} \mathrm{EF}_{\mathrm{BASE}}}{100 D_{\mathrm{BASE}-F} f_{\mathrm{Z}}} \\[4mm] zz32(k) = zz32(k-1) + \Delta zz32(k) \\[2mm] \theta^{\mathrm{pu}}(k) = \dfrac{zz32(k)}{D_{\mathrm{BASE}-K1}} \end{cases} \tag{2-12}$$

对 16 位数字系统，取数学基准值为

$$\begin{cases} D_{\mathrm{BASE}-\theta} = 2^{16} \\ D_{\mathrm{BASE}-F} = 2^{14} \\ D_{\mathrm{BASE}-K1} = 2^{16} \end{cases} \tag{2-13}$$

则式（2-12）变为

$$\begin{cases} K_1^{\mathrm{pu}} = K_1 D_{\mathrm{BASE}-K1} = \dfrac{2^{16} \mathrm{EF}_{\mathrm{BASE}}}{25 f_{\mathrm{Z}}} \\[4mm] \Delta zz32(k) = K_1^{\mathrm{pu}} f_{\mathrm{out}}^{\mathrm{pu}}(k) = \dfrac{2^{16} \mathrm{EF}_{\mathrm{BASE}} \times f_{\mathrm{out}}^{\mathrm{pu}}(k)}{25 f_{\mathrm{Z}}} \\[4mm] zz32(k) = zz32(k-1) + \Delta zz32(k) \\[2mm] \theta^{\mathrm{pu}}(k) = zz32(k) \gg 16 \end{cases} \tag{2-14}$$

式中，K_1^{pu} 可以离线计算，以提高实时性，但会有一定的截取误差。精确的算法是设计子程序在线直接计算 $\Delta zz32$（k）；$\gg 16$ 表示右移 16 位，相当于取 $zz32$（k）的高 16 位。

若角度采用定点无符号数，则累加器可实现自然循环，不必进行限幅处理。

对于浮点算法，可由式（2-8）直接进行标幺化，即

$$\begin{cases} \Delta\theta(k) = 2\pi f_{\mathrm{out}}^{\mathrm{pu}}(k) F_{\mathrm{BASE}} T_{\mathrm{Z}} \\ \theta(k) = \theta(k-1) + \Delta\theta(k) \end{cases}$$

考虑限幅条件，有浮点离散标幺化算法为

$$\begin{cases} \Delta\theta(k) = 2\pi F_{\mathrm{BASE}} T_{\mathrm{Z}} f_{\mathrm{out}}^{\mathrm{pu}}(k) = 2\pi \dfrac{\mathrm{EF}_{\mathrm{BASE}}}{100 f_{\mathrm{Z}}} f_{\mathrm{out}}^{\mathrm{pu}}(k) \\[3mm] \theta(k) = \theta(k-1) + \Delta\theta(k) \\[2mm] \text{if } \theta(k) \geqslant 2\pi \text{ then } \theta(k) = \theta(k) - 2\pi \\[2mm] \text{if } \theta(k) \leqslant -2\pi \text{ then } \theta(k) = \theta(k) + 2\pi \end{cases} \tag{2-15}$$

式中，角度 $\theta(k)$ 可不必进行标幺化，而直接采用弧度（rad）值。

以上角度限幅算法保留了余数，不存在限幅截断误差。

2.4　限幅给定积分器

为了避免变频调速过程中的频率突变，变频器系统需要设计限幅给定积分器，其离散标幺化算法模型如图 2-11 所示。

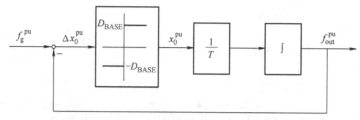

图 2-11　限幅给定积分器离散标幺化算法模型

图中，D_{BASE} 为标幺化数字基准值；$f_{\mathrm{g}}^{\mathrm{pu}}$ 为给定频率；$f_{\mathrm{out}}^{\mathrm{pu}}$ 为输出频率；T 对应 $f_{\mathrm{out}}^{\mathrm{pu}}$ 从 0 到 D_{BASE} 的变化时间（s）。

为提高稳态精度，图中的比较器通常用高增益限幅放大器（见图 2-12）替代。其中，$\Delta_{\max}^{\mathrm{pu}}$ 为输入量线性区的最大阈值。

其标幺化函数表达式为

$$\begin{cases} \Delta_{\max}^{\mathrm{pu}} = D_{\mathrm{BASE}} / K_{\mathrm{r}} \\ x_0^{\mathrm{pu}}(k) = K_{\mathrm{r}} \Delta x_0^{\mathrm{pu}}(k) \\ \text{if } \Delta x_0^{\mathrm{pu}}(k) > \Delta_{\max}^{\mathrm{pu}} \text{ then } x_0^{\mathrm{pu}}(k) = D_{\mathrm{BASE}} \\ \text{if } \Delta x_0^{\mathrm{pu}}(k) < -\Delta_{\max}^{\mathrm{pu}} \text{ then } x_0^{\mathrm{pu}}(k) = -D_{\mathrm{BASE}} \end{cases}$$

$$(2\text{-}16)$$

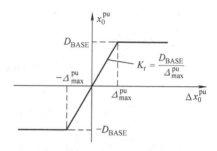

图 2-12　高增益限幅放大器

以下考虑 16 位定点数字系统，取

$$\begin{cases} D_{\mathrm{BASE}} = 2^{14} \\ D_{\mathrm{BASE}-k} = 2^{16} \\ K_{\mathrm{r}} = 2^{10} = 1024 \end{cases}$$

$$(2\text{-}17)$$

由第 1 章限幅积分器的内容，可得离散算法为

$$\begin{cases} \Delta_{\max}^{\mathrm{pu}} = \dfrac{D_{\mathrm{BASE}}}{K_{\mathrm{r}}} = 4 \\ \Delta x_0^{\mathrm{pu}}(k) = f_{\mathrm{g}}^{\mathrm{pu}}(k) - f_{\mathrm{out}}^{\mathrm{pu}}(k) \\ x_0^{\mathrm{pu}}(k) = K_{\mathrm{r}} \Delta x_0^{\mathrm{pu}}(k) \\ \text{if } \Delta x_0^{\mathrm{pu}}(k) > \Delta_{\max}^{\mathrm{pu}} \text{ then } x_0^{\mathrm{pu}}(k) = D_{\mathrm{BASE}} \\ \text{if } \Delta x_0^{\mathrm{pu}}(k) < -\Delta_{\max}^{\mathrm{pu}} \text{ then } x_0^{\mathrm{pu}}(k) = -D_{\mathrm{BASE}} \\ \mathrm{KK32} = \left(\dfrac{T_{\mathrm{Z}} \times D_{\mathrm{BASE}-k}}{T} \right) \times x_0(k) = \dfrac{2^{16} x_0(k)}{f_{\mathrm{Z}} T} \\ \mathrm{zz32}(k) = \mathrm{zz32}(k-1) + \mathrm{KK32} \\ y^{\mathrm{pu}}(k) = \dfrac{\mathrm{zz32}(k)}{D_{\mathrm{BASE}-k}} = \mathrm{zz32}(k) \times 2^{-16} = \mathrm{zz32}(k) \gg 16 \end{cases}$$

$$(2\text{-}18)$$

式中，f_{Z} 为采样频率；KK32 为 32 位常数，为保持精度可设计子程序离线计算得出。

大误差下，KK32 最小数字分辨率条件为

$$|\mathrm{KK32}| = \frac{2^{16} x_0(k)^{\mathrm{pu}}}{f_{\mathrm{Z}} T} = \frac{2^{30}}{f_{\mathrm{Z}} T} > 1 \tag{2-19}$$

考虑逆变器最高载波频率 $f_{\mathrm{Z}} = 20\mathrm{kHz}$，根据式（2-19）有

$$T < \frac{2^{30}}{f_{\mathrm{z}}} = \frac{2^{30}}{20000\,\mathrm{Hz}} \approx 53687\,\mathrm{s}$$

可见，T 在 1 ~ 53687s 范围之内，以上算法不会失效，能够满足实际逆变器系统要求。

对于浮点运算，式（2-18）可简化为

$$\begin{cases} K_{\mathrm{r}} = 2^{10} \\ K_{\mathrm{i}}^{\mathrm{pu}} = \dfrac{T_{\mathrm{Z}}}{T} = \dfrac{1}{f_{\mathrm{Z}}T} \\ x_0^{\mathrm{pu}}(k) = K_{\mathrm{r}}\big[f_{\mathrm{g}}^{\mathrm{pu}}(k) - f_{\mathrm{out}}^{\mathrm{pu}}(k)\big] \\ -1 \leqslant x_0^{\mathrm{pu}}(k) \leqslant 1 \\ y^{\mathrm{pu}}(k) = K_{\mathrm{i}}^{\mathrm{pu}} x_0^{\mathrm{pu}}(k) \end{cases} \tag{2-20}$$

式中，$K_{\mathrm{i}}^{\mathrm{pu}}$ 为常数，可离线计算。

2.5　S 形弧线加减速功能的实现

对于大惯量负载或载人系统对舒适度要求较高的场合，还需要限制加速度，即采用平滑的二次加速曲线，也称为 S 形加、减速曲线。以下给出三种实施策略。

2.5.1　平方反馈法

德国学者 Kohlem 在 1983 年给出了一种实施方案（原文出自孟子玉先生所译电气传动译丛，已佚失，期次信息不详），其对应的标幺化模型如图 2-13 所示。

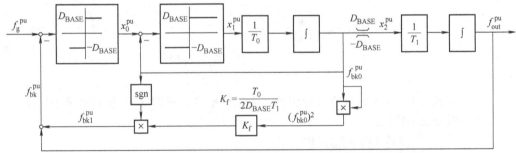

图 2-13　平方反馈法标幺化模型

该方案采用两级积分环节双闭环，其中内环为非线性反馈，即带符号平方反馈，用于实现弧线积分，积分时间常数为 T_0；外环为线性反馈，用于完成线性段积分，积分时间常数为 T_1，且一般情况下要求

$$T_1 > T_0 \tag{2-21}$$

理论分析可以证明，对于 $f_{\mathrm{g}}^{\mathrm{pu}} = D_{\mathrm{BASE}}$ 阶跃输入，输出 $f_{\mathrm{out}}^{\mathrm{pu}}$ 的积分到 D_{BASE} 的时间为两个时间常数之和且弧线为时间的二次函数（略）。

取变量数字基准值及积分系数的数字基准值

$$\begin{cases} D_{\mathrm{BASE}} = 2^{14} \\ D_{\mathrm{BASE}-k} = 2^{16} \end{cases} \tag{2-22}$$

定点离散分布算法如下：

1）外环比较器输出

$$
\begin{cases}
(K_{\mathrm{r}} = 2^{10}; \Delta_{\max}^{\mathrm{pu}} = D_{\mathrm{BASE}}/K_{\mathrm{r}} = 4) \\
\Delta x_0^{\mathrm{pu}}(k) = f_{\mathrm{g}}^{\mathrm{pu}}(k) - f_{\mathrm{out}}^{\mathrm{pu}}(k) \\
x_0^{\mathrm{pu}}(k) = K_{\mathrm{r}} \Delta x_0^{\mathrm{pu}}(k) \\
\text{if } \Delta x_0^{\mathrm{pu}}(k) > \Delta_{\max}^{\mathrm{pu}} \text{ then } x_0^{\mathrm{pu}}(k) = D_{\mathrm{BASE}} \\
\text{if } \Delta x_0^{\mathrm{pu}}(k) < -\Delta_{\max}^{\mathrm{pu}} \text{ then } x_0^{\mathrm{pu}}(k) = -D_{\mathrm{BASE}}
\end{cases}
\tag{2-23}
$$

2）内环比较器输出

$$
\begin{cases}
\Delta x_1^{\mathrm{pu}}(k) = x_0^{\mathrm{pu}}(k) - f_{\mathrm{bk0}}^{\mathrm{pu}}(k) \\
x_1^{\mathrm{pu}}(k) = K_{\mathrm{r}} \Delta x_1^{\mathrm{pu}}(k) \\
\text{if } \Delta x_1^{\mathrm{pu}}(k) > \Delta_{\max}^{\mathrm{pu}} \text{ then } x_1^{\mathrm{pu}}(k) = D_{\mathrm{BASE}} \\
\text{if } \Delta x_1^{\mathrm{pu}}(k) < -\Delta_{\max}^{\mathrm{pu}} \text{ then } x_1^{\mathrm{pu}}(k) = -D_{\mathrm{BASE}}
\end{cases}
\tag{2-24}
$$

3）内环积分器输出

$$
\begin{cases}
\Delta \mathrm{zz32a}(k) = \left(\dfrac{T_Z D_{\mathrm{BASE}-k}}{T_0} \right) x_1^{\mathrm{pu}}(k) = \dfrac{2^{16} x_1^{\mathrm{pu}}(k)}{f_Z T_0} \\
\mathrm{zz32a}(k) = \mathrm{zz32a}(k-1) + \Delta \mathrm{zz32a}(k) \\
f_{\mathrm{bk0}}^{\mathrm{pu}}(k) = \dfrac{\mathrm{zz32a}(k)}{D_{\mathrm{BASE}-k}} = \mathrm{zz32a}(k) \gg 16
\end{cases}
\tag{2-25}
$$

式中，$\mathrm{zz32a}(k)$、$\Delta \mathrm{zz32a}(k)$ 均为 32 位变量；为保持精度并简化算法，f_Z、T_0 均为物理量；$\mathrm{zz32a}(k)$ 右移 16 位相当于取 $\mathrm{zz32a}(k)$ 的高 16 位寄存器之值。

4）内环带符号平方反馈

$$
\begin{cases}
K_{\mathrm{f}} = \dfrac{T_0}{2 T_1 D_{\mathrm{BASE}}} \\
f_{\mathrm{bk1}}^{\mathrm{pu}}(k) = \mathrm{sgn}\left[f_{\mathrm{bk0}}^{\mathrm{pu}}(k) \right] \dfrac{T_0 f_{\mathrm{bk0}}^{\mathrm{pu}}(k)^2}{2^{15} T_1}
\end{cases}
\tag{2-26}
$$

式中，sgn 为取值为 1 或 -1 的理想符号函数；为保持精度，需设计 48 位高精度子程序。

5）外环积分及限幅输出

$$
\begin{cases}
x_2^{\mathrm{pu}}(k) = f_{\mathrm{bk1}}^{\mathrm{pu}}(k) \\
-D_{\mathrm{BASE}} \leqslant x_2^{\mathrm{pu}}(k) \leqslant D_{\mathrm{BASE}} \\
\Delta \mathrm{zz32b}(k) = \dfrac{T_Z \times D_{\mathrm{BASE}-k} \times x_2^{\mathrm{pu}}(k)}{T_1} = \dfrac{2^{16} x_2^{\mathrm{pu}}(k)}{f_Z T_1} \\
\mathrm{zz32b}(k) = \mathrm{zz32b}(k-1) + \Delta \mathrm{zz32b}(k)
\end{cases}
\tag{2-27}
$$

式中，$\mathrm{zz32b}(k)$、$\Delta \mathrm{zz32b}(k)$ 均为 32 位变量。为保证精度，$\Delta \mathrm{zz32b}(k)$ 需设计 48 位高精度子程序。

6）外环输出及总反馈

$$
\begin{cases}
f_{\mathrm{out}}^{\mathrm{pu}}(k) = \dfrac{\mathrm{zz32b}(k)}{D_{\mathrm{BASE}-k}} = \mathrm{zz32b}(k) \gg 16 \\
f_{\mathrm{bk}}^{\mathrm{pu}}(k) = f_{\mathrm{bk1}}^{\mathrm{pu}}(k) + f_{\mathrm{out}}^{\mathrm{pu}}(k)
\end{cases}
\tag{2-28}
$$

式中，$\mathrm{zz32b}(k)$ 右移 16 位相当于取 $\mathrm{zz32b}(k)$ 的高 16 位寄存器之值。

对于浮点数字系统，离散标幺算法可简化为

$$
\begin{cases}
K_{\mathrm{r}} = 2^{10}; K_{\mathrm{i0}}^{\mathrm{pu}} = T_{\mathrm{Z}}/T_0 \\[4pt]
K_{\mathrm{i1}}^{\mathrm{pu}} = T_{\mathrm{Z}}/T_1; K_{\mathrm{f}}^{\mathrm{pu}} = 0.5 T_0/T_1 \\[4pt]
x_0^{\mathrm{pu}}(k) = K_{\mathrm{r}} \left[f_{\mathrm{g}}^{\mathrm{pu}}(k) - f_{\mathrm{bk}}^{\mathrm{pu}}(k) \right] \\[4pt]
\quad -1 \leqslant x_0^{\mathrm{pu}}(k) \leqslant 1 \\[4pt]
x_1^{\mathrm{pu}}(k) = K_{\mathrm{r}} \left[x_0^{\mathrm{pu}}(k) - f_{\mathrm{bk0}}^{\mathrm{pu}}(k) \right] \\[4pt]
\quad -1 \leqslant x_1^{\mathrm{pu}}(k) \leqslant 1 \\[4pt]
f_{\mathrm{bk0}}^{\mathrm{pu}}(k) = f_{\mathrm{bk0}}^{\mathrm{pu}}(k-1) + K_{\mathrm{i0}}^{\mathrm{pu}} x_1^{\mathrm{pu}}(k) \\[4pt]
f_{\mathrm{bk1}}^{\mathrm{pu}}(k) = \mathrm{sgn} \left[f_{\mathrm{bk0}}^{\mathrm{pu}}(k) \right] \times K_{\mathrm{f}}^{\mathrm{pu}} f_{\mathrm{bk0}}^{\mathrm{pu}}(k)^2 \\[4pt]
\quad -1 \leqslant f_{\mathrm{bk1}}^{\mathrm{pu}}(k) \leqslant 1 \\[4pt]
x_2^{\mathrm{pu}}(k) = f_{\mathrm{bk1}}^{\mathrm{pu}}(k) \\[4pt]
f_{\mathrm{out}}^{\mathrm{pu}}(k) = f_{\mathrm{out}}^{\mathrm{pu}}(k-1) + K_{\mathrm{i1}}^{\mathrm{pu}} x_2^{\mathrm{pu}}(k) \\[4pt]
f_{\mathrm{bk}}^{\mathrm{pu}}(k) = f_{\mathrm{bk1}}^{\mathrm{pu}}(k) + f_{\mathrm{out}}^{\mathrm{pu}}(k)
\end{cases}
\tag{2-29}
$$

图 2-14 为多阶梯给定输入、输出仿真波形。

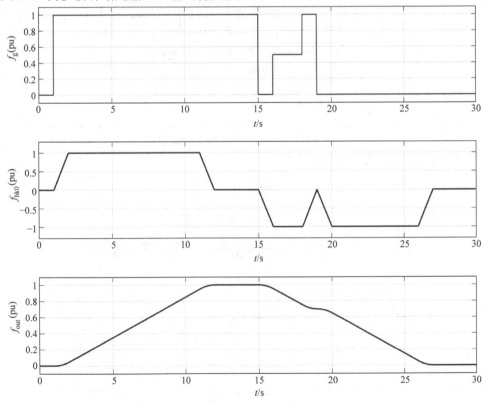

图 2-14　多阶梯给定输入、输出仿真波形

其中，$T_0 = 1\mathrm{s}$，$T_1 = 10\mathrm{s}$，实测总加速时间为 11s，起始弧和终止弧均为 1s，线性加速时间为 9s 且弧线与直线连接平滑。

图 2-15 为实际变频产品按平方反馈 S 形曲线加、减速离散算法得到的测试波形。

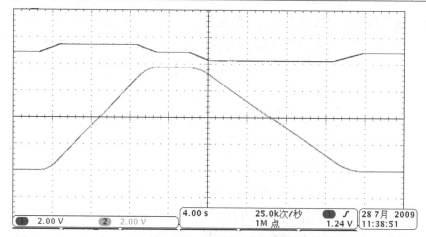

图 2-15　实际变频产品按平方反馈 S 形曲线加、减速离散算法得到的测试波形

2.5.2　线性反馈法

若将带符号平方反馈改为线性反馈，得到图 2-16 所示的线性反馈方法，称为线性反馈法 1。

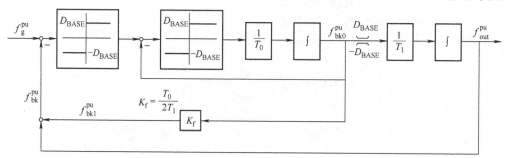

图 2-16　线性反馈法 1 标幺化模型

图 2-17 为线性反馈法 1 的仿真波形。

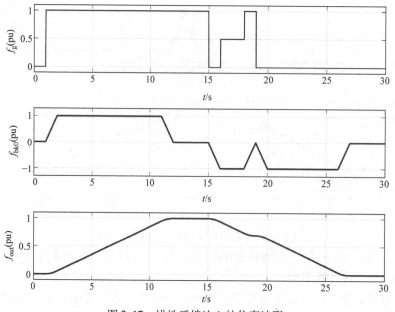

图 2-17　线性反馈法 1 的仿真波形

　　可见，与图 2-14 比较，两者结果未见明显差异。

　　此外，国外某品牌变频器给出了另外一种相对简单的线性反馈方法，称为线性反馈法2，其标幺化模型如图 2-18 所示（注意内环积分器为限幅积分器）。

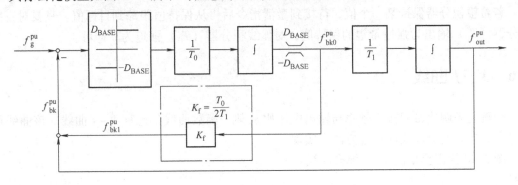

图 2-18　线性反馈法 2 标幺化模型

　　仿真发现，内环弧线积分器必须采用积分器限幅，否则不能收敛。

　　作为极限情况，当弧线时间（T_0）大于直线时间（T_1）时，动态响应会发生不同程度的畸变。图 2-19 给出了 $T_0 = 1\mathrm{s}$，$T_1 = 0.5\mathrm{s}$ 时平方反馈法和线性反馈法 1、2 的仿真波形比较。

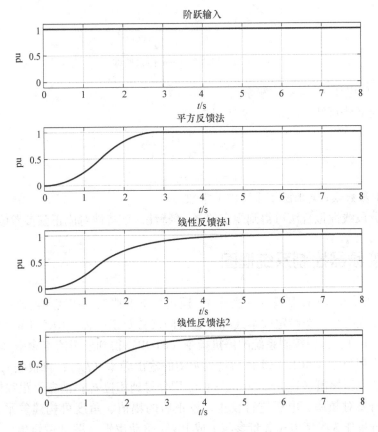

图 2-19　三种方法仿真波形比较

可见，三者输出均能收敛到给定值，且平方反馈法的波形对称度最为理想。

2.5.3 输出强迫保持

若希望积分器保持某一个值，待接到激活指令后再从保持值跟踪到目标值。只要对直线积分器（T_1）输出为强迫希望的保持值，对弧线积分器（T_0）强迫为 0 即可。

2.6 $V-f$ 曲线

交流变频调速希望输出频率与输出电压服从某一函数曲线，也称 $V-f$ 曲线。该曲线可通过多点参数的分段线性拟合方法来实现。

图 2-20 给出典型的 $y-x$ 标幺曲线。

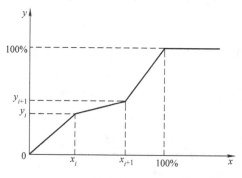

图 2-20 典型的 $y-x$ 标幺曲线

图中，y 对应电压 V，x 对应频率 f。

由线性拟合算法可知，当 $x_i < x < x_{i+1}$ 时，有

$$\begin{cases} y = x_i + \dfrac{y_{i+1} - y_i}{x_{i+1} - x_i} x \\ i = 1, 2, \cdots \end{cases} \tag{2-30}$$

式中，y_i 来源于参数表；x_i 来源于系统内部常数。

采用以上分段线性拟合法可得到规定的 $V-f$ 特性，该特性对应正弦参考信号的幅值。

2.7 典型变频器控制系统框图

图 2-21 给出了在 VF 控制模式（简称 VF 模式）下的典型三相变频调速系统框图。

图中，原始无符号一级给定频率（f_{g0}）经过防疲劳及正反转（REV/FWD）得到二级有符号给定频率（f_{g1}），再由控制系统的停机指令（STOP）得到三级给定频率（f_{g2}）。三级给定频率经过给定积分器（ACL/DCL）后得到希望的输出频率（f_{g3}），再根据 f_{g3} 查找 $V-f$ 曲线该频率对应的电压幅值（V_{ref0}）；另一路由 f_{g3} 积分得到相位 θ_0；消振、跟踪模块为变频特殊功能要求，需要对频率、电压进行校正，校正后的幅值、角度可构建复平面的 $\alpha-\beta$ 分量，两个直角分量作为参考电压矢量参与生成 PWM 驱动逻辑（驱动逻辑生成方法参考第 3 章）。电压重构模块用于逆变器输出电压、功率等参数的计算与显示。

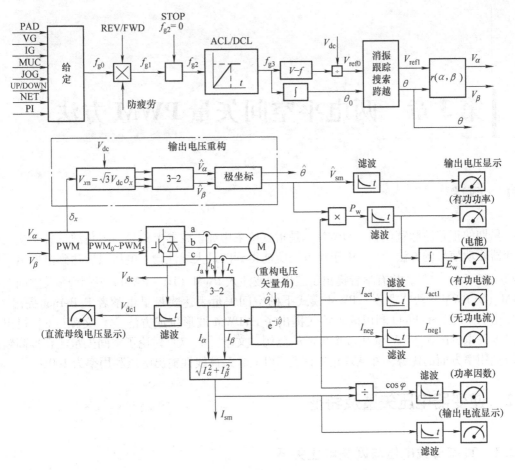

图 2-21　典型三相变频调速系统框图（VF 模式下）

第3章 两电平空间矢量 PWM 方法

3.1 概述

早期的正弦波脉宽调制（SPWM）是指直接采用纯正弦参考信号与三角波比较产生三相逆变器驱动信号的方法[1,8]。由于该方法所能得到的最大线性输出电压只能达到电网电压的 $\sqrt{3}/2 = 86.6\%$[2,3,8]，故有学者提出了三次谐波注入 PWM（HI-PWM）法[2,3,9]及空间矢量 PWM（SVPWM）法[4-6,19]。PWM 模式下的空间矢量表达式最早由学者 F. Bernet 提出[4]，随后由 Holtz 及 Stadtfeld 利用该表达式提出了 SVPWM 波形生成方法[5]。文献 [6] 提出了通过零矢量分配派生 SVPWM 波形生成的范例，文献 [6，7] 讨论了空间矢量法在提高输出电压利用率方面的优势，并从理论上证明 SVPWM 最高线性输出电压利用率为 100%。

3.2 逆变器电压矢量及特征

3.2.1 直流母线电压与网侧电压关系

图 3-1 给出了典型 AC-DC-AC 逆变器主电路拓扑。

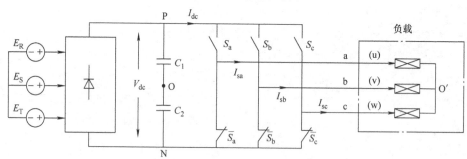

图 3-1 典型 AC-DC-AC 逆变器主电路拓扑

图中，V_{dc} 为母线电压；P 为正母排；N 为负母排；E_R、E_S、E_T 为三相网侧相电压。

交流网侧相电压幅值与直流母线电压可表示为

$$V_{dc} = V_L = \sqrt{3} V_{sm} \tag{3-1}$$

式中，V_L 为网侧线电压幅值；V_{sm} 为网侧相电压幅值。

式（3-1）表明：若逆变器输出相电压幅值达到 $V_{dc}/\sqrt{3}$，即输出电压达到网侧电压的水平，或称达到了 100% 的网侧电压利用率。

3.2.2　逆变器电压矢量

逆变器的物理电压矢量定义为

$$V_s \triangleq \frac{2}{3}(V_{aN} + V_{bN}e^{j\frac{2\pi}{3}} + V_{cN}e^{j\frac{4\pi}{3}}) \tag{3-2}$$

式中，系数"2/3"旨在使电压矢量的幅值与相电压幅值相等（详见第 6 章 6.9 节），便于矢量与标量之间的转化。

参考图 3-1，逆变器三相输出对直流母线 N 之间的电压可表示为

$$\begin{cases} V_{aN} = V_{dc}S_a \\ V_{bN} = V_{dc}S_b \\ V_{cN} = V_{dc}S_c \end{cases} \tag{3-3}$$

式中，V_{dc} 为母线电压；S_x 对应每相上桥臂开关逻辑（0—关断；1—导通）。它与输出对丫联结负载中点电压的关系为

$$\begin{cases} V_{aN} = V_{ao'} + V_{o'N} \\ V_{bN} = V_{bo'} + V_{o'N} \\ V_{cN} = V_{co'} + V_{o'N} \end{cases} \tag{3-4}$$

考虑前两式，根据逆变器三相电压矢量定义有以下推导关系：

$$\begin{aligned} V_s &\triangleq \frac{2}{3}(V_{aN} + e^{j\frac{2\pi}{3}}V_{bN} + e^{j\frac{4\pi}{3}}V_{cN}) = \frac{2V_{dc}}{3}(S_a + e^{j\frac{2\pi}{3}}S_b + e^{j\frac{4\pi}{3}}S_c) \\ &= \frac{2}{3}(V_{ao'} + e^{j\frac{2\pi}{3}}V_{bo'} + e^{j\frac{4\pi}{3}}V_{co'}) + (1 + e^{j\frac{2\pi}{3}} + e^{j\frac{4\pi}{3}})V_{o'N} \\ &= \frac{2}{3}(V_{ao'} + e^{j\frac{2\pi}{3}}V_{bo'} + e^{j\frac{4\pi}{3}}V_{co'}) \end{aligned} \tag{3-5}$$

可见，"逆变器输出相电压矢量与相电压的参考点无关"。

为方便系统陈述，定义标幺化的电压矢量或数字电压矢量为

$$v_s \triangleq a^2 S_c + a S_b + S_a \tag{3-6}$$

于是有物理电压矢量与数字电压矢量的关系为

$$V_s = \frac{2}{3}V_{dc}v_s \tag{3-7}$$

以下模型分析均建立在数字电压矢量基础之上。

将 $(S_c - S_b - S_a)$ 的 8 种二进制组合代入式（3-6），可得到 8 个单位电压矢量。8 个矢量以十进制下标记作 $v_0 \sim v_7$，或用二进制下标记作 $v_{000} \sim v_{111}$（注意：十进制数字下标与二进制数字下标并不完全对应）。用复数矩阵表示为

$$\begin{bmatrix} v_0 \\ v_1 \\ v_2 \\ v_3 \\ v_4 \\ v_5 \\ v_6 \\ v_7 \end{bmatrix} = \begin{bmatrix} v_{000} \\ v_{001} \\ v_{011} \\ v_{010} \\ v_{110} \\ v_{100} \\ v_{101} \\ v_{111} \end{bmatrix} = \begin{bmatrix} v_{0\alpha} & v_{0\beta} \\ v_{1\alpha} & v_{1\beta} \\ v_{2\alpha} & v_{2\beta} \\ v_{3\alpha} & v_{3\beta} \\ v_{4\alpha} & v_{4\beta} \\ v_{5\alpha} & v_{5\beta} \\ v_{6\alpha} & v_{6\beta} \\ v_{7\alpha} & v_{7\beta} \end{bmatrix} = \begin{bmatrix} 0 \\ e^{j0} \\ e^{j2\pi/3} \\ e^{j\pi/3} \\ e^{j4\pi/3} \\ e^{-j\pi/3} \\ e^{j\pi} \\ 0 \end{bmatrix} = \begin{bmatrix} 0 & 0 \\ 1 & 0 \\ -1/2 & \sqrt{3}/2 \\ 1/2 & \sqrt{3}/2 \\ -1/2 & -\sqrt{3}/2 \\ 1/2 & -\sqrt{3}/2 \\ -1 & 0 \\ 0 & 0 \end{bmatrix} \begin{bmatrix} 1 \\ j \end{bmatrix} \tag{3-8}$$

式中，$v_{i\alpha}$、$v_{i\beta}$ 为 $v_{000} \sim v_{111}$（或 $v_0 \sim v_7$）在直角坐标系的两个分量。将全部 8 个逆变器矢量绘制于复平面，如图 3-2 所示。

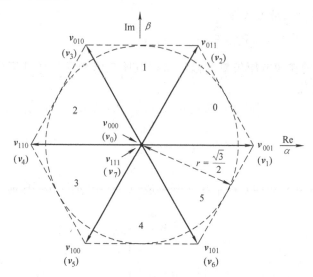

图 3-2　逆变器电压矢量复平面分布图

可见，$v_{001} \sim v_{101}$ 为 6 个长度均为"1"的恒定矢量，也称"非零矢量"。它们将复平面等分为夹角成 $\pi/3$ 的 6 个扇区，分别记作 0 ~ 5；v_{000} 和 v_{111} 两个矢量对应坐标原点，故称"广义零矢量"，记作"v_{00}"。广义零矢量对矢量轨迹没有任何贡献，但对 PWM 驱动逻辑生成却有着十分重要的意义。

3.2.3　相邻电压矢量

最终 PWM 驱动逻辑生成还会涉及相邻矢量问题。所谓相邻矢量是指开关状态只有一个数字位变化的矢量。相邻矢量切换会避免线电压逻辑出现"-1"到"1"的越级跳变，降低 dv/dt，因此波形生成要最大限度地遵从这一原则。如 $v_1 \leftrightarrow v_2$、$v_2 \leftrightarrow v_3$、$v_3 \leftrightarrow v_4$、$v_4 \leftrightarrow v_5$、$v_5 \leftrightarrow v_6$、$v_6 \leftrightarrow v_1$ 互为相邻矢量。v_0 与 v_7 存在 3 个数字的同步变化，从严格意义上讲它们并不属于相邻矢量，且 v_0 与奇数非零矢量（v_1、v_3、v_5）互为相邻矢量，v_7 与偶数非零矢量（v_2、v_4、v_6）互为相邻矢量。但从线电压角度而言，v_0 与 v_7 又不会引起线电压突变，故又属于可接受的特殊的不相邻矢量。但即便如此，输出矢量排序还应尽量避免 v_0 与 v_7 矢量切换。

3.3　SVPWM 的基本原则

所谓空间矢量 PWM 方法（SVPWM）就是利用逆变器所能输出的 8 个电压矢量（$v_{000} \sim v_{111}$）去逼近希望的参考电压矢量。

3.3.1　平均电压矢量

由于 8 个矢量均具有固定的幅值和角度，属于恒定矢量，无法直接合成任意给定的参考

电压矢量 V_{ref}，于是引入逆变器在开关工作条件下的"平均矢量"概念。

若在某一参考时间内（T_Z）对恒定矢量 v_m 采取"工作"和"休息"的交替工作方式，则可认为该恒定矢量在 T_Z 内得到了"平均"。恒定矢量与平均矢量的关系如图 3-3 所示。

图中，T_Z 为参考时间；v_m 为逆变器恒定矢量（$v_{000} \sim v_{111}$）；v_m 为 v_m 的幅值；T_m 为 v_m 的工作时间；v_{mx} 为 v_m 在 T_Z 内的平均矢量；v_{mx} 为 v_{mx} 的幅值。v_m 矢量的平均矢量 v_{mx} 可表示为

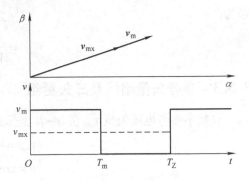

图 3-3　恒定矢量与平均矢量的关系

$$\begin{cases} v_{mx} = d_m v_m \\ d_m = T_m / T_Z \end{cases} \tag{3-9}$$

式中，d_m 为矢量 v_m 在 T_Z 内的占空比。于是有以下定理。

定理 1：在参考时间（T_Z）内，平均矢量的长度与其对应的恒定矢量长度成正比，且比例系数为恒定矢量在 T_Z 时间内工作的占空比，此称"伏–秒平衡法则"。

3.3.2　三矢量定理与矢量合成基本方程[14]

SVPWM 矢量逼近的一个重要原则就是最佳矢量组的确定。可以证明，当 V_{ref} 落入由 3 个矢量顶点围成的三角形区域时，用此三矢量去逼近 V_{ref} 一定有解（见第 3.10.1 节），于是有以下定理。

定理：当参考矢量落入逆变器某三矢量顶点构成的三角形区域时，用这 3 个矢量的平均矢量去逼近参考矢量效果最好，此三矢量称为"最佳三矢量"，简称"三矢量"。

设三矢量为 v_m、v_n、v_p，根据前两个定理，在开关模式下，参考电压矢量 V_{ref} 可表示为

$$\begin{cases} V_{ref} = \dfrac{2V_{dc}}{3}(d_m v_m + d_n v_n + d_p v_p) \\ d_m + d_n + d_p = 1 \end{cases} \tag{3-10}$$

式中，d_m、d_n、d_p 为采样时间内三矢量的占空比。令

$$v_{ref} = \frac{3}{2V_{dc}}V_{ref} \tag{3-11}$$

则式（3-10）变为

$$\begin{cases} v_{ref} = d_m v_m + d_n v_n + d_p v_p \\ d_m + d_n + d_p = 1 \end{cases} \tag{3-12}$$

式中，v_{ref} 为物理参考电压矢量 V_{ref} 所对应的数字参考电压矢量。

需要注意的是，数字参考电压矢量的基准为 $2V_{dc}/3$，它不同于控制系统电压的基准，故需要进行转化。

设控制系统中电压基准为 V_{BASE}，参考电压矢量标幺值为 V_{ref}^{pu}；直流电压基准为 $V_{dc-BASE}$，直流电压标幺值为 V_{dc}^{pu}。参考电压矢量与控制系统电压矢量指令的关系为

$$V_{ref} = V_{ref}^{pu} V_{BASE}$$

代入式（3-11），得 SVPWM 数字参考电压矢量与控制系统参考电压矢量标幺值之间的关

系为

$$v_{\text{ref}} = \frac{3V_{\text{BASE}}}{2V_{\text{dc-BASE}}V_{\text{dc}}^{\text{pu}}}V_{\text{ref}}^{\text{pu}} \tag{3-13}$$

3.3.3　参考矢量扇区及三矢量组

设数字参考电压矢量 v_{ref} 在 $\alpha - \beta$ 坐标系表示为

$$\begin{cases} \boldsymbol{v}_{\text{ref}} = v_\alpha + \mathrm{j}v_\beta = v_{\text{ref}}\mathrm{e}^{\mathrm{j}\theta} \\ \theta = \arctan(v_\beta/v_\alpha) \\ v_\alpha = v_{\text{ref}}\cos\theta \\ v_\beta = v_{\text{ref}}\sin\theta \end{cases} \tag{3-14}$$

参考图 3-1，根据三矢量定理，可得 v_{ref} 所在 6 个扇区内矢量合成的三矢量组，见表 3-1。

表 3-1　矢量扇区与三矢量组

电压矢量所在扇区 (k)	0	1	2	3	4	5
最佳三矢量 ($\boldsymbol{v}_m$、$\boldsymbol{v}_n$、$\boldsymbol{v}_p$)	$\boldsymbol{v}_1$、$\boldsymbol{v}_2$、$\boldsymbol{v}_{00}$	$\boldsymbol{v}_2$、$\boldsymbol{v}_3$、$\boldsymbol{v}_{00}$	$\boldsymbol{v}_3$、$\boldsymbol{v}_4$、$\boldsymbol{v}_{00}$	$\boldsymbol{v}_4$、$\boldsymbol{v}_5$、$\boldsymbol{v}_{00}$	$\boldsymbol{v}_5$、$\boldsymbol{v}_6$、$\boldsymbol{v}_{00}$	$\boldsymbol{v}_6$、$\boldsymbol{v}_1$、$\boldsymbol{v}_{00}$

表中，$\boldsymbol{v}_{00}$ 代表广义零矢量。

v_{ref} 所在扇区标号及对应的合成三矢量为

$$\begin{cases} k = \text{INT}[3\theta/\pi] \\ \boldsymbol{v}_m = \mathrm{e}^{\mathrm{j}k\pi/3} \\ \boldsymbol{v}_n = \mathrm{e}^{\mathrm{j}(k+1)\pi/3} \\ \boldsymbol{v}_p = \boldsymbol{v}_{00} = 0 + \mathrm{j}0 \end{cases} \tag{3-15}$$

式中，$\boldsymbol{v}_m$ 为扇区初轴矢量；$\boldsymbol{v}_n$ 为扇区末轴矢量；$\boldsymbol{v}_p = \boldsymbol{v}_{00}$ 为坐标原点对应的零矢量；INT 为除法取整函数；$k \in [0 \sim 5]$ 的自然数，对应 $\boldsymbol{v}_{\text{ref}}$ 所在扇区标号。

3.4　$d - q$ 坐标系矢量合成方程及占空比通式

由于逆变器矢量扇区与三矢量组具有扇区对称性，不妨将坐标系旋转到数字参考电压矢量 $\boldsymbol{v}_{\text{ref}}$ 所在扇区的初轴，即 $d - q$ 坐标系。两个坐标系之间的矢量关系如图 3-4 所示。

由图 3-4 可知

$$\begin{cases} v_d = v_{\text{ref}}\cos\theta_{dq} \\ v_q = v_{\text{ref}}\sin\theta_{dq} \\ \theta_{dq} = \theta - k\pi/3 = \text{REM}[3\theta/\pi] \end{cases} \tag{3-16}$$

式中，REM 为取余函数；θ_{dq} 为 v_{ref} 在当前扇区内的夹角。

在 $d - q$ 坐标系，所有扇区的参考矢量、最佳三矢量全部映射到第 0 扇区，则最佳三矢量统一为 $\boldsymbol{v}_{00}$、$\boldsymbol{v}_1$、$\boldsymbol{v}_2$，矢量合成方程为

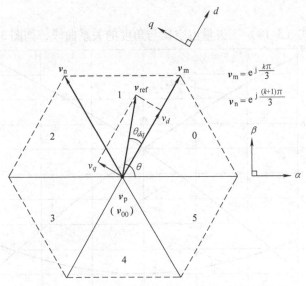

图 3-4 $\alpha - \beta$ 坐标系、$d - q$ 坐标系之间的矢量关系

$$\begin{cases} \boldsymbol{v}_{\mathrm{m}} = \boldsymbol{v}_1 = 1 ; \boldsymbol{v}_{\mathrm{n}} = \boldsymbol{v}_2 = \dfrac{1}{2} + \mathrm{j}\dfrac{\sqrt{3}}{2} ; \boldsymbol{v}_{\mathrm{p}} = \boldsymbol{v}_0 = 0 \\ V_d + \mathrm{j}V_q = d_{\mathrm{m}}\boldsymbol{v}_1 + d_{\mathrm{n}}\boldsymbol{v}_2 + d_{\mathrm{p}}\boldsymbol{v}_0 \\ d_{\mathrm{m}} + d_{\mathrm{n}} + d_{\mathrm{p}} = 1 \end{cases}$$

整理后比较实部、虚部，解得适合任意扇区的三矢量占空比通式为

$$\begin{cases} d_{\mathrm{m}} = v_d - \dfrac{v_q}{\sqrt{3}} \\ d_{\mathrm{n}} = \dfrac{2}{\sqrt{3}} v_q \\ d_{\mathrm{p}} = d_0 = 1 - d_{\mathrm{m}} - d_{\mathrm{n}} \end{cases} \tag{3-17}$$

3.5   极坐标分析

3.5.1   占空比表达式

考虑 V_{ref} 落入第 0 扇区，即 $k = 0$，则 $\theta_{dq} = \theta$，可得

$$\begin{cases} V_d = V_\alpha = V_{\mathrm{ref}}\cos\theta \\ V_q = V_\beta = V_{\mathrm{ref}}\sin\theta \end{cases}$$

代入式（3-16）整理得

$$\begin{cases} M = \dfrac{\sqrt{3}V_{\mathrm{ref}}}{V_{\mathrm{dc}}} \\ d_{\mathrm{m}} = M\sin\left(\dfrac{\pi}{3} - \theta\right) \\ d_{\mathrm{n}} = M\sin\theta \\ d_{\mathrm{p}} = d_0 = 1 - M\sin\left(\theta + \dfrac{\pi}{3}\right) \end{cases} \tag{3-18}$$

式中，M 为调制深度。

令 $M = 1$，绘制式（3-18）三矢量占空比与角度的关系曲线，如图 3-5 所示。

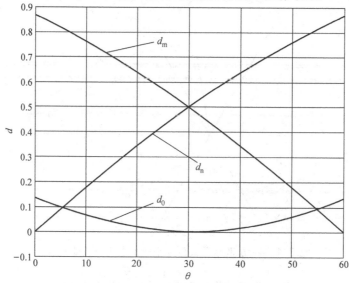

图 3-5　第 0 扇区三矢量占空比与角度的关系曲线

可见，三矢量占空比在扇区临界处总会有两个矢量的占空比变小，且参考电压幅值越低，这两个占空比越接近于 0，该特征可用于后文的最小脉冲限制。

由于矢量分解图相对于扇区的对称性，可以推论，当 V_{ref} 落入任意扇区（k）时的占空比通式为

$$\begin{cases} d_m = M\sin\left[(k+1)\dfrac{\pi}{3} - \theta\right] \\ d_n = M\sin\left(\theta - k\dfrac{\pi}{3}\right) \\ d_p = d_0 = 1 - M\sin\left[\theta - (k-1)\dfrac{\pi}{3}\right] \end{cases} \tag{3-19}$$

式中，k 为参考矢量所在的扇区标号，$k = 0 \sim 5$；M 为调制深度，由式（3-18）决定。

3.5.2　最高线性输出电压

考察式（3-18）d_0 表达式，当 $\theta = \pi/6$ 时达到最小值，即 $d_0 = 0$。此时，零矢量开始消失，即达到临界过调制点，此时的线性输出电压（基波）也达到了最大值，即

$$M = \frac{\sqrt{3}\max V_{ref}}{V_{dc}} = 1 \tag{3-20}$$

考虑

$$V_{dc} = \sqrt{3} V_{s-nom}$$

式中，V_{s-nom} 为额定相电压峰值，则有

$$\max V_{ref} = V_{s-nom} \tag{3-21}$$

图 3-6 给出了逆变器最高线性物理电压矢量幅值与标幺化电压矢量幅值之间的关系。

可见，r 刚好为逆变器矢量六边形的内切圆半径。换言之，当 "V_{ref} 轨迹落到内切圆之

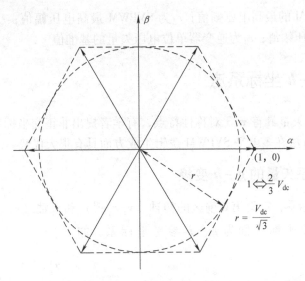

图 3-6　逆变器最高线性物理电压矢量幅值与标幺化电压矢量幅值之间的关系

上时可获得最高线性输出电压", SVPWM 最高线性电压达到了 100% 的网侧电压利用率。

3.5.3　不同 PWM 方式电压利用率比较

因传统纯正弦脉宽调制（SPWM）方法的电压利用率仅能达到网侧电压的 $\sqrt{3}/2 =$ 86.6%[2,3,8,9]，而 SVPWM 方法的电压利用率可达到 100%，这充分体现了 SVPWM 的巨大优势。表 3-2 给出 SPWM 与 SVPWM 最高线性电压与方波输出基波电压之间的比较（数学证明见本章 3.10.3 及 3.10.4 节）。

表 3-2　几种 PWM 方式最高线性输出电压（相）比较

输出电压控制模式	SPWM	SVPWM	方波
最高线性相电压	$V_{dc}/2$	$V_{dc}/\sqrt{3}$	$2V_{dc}/\pi$
最高线性相电压占网侧电压的百分比	86.6%	100%	110.3%

图 3-7 给出几种 PWM 方式的最高线性输出电压矢量圆的比较图。

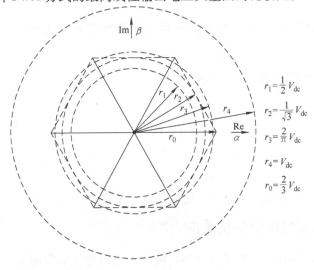

$r_1 = \dfrac{1}{2} V_{dc}$

$r_2 = \dfrac{1}{\sqrt{3}} V_{dc}$

$r_3 = \dfrac{2}{\pi} V_{dc}$

$r_4 = V_{dc}$

$r_0 = \dfrac{2}{3} V_{dc}$

图 3-7　几种 PWM 方式的最高线性输出电压矢量圆的比较图

图中，r_1 为 SPWM 的最高电压幅值；r_2 为 SVPWM 最高电压幅值；r_3 为方波最高电压幅值；r_4 为直流母线电压幅值；r_0 为逆变器单位电压矢量的基准值。

3.6 非正交 $g-h$ 坐标系法

由于逆变器电压矢量具有 $\pi/3$ 对称性特点，有学者提出非正交坐标系 SVPWM 方法，即 $g-h$ 坐标系法。该方法在多电平 SVPWM 逻辑生成方面具有很大优势。

3.6.1 直角坐标系矢量的 $g-h$ 变换

在 $d-q$ 直角坐标系，定义第 0 扇区的初轴（$v_1=\mathrm{e}^{\mathrm{j}0}$）和末轴（$v_2=\mathrm{e}^{\mathrm{j}\pi/3}$）作为非正交坐标系，这个非正交坐标系称为 $g-h$ 参考坐标系，如图 3-8 所示。

于是有

$$v_{\mathrm{ref}}=v_d+\mathrm{j}v_q=v_g\mathrm{e}^{\mathrm{j}0}+v_h\mathrm{e}^{\mathrm{j}\pi/3}$$

式中，v_d、v_q 为 v_{ref} 在 $d-q$ 直角坐标系的分量；v_g、v_h 为 v_{ref} 在 $g-h$ 坐标系两个轴方向的分量。展开单位方向矢量，比较实部与虚部，得任意直角坐标系与 $g-h$ 坐标系的基本变换公式为

$$\begin{cases} A\triangleq v_g=v_d-\dfrac{v_q}{\sqrt{3}} \\ B\triangleq v_h=\dfrac{2}{\sqrt{3}}v_q \end{cases} \tag{3-22}$$

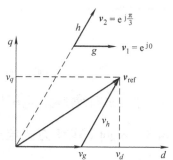

图 3-8　$d-q$ 直角坐标系矢量的 $g-h$ 坐标变换

3.6.2 $\alpha-\beta$ 坐标系逆变器矢量的 $g-h$ 坐标

首先考虑在 $x=\alpha$、$y=\beta$ 直角坐标系对逆变器 8 个单位矢量 $v_0\sim v_7$ 进行 $g-h$ 坐标变换。将式（3-8）的矢量顶点坐标代入式（3-22）得 8 个矢量的 $g-h$ 坐标，将其绘制于图 3-9 所示的复平面。

图中，$0\sim5$ 为扇区标号；圆括号内的数字为逆变器 8 个矢量在 $g-h$ 坐标系的顶点坐标。

3.6.3 $d-q/g-h$ 坐标系占空比表达式

将式（3-22）代入式（3-17）得

$$\begin{cases} d_{\mathrm{m}}=A=V_g \\ d_{\mathrm{n}}=B=V_h \\ d_{\mathrm{p}}=d_0=1-d_{\mathrm{m}}-d_{\mathrm{n}} \end{cases} \tag{3-23}$$

可见，在 $g-h$ 坐标系，非零二矢量占空比表达式非常简捷。

3.6.4 $g-h$ 坐标系过调制矢量修正[3,44-47]

在 $g-h$ 坐标系，所有矢量均变换到第 0 扇区，几何意义非常明显，逆变器矢量六边形

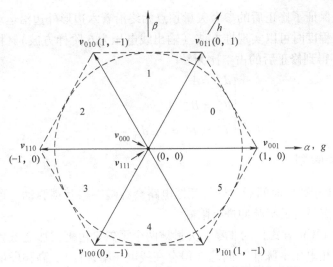

图 3-9　逆变器电压矢量在 $g - h$ 坐标系的顶点坐标

的边对应的直线方程为

$$A + B = 1$$

当 $A + B > 1$ 时，v_{ref} 落入六边形以外，超出了逆变器的输出能力，客观上无法实现，因此，必须对其加以修正。

图 3-10 给出了过调制出现时原始参考电压 v_{ref} 与修正参考电压 v_{ref}^* 的矢量关系图。

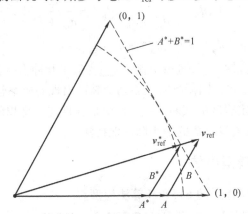

图 3-10　过调制出现时原始参考电压与修正参考电压的矢量关系图

为尽可能减小矢量轨迹的失真，最好的方法是将幅值超出六边形的 v_{ref} 用六边形的边进行截取，截取后的参考矢量 v_{ref}^* 方向与原始参考矢量 V_{ref} 方向一致，只是幅值发生了衰减。由相似三角形等比定理及六边形外延的直线方程有

$$\begin{cases} A^* / A = B^* / B \\ A^* + B^* = 1 \end{cases}$$

变换得

$$\begin{cases} A^* = \dfrac{A}{A + B} \\ B^* = \dfrac{B}{A + B} \end{cases} \tag{3-24}$$

以上修正方法保证了修正后的参考矢量顶点始终沿着六边形外边沿运动。作为极限,当调制深度大到一定程度时可以实现推方波(输出线电压为 6 阶梯方波)。将 A^*、B^* 替换变量代入式(3-23)得到修正后的占空比为

$$\begin{cases} d_m^* = A^* \\ d_n^* = B^* \\ d_p^* = d_0^* = 1 - d_m^* - d_n^* \end{cases} \tag{3-25}$$

3.6.5 最小脉冲限制

当 PWM 脉冲小于死区时间后,硬件死区电路会吞噬一路互锁驱动,致使死区效应有别于常规脉冲,通常需要对最窄脉冲进行限制。

对于七段式 SVPWM 方式,因非零二矢量被两个零矢量包裹,加之低频段的零矢量占比较大,故不存在"相电压窄脉冲"问题(但存在线电压窄脉冲)。高频段虽然涉及零矢量窄脉冲问题,但因输出电压较高,零矢量占比较小,考虑过调制的推方波处理,不妨采用有损零矢量剔除法。具体算法为

$$\begin{cases} \text{if } d_p^* < d_{\min} \text{ then} \\ \quad \{\text{if } d_m^{**} < d_{\min} \quad \text{then } \{d_p^{**} = 0; d_m^{**} = 0; d_n^{**} = 1\} \\ \quad \text{if } d_n^{**} < d_{\min} \quad \text{then} \{d_p^{**} = 0; d_m^{**} = 1; d_n^{**} = 0\} \\ \quad d_p^{**} = 0; d_m^{**} = \dfrac{d_m^*}{d_m^* + d_n^*}; d_n^{**} = \dfrac{d_n^*}{d_m^* + d_n^*}\} \\ \text{else } \{d_p^{**} = d_p^*; d_m^{**} = d_m^*; d_n^{**} = d_n^*\} \end{cases} \tag{3-26}$$

式中,d_m^{**}、d_n^{**}、d_p^{**} 为最终三矢量占空比;$d_{\min}$ 为最小脉冲占空比。

对于五段式 SVPWM 方式,因低频时相驱动窄脉冲出现的概率较大,简单的最小脉冲剔除法或保留法均会带来一定程度的截断误差,影响低速性能。理想的窄脉冲限制方法参考本章 3.10.8 节给出的无损多矢量合成的最小脉冲保持法。

3.6.6 SVPWM 算法模型小结

图 3-11 给出了 $g - h$ 坐标系的 SVPWM 算法模型。

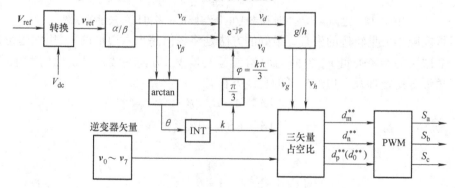

图 3-11 $g - h$ 坐标系的 SVPWM 算法模型

表 3-3 给出了根据控制系统参考电压矢量标幺值 V_α^{pu}、V_β^{pu} 经由数字参考电压矢量求取 SVPWM 三矢量占空比的算法流程。

表 3-3 SVPWM 三矢量占空比的算法流程

坐标系	名称	算法说明
$\alpha - \beta$ 坐标系	数字参考电压矢量 v_{ref}	$v_\alpha = \dfrac{3V_{BASE}}{2V_{dc-BASE}V_{dc}^{pu}}V_\alpha^{pu}$; $v_\beta = \dfrac{3V_{BASE}}{2V_{dc-BASE}V_{dc}^{pu}}V_\beta^{pu}$
	v_{ref} 幅值	$v_{ref} = \sqrt{v_\alpha^2 + v_\beta^2}$
	v_{ref} 相位	$\theta = \arctan\ (v_\beta/v_\alpha)$
	v_{ref} 扇区标号	$k = \mathrm{INT}\ [3\theta/\pi]$
	v_{ref} 扇区余角	$\theta_{dq} = \mathrm{REM}\ [3\theta/\pi]$
$d - q$ 坐标系	$d - q$ 分量	$v_d = v_{ref}\cos\theta_{dq}$; $v_q = v_{ref}\sin\theta_{dq}$
	$d - q/g - h$ 分量	$A = v_d - v_q/\sqrt{3}$; $B = 2v_q/\sqrt{3}$
	过调制修正	if $A + B > 1$ then $\{A^* = A/\ (A+B)$; $B^* = B/\ (A+B)\}$ else $\{A^* = A$; $B^* = B\}$
	三矢量占空比	$d_m^* = A^*$; $d_n^* = B^*$; $d_p^* = 1 - d_m^* - d_n^*$
	最小脉冲限制（七段式）	式（3-26）

3.7 SVPWM 的等效方法[9]

谐波注入法（Harmonic Injection）是基于逆变器拓扑结构对输出线电压三次谐波具有的自然抑制特性而产生的，即在参考信号（正弦）之上叠加一定幅度的三次谐波，使等效的参考信号峰值降低，以扩展 PWM 线性调制范围，进而提高输出电压，故也称峰值减低法（Peak Reduction）。谐波注入法的等效参考信号呈现为"马鞍形"，文献［9］给出了一种实用模型，如图 3-12 所示。

该模型直接对参考指令信号改造，不需要扇区判断和占空比求取。改造后的二级参考信号直接进行 PWM 比较产生输出波形，算法简单、实时性好，且与七段式 SVPWM 方法完全等效（详见本章 3.10.4 节）。

此外，还可采用磁链跟踪（预测）法实现 PWM 输出，参考第 7 章 7.9 节。

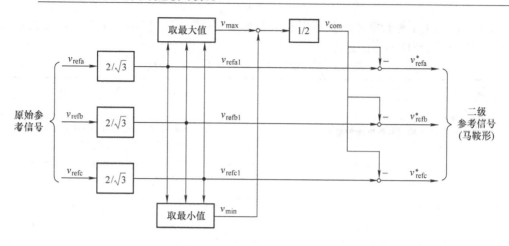

图 3-12　谐波注入法实用模型

3.8　SVPWM 波形生成

3.8.1　数字 PWM 比较

图 3-13 给出了三相正逻辑（0—关断；1—导通）驱动的 PWM 比较示意图。

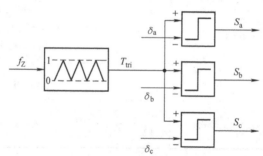

图 3-13　三相正逻辑驱动的 PWM 比较示意图

图中，T_{tri} 为幅值为"1"的数字三角波；δ_a、δ_b、δ_c 为三相 PWM 比较值；S_a、S_b、S_c 为三相 PWM 驱动逻辑。

3.8.2　定制七段式 SVPWM

所谓定制式是指根据参考电压矢量所在扇区选择固定的三矢量，并按相邻切换原则进行矢量排序的模式。

以第 0 扇区为例，若采用 $v_0 - v_1 - v_2 - v_7 - v_2 - v_1 - v_0$ 矢量排序方式，每组矢量用到了 v_0 和 v_7 两个零矢量，一个输出周期共出现 7 次矢量切换，故称为七段式法。其他扇形情形类似。因首发零矢量既可选 v_0，也可选 v_7，因此，矢量排序并不具有唯一性。

SVPWM 输出需要三相 PWM 比较值，它是最佳三矢量占空比的函数。表 3-4 给出了两个零矢量占空比按等量分配条件下（$k = 0.5$）的 6 个扇区七段式 SVPWM 时序及相逻辑

PWM 比较值。其中，η 为零矢量分配系数，通常 $\eta = 0.5$。

表 3-4　六扇区七段式 SVPWM 时序及相逻辑 PWM 比较值

扇区	三矢量	全载波周期矢量排序及波形	相逻辑 PWM 比较值
0	$\begin{cases} v_m = v_1 \\ v_n = v_2 \\ v_p = \eta v_0 + (1-\eta)v_7 \end{cases}$	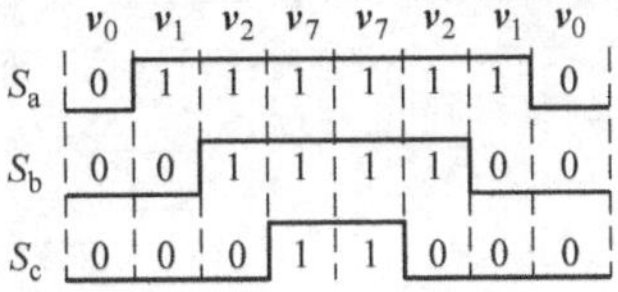 $v_0\ v_1\ v_2\ v_7\ v_7\ v_2\ v_1\ v_0$（$S_a,\ S_b,\ S_c$ 波形）	$\begin{cases} \delta_a = \eta d_p^{**} \\ \delta_b = \eta d_p^{**} + d_m^{**} \\ \delta_c = \eta d_p^{**} + d_m^{**} + d_n^{**} \end{cases}$
1	$\begin{cases} v_m = v_2 \\ v_n = v_3 \\ v_p = \eta v_0 + (1-\eta)v_7 \end{cases}$	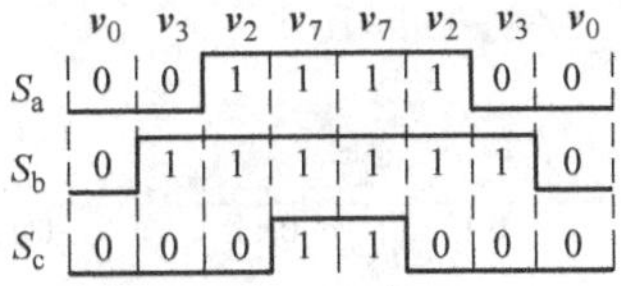 $v_0\ v_3\ v_2\ v_7\ v_7\ v_2\ v_3\ v_0$（$S_a,\ S_b,\ S_c$ 波形）	$\begin{cases} \delta_a = \eta d_p^{**} + d_n^{**} \\ \delta_b = \eta d_p^{**} \\ \delta_c = \eta d_p^{**} + d_n^{**} + d_m^{**} \end{cases}$
2	$\begin{cases} v_m = v_3 \\ v_n = v_4 \\ v_p + \eta v_0 + (1-\eta)v_7 \end{cases}$	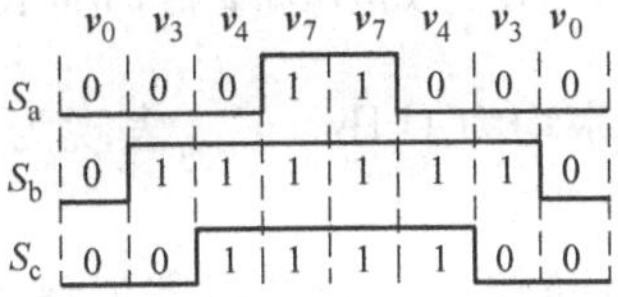 $v_0\ v_3\ v_4\ v_7\ v_7\ v_4\ v_3\ v_0$（$S_a,\ S_b,\ S_c$ 波形）	$\begin{cases} \delta_a = \eta d_p^{**} + d_m^{**} + d_n^{**} \\ \delta_b = \eta d_p^{**} \\ \delta_c = \eta d_p^{**} + d_m^{**} \end{cases}$
3	$\begin{cases} v_m = v_4 \\ v_n = v_5 \\ v_p = \eta v_0 + (1-\eta)v_7 \end{cases}$	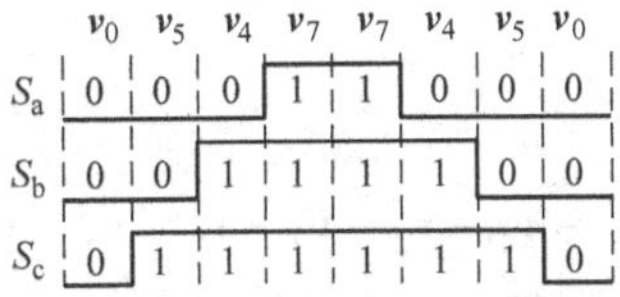 $v_0\ v_5\ v_4\ v_7\ v_7\ v_4\ v_5\ v_0$（$S_a,\ S_b,\ S_c$ 波形）	$\begin{cases} \delta_a = \eta d_p^{**} + d_n^{**} + d_m^{**} \\ \delta_b = \eta d_p^{**} + d_n^{**} \\ \delta_c = \eta d_p^{**} \end{cases}$
4	$\begin{cases} v_m = v_5 \\ v_n = v_6 \\ v_p = \eta v_0 + (1-\eta)v_7 \end{cases}$	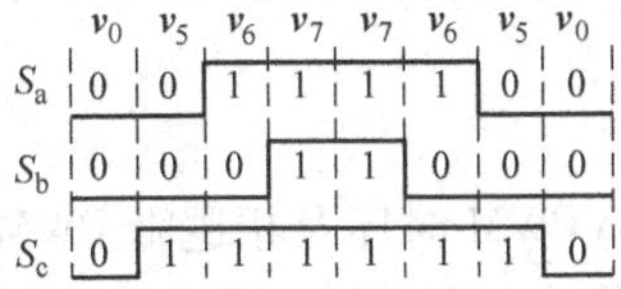 $v_0\ v_5\ v_6\ v_7\ v_7\ v_6\ v_5\ v_0$（$S_a,\ S_b,\ S_c$ 波形）	$\begin{cases} \delta_a = \eta d_p^{**} + d_m^{**} \\ \delta_b = \eta d_p^{**} + d_m^{**} + d_n^{**} \\ \delta_c = \eta d_p^{**} \end{cases}$
5	$\begin{cases} v_m = v_6 \\ v_n = v_1 \\ v_p = \eta v_0 + (1-\eta)v_7 \end{cases}$	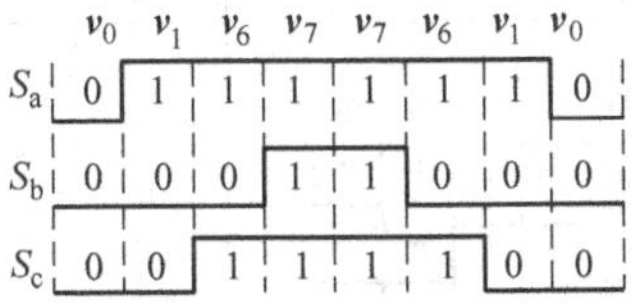 $v_0\ v_1\ v_6\ v_7\ v_7\ v_6\ v_1\ v_0$（$S_a,\ S_b,\ S_c$ 波形）	$\begin{cases} \delta_a = \eta d_p^{**} \\ \delta_b = \eta d_p^{**} + d_n^{**} + d_m^{**} \\ \delta_c = \eta d_p^{**} + d_n^{**} \end{cases}$

　　图 3-14 给出了载波频率 1kHz，输出频率 25Hz，调制深度 $M = 0.5$ 时七段式三相 SVPWM 相电压（S_a、S_b、S_c）以及线电压（$S_a - S_b$），a 相 PWM 比较值（δ_a）及 V_{com} 的仿真结果。

　　图中，V_{com} 为逆变器电压参考点（负母线）相对星形负载中点之间的电压，即三次谐波集合，或零序分量，见本章 3.10.7 节。

　　可见，a 相 PWM 比较参考值呈现马鞍形变化规律，且马鞍形为奇、偶对称形状（b、c 两相，情形类似）。相电压、线电压波形均匀、对称且与原始参考电压矢量同步，在载波频

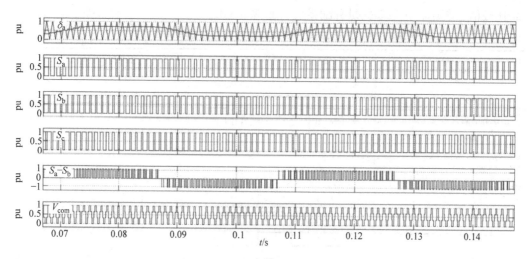

图 3-14　七段式三相 SVPWM 相电压、线电压和 a 相 PWM 比较值及 V_{com} 的仿真结果

率 1kHz 时，相电压、线电压开关速率均为 1kHz。V_{com} 表现为相对均匀（75Hz）、幅值波动范围 0~1 的准三角波形。

再者，七段式因低频段零矢量时间较长，若采用零矢量等量分配，不会出现"相驱动逻辑的窄脉冲"（仅高频段涉及零矢量窄脉冲问题）。

3.8.3　定制五段式 SVPWM

以第 0 扇区为例，若将七段式 $v_0 - v_1 - v_2 - v_7 - v_2 - v_1 - v_0$ 矢量排序中的零矢量集中安置并统一为 v_0，则矢量排序可变为 $v_0 - v_1 - v_2 - v_1 - v_0$ 的五段式。其他扇区的情形类似。

由于集中零矢量既可选择 v_0，也可选择 v_7，还可以根据扇区的奇偶性交替选择 v_0 和 v_7，因此可派生出多种时序。

1. 六扇区五段式

表 3-5 给出了 6 个扇区五段式 SVPWM 时序及相逻辑 PWM 比较值。

表 3-5　六扇区五段式 SVPWM 时序及相逻辑 PWM 比较值

扇区	三矢量	全载波周期矢量排序及波形	相逻辑 PWM 比较值
0	$\begin{cases} v_m = v_1 \\ v_n = v_2 \\ v_p = v_0 \end{cases}$	$v_0\ v_1\ v_2\ v_2\ v_1\ v_0$ S_a: 0 1 1 1 1 0 S_b: 0 0 1 1 0 0 S_c: 0 0 0 0 0 0	$\begin{cases} \delta_a = d_p^{**} \\ \delta_b = d_p^{**} + d_m^{**} \\ \delta_c = 1 \end{cases}$
1	$\begin{cases} v_m = v_2 \\ v_n = v_3 \\ v_p = v_0 \end{cases}$	$v_0\ v_3\ v_2\ v_2\ v_3\ v_0$ S_a: 0 0 1 1 0 0 S_b: 0 1 1 1 1 0 S_c: 0 0 0 0 0 0	$\begin{cases} \delta_a = d_p^{**} + d_n^{**} \\ \delta_b = d_p^{**} \\ \delta_c = 1 \end{cases}$

（续）

扇区	三矢量	全载波周期矢量排序及波形	相逻辑 PWM 比较值
2	$\begin{cases} v_m = v_3 \\ v_n = v_4 \\ v_p = v_0 \end{cases}$	$v_0\ v_3\ v_4\ v_4\ v_3\ v_0$ S_a：0 0 0 0 0 0 S_b：0 1 1 1 1 0 S_c：0 0 1 1 0 0	$\begin{cases} \delta_a = 1 \\ \delta_b = d_p^{**} \\ \delta_c = d_p^{**} + d_m^{**} \end{cases}$
3	$\begin{cases} v_m = v_4 \\ v_n = v_5 \\ v_p = v_0 \end{cases}$	$v_0\ v_5\ v_4\ v_4\ v_5\ v_0$ S_a：0 0 1 1 0 0 S_b：0 0 1 1 0 0 S_c：0 1 1 1 1 0	$\begin{cases} \delta_a = 1 \\ \delta_b = d_p^{**} + d_n^{**} \\ \delta_c = d_p^{**} \end{cases}$
4	$\begin{cases} v_m = v_5 \\ v_n = v_6 \\ v_p = v_0 \end{cases}$	$v_0\ v_5\ v_6\ v_6\ v_5\ v_0$ S_a：0 0 1 1 0 0 S_b：0 0 0 0 0 0 S_c：0 1 1 1 1 0	$\begin{cases} \delta_a = d_p^{**} + d_m^{**} \\ \delta_b = 1 \\ \delta_c = d_p^{**} \end{cases}$
5	$\begin{cases} v_m = v_6 \\ v_n = v_1 \\ v_p = v_0 \end{cases}$	$v_0\ v_1\ v_6\ v_6\ v_1\ v_0$ S_a：0 1 1 1 1 0 S_b：0 0 0 0 0 0 S_c：0 0 1 1 0 0	$\begin{cases} \delta_a = d_p^{**} \\ \delta_b = 1 \\ \delta_c = d_p^{**} + d_n^{**} \end{cases}$

　　图 3-15 给出以上五段式 SVPWM 输出仿真波形（载波频率为 1kHz，输出频率为 25Hz，调制深度 $M = 0.5$）。

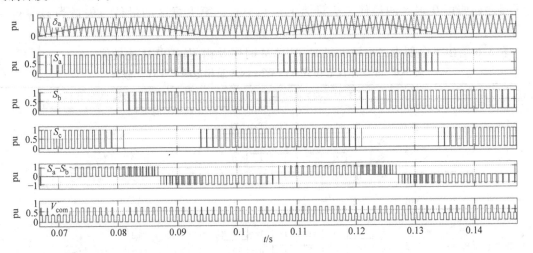

图 3-15　六扇区五段式 SVPWM 输出仿真波形

比较七段式有以下几个不同点：

1）每个输出周期有 1/3 时间输出状态不变，故比七段式开关速率降低 1/3，但其线电压开关速率也同样降低 1/3，进而使负载电流的纹波也增大 1/3。

2）V_{com} 电压幅值在 0～1 之间变化，与七段式相比，出现明显的二次谐波，故当负载不对称时会产生附加的高次谐波。

3）五段式存在低频相驱动的窄脉冲问题，需要采用无损最窄脉冲处理方法来解决（见本章 3.10.8 节）。

2. 十二扇区五段式

若将零矢量选择的 6 个扇区与主矢量的 6 个扇区错开 $\pi/6$，并按零矢量扇区交替采用 v_0 和 v_7，可引申为如下十二扇区五段式方法。图 3-16 给出了十二扇区的三矢量组合。

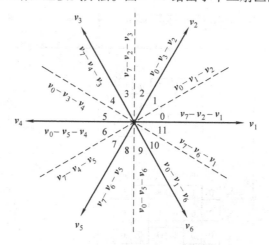

图 3-16 十二扇区的三矢量组合

图中，数字 0～11 表示 12 个扇区的标号，且 0-1，2-3，…，10-11 对应主矢量六扇区，11-0，1-2，…，9-10 代表零矢量六扇区。十二扇区内的最佳三矢量按相邻矢量进行了排序，如第 0 扇区的最佳三矢量为 $v_7 - v_2 - v_1$，第 1 扇区的最佳三矢量为 $v_0 - v_1 - v_2$ 等。

表 3-6 给出了全部十二扇区五段式 SVPWM 时序及相逻辑 PWM 比较值。

表 3-6　十二扇区五段式 SVPWM 时序及相逻辑 PWM 比较值

扇区	三矢量	全载波周期矢量排序及波形	相逻辑 PWM 比较值
0	$\begin{cases} v_m = v_1 \\ v_n = v_2 \\ v_p = v_7 \end{cases}$	$v_1 \ v_2 \ v_7 \ v_7 \ v_2 \ v_1$ S_a: 1 1 1 1 1 1 S_b: 0 1 1 1 1 0 S_c: 0 0 1 1 0 0	$\begin{cases} \delta_a = 0 \\ \delta_b = d_m^{**} \\ \delta_c = d_m^{**} + d_n^{**} \end{cases}$
1	$\begin{cases} v_m = v_1 \\ v_n = v_2 \\ v_p = v_0 \end{cases}$	$v_0 \ v_1 \ v_2 \ v_2 \ v_1 \ v_0$ S_a: 0 1 1 1 1 0 S_b: 0 0 1 1 0 0 S_c: 0 0 0 0 0 0	$\begin{cases} \delta_a = d_p^{**} \\ \delta_b = d_p^{**} + d_m^{**} \\ \delta_c = 1 \end{cases}$

（续）

扇区	三矢量	全载波周期矢量排序及波形	相逻辑 PWM 比较值
2	$\begin{cases} v_m = v_2 \\ v_n = v_3 \\ v_p = v_0 \end{cases}$	$\quad v_0 \quad v_3 \quad v_2 \quad v_2 \quad v_3 \quad v_0$ $S_a:\ 0\ \ 0\ \ 1\ \ 1\ \ 0\ \ 0$ $S_b:\ 0\ \ 1\ \ 1\ \ 1\ \ 1\ \ 0$ $S_c:\ 0\ \ 0\ \ 0\ \ 0\ \ 0\ \ 0$	$\begin{cases} \delta_a = d_p^{**} + d_n^{**} \\ \delta_b = d_p^{**} \\ \delta_c = 1 \end{cases}$
3	$\begin{cases} v_m = v_2 \\ v_n = v_3 \\ v_p = v_7 \end{cases}$	$\quad v_3 \quad v_2 \quad v_7 \quad v_7 \quad v_2 \quad v_3$ $S_a:\ 0\ \ 1\ \ 1\ \ 1\ \ 1\ \ 0$ $S_b:\ 1\ \ 1\ \ 1\ \ 1\ \ 1\ \ 1$ $S_c:\ 0\ \ 0\ \ 1\ \ 1\ \ 0\ \ 0$	$\begin{cases} \delta_a = d_n^{**} \\ \delta_b = 0 \\ \delta_c = d_n^{**} + d_m^{**} \end{cases}$
4	$\begin{cases} v_m = v_3 \\ v_n = v_4 \\ v_p = v_7 \end{cases}$	$\quad v_3 \quad v_4 \quad v_7 \quad v_7 \quad v_4 \quad v_3$ $S_a:\ 0\ \ 0\ \ 1\ \ 1\ \ 0\ \ 0$ $S_b:\ 1\ \ 1\ \ 1\ \ 1\ \ 1\ \ 1$ $S_c:\ 0\ \ 1\ \ 1\ \ 1\ \ 1\ \ 0$	$\begin{cases} \delta_a = d_m^{**} + d_n^{**} \\ \delta_b = 0 \\ \delta_c = d_m^{**} \end{cases}$
5	$\begin{cases} v_m = v_3 \\ v_n = v_4 \\ v_p = v_0 \end{cases}$	$\quad v_0 \quad v_3 \quad v_4 \quad v_4 \quad v_3 \quad v_0$ $S_c:\ 0\ \ 0\ \ 0\ \ 0\ \ 0\ \ 0$ $S_b:\ 0\ \ 1\ \ 1\ \ 1\ \ 1\ \ 0$ $S_a:\ 0\ \ 0\ \ 1\ \ 1\ \ 0\ \ 0$	$\begin{cases} \delta_a = 1 \\ \delta_b = d_p^{**} \\ \delta_c = d_p^{**} + d_m^{**} \end{cases}$
6	$\begin{cases} v_m = v_4 \\ v_n = v_5 \\ v_p = v_0 \end{cases}$	$\quad v_0 \quad v_5 \quad v_4 \quad v_5 \quad v_4 \quad v_0$ $S_a:\ 0\ \ 0\ \ 0\ \ 0\ \ 0\ \ 0$ $S_b:\ 0\ \ 0\ \ 1\ \ 1\ \ 0\ \ 0$ $S_c:\ 0\ \ 1\ \ 1\ \ 1\ \ 1\ \ 0$	$\begin{cases} \delta_a = 1 \\ \delta_b = d_p^{**} + d_n^{**} \\ \delta_c = d_p^{**} \end{cases}$
7	$\begin{cases} v_m = v_4 \\ v_n = v_5 \\ v_p = v_7 \end{cases}$	$\quad v_5 \quad v_4 \quad v_7 \quad v_7 \quad v_4 \quad v_5$ $S_a:\ 0\ \ 0\ \ 1\ \ 1\ \ 0\ \ 0$ $S_b:\ 0\ \ 1\ \ 1\ \ 1\ \ 1\ \ 0$ $S_c:\ 1\ \ 1\ \ 1\ \ 1\ \ 1\ \ 1$	$\begin{cases} \delta_a = d_n^{**} + d_m^{**} \\ \delta_b = d_n^{**} \\ \delta_c = 0 \end{cases}$
8	$\begin{cases} v_m = v_5 \\ v_n = v_6 \\ v_p = v_7 \end{cases}$	$\quad v_5 \quad v_6 \quad v_7 \quad v_7 \quad v_6 \quad v_5$ $S_a:\ 0\ \ 1\ \ 1\ \ 1\ \ 1\ \ 0$ $S_b:\ 0\ \ 0\ \ 1\ \ 1\ \ 0\ \ 0$ $S_c:\ 1\ \ 1\ \ 1\ \ 1\ \ 1\ \ 1$	$\begin{cases} \delta_a = d_m^{**} \\ \delta_b = d_m^{**} + d_n^{**} \\ \delta_c = 0 \end{cases}$
9	$\begin{cases} v_m = v_5 \\ v_n = v_6 \\ v_p = v_0 \end{cases}$	$\quad v_0 \quad v_5 \quad v_6 \quad v_6 \quad v_5 \quad v_0$ $S_a:\ 0\ \ 0\ \ 1\ \ 1\ \ 0\ \ 0$ $S_b:\ 0\ \ 0\ \ 0\ \ 0\ \ 0\ \ 0$ $S_c:\ 0\ \ 1\ \ 1\ \ 1\ \ 1\ \ 0$	$\begin{cases} \delta_a = d_p^{**} + d_m^{**} \\ \delta_b = 1 \\ \delta_c = d_p^{**} \end{cases}$
10	$\begin{cases} v_m = v_6 \\ v_n = v_1 \\ v_p = v_0 \end{cases}$	$\quad v_0 \quad v_1 \quad v_6 \quad v_6 \quad v_1 \quad v_0$ $S_a:\ 0\ \ 1\ \ 1\ \ 1\ \ 1\ \ 0$ $S_b:\ 0\ \ 0\ \ 0\ \ 0\ \ 0\ \ 0$ $S_c:\ 0\ \ 0\ \ 1\ \ 1\ \ 0\ \ 0$	$\begin{cases} \delta_a = d_p^{**} \\ \delta_b = 1 \\ \delta_c = d_p^{**} + d_n^{**} \end{cases}$

（续）

扇区	三矢量	全载波周期矢量排序及波形	相逻辑 PWM 比较值
11	$\begin{cases} v_m = v_6 \\ v_n = v_1 \\ v_p = v_7 \end{cases}$	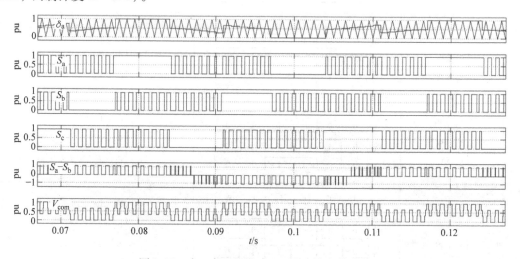	$\begin{cases} \delta_a = 0 \\ \delta_b = d_n^{**} + d_m^{**} \\ \delta_c = d_n^{**} \end{cases}$

图 3-17 为十二扇区五段式 SVPWM 输出仿真波形（载波频率为 1kHz，输出频率为 25Hz，调制深度 $M = 0.5$）。

图 3-17　十二扇区五段式 SVPWM 输出仿真波形

可见，与六扇区五段式相比，十二扇区五段式 δ_a 变化规律符合奇、偶对称原则，故相电压、线电压的对称度亦将有所改善，且相驱动信号的窄脉冲出现的范围比六扇区五段式要小。又因对称轴与零矢量扇区同步，因此 δ_a 参考信号对称轴"超前原始电压参考矢量 $\pi/3$"。V_{com} 波动范围为 $0 \sim 1$，但二次谐波成分明显更强。

图 3-18 给出了载波频率 1kHz，输出频率 25Hz，调制深度 $M = 0.5$ 时，上述六扇区七段式、六扇区五段式、十二扇区五段式三种方式逆变器连接星形三相 $R - L$ 对称负载下 a 相稳态电流（I_a）及 a 相电压（U_{a0}）。

可见，七段式相电流脉动频率为 1kHz，电流纹波最小；六扇区及十二扇区五段式输出电流的脉动频率均为 0.667kHz，电流纹波水平相当，均明显高于七段式。

3.8.4　不定制矢量排序（继承法）

在某些矢量消失后，定制式矢量排序无法避免非相邻矢量的切换问题，为此给出如下继承矢量排序法。所谓继承矢量排序法是指在上拍最末矢量的基础上按照相邻矢量排序原则进行本拍矢量排序的方法，该方法可彻底解决极限情况下的不相邻矢量问题。其遵从规则如下：

1）根据上拍最末矢量确定本拍的首发矢量。

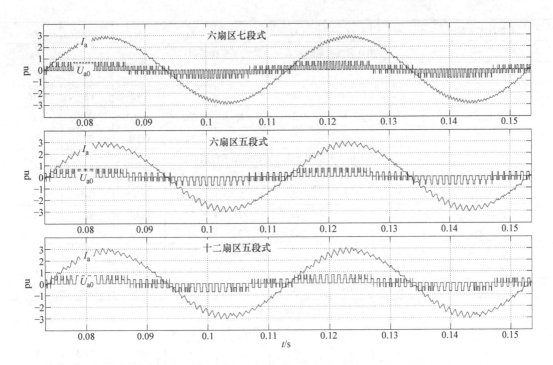

图 3-18　三种 SVPWM 方式逆变器连接星形 $R-L$ 对称负载下 a 相稳态电流及 a 相电压

2）矢量排序服从相邻矢量切换原则。

3）按扇区的奇、偶数交替选择主、次零矢量。如第 0 扇区选择 v_0 为主零矢量，v_7 为次零矢量；第 1 扇区选择 v_7 为主零矢量，v_0 为次零矢量，依此类推。

4）矢量排序中含有零矢量，则优先选择主零矢量，若主零矢量无法满足相邻矢量原则，选择次零矢量。

5）考虑最小脉冲剔除，每个采样周期 3 个矢量最多有 6 种组合，这称为"最小子集"。当最小子集中的矢量无法满足相邻排序原则时，需要最小脉冲占空比（$\delta_{\min}$）按添加过渡矢量。过渡矢量应以主零矢量、次零矢量、非零矢量的优先次序进行选择。

考虑最一般的情况（有些矢量组合出现的概率极低），上拍最末矢量最多有 8 种可能，即逆变器所能输出的 8 个（$v_0 \sim v_7$）。

表 3-7 给出了 6 个扇区继承法五段式矢量排序总表。

表中，数字代表矢量下标；"v_{00}"代表广义零矢量（v_0 或 v_7）；"○"中数字所代表的矢量为不可缺席矢量，这些矢量至少要保持一个最小脉冲占空比（$\delta_{\min}$）。

表 3-7　6 个扇区继承法五段式矢量排序总表

上拍最末矢量	v_0	v_1	v_2	v_3	v_4	v_5	v_6	v_7
第 0 扇区矢量切换表（五段式半采样周期）								
本拍最小子集	本拍矢量排序（主零矢量 v_0）							
v_1	1	1	1	①1	⑦②1	①1	1	②1
v_{00}、v_1	01	10	10	01	7②1	01	10	7②1
v_1、v_2	12	12	21	21	⑦21	①12	12	21

（续）

上拍最末矢量	v_0	v_1	v_2	v_3	v_4	v_5	v_6	v_7
第0扇区矢量切换表（五段式半采样周期）								
本拍最小子集	本拍矢量排序（主零矢量 v_0）							
v_{00}、v_1、v_2	012	210	210	210	721	012	127	210
v_2	①2	2	2	2	⑦2	⓪①2	⑦2	2
v_{00}、v_2	0①2	27	27	27	72	0①2	72	72
第1扇区矢量切换表（五段式半采样周期）								
本拍最小子集	本拍矢量排序（主零矢量 v_7）							
v_2	③2	2	2	2	⑦2	⓪③2	⑦2	2
v_{00}、v_2	0③2	27	27	27	72	0③2	72	72
v_2、v_3	32	23	23	32	32	⓪32	⑦23	23
v_{00}、v_2、v_3	327	230	327	327	327	032	723	723
v_3	3	⓪3	3	3	3	⓪3	⑦②3	②3
v_{00}、v_3	03	03	30	30	30	03	7②3	7②3
第2扇区矢量切换表（五段式半采样周期）								
本拍最小子集	本拍矢量排序（主零矢量 v_0）							
v_3	3	⓪3	3	3	3	⓪3	⑦④3	④3
v_{00}、v_3	03	03	30	30	30	03	7④3	7④3
v_3、v_4	34	⓪34	34	34	43	43	⑦43	43
v_{00}、v_3、v_4	034	034	347	430	430	430	743	430
v_4	③4	⓪③4	⑦4	4	4	4	⑦4	4
v_{00}、v_4	0③4	0③4	74	47	47	47	74	74
第3扇区矢量切换表（五段式半采样周期）								
本拍最小子集	本拍矢量排序（主零矢量 v_7）							
v_4	⑤4	⓪⑤4	⑦4	4	4	4	⑦4	4
v_{00}、v_4	0⑤4	0⑤4	74	47	47	47	74	74
v_4、v_5	54	⓪54	⑦45	45	45	54	54	45
v_{00}、v_4、v_5	547	054	745	450	547	547	547	745
v_5	5	⓪5	⑦④5	⓪5	5	5	5	④5
v_{00}、v_5	05	05	7④5	05	50	50	50	7④5
第4扇区矢量切换表（五段式半采样周期）								
本拍最小子集	本拍矢量排序（主零矢量 v_0）							
v_5	5	⓪5	⑦⑥5	⓪5	5	5	5	⑥5
v_{00}、v_5	05	05	7⑥5	05	50	50	50	7⑥5
v_5、v_6	56	65	⑦65	⓪56	56	56	65	65
v_{00}、v_5、v_6	056	650	765	056	567	650	650	650
v_6	⑤6	6	⑦6	⓪⑤6	⑦6	6	6	6
v_{00}、v_6	0⑤6	67	76	0⑤6	76	67	67	76

（续）

上拍最末矢量	v_0	v_1	v_2	v_3	v_4	v_5	v_6	v_7
第5扇区矢量切换表（五段式半采样周期）								
本拍最小子集	本拍矢量排序（主零矢量 v_7）							
v_6	①6	6	⑦6	⓪①6	⑦6	6	6	6
v_{00}、v_6	0①6	67	76	0①6	76	67	67	76
v_6、v_1	16	16	16	⓪16	⑦61	61	61	61
v_{00}、v_6、v_1	167	167	167	016	761	610	761	761
v_1	1	1	1	⓪1	⑦⑥1	⓪1	1	⑥1
v_{00}、v_1	01	10	10	01	7⑥1	01	10	7⑥1

注：若按最小脉冲保持法进行最小脉冲处理，表 3-7 可简化为阴影所标注的一行。

3.8.5　小结

五段式与七段式非零电压矢量合成效果相同，但零矢量的分配不同。七段式为分散式，开关速率较高；五段式为集中式，开关速率较低，但输出电流纹波也加大。受逆变器非线性、死区、定子电阻等因素的影响，零矢量会使电压矢量向原点收缩，从而产生畸变，且输出电压越低、电流越大，收缩效果越明显。故五段式在降低开关速率的同时也加长了零矢量对电压矢量向原点收缩的时间，除非提高载波频率。

五段式零序电压（V_{com}）中附加了不同程度的二次谐波，会因负载不对称而加剧输出电流的畸变。但在相同开关速率前提下，五段式比七段式可获得更高的采样速率，进而提高控制系统的动态指标。

七段式不涉及相逻辑的窄脉冲问题，五段式需采用无损最小脉冲限制。

定制式矢量排序在某些矢量消失后会出现不相邻矢量问题，但不定制继承矢量排序可以彻底解决不相邻矢量问题，只是矢量排序表格相对复杂。

3.9　时间片组合 PWM

所谓时间片组合 PWM 是指将低载波频率的常规 PWM 信号分解为 n 个高载波频率的子 PWM 信号，并通过子 PWM 的自然拼接，获得与常规 PWM 等效的 PWM 方法。时间片组合 PWM 在与传统 DTC 模式的结合上有着特别重要的意义。

图 3-19 给出了该组合方式下的载波信号及占空比的特征。

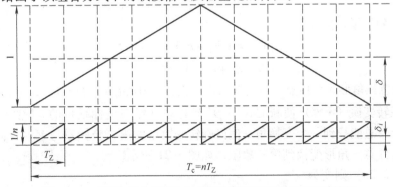

图 3-19　时间片组合 PWM 方式下的载波信号及占空比的特征

图中，下方锯齿波为子 PWM 载波，载波周期或时间片为 T_Z，幅值为 $1/n$。子 PWM 采用锯齿载波可方便影子（缓冲）寄存器的装载并简化 PWM 比较；上方三角波对应低载波常规 PWM 信号，载波周期为 nT_Z，幅值为 1。

设期望的常规 PWM 的占空比为 δ，采用取整、取余函数算法求取常规 PWM 跳变沿所对应的子时间片序号 k 及该子时间片所对应的子 PWM 占空比，即

$$
\begin{cases}
k = \mathrm{INT}(n\delta) & \\
\delta_i = 0 & i < k \\
\delta_i = \mathrm{REM}(n\delta) & i = k \\
\delta_i = 1 & i > k
\end{cases}
\tag{3-27}
$$

式中，k 为发生 PWM 跳变所对应的子时间片序号；INT 为取整函数；REM 为取余函数；δ_i 为第 i 个子 PWM 占空比；i 为一个常规 PWM 周期内时间片的循环变量，$i = 1 \sim n$。

时间片组合 PWM 方式将低采样频率的常规 PWM 与高采样频率 PWM 进行融合，便于常规 PWM 与采用高采样频率的时间片控制模式的对接，在实现 DTC 模式下磁链规划及飞车起动等方面有着特别重要的意义（参考第 7 章 7.7.1 节和 7.7.2 节）。

3.10 本章数学基础

3.10.1 最佳三矢量的数学证明

假设在 $\alpha - \beta$ 坐标系，任意参考矢量（V_{ref}）落入（$V_1 - V_2 - V_3$）顶点组成的任意三角形范围之内并将 V_{ref} 按 3 个矢量的方向进行分解，如图 3-20 所示。

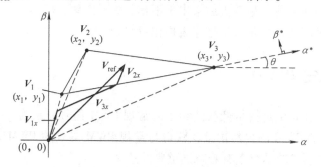

图 3-20 原始 $\alpha - \beta$ 坐标系矢量分解

于是有下列矢量复数方程：

$$
\begin{cases}
V_{\mathrm{ref}} = d_1 V_1 + d_2 V_2 + d_3 V_3 \\
d_1 + d_2 + d_3 = 1
\end{cases}
\tag{3-28}
$$

式中，d_i 为任意三角形 3 个顶点矢量对应的占空比，且 $0 \leqslant d_i \leqslant 1$（$i = 1$，2，3）。

若通过旋转变换（$e^{-j\theta}$）使新的 $\alpha^* - \beta^*$ 坐标系（第二坐标系）的 α^* 轴与任意三角形的一条边平行，总能找到一个变换角 θ 使得旋转变换后的第二坐标系与 $V_1 - V_3$ 顶点的对应边平行，并将任意三角形变换到第一象限，如图 3-21 所示。

于是式（3-28）则变为

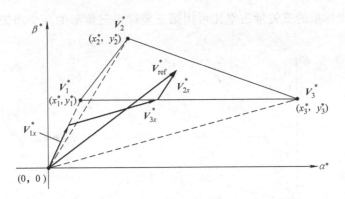

图 3-21　旋转变换后 $\alpha^* - \beta^*$ 坐标系矢量变换

$$\begin{cases} \boldsymbol{V}_{\text{ref}}\text{e}^{-\text{j}\theta} = d_1\boldsymbol{V}_1\text{e}^{-\text{j}\theta} + d_2\boldsymbol{V}_2\text{e}^{-\text{j}\theta} + d_3\boldsymbol{V}_3\text{e}^{-\text{j}\theta} \\ d_1 + d_2 + d_3 = 1 \end{cases}$$

或写成

$$\begin{cases} \boldsymbol{V}_{\text{ref}}^* = d_1\boldsymbol{V}_1^* + d_2\boldsymbol{V}_2^* + d_3\boldsymbol{V}_3^* \\ d_1 + d_2 + d_3 = 1 \end{cases} \tag{3-29}$$

式（3-29）表明，按旋转变换后新坐标系的三矢量坐标求解占空比与在原始坐标系中的求解结果一样，且旋转变换角 θ 对计算结果没有影响。

若将式（3-29）改写为

$$\begin{cases} \boldsymbol{V}_{\text{ref}}^* = d_1\boldsymbol{V}_1^* + d_2(\boldsymbol{V}_1^* + \boldsymbol{V}_2^* - \boldsymbol{V}_1^*) + d_3(\boldsymbol{V}_1^* + \boldsymbol{V}_3^* - \boldsymbol{V}_1^*) \\ d_1 + d_2 + d_3 = 1 \end{cases}$$

或

$$\begin{cases} \boldsymbol{V}_{\text{ref}}^* = (d_1 + d_2 + d_3)\boldsymbol{V}_1^* + d_2(\boldsymbol{V}_2^* - \boldsymbol{V}_1^*) + d_3(\boldsymbol{V}_3^* - \boldsymbol{V}_1^*) \\ d_1 + d_2 + d_3 = 1 \end{cases}$$

进一步得

$$\begin{cases} \boldsymbol{V}_{\text{ref}}^* = \boldsymbol{V}_1^* + d_2(\boldsymbol{V}_2^* - \boldsymbol{V}_1^*) + d_3(\boldsymbol{V}_3^* - \boldsymbol{V}_1^*) \\ d_1 + d_2 + d_3 = 1 \end{cases}$$

或

$$\begin{cases} \boldsymbol{V}_{\text{ref}}^* - \boldsymbol{V}_1^* = d_1 \times 0 + d_2(\boldsymbol{V}_2^* - \boldsymbol{V}_1^*) + d_3(\boldsymbol{V}_3^* - \boldsymbol{V}_1^*) \\ d_1 + d_2 + d_3 = 1 \end{cases} \tag{3-30}$$

若令

$$\begin{cases} \boldsymbol{V}_{\text{ref}}^{**} = \boldsymbol{V}_{\text{ref}}^* - \boldsymbol{V}_1^* \\ \boldsymbol{V}_1^{**} = \boldsymbol{V}_1^* - \boldsymbol{V}_1^* = \boldsymbol{V}_0^* = 0 \\ \boldsymbol{V}_2^{**} = \boldsymbol{V}_2^* - \boldsymbol{V}_1^* \\ \boldsymbol{V}_3^{**} = \boldsymbol{V}_3^* - \boldsymbol{V}_1^* \end{cases}$$

则式（3-30）变为

$$\begin{cases} \boldsymbol{V}_{\text{ref}}^{**} = d_2\boldsymbol{V}_2^{**} + d_3\boldsymbol{V}_3^{**} \\ d_1 + d_2 + d_3 = 1 \end{cases} \tag{3-31}$$

可见，原始坐标系的三矢量占空比可用第三坐标系三角形的两个边矢量代替求解，如图 3-22 所示。

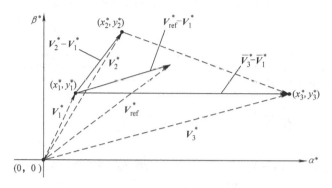

图 3-22 $\alpha^* - \beta^*$ 坐标系矢量求解图

若再次将 $\alpha^* - \beta^*$ 坐标系的坐标原点平移到 $\boldsymbol{V}_1^*$ 矢量的顶点所在之处，得到 $\alpha^{**} - \beta^{**}$ 第三坐标系，如图 3-23 所示。

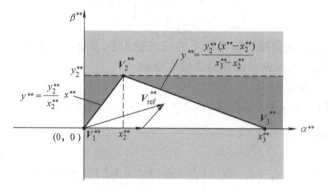

图 3-23 平移至 $\alpha^{**} - \beta^{**}$ 坐标系的矢量

此时三个顶点矢量变为 $\boldsymbol{V}_0^{**} - \boldsymbol{V}_2^{**} - \boldsymbol{V}_3^{**}$，且 $\boldsymbol{V}_0^{**}$ 对应坐标原点的零矢量。

原始坐标系的三矢量占空比是可以通过坐标系旋转加平移，将三角形变换到第一象限的简单模型进行求解。将式（3-31）写成坐标形式为

$$\begin{cases} \boldsymbol{V}_{\text{ref}}^{**} = x^{**} + jy^{**} = d_2(x_2^{**} + jy_2^{**}) + d_3(x_3^{**} + jy_3^{**}) \\ d_1 + d_2 + d_3 = 1 \end{cases}$$

考虑 $y_3^{**} = 0$，展开上式并比较实部、虚部求解得

$$\begin{cases} d_2 = \dfrac{y^{**}}{y_2^{**}} \\[2mm] d_3 = \dfrac{(y_2^{**} x^{**} - x_2^{**} y^{**})}{x_3^{**} y_2^{**}} \\[2mm] d_2 + d_3 = \dfrac{x_3^{**} y^{**} + y_2^{**} x^{**} - x_2^{**} y^{**}}{x_3^{**} y_2^{**}} \\[2mm] d_1 + d_2 + d_3 = 1 \end{cases} \tag{3-32}$$

式中，x^{**}、y^{**} 为参考矢量在第三坐标系的坐标 x_i^{**}、y_i^{**}（$i=1$，2，3）三矢量顶点在第三坐标系的坐标。

注意：以上目的是将任意区域的三角形换到第一象限，从而满足 $0 < x_1^{**} < x_2^{**}$ 及 $y_2^{**} > 0$，以便得到清晰的几何关系。

以下进行分项讨论：

1）由式（3-32）中的 d_2 表达式可知：当 $y^{**} > y_2^{**}$ 时，$d_2 > 1$，这显然在物理上是无法实现的，此时 V_{ref}^{**} 将落入图 3-23 中上方浅色阴影区域。

当 $y^{**} < 0$ 时，$d_2 < 0$，即占空比出现负数，物理上也不能实现，此时 V_{ref}^{**} 落入图 3-23 α^{**} 横轴下方浅色阴影区域。

2）考察 d_3 表达式的分子项，若

$$y_2^{**} x^{**} - x_2^{**} y^{**} < 0$$

或

$$y^{**} > \frac{y_2^{**}}{x_2^{**}} x^{**} \tag{3-33}$$

而式（3-33）右侧表达式刚好为三角形 $V_1^{**} - V_2^{**}$ 两个顶点连接的直线方程，此时 V_{ref}^{**} 将落入图 3-23 中 $V_1^{**} - V_2^{**}$ 边左上方深色阴影区。

3）再考察式（3-32）中的 $d_2 + d_3$ 表达式的分子项，若令

$$x_3^{**} y^{**} + y_2^{**} x^{**} - x_2^{**} y^{**} < 0$$

或

$$y^{**} > \frac{y_2^{**}(x^{**} - x_2^{**})}{x_3^{**} - x_2^{**}} \tag{3-34}$$

由式（3-32）的第三式并考虑 $x_3^{**} y_2^{**} > 0$，则有

$$d_2 + d_3 = 1 - d_1 < 0$$

或

$$d_1 > 1 \tag{3-35}$$

$d_1 > 1$ 表明占空比已超出物理所能实现的范畴，而式（3-34）右侧方程刚好为 $V_2^{**} - V_3^{**}$ 顶点连接的直线方程，此时相当于 V_{ref}^{**} 落入图 3-23 中右侧深色阴影区域。

至此，三角形以外的全部区域均已被证明为物理上不可能实现的区域，故有以下结论：

当参考矢量 V_{ref}^{**} 落入 3 个矢量顶点围成的三角形以外区域时，3 个矢量占空比总有一个"小于0"或"大于1"，这表明客观上已无法实现。因此，只有用包围 V_{ref}^{**} 3 个顶点对应的矢量 $V_1^{**} - V_2^{**} - V_3^{**}$ 去逼近 V_{ref}^{**} 才是最合适的，故称这 3 个顶点矢量为"最佳三矢量"。

3.10.2　正弦脉宽调制法的最高线性基波幅值

若假设参考信号为如下正弦函数，即

$$v_{ref}^{**} = M\sin\theta \tag{3-36}$$

式中，M 为正弦函数幅值，也可引申为调制深度或参考电压的标幺值。参考信号与三角波比较的规则采样 SPWM 波形如图 3-24 所示。

图中，i 为半个正弦周期内三角波的个数，$i=0$，1，2，…，$(n-1)$；θ_i 为第 i 个载波

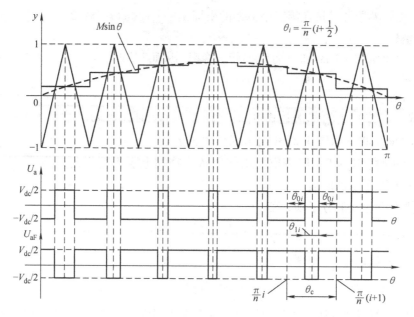

图 3-24 SPWM 波形

周期的参考角度；U_a 与 U_{aF} 为反向逻辑的 SPWM 波形。考虑波形的交流分量，将坐标系平移到波形中间，此时 SPWM 波形取 $-V_{dc}/2$ 和 $V_{dc}/2$ 两个电平。

由相似三角形等比定理可知，U_{aF} 波形的第 i 个载波周期内服从下列几何关系：

$$\begin{cases} \dfrac{1 - M\sin\theta_i}{\Delta\theta_{1i}/2} = \dfrac{2}{\Delta\theta/2} \\ \Delta\theta - \Delta\theta_{1i} = 2\Delta\theta_{0i} \end{cases}$$

联立方程约去 $\Delta\theta_{i0}$，则

$$\frac{\Delta\theta_{1i}}{\Delta\theta} = \frac{1}{2}(1 - M\sin\theta_i) \triangleq \delta_i \tag{3-37}$$

式中，δ_i 为第 i 个参考时间内的 PWM 占空比。

求取该参考时间内的 PWM 平均电压为

$$U_{ai}^{avr} = V_{dc}\delta_i - \frac{1}{2}V_{dc} = \frac{V_{dc}}{2}(2\delta_i - 1)$$

考虑式（3-37），则有

$$U_{ai}^{avr} = \frac{1}{2}V_{dc}M\sin\theta_i = \frac{1}{2}V_{dc}v_{ref} \tag{3-38}$$

当载波频率远高于正弦参考信号频率时，平均电压将趋近于 PWM 的基波分量。因此得出结论：在 $M=1$ 时 SPWM 取得最大线性基波电压，且其幅值为 $V_{dc}/2$。考虑额定相电压与母线电压之间的关系，可得 SPWM 线性最高输出基波电压标幺值为

$$U_{1max}^{pu} = \frac{V_{dc}}{2V_{BASE}} = \frac{\sqrt{3}}{2} \approx 0.866 \tag{3-39}$$

式（3-39）表明，SPWM 输出电压利用率只能达到 86.6%。而 SVPWM 或谐波注入法可以实现 100% 网侧电压利用率。

3.10.3　方波输出基波幅值的推导

对于极限情况的方波输出，PWM 将获得最高输出电压（进入非线性过调制区），考虑奇函数方波（偶函数情形类似）由傅里叶系数直接得出，即

$$b_1 = \frac{1}{\pi} \int_{-\pi}^{\pi} V_{sm} \sin\theta d\theta = \frac{V_{dc}}{2\pi} \left[\int_{-\pi}^{0} \sin\theta d\theta + \int_{0}^{\pi} -\sin\theta d\theta \right] = \frac{2}{\pi} V_{dc} \tag{3-40}$$

考虑式（3-2）相电压基准与母线电压关系，得方波时相电压标幺值为

$$V_{sm}^{pu} = \frac{2}{\pi} \sqrt{3} V_{BASE}$$

或

$$V_{sm}^{pu} = \frac{V_{sm}}{V_{BASE}} = \frac{2}{\pi} \sqrt{3} \approx 1.103 \tag{3-41}$$

式（3-41）表明，极限情况下推方波时输出电压最高为额定电压的 1.103 倍。换言之，对于额定 380V 网侧电压，逆变器理论最高输出的基波电压为 418V。

3.10.4　空间矢量法与谐波注入法的等效性证明

为简化分析过程，仅以 a 相为例进行证明。

1. 空间矢量法（SVPWM）等效参考信号

SVPWM 方法是以逆变器输出电压矢量为起点直接求取 PWM 占空比或二级等效参考信号。控制系统所需要的参考矢量需要逆推才能得到，故也称逆推法。由式（3-19）可知，SVPWM 极坐标算法通式为

$$\begin{cases} d_m \triangleq \dfrac{T_m}{T_Z} = M\sin\left[(k+1)\dfrac{\pi}{3} - \theta \right] \\[2mm] d_n \triangleq \dfrac{T_n}{T_Z} = M\sin\left(\theta - k\dfrac{\pi}{3} \right) \\[2mm] d_0 \triangleq \dfrac{T_0}{T_Z} = 1 - M\sin\left[\theta - (k-1)\dfrac{\pi}{3} \right] \end{cases} \tag{3-42}$$

式中，k 为扇区标号，$k = 0 \sim 5$；T_m、T_n 及 T_0 为扇区初轴矢量、末轴矢量及零矢量的作用时间；d_m、d_n、d_0 为 3 个矢量对应的占空比；M 为调制深度，逆推得到控制系统参考信号指令标幺值为

$$\begin{cases} v_{refa} = M\cos\theta \\ v_{refb} = M\cos(\theta - 2\pi/3) \\ v_{refc} = M\cos(\theta - 4\pi/3) \end{cases} \tag{3-43}$$

考虑表 3-4 的七段式 PWM 波形发送方式，按照零矢量（V_{000}，V_{111}）作用时间平均分配的原则，对于 a 相 PWM 输出波形，有

$$T_{00} = T_{01} = \frac{1}{2} T_0 \tag{3-44}$$

为考察 PWM 波形的交流分量，不妨将占空比横坐标平移至"1/2"处，并将 PWM 波形幅值进行归一化，即将幅值变换为"-1"和"1"，则 T_Z 时间内 a 相 PWM 波形的规则采样平均值为

$$v_{\text{refa}}^* = 2(\delta_a - \frac{1}{2}) = 2\delta_a - 1 \qquad (3\text{-}45)$$

而该平均值是参与 PWM 比较的等效参考信号，也称二级参考信号 v_{refa}^*。考虑式（3-42）、式（3-43），对各扇区 a 相等效参考值进行分段讨论。

1）第 0 扇区（$k=0$）：$0 \leq \theta \leq \pi/3$。

$$\begin{cases} \delta_a = \dfrac{T_m + T_n + T_{01}}{T_Z} = 1 - \dfrac{T_0}{2T_Z} = 1 - \dfrac{1}{2}d_0 = \dfrac{1}{2} + \dfrac{1}{2}M\sin(\theta + \dfrac{\pi}{3}) \\[2mm] v_{\text{refa}}^* = 2\delta_a - 1 = M\sin(\theta + \dfrac{\pi}{3}) = \dfrac{\sqrt{3}}{2}M\cos\theta + \dfrac{1}{2}M\sin\theta \end{cases} \qquad (3\text{-}46)$$

2）第 1 扇区（$k=1$）：$\pi/3 \leq \theta \leq 2\pi/3$。

$$\begin{cases} \delta_a = \dfrac{T_m + T_{01}}{T_Z} = \dfrac{\sqrt{3}}{2}M\cos\theta + \dfrac{1}{2} \\[2mm] v_{\text{refa}}^* = 2\delta_a - 1 = \sqrt{3}M\cos\theta \end{cases} \qquad (3\text{-}47)$$

3）第 2 扇区（$k=2$）：$2\pi/3 \leq \theta \leq \pi$。

$$\begin{cases} \delta_a = \dfrac{T_{01}}{T_Z} = \dfrac{1}{2}d_0 = \dfrac{1}{2}\left[1 - M\sin(\theta - \dfrac{\pi}{3})\right] \\[2mm] v_{\text{refa}}^* = 2\delta_a - 1 = -M\sin(\theta - \dfrac{\pi}{3}) = \dfrac{\sqrt{3}}{2}M\cos\theta - \dfrac{1}{2}M\sin\theta \end{cases} \qquad (3\text{-}48)$$

4）第 3 扇区（$k=3$）：$\pi < \theta < 4\pi/3$。

$$\begin{cases} \delta_a = \dfrac{T_{01}}{T_Z} = \dfrac{1}{2}d_0 = \dfrac{1}{2} - \dfrac{1}{2}M\sin\left(\theta - \dfrac{2\pi}{3}\right) \\[2mm] v_{\text{refa}}^* = 2\delta_a - 1 = -M\sin\left(\theta - \dfrac{2\pi}{2}\right) = \dfrac{\sqrt{3}}{2}M\cos\theta + \dfrac{1}{2}M\sin\theta \end{cases} \qquad (3\text{-}49)$$

5）第 4 扇区（$k=4$）：$4\pi/3 \leq \theta \leq 5\pi/3$。

$$\begin{cases} \delta_a = \dfrac{T_n + T_{01}}{T_Z} = d_n + \dfrac{1}{2}d_0 = M\sin\left(\theta - \dfrac{4\pi}{3}\right) + \dfrac{1}{2}\left[1 - M\sin(\theta - \pi)\right] \\[2mm] v_{\text{refa}}^* = 2\delta_a - 1 = M\sin\left(\theta - \dfrac{4\pi}{3}\right) + M\sin\theta = \sqrt{3}M\cos\theta \end{cases} \qquad (3\text{-}50)$$

6）第 5 扇区（$k=5$）：$5\pi/3 < \theta \leq 2\pi$。

$$\begin{cases} \delta_a = \dfrac{T_m + T_n + T_{01}}{T_Z} = 1 - \dfrac{1}{2}\left[1 - M\sin(\theta - \dfrac{4\pi}{3})\right] \\[2mm] v_{\text{refa}}^* = 2\delta_a - 1 = M\sin(\theta - \dfrac{4\pi}{3}) = \dfrac{\sqrt{3}}{2}M\cos\theta - \dfrac{1}{2}M\sin\theta \end{cases} \qquad (3\text{-}51)$$

将式（3-46）~式（3-51）中的 v_{refa}^* 数学表达式汇总于表 3-8 中。

表3-8 SVPWM 法各扇区平均交流电压表达式（a 相）

扇区	等效参考信号（占空比）v_{refa}^*
0	$\dfrac{\sqrt{3}}{2}M\cos\theta + \dfrac{1}{2}M\sin\theta$
1	$\sqrt{3}M\cos\theta$

（续）

扇区	等效参考信号（占空比）v_{refa}^*
2	$\dfrac{\sqrt{3}}{2}M\cos\theta - \dfrac{1}{2}M\sin\theta$
3	$\dfrac{\sqrt{3}}{2}M\cos\theta + \dfrac{1}{2}M\sin\theta$
4	$\sqrt{3}M\cos\theta$
5	$\dfrac{\sqrt{3}}{2}M\cos\theta - \dfrac{1}{2}M\sin\theta$

对表3-8中的表达式进行波形 MATLAB 仿真，得到图3-25所示的等效参考信号。

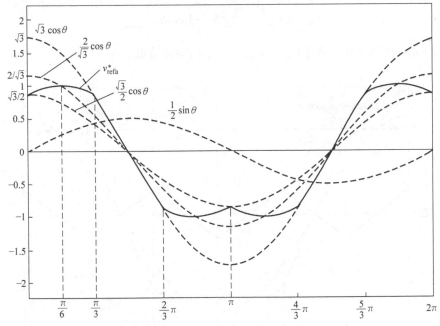

图 3-25 SVPWM 等效参考信号仿真波形（a 相）

可见，等效的二级参考信号波形呈现马鞍形状，并在 $\theta = \pi/6$ 时获得最大值 1，此时对应逆变器最高线性电压输出，也对应 100% 网侧电压利用率。

值得注意的是，此时二级参考信号中隐含的基波幅值要大于 1，这也是 SVPWM 能够提高线性最高输出电压的原因。以下利用傅里叶级数直接对表3-8中 v_{refa}^* 的分段数学表达式求基波分量幅值。因该参考信号为偶函数，则有下列分段积分：

$$a_1 = \frac{2}{\pi}\int_0^\pi \frac{\sqrt{3}}{2}v_{\text{refa}}^*\cos\theta\,\mathrm{d}\theta \triangleq K_1 + K_2 + K_3 \tag{3-52}$$

因

$$
\begin{cases}
K_1 = \dfrac{2}{\pi}\displaystyle\int_0^{\pi/3}\left(\dfrac{\sqrt{3}}{2}M\cos\theta + \dfrac{1}{2}M\sin\theta\right)\cos\theta\,\mathrm{d}\theta = \dfrac{\sqrt{3}M}{2\pi}\displaystyle\int_0^{\pi/3}(\cos2\theta + 1)\mathrm{d}\theta + \dfrac{M}{2\pi}\displaystyle\int_0^{\pi/3}\sin2\theta\,\mathrm{d}\theta = \dfrac{\sqrt{3}M}{6} + \dfrac{3M}{4\pi} \\[4mm]
K_2 = \dfrac{2}{\pi}\displaystyle\int_{\pi/3}^{2\pi/3}\sqrt{3}M\cos\theta\cos\theta\,\mathrm{d}\theta = \dfrac{\sqrt{3}M}{\pi}\displaystyle\int_{\pi/3}^{2\pi/3}(\cos2\theta + 1)\mathrm{d}\theta = \dfrac{\sqrt{3}M}{3} - \dfrac{3M}{2\pi} \\[4mm]
K_3 = \dfrac{2}{\pi}\displaystyle\int_{2\pi/3}^{\pi}\left(\dfrac{\sqrt{3}}{2}M\cos\theta - \dfrac{1}{2}M\sin\theta\right)\cos\theta\,\mathrm{d}\theta = \dfrac{\sqrt{3}M}{6} + \dfrac{3M}{4\pi}
\end{cases}
$$

故

$$a_1 = K_1 + K_2 + K_3 = \frac{2}{\sqrt{3}}M \tag{3-53}$$

可见，二级参考信号的基波幅值为原始参考信号指令幅值的 $2/\sqrt{3}$ 倍。故得基波含量表达式为

$$v_{\mathrm{refa1}}^* = \frac{2}{\sqrt{3}}M\cos\theta \tag{3-54}$$

尝试用基波分量 v_{refa1}^* 减去等效参考信号 v_{refa}^*，即得到二级参考信号中所叠加的谐波含量

$$v_{\mathrm{ham}} = v_{\mathrm{refa1}}^* - v_{\mathrm{refa}}^* = \frac{2}{\sqrt{3}}M\cos\theta - v_{\mathrm{refa}}^* \tag{3-55}$$

图 3-26 给出 SVPWM 方式下 v_{refa}^*、v_{refa1}^* 及 v_{ham} 的仿真波形。

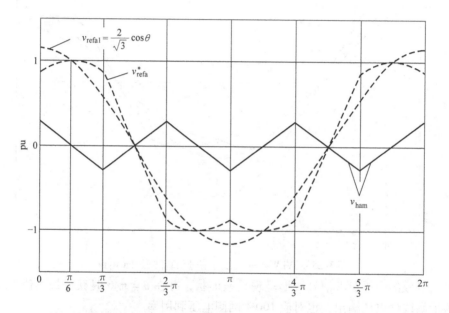

图 3-26 SVPWM 方式下 v_{refa}^*、v_{refa1}^* 及 v_{ham} 的仿真波形

可见，v_{ham} 为 SVPWM 二级参考信号中所隐含的频率为基波频率 3 倍的"准三角波"。因此，SVPWM 方式也可以认为是正弦信号叠加了三次谐波的谐波注入 PWM 方式。

2. 谐波注入法（HIPWM）等效参考信号

与 SVPWM 方法不同的是，HIPWM 方法是以控制系统的参考信号指令 v_{ref} 为起点正推逆变器等效二级参考信号而生成 PWM 波形的方法，也称正推法。根据图 3-12 给出的 HIPWM 算法模型图不难有下列表达式：

$$\begin{cases} v_{\mathrm{refa}} = M\cos\theta \\ v_{\mathrm{refb}} = M\cos\left(\theta - 2\pi/3\right) \\ v_{\mathrm{refc}} = M\cos\left(\theta - 4\pi/3\right) \end{cases} \tag{3-56}$$

$$\begin{cases} v_{\mathrm{refa1}} = 2v_{\mathrm{refa}}/\sqrt{3} \\ v_{\mathrm{refb1}} = 2v_{\mathrm{refb}}/\sqrt{3} \\ v_{\mathrm{refc1}} = 2v_{\mathrm{refc}}/\sqrt{3} \end{cases} \quad (3\text{-}57)$$

$$v_{\mathrm{com}} = 0.5 \left[\max(v_{\mathrm{refa1}}, v_{\mathrm{refb1}}, v_{\mathrm{refc1}}) + \min(v_{\mathrm{refa1}}, v_{\mathrm{refb1}}, v_{\mathrm{refc1}}) \right] \quad (3\text{-}58)$$

$$\begin{cases} v^{*}_{\mathrm{refa}} = v_{\mathrm{refa1}} - v_{\mathrm{com}} \\ v^{*}_{\mathrm{refb}} = v_{\mathrm{refb1}} - v_{\mathrm{com}} \\ v^{*}_{\mathrm{refc}} = v_{\mathrm{refc1}} - v_{\mathrm{com}} \end{cases} \quad (3\text{-}59)$$

式中，M 为原始参考指令（v_{refx}）的调制深度；v_{refx1} 为 v_{refx} 的一级变换电压；v^{*}_{refx} 为 v_{refx} 二级参考信号电压（$x = \mathrm{a}$，b，c）；v_{com} 为注入的三次谐波电压。图 3-27 给出了上述信号的仿真波形。

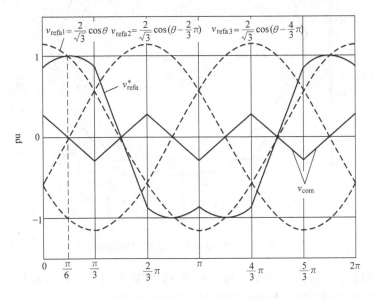

图 3-27　HIPWM 模型各信号关系仿真波形（a 相）

由图 3-27 可得各扇区 v_{com} 及 v^{*}_{refa} 内的数学表达式，见表 3-9。

表 3-9　谐波注入法二级等效参考信号表达式（a 相）

扇区	v_{com}	等效参考信号（占空比）v^{*}_{refa}
0	$\dfrac{1}{\sqrt{3}}M\cos\left(\theta - \dfrac{2\pi}{3}\right)$	$\dfrac{2}{\sqrt{3}}M\cos\theta + \dfrac{1}{\sqrt{3}}M\cos\left(\theta - \dfrac{2\pi}{3}\right) = \dfrac{\sqrt{3}}{2}M\cos\theta + \dfrac{1}{2}M\sin\theta$
1	$\dfrac{1}{\sqrt{3}}M\cos\theta$	$\dfrac{M}{\sqrt{3}}\cos\theta + \dfrac{2M}{\sqrt{3}}\cos\theta = \sqrt{3}M\cos\theta$
2	$\dfrac{1}{\sqrt{3}}M\cos\left(\theta - \dfrac{4\pi}{3}\right)$	$\dfrac{2}{\sqrt{3}}M\left[\cos\theta + \dfrac{1}{2}\cos\left(\theta - \dfrac{4\pi}{3}\right)\right] = \dfrac{\sqrt{3}}{2}M\cos\theta - \dfrac{1}{2}M\sin\theta$
3	$\dfrac{1}{\sqrt{3}}M\cos\left(\theta - \dfrac{2\pi}{3}\right)$	$\dfrac{2}{\sqrt{3}}M\left[\cos\theta + \dfrac{1}{2}\cos\left(\theta - \dfrac{4\pi}{3}\right)\right] = \dfrac{\sqrt{3}}{2}M\cos\theta + \dfrac{1}{2}M\sin\theta$
4	$\dfrac{1}{\sqrt{3}}M\cos\theta$	$\dfrac{M}{\sqrt{3}}\cos\theta + \dfrac{2M}{\sqrt{3}}\cos\theta = \sqrt{3}M\cos\theta$
5	$\dfrac{1}{\sqrt{3}}M\cos\left(\theta - \dfrac{4\pi}{3}\right)$	$\dfrac{2}{\sqrt{3}}M\left[\cos\theta + \dfrac{1}{2}\cos\left(\theta - \dfrac{4\pi}{3}\right)\right] = \dfrac{\sqrt{3}}{2}M\cos\theta - \dfrac{1}{2}M\sin\theta$

比较表 3-9 中的数学表达式可见, HIPWM 法与 SVPWM 法具有相同的二级参考信号, 从而证明了 HIPWM 与 SVPWM 完全等价。

3.10.5 SPWM 与 SVPWM 电压矢量轨迹比较

图 3-28 给出 SPWM 与 SVPWM 在最大线性调制点输出电压矢量的积分轨迹对比。

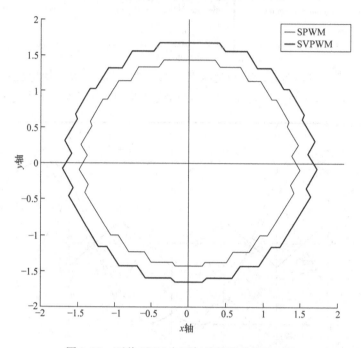

图 3-28 两种 PWM 电压矢量的积分轨迹对比

由图 3-28 可见, 轨迹形状完全一样, 只是 SVPWM 矢量积分轨迹幅值大于 SPWM。参考图 3-28, 不难得出 SPWM 三相 PWM 信号的占空比表达式为

$$\begin{cases} \delta_a = \dfrac{1}{2}(1 - v_{ref}\cos\theta) \\ \delta_b = \dfrac{1}{2}\left[1 - v_{ref}\cos\left(\theta - \dfrac{2\pi}{3}\right)\right] \\ \delta_c = \dfrac{1}{2}\left[1 - v_{ref}\cos\left(\theta - \dfrac{4\pi}{3}\right)\right] \end{cases} \tag{3-60}$$

比较式 (3-46) 的 a 相占空比表达式, 可见两个表达式中的余弦函数的相位不同。

3.10.6 逆变器相电压矢量与线电压矢量的关系

参考图 3-1 所示的逆变器拓扑, 根据矢量定义, 有相电压、线电压矢量表达式为

$$\begin{cases} \boldsymbol{V}_s = \dfrac{2}{3}(V_{ao'} + V_{bo'}e^{j2\pi/3} + V_{c'}e^{j4\pi/3}) \\ \boldsymbol{V}_L = \dfrac{2}{3}(V_{ab} + V_{bc}e^{j2\pi/3} + V_{ca}e^{j4\pi/3}) \end{cases}$$

考虑线电压与相电压关系

$$\begin{cases} V_{ab} = V_{ao'} - V_{bo'} \\ V_{bc} = V_{bo'} - V_{co'} \\ V_{ca} = V_{co'} - V_{ao'} \end{cases}$$

联立以上三式化简得

$$\boldsymbol{V}_{L} = \boldsymbol{V}_{s}(1 - e^{j4\pi/3}) = \sqrt{3}\boldsymbol{V}_{s}e^{j\pi/6} \tag{3-61}$$

可见，三相系统线电压矢量超前相电压矢量 $\pi/6$，且幅值为相电压的 $\sqrt{3}$ 倍。

3.10.7 逆变器—星形负载中性点电压表达式

设任意三相负载传递函数 $G_a(s)$、$G_b(s)$、$G_c(s)$，参考图 3-1，则负载侧可表示为

$$\begin{cases} V_{ao} = G_a(s)I_{sa} \\ V_{bo} = G_b(s)I_{sb} \\ V_{co} = G_c(s)I_{sc} \\ I_{sa} + I_{sb} + I_{sc} = 0 \end{cases}$$

由式（3-4）得

$$\begin{cases} V_{aN} = G_a(s)I_{sa} + V_{o'N} \\ V_{bN} = G_b(s)I_{sb} + V_{o'N} \\ V_{cN} = G_c(s)I_{sc} + V_{o'N} \end{cases}$$

整理得

$$V_{o'N} = \frac{V_{aN} + V_{bN} + V_{cN}}{3} + \frac{G_a(s)I_{sa} + G_b(s)I_{sb} + G_c(s)I_{sc}}{3} \tag{3-62}$$

考虑对称负载 $G_a(s) = G_b(s) = G_c(s) = G(s)$ 及 $I_{sa} + I_{sb} + I_{sc} = 0$，于是有

$$V_{o'N} = \frac{1}{3}(V_{aN} + V_{bN} + V_{cN}) \tag{3-63}$$

3.10.8 五段式无损最小脉冲限制法

对于五段式 SVPWM 方式，无论采用简单的最小脉冲保持法还是剔除法，均会带来较大的截断误差，特别是低频段，因窄脉冲占比较大，累计截断误差会引起严重的波形畸变。

受文献［97］的启发，以下给出的多矢量最小脉冲限制，可做到无截断误差（无损），从而改善低频特性。

1. 非零二矢量原始占空比

考虑第 0 扇区，非零二矢量为 v_1、v_2，由式（3-17）可知，$d-q$ 坐标系非零二矢量原始占空比求解为

$$\begin{cases} d_1 = A \\ d_2 = B \\ d_0 + d_1 + d_2 = 1 \end{cases} \tag{3-64}$$

2. 不相邻非零四矢量法

众所周知，原始非零二矢量可获得最短的矢量合成路径，因此合成效果也最佳。然而，

在低频时，由于输出电压较低，非零矢量窄脉冲会以较高的概率出现，若不理睬最窄脉冲，死区时间及开关管动作时间会产生难以预料的输出电压，从而会影响输出电压精度。若采用简单的最小脉冲剔除法或最小脉冲保持法，无论如何都不能避免由此产生的截断误差。

当原始二矢量占空比（d_1、d_2）均满足最小占空比条件，即 $d_1 < \delta_{min}$ 且 $d_2 < \delta_{min}$ 时，若采用不相邻非零四矢量 PWM 合成法，即可实现相电压、线电压的最小脉冲限制。图 3-29 给出了同一参考电压矢量的原始非零二矢量 v_1、v_2 的合成轨迹（由 v_{1x}、v_{2x} 组成的黑色轨迹）与不相邻四矢量 v_1、v_2、v_4、v_5 的合成轨迹（由 v_{1x}^*、v_{2x}^*、v_{4x}^*、v_{5x}^* 组成的灰色轨迹）。

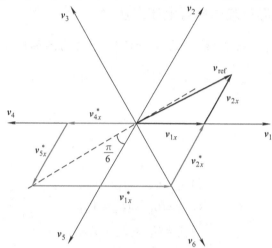

图 3-29　不相邻非零四矢量合成轨迹 $[(d_1 < \delta_{min}) \cap (d_2 < \delta_{min})]$

其中，灰色轨迹附加的两个矢量成分（v_4、v_5）为原始二矢量（v_1、v_2）的逆向矢量，考虑附加的逆向矢量应以最少参与为原则，故有占空比约束条件为

$$d_4^* = d_5^* = \delta_{min} \tag{3-65}$$

根据黑色矢量轨迹可求出原始非零二矢量的占空比为

$$v_{ref} = d_1 v_1 + d_2 v_2$$

根据灰色矢量轨迹并考虑 $v_1 = -v_4$，$v_2 = -v_5$ 有

$$v_{ref} = d_1^* v_1 + d_2^* v_2 + d_4^* v_4 + d_5^* v_5 = (d_1^* - \delta_{min})v_1 + (d_2^* - \delta_{min})v_2$$

比较前两式并考虑式（3-65）得不相邻非零四矢量轨迹的占空比表达式为

$$\begin{cases} d_1^* = d_1 + \delta_{min} \\ d_2^* = d_2 + \delta_{min} \\ d_4^* = d_5^* = \delta_{min} \end{cases} \tag{3-66}$$

可见，不相邻非零四矢量可以保证在任意参考电压下的 4 个矢量占空比均大于最小脉冲占空比（δ_{min}），且不存在截断误差。此外，不相邻非零四矢量不仅解决了相驱动逻辑的窄脉冲问题，也保证了输出线电压不会出现最窄脉冲。

3. 不相邻非零三矢量法

尽管不相邻非零四矢量能够满足任意条件下的无损最小脉冲限制要求，但因矢量轨迹回转路径较长，势必带来更大的输出电压波动。幸好，在特定条件下选择某个单一的逆向矢量（v_4 或 v_5）即可满足无损最小脉冲限制要求，此时不相邻非零四矢量可蜕变为不相邻三矢量。

图 3-30 给出了两种可能的不相邻非零三矢量的合成轨迹。

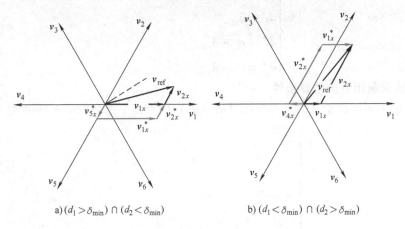

a)$(d_1 > \delta_{\min}) \cap (d_2 < \delta_{\min})$　　　　b)$(d_1 < \delta_{\min}) \cap (d_2 > \delta_{\min})$

图 3-30　两种可能的不相邻非零三矢量的合成轨迹

4. 相邻非零三矢量法

在有些情况下，采用非逆向矢量参与的相邻三矢量亦可满足无损最小脉冲限制要求，这称为相邻三矢量法。

图 3-31 给出了两种相邻非零三矢量的合成轨迹。

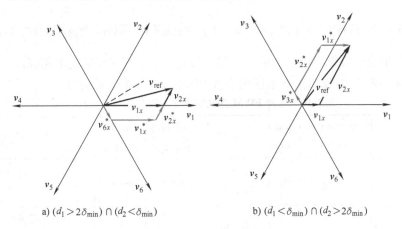

a)$(d_1 > 2\delta_{\min}) \cap (d_2 < \delta_{\min})$　　　　b)$(d_1 < \delta_{\min}) \cap (d_2 > 2\delta_{\min})$

图 3-31　两种相邻非零三矢量的合成轨迹

可见，相邻非零三矢量比不相邻非零三矢量的合成轨迹回转路径更短，故可取得更佳的合成效果。根据矢量关系容易得到以上两种相邻非零三矢量修正占空比表达式。

1）当非零三矢量为 v_6、v_1、v_2 时，有

$$\begin{cases} (d_1 > 2\delta_{\min}) \cap (d_2 < \delta_{\min}) \\ d_6^* = \delta_{\min} \\ d_1^* = d_1 - \delta_{\min} \\ d_2^* = d_2 + \delta_{\min} \end{cases} \tag{3-67}$$

2）当非零三矢量为 v_1、v_2、v_3 时，有

$$\begin{cases} (d_1 < \delta_{\min}) \cap (d_2 > 2\delta_{\min}) \\ d_3^* = \delta_{\min} \\ d_1^* = d_1 + \delta_{\min} \\ d_2^* = d_2 - \delta_{\min} \end{cases} \tag{3-68}$$

5. 多模式矢量组合的边界条件

图 3-32 给出了按原始二矢量占空比（$d_1 - d_2$）的直角平面分割的 6 种模式选择的区域。

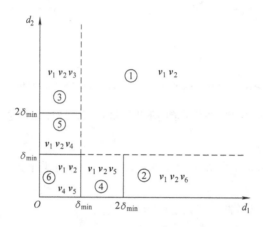

图 3-32　按原始二矢量占空比（$d_1 - d_2$）的直角平面分割的 6 种模式选择的区域

多模式矢量组合应以原始二矢量、相邻三矢量、不相邻三矢量及不相邻四矢量的优先级进行模式选择。表 3-10 给出第 0 扇区内多种 PWM 方式非零矢量组合。

表 3-10　多种 PWM 方式非零矢量组合（第 0 扇区）

矢量组名称	非零矢量组合	平面区域	边界条件	载波周期内矢量排序 前半载波	后半载波	占空比
原始二矢量	v_1、v_2	①	$\begin{cases} d_1 > \delta_{\min} \\ d_2 > \delta_{\min} \end{cases}$	$v_0 v_1 v_2$	$v_2 v_1 v_0$	$\begin{cases} d_1^* = d_1 \\ d_2^* = d_2 \end{cases}$
相邻三矢量	v_6、v_1、v_2	②	$\begin{cases} d_1 > 2\delta_{\min} \\ d_2 < \delta_{\min} \end{cases}$	$v_6 v_7$	$v_7 v_2 v_1$	$\begin{cases} d_6^* = \delta_{\min} \\ d_1^* = d_1 - \delta_{\min} \\ d_2^* = d_2 + \delta_{\min} \end{cases}$
	v_1、v_2、v_3	③	$\begin{cases} d_1 < \delta_{\min} \\ d_2 > 2\delta_{\min} \end{cases}$	$v_3 v_0$	$v_0 v_1 v_2$	$\begin{cases} d_3^* = \delta_{\min} \\ d_1^* = d_1 + \delta_{\min} \\ d_2^* = d_2 - \delta_{\min} \end{cases}$
不相邻三矢量（单反矢量）	v_5、v_1、v_2	④	$\begin{cases} d_1 > \delta_{\min} \\ d_2 < \delta_{\min} \end{cases}$	$v_5 v_0$	$v_0 v_1 v_2$	$\begin{cases} d_5^* = \delta_{\min} \\ d_1^* = d_1 \\ d_2^* = d_2 + \delta_{\min} \end{cases}$
	v_4、v_1、v_2	⑤	$\begin{cases} d_1 < \delta_{\min} \\ d_2 > \delta_{\min} \end{cases}$	$v_4 v_7$	$v_7 v_2 v_1$	$\begin{cases} d_4^* = \delta_{\min} \\ d_1^* = d_1 + \delta_{\min} \\ d_2^* = d_2 \end{cases}$

（续）

矢量组名称	非零矢量组合	平面区域	边界条件	载波周期内矢量排序		占空比
				前半载波	后半载波	
不相邻四矢量（二反矢量）	v_1、v_2、v_4、v_5	⑥	$\begin{cases} d_1 < \delta_{\min} \\ d_2 < \delta_{\min} \end{cases}$	$v_7 v_4 v_5$	$v_0 v_1 v_2$	$\begin{cases} d_4^* = d_5^* = \delta_{\min} \\ d_1^* = d_1 + \delta_{\min} \\ d_2^* = d_2 + \delta_{\min} \end{cases}$

表 3-10 中，d_1、d_2 为原始非零二矢量的占空比；$\delta_{\min}$ 为最小脉冲占空比；d_x^* 为最小脉冲限制后的修正矢量占空比（$x = 3$、4、5、6）。

其他扇区的情形类似，不再赘述。

6. 有关零矢量窄脉冲

对高频高压段，零矢量逐渐变小，从而出现零矢量窄脉冲，此时即将发生过调制。因此时零矢量所占比例很小，故可采用有损零矢量剔除并对非零矢量进行归一化处理。

7. 多模式 PWM 输出时序

原始二矢量法的 PWM 输出逻辑可通过全载波 PWM 方式实现。当满足最小脉冲限制条件时，考虑最一般的情况，表 3-11 给出了兼容各种动态控制模式切换且前后两个半载波周期不对称的不定制继承矢量排序（若仅考虑标量 PWM 模式，该表的许多组合不会出现，故可简化表格）。

表 3-11 整个 PWM 周期多矢量无损最小脉冲限制继承法矢量排序

非零矢量组	v_0	v_1	v_2	v_3	v_4	v_5	v_6	v_7
1、2	012—10	127—210	210—127	210—127	721—27	012—10	127—210	721—27
1、2、3	012—30	012—30	210—30	210—30	210—30	012—30	721—03	230—10
6、1、2	016—72	016—72	721—67	012—76	761—27	012—76	76—127	76—127
4、1、2	012—74	012—74	127—47	47—210	47—210	47—210	127—47	47—210
5、1、2	50—127	210—50	210—50	210—50	50—127	50—127	50—127	210—50
4、5、1、2	127—450	127—450	210—547	210—547	450—127	547—210	547—210	450—127

图 3-33 给出了相邻三矢量、不相邻三矢量及不相邻四矢量的典型波形示范（对应表 3-11 的阴影部分）。

图 3-33 相邻三矢量、不相邻三矢量及不相邻四矢量的典型波形示范

多模式的优势主要体现在低频段（$d_0 > \delta_{\min}$），在相对高频段（$d_0 < \delta_{\min}$），因窄脉冲出现的概率较低，有损最小脉冲限制对输出电压影响较小，不妨采用原始二矢量的分级最小脉冲剔除法实现过调制（参考 3.6.5 节）。此外，辅助矢量的介入总会增加输出电压扰动，进而引起一定程度的电流波动，但比简单的最小脉冲剔除法或保留法所带来的畸变对系统的影响要小得多。

需要注意的是：全载波周期 PWM 与半载波周期 PWM 相比，采样周期变长，影响系统的动态响应，除非采用局部倍频载波实现多矢量拼接。

8. PWM 切换相窄脉冲限制法

若不考虑线电压的窄脉冲，在五段式非零二矢量占空比（d_1 或 d_2）满足最小脉冲限制条件时，将 PWM 切换到七段式模式，以达到限制最小脉冲的目的。需要注意的是，七段式相比于五段式，开关速率有所增加，相应的死区影响也会加重。

9. 仿真

以下仿真在不考虑死区（$DT = 0$）、输出频率为 2Hz 的五段式 PWM 方式下进行。

图 3-34 为原始非零二矢量时的理论仿真波形（$\delta_{\min} = 0$）。

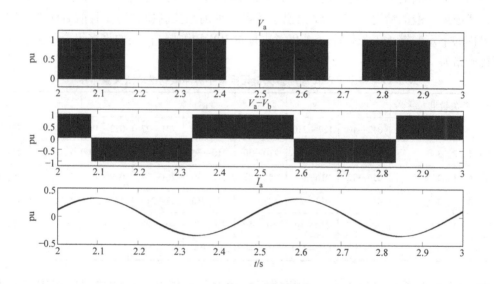

图 3-34　原始非零二矢量的理论仿真波形（$\delta_{\min} = 0$）

可见，输出电流为理想的正弦波形。

图 3-35 为原始二矢量最小脉冲剔除法时的理论仿真波形（$\delta_{\min} = 5\mu s$）。

图 3-36 为原始二矢量最小脉冲保持法时的仿真波形（$\delta_{\min} = 5\mu s$）。

可见，无论采用最小脉冲剔除法还是保持法均会出现很大程度的畸变。

图 3-37 为相邻三矢量最小脉冲保持法（若修正后引起另外矢量出现最小脉冲采用剔除法）时的仿真波形（$\delta_{\min} = 5\mu s$）。

可见，输出频率为 2Hz 时相邻三矢量法对输出电流波形有很大程度的改善。

图 3-38 为无死区不相邻非零四矢量最小脉冲保持法时的理论仿真波形（$\delta_{\min} = 5\mu s$）。

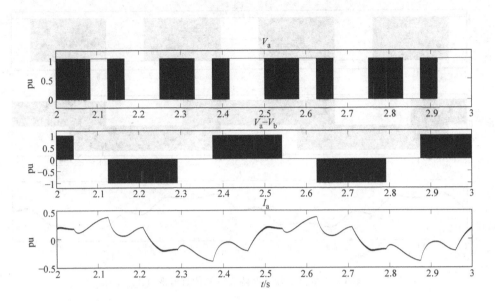

图 3-35 原始二矢量最小脉冲剔除法时的理论仿真波形（$\delta_{\min} = 5\mu s$）

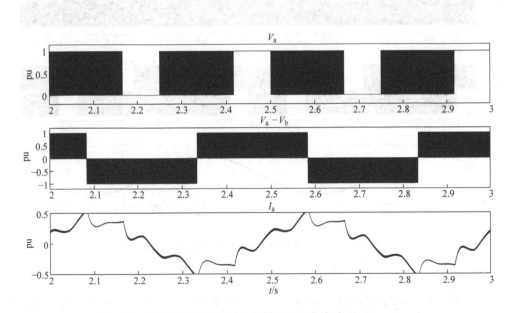

图 3-36 原始二矢量最小脉冲保持法时的仿真波形（$\delta_{\min} = 5\mu s$）

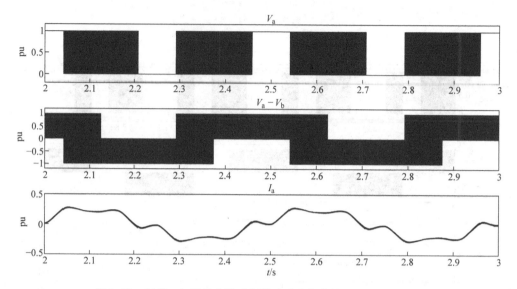

图 3-37　相邻三矢量最小脉冲保持法时的仿真波形（$\delta_{\min} = 5\mu s$）

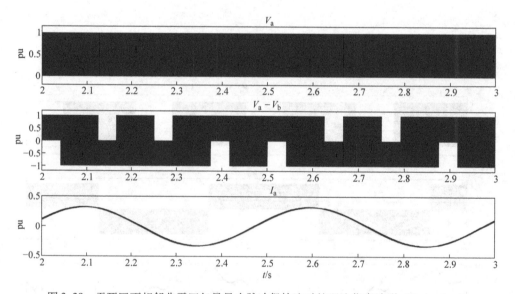

图 3-38　无死区不相邻非零四矢量最小脉冲保持法时的理论仿真波形（$\delta_{\min} = 5\mu s$）

　　可见，不相邻非零四矢量取得与纯理想的仿真接近的效果，而其他模式在极低频段仍有不同程度的畸变。

　　以上仿真均未考虑死区，若考虑死区延时并配合理想的死区补偿方法，多模式无损最小脉冲限制法可获得与纯理论接近的输出效果，是改善逆变器极低频特性的理想方法。

第4章 中性点钳位三电平空间矢量PWM方法

日本长冈科技大学的 A. Nabae 等人在 20 世纪 80 年代首次提出了中性点钳位（NPC）三电平逆变器。以后又派生出二极管钳位、电容钳位、带分离直流电源的串联式、三相逆变器串联式结构及电压自平衡式 5 种结构[14]。

4.1 NPC 三电平逆变器主电路拓扑、逻辑及空间矢量

图 4-1 给出交 - 直 - 交 NPC 三电平逆变器的主电路拓扑。NPC 三电平逆变器输出有 3 个电平状态，即正电压（p）、零（o）和负电压（n），分别对应（$V_{dc}/2$，0，$-V_{dc}/2$）3 个输出电压。对于电容中性点悬浮的逆变结构，必须通过逆变器控制逻辑的合理选择实现中性点电压自动钳位，从而对 PWM 控制算法也提出了更高的要求。

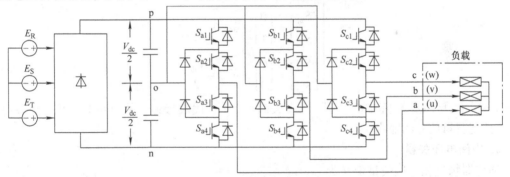

图 4-1 交 - 直 - 交 NPC 三电平逆变器的主电路拓扑

1. 开关逻辑及互锁

NPC 三电平逆变器每相桥臂可等效为 4 个电子开关（$S_{x1} - S_{x2} - S_{x3} - S_{x4}$，$x$ = a，b，c），输出 3 个逻辑电平（p，o，n）。理论上可知：$S_{x1} - S_{x2} - S_{x3} - S_{x4}$ 共有 16 个二进制组合（0000 ~ 1111），而实际上能够满足 NPC 控制要求的却仅有 3 个，即"1100""0110"和"0011"，此称"有用组合"，其余均属冗余状态，可不予理会。表 4-1 给出了每相桥臂开关逻辑与输出电平之间的关系。

表 4-1　NPC 三电平逆变器桥臂开关逻辑与输出电平的关系

开关逻辑	输出电平（$V_{dc}/2$，0，$-V_{dc}/2$）		
	p	o	n
S_{x1}	1	0	0

（续）

开关逻辑	输出电平（$V_{dc}/2$，0，$-V_{dc}/2$）		
	p	o	n
S_{x2}	1	1	0
S_{x3}	0	1	1
S_{x4}	0	0	1

表中，"0"表示关断（OFF），"1"表示导通（ON）；3种输出电平（$V_{dc}/2$、0、$-V_{dc}/2$），记作（p、o、n）；$x = a$，b，c，对应 a、b、c 三相。

观察表 4-1 还发现，$S_{x1} - S_{x2} - S_{x3} - S_{x4}$ 的 3 个有用组合逻辑中，彼此存在关联关系。如：$S_{x1} - S_{x3}$ 以及 $S_{x2} - S_{x4}$ 两组逻辑之间服从"逻辑互反"原则，也就是说，每相桥臂仅有两个控制自由度（S_{x1}，S_{x2}）。换言之，控制系统只需要对每相桥臂发出两路驱动信号（S_{x1} 和 S_{x2}）（表 4-1 阴影部分），另外两路驱动信号可以通过硬件取反逻辑取得，因此，三相系统总共需要 6 个自由度的驱动信号。

为避免电子开关"交越直通"，与两电平逆变器类似，必须增设互锁延时（死区）。由于受逻辑互反原则的约束，S_{x1}、S_{x3} 之间以及 S_{x2}、S_{x4} 之间均需增设互锁延时。

综上所述，NPC 三电平逆变器每相桥臂开关逻辑 $S_{x1} - S_{x2}$ 与输出电平的对应关系可表示为

$$\begin{cases} \begin{bmatrix} S_{x1} \\ S_{x2} \end{bmatrix} = \begin{bmatrix} 1 \\ 1 \end{bmatrix} \Leftrightarrow p \Leftrightarrow +\dfrac{V_{dc}}{2} \\[12pt] \begin{bmatrix} S_{x1} \\ S_{x2} \end{bmatrix} = \begin{bmatrix} 0 \\ 1 \end{bmatrix} \Leftrightarrow o \Leftrightarrow 0 \\[12pt] \begin{bmatrix} S_{x1} \\ S_{x2} \end{bmatrix} = \begin{bmatrix} 0 \\ 0 \end{bmatrix} \Leftrightarrow n \Leftrightarrow -\dfrac{V_{dc}}{2} \end{cases} \tag{4-1}$$

式中，$x = a$、b、c；矩阵中的"0"代表关断，"1"代表导通。式（4-1）可用于最终的 PWM 控制逻辑信号的输出。

2. 空间电压矢量

逆变器物理相电压矢量定义为

$$V_s \triangleq \frac{2}{3}(V_{a0} + V_{b0} e^{j\frac{2\pi}{3}} + V_{c0} e^{j\frac{4\pi}{3}}) \tag{4-2}$$

需要注意的是，逆变器相电压可以定义为输出对系统中任何一个参考点的电压，故式（4-2）不失一般性。

对 NPC 三电平逆变器，三相输出电压可抽象为

$$\begin{cases} V_{a0} = \dfrac{1}{2} V_{dc} S_a \\[10pt] V_{b0} = \dfrac{1}{2} V_{dc} S_b \\[10pt] V_{c0} = \dfrac{1}{2} V_{dc} S_c \end{cases} \tag{4-3}$$

式中，S_a、S_b、S_c 为三相桥臂（a、b、c）的等效开关函数，取值为"-1, 0, 1"，分别对

应"n、o、p"或"$-V_{dc}/2$、0、$V_{dc}/2$"3个输出电平。

联立式（4-2）、式（4-3）得物理电压矢量为

$$V_s = \frac{V_{dc}}{3}(S_a + S_b e^{j\frac{2\pi}{3}} + S_c e^{j\frac{4\pi}{3}})$$

若令

$$v_s \triangle S_a + S_b e^{j\frac{2\pi}{3}} + S_c e^{j\frac{4\pi}{3}} = \frac{3}{V_{dc}} V_s \qquad (4-4)$$

则 v_s 为标幺化矢量，也称数字矢量。以下算法均建立在数字矢量基础之上。

需要注意的是，两电平逆变器的输出电压为"0，V_{dc}"两个电平，电压矢量基准为"$2V_{dc}/3$"。

3. 空间矢量特征

$S_a - S_b - S_c$ 共有 $3^3 = 27$ 种逻辑组合，故可得到 27 个逆变器矢量。将（-1，0，1）分别代入式（4-5）可得出全部 27 个矢量的复数表达式，将其绘制于图 4-2 之中。

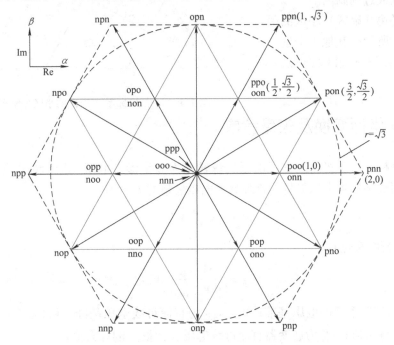

图 4-2　NPC 三电平逆变器电压矢量分布图

从图 4-2 中可见，全部 27 个矢量顶点连线将复平面分割成了内外两个六边形网络。矢量的长度也分为"0"（对应坐标原点）、"1"（对应内六边形顶点）、"2"（对应外六边形顶点）及"$\sqrt{3}$"（对应扇区角平分线与外六边形边线的交点）等 4 种。定义幅度为"2"的矢量为长矢量，如 ppn；幅度为"$\sqrt{3}$"的为中矢量，如 pon；幅度为"1"的为短矢量，如 ppo/oon 等；幅度为"0"的为零矢量，如 ppp/ooo/nnn。

此外，短矢量总是成对出现的，它们具有相同的顶点坐标，如 ppo/oon、poo/onn 等，不妨称其为"对偶短矢量"。对偶短矢量对矢量合成的贡献完全一样，但它们对母线电容的中性点电压的影响却截然相反。利用这一特点，我们可以通过对"对偶短矢量"的选择和

控制，实现对中性点电压的平衡控制，即中性点钳位控制（见本章4.4节）。

4. 扇区、小区的定义

复平面扇区按表4-2给出的角度区间定义为6个扇区，也称电压矢量扇区。

表4-2 复平面扇区的划分

电压矢量扇区	0（A）	1（B）	2（C）	3（D）	4（E）	5（F）
角度范围	$[0, \frac{\pi}{3}]$	$[\frac{\pi}{3}, \frac{2\pi}{3}]$	$[\frac{2\pi}{3}, \pi]$	$[\frac{3\pi}{3}, \frac{4\pi}{3}]$	$[\frac{4\pi}{3}, \frac{5\pi}{3}]$	$[\frac{5\pi}{3}, 2\pi]$

每个扇区可分为5个小区，以A扇区（第0扇区）为例，记作A0~A4，用于最佳逆变器三矢量的选择。其中A0~A3这4个小区为线性工作区，A4为非线性工作区或过调制区。

A扇区（第0扇区）小区的分割如图4-3所示。其他5个扇区的分割方法与A扇区类似，不再赘述。

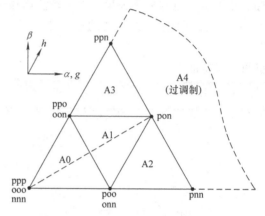

图4-3 $\alpha-\beta$坐标系A扇区的小区分割图

4.2 $d-q$坐标变换及矢量合成

为便于分析，需要将物理参考电压矢量转化为数字参考电压矢量，对式（4-4）进行变量替换，得到数字参考电压矢量与物理参考电压矢量的关系为

$$v_{ref} = \frac{3}{V_{dc}} V_{ref} \tag{4-5}$$

对 V_{ref} 进行标幺化有

$$v_{ref} = \frac{3V_{BASE}}{V_{dc}^{pu} V_{dc-BASE}} V_{ref}^{pu} \tag{4-5a}$$

式中，V_{BASE} 为控制系统的电压基准；$V_{dc-BASE}$ 为直流母线电压基准；V_{ref}^{pu} 为控制系统给出的参考电压矢量标幺值；V_{dc}^{pu} 为逆变器直流母线电压（标量）的标幺值；

在 $\alpha-\beta$ 坐标系可表示为

$$\begin{cases} v_{ref} = v_{ref}e^{j\theta} = v_\alpha + jv_\beta \\ \theta = \arctan(v_\beta/v_\alpha) \\ v_{ref} = \sqrt{(v_\alpha)^2 + (v_\beta)^2} \end{cases} \tag{4-6}$$

式中，v_α、v_β 为 v_{ref} 在 $\alpha-\beta$ 坐标系的两个分量；θ 为 $\alpha-\beta$ 坐标系的相位。

v_{ref} 所在扇区及扇区内夹角为

$$\begin{cases} k = INT[3\theta/\pi] \\ \theta_{dq} = REM[3\theta/\pi] \end{cases} \tag{4-7}$$

式中，k 为 v_{ref} 所在扇区标号（0~5）；θ_{dq} 为 v_{ref} 与所在扇区初轴的夹角（余角）。

若将 v_{ref} 朝其所在的扇区的初轴进行定向（$d - q$ 坐标系），得 v_{ref} 的 $d - q$ 坐标系表达式为

$$\begin{cases} v_d = v_{\text{ref}}\cos\theta_{dq} \\ v_q = v_{\text{ref}}\sin\theta_{dq} \end{cases} \tag{4-8}$$

根据三矢量定理，得 $d - q$ 坐标系的 v_{ref} 合成矢量方程为

$$\begin{cases} \boldsymbol{v}_{1-dq} = v_{1d} + \mathrm{j}v_{1q};\ \boldsymbol{v}_{2-dq} = v_{2d} + \mathrm{j}v_{2q};\ \boldsymbol{v}_{3-dq} = v_{3d} + \mathrm{j}v_{3q} \\ v_d + \mathrm{j}v_q = d_1\boldsymbol{v}_{1-dq} + d_2\boldsymbol{v}_{2-dq} + d_3\boldsymbol{v}_{3-dq} \end{cases}$$

或

$$\begin{cases} v_d = d_1 v_{1d} + d_2 v_{2d} + d_3 v_{3d} \\ v_q = d_1 v_{1q} + d_2 v_{2q} + d_3 v_{3q} \\ d_1 + d_2 + d_3 = 1 \end{cases} \tag{4-9}$$

式中，v_d、v_q 为 v_{ref} 的 $d - q$ 直角坐标分量；v_{id}、v_{iq} 为逆变器最佳单位三矢量对应的顶点坐标；d_i 为三矢量的占空比；$i = 1, 2, 3$ 代表三矢量。

在 $d - q$ 坐标系，任意扇区的 v_{ref} 均被"映射到 A 扇区（第 0 扇区）"，将简化在小区的查找及过调制修正，并使任意扇区内的三矢量占空比算法得到统一。

4.3　$d - q/g - h$ 坐标系矢量合成及占空比初解

由第 3 章可知，直角坐标系与 $g - h$ 坐标系的坐标关系为

$$\begin{cases} v_g = v_d - \dfrac{1}{\sqrt{3}} v_q \\ v_h = \dfrac{2}{\sqrt{3}} v_q \end{cases} \tag{4-10}$$

在 $d - q$ 坐标系，A 扇区（第 0 扇区）共有 6 个（组）顶点矢量，根据矢量定义可得直角坐标为

$$\begin{bmatrix} 000_d & 000_q \\ \text{poo}_d & \text{poo}_q \\ \text{pnn}_d & \text{pnn}_q \\ \text{pon}_d & \text{pon}_q \\ \text{ppo}_d & \text{ppo}_q \\ \text{ppn}_d & \text{ppn}_q \end{bmatrix} = \begin{bmatrix} 0 & 0 \\ 1 & 0 \\ 2 & 0 \\ 3/2 & \sqrt{3}/2 \\ 1/2 & \sqrt{3}/2 \\ 1 & \sqrt{3} \end{bmatrix} \tag{4-11}$$

代入式（4-10）转化为 $g - h$ 坐标为

$$\begin{bmatrix} 000_g & 000_h \\ \text{poo}_g & \text{poo}_h \\ \text{pnn}_g & \text{pnn}_h \\ \text{pon}_g & \text{pon}_h \\ \text{ppo}_g & \text{ppo}_h \\ \text{ppn}_g & \text{ppn}_h \end{bmatrix} = \begin{bmatrix} 0 & 0 \\ 1 & 0 \\ 2 & 0 \\ 1 & 1 \\ 0 & 1 \\ 0 & 2 \end{bmatrix} \tag{4-12}$$

图 4-4 给出了 A 扇区的 6 个矢量顶点 $g - h$ 坐标及各小区最佳临时三矢量 v_1、v_2、v_3 的定义。

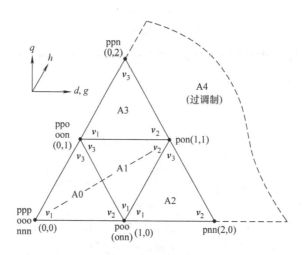

图 4-4   A 扇区 6 个矢量顶点 $g - h$ 坐标及各小区最佳临时三矢量的定义

将图 4-4 信息列于表 4-3。

表 4-3   A 扇区最佳临时三矢量及 $g - h$ 坐标

小区		A0	A1	A2	A3
最佳临时三矢量 $(v_1、v_2、v_3)$ $g - h$ 坐标	(v_{1g}, v_{1h})	(0, 0)	(1, 0)	(1, 0)	(0, 1)
	(v_{2g}, v_{2h})	(1, 0)	(1, 1)	(2, 0)	(1, 1)
	(v_{3g}, v_{3h})	(0, 1)	(0, 1)	(1, 1)	(0, 2)

对式（4-9）两侧矢量进行 $g - h$ 变换得 $g - h$ 坐标系的矢量坐标关系为

$$\begin{cases} A \triangleq v_g = d_1 v_{1g} + d_2 v_{2g} + d_3 v_{3g} \\ B \triangleq v_h = d_1 v_{1h} + d_2 v_{2h} + d_3 v_{3h} \\ d_1 + d_2 + d_3 = 1 \end{cases} \qquad (4\text{-}13)$$

求解式（4-13），得最佳临时三矢量占空比初解通式为

$$\begin{cases} d_1 = \dfrac{(A - v_{3g})(v_{2h} - v_{3h}) - (v_{2g} - v_{3g})(B - v_{3h})}{(v_{1g} - v_{3g})(v_{2h} - v_{3h}) - (v_{2g} - v_{3g})(v_{1h} - v_{3h})} \\[3mm] d_2 = \dfrac{-(A - v_{3g})(v_{1h} - v_{3h}) + (v_{1g} - v_{3g})(B - v_{3h})}{(v_{1g} - v_{3g})(v_{2h} - v_{3h}) - (v_{2g} - v_{3g})(v_{1h} - v_{3h})} \\[3mm] d_3 = 1 - d_1 - d_2 \end{cases} \qquad (4\text{-}14)$$

式中，A、B 为参考信号 v_{ref} 在 $g - h$ 空间的两个标幺值分量。

图 4-5 给出了 v_{ref} 落入 A1 小区的 $d - q/g - h$ 坐标系宏观最佳三矢量分解示意图（落实到具体的对偶矢量见图 4-9）。

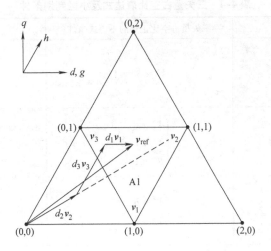

图 4-5　v_{ref}落入 A1 小区的 $d-q/g-h$ 坐标系宏观最佳临时三矢量分解示意图

4.4　小区判别及占空比终解

1. 过调制修正

类似于两电平逆变器，在 $d-q/g-h$ 坐标系，从几何关系不难得出，当 $A+B>2$ 时，v_{ref}超出了逆变器长矢量顶点组成的外六边形，需要进行幅值修正。修正后的参考矢量 v_{ref}^* 与原始参考矢量 v_{ref} 方向相同，其顶点服从 $A^*+B^*=2$ 的直线方程（对应外六边形的一个边）。

图 4-6 给出了过调制（v_{ref}落入六边形以外区域）时的矢量修正图。

由几何相似三角形等比定理可得

$$\begin{cases} A^*=\dfrac{2A}{A+B} \\[2mm] B^*=\dfrac{2B}{A+B} \end{cases} \qquad (4\text{-}15)$$

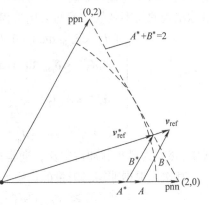

图 4-6　过调制时的矢量修正图

变换得映射修正矢量 v_{ref}^*的 $g-h$ 分量为

$$\begin{cases} \text{if } (A+B)>2 \text{ then } \{A^*=\dfrac{2A}{A+B}; B^*=\dfrac{2B}{A+B}\} \\[3mm] \text{else } \{A^*=A; B^*=B\} \end{cases} \qquad (4\text{-}16)$$

从几何上不难理解，修正后的参考矢量 v_{ref}^*一定会落入 A1 边界或 A2、A3 两个小区内。

2. 小区判别

将 A^*、B^* 及表 4-3 坐标代入式（4-14）化简得表达式，见表 4-4 左侧第一列。按最佳临时三矢量占空比非负构成不等式即可得到小区判别条件，见表 4-4 中间一列。

表4-4　三矢量占空比表达式及小区判别条件

三矢量占空比表达式	三矢量占空比正解的不等式条件	小区
$\begin{cases} d_1^* = 1 - (A^* + B^*) \\ d_2^* = A^* \\ d_3^* = B^* \end{cases}$	$A^* + B^* \leqslant 1$	A0
$\begin{cases} d_1^* = 1 - B^* \\ d_2^* = (A^* + B^*) - 1 \\ d_3^* = 1 - A^* \end{cases}$	$\begin{cases} A^* + B^* > 1 \\ A^* \leqslant 1 \\ B^* \leqslant 1 \end{cases}$	A1
$\begin{cases} d_1^* = 2 - (A^* + B^*) \\ d_2^* = A^* - 1 \\ d_3^* = B^* \end{cases}$	$\begin{cases} A^* + B^* \leqslant 2 \\ A^* > 1 \end{cases}$	A2
$\begin{cases} d_1^* = 2 - (A^* + B^*) \\ d_2^* = A^* \\ d_3^* = B^* - 1 \end{cases}$	$\begin{cases} A^* + B^* \leqslant 2 \\ B^* > 1 \end{cases}$	A3

3. 过调制与最小脉冲限制

1）当v_{ref}^*处在内六边形区域（A0 ~ F0 小区）时，首先根据最小零矢量占空比进行过调制处理。因发生过调制时，参考电压已接近内六边形，此时的电压、频率相对较高，零矢量窄脉出现的概率较低，不妨采用有损最小零矢量剔除法，即

$$\begin{cases} \text{if } d_1^* < \delta_{\min} \text{ then } \{\text{if } d_2^{**} < \delta_{\min} \text{ then } \{d_1^{**} = 0; d_2^{**} = 0; d_3^{**} = 1\} \\ \quad \text{if } d_3^{**} < \delta_{\min} \text{ then} \{d_1^{**} = 0; d_2^{**} = 1; d_3^{**} = 0\} \\ \quad d_1^{**} = 0; d_2^{**} = \dfrac{d_2^*}{d_2^* + d_3^*}; d_3^{**} = \dfrac{d_3^*}{d_2^* + d_3^*}\} \\ \text{else } \{d_0^{**} = d_0^*; d_m^{**} = d_m^*; d_n^{**} = d_n^*\} \end{cases} \tag{4-17}$$

式中，$\delta_{\min}$为最小脉冲占空比，通常根据 PWM 载波方式选取比死区时间略大的对应值。

其次，根据非零二矢量的占空比选择 PWM 模式，即

$$\text{if } d_2^{**} \geqslant (\delta_{\min} \cap d_3^{**}) \geqslant \delta_{\min} \text{ then MODE} = 11 \text{ else MODE} = 13 \tag{4-18}$$

式中，MODE = 11 对应全载波十一段 PWM 模式，该模式可获得较低的开关速率；MODE = 13 对应全载波十三段模式，该模式可实现相驱动信号窄脉冲限制。

2）当v_{ref}^*处在外六边形区域（A0 ~ F0 以外的小区）时，因为此时电压、频率更高，窄脉冲出现的概率更小，所以可采用有损三矢量最窄脉冲剔除—归一化法，实现对相电压和线电压的最小脉冲限制，其算法为

$$\begin{cases} \text{if } d_1^* < \delta_{\min} \text{ then } x = 0 \text{ else } x = d_1^* \\ \text{if } d_2^* < \delta_{\min} \text{ then } y = 0 \text{ else } y = d_2^* \\ \text{if } d_3^* < \delta_{\min} \text{ then } z = 0 \text{ else } z = d_3^* \\ d_1^{**} = \dfrac{x}{x + y + z}; d_2^{**} = \dfrac{y}{x + y + z}; d_3^{**} = \dfrac{z}{x + y + z} \end{cases} \tag{4-19}$$

有损最小脉冲剔除总会带来畸变，无损最小脉冲限制法可参考第 3 章 3.10.8 节的多矢量合成方法及文献[95-97]。无损最小脉冲法需要非定制的继承矢量排序法的支持，若再考虑中性点钳位的对偶矢量分配及窄脉冲问题，做到严格意义上的相电压、线电压窄脉冲无损剔除，软件设计会相当复杂，故不建议采用。

4. 中性点钳位[10,11,14,32-36]

图 4-7 给出了两个典型短矢量（onn、poo）及一个中矢量（pon）对中性点电流（I_{np}）影响的电路示意图。

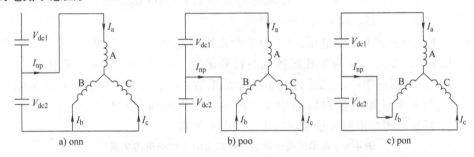

a) onn　　　　　　　　b) poo　　　　　　　　c) pon

图 4-7　两个典型短矢量及一个中矢量对中性点电流（I_{np}）影响的电路示意图

因长矢量不会产生中性点电流，对中性点电压没有影响，故不以考虑。

表 4-5 给出了全部 6 组短矢量和 6 个中矢量对中性点电流的影响。

表 4-5　各矢量对中性点电流的影响

对偶短矢量	中性点电流（I_{np}）	中矢量	中性点电流（I_{np}）
onn/poo	$I_a/-I_a$	pon	I_b
ppo/oon	$I_c/-I_c$	opn	I_a
non/opo	$I_b/-I_b$	npo	I_c
opp/noo	$I_a/-I_a$	nop	I_b
nno/oop	$I_c/-I_c$	onp	I_a
pop/ono	$I_b/-I_b$	pno	I_c

可见，对偶短矢量对矢量的轨迹贡献一样，而对中性点电流（或中性点电压）的影响却截然相反。若在输出矢量排序中将短矢量成对出现，并根据中性点电流的极性"乒乓"改变对偶短矢量分配比例即可达到中性点电压的平衡控制的目的，这就是中性点钳位。中矢量对三相电流贡献不固定，而且所有中矢量参与的小区（A1 ~ A3）三矢量中一定包含对偶短矢量，故通常传统 NPC - PWM 不去关心中矢量的影响（本章 4.9 节的虚拟中矢量 PWM 方法将考虑中矢量的电流均衡问题）。

为便于 PWM 原理陈述，首先定义含有两个"p"电平的短矢量为第一正短矢量，如 ppo、pop、opp；相应的对偶矢量为第一负短矢量，如 onn、ono、noo。同理，含有一个"p"电平的短矢量为第二正短矢量，如 poo、opo、oop，对应的负短矢量为 onn、non、nno。以下中性点钳位占空比分配系数均以两个正短矢量作为评价。

以 $I_a>0$、调节对偶矢量 opp/noo 的分配比例进行说明。因 opp 使得 $I_{np}=I_a>0$，即 V_{dc1} 增加、V_{dc2} 减小，$\Delta V_{dc}=V_{dc1}-V_{dc2}$，变化为正。在对偶时间不变的前提下，若减小 opp 分配

比例，则 noo 占比自然变大，即 $I_{np} = -I_a < 0$ 成分加大，故使中性点电压朝增加的方向变化，从而使 ΔV_{dc} 朝减小方向变化，起到负反馈作用。考虑一个 PWM 周期最多有两个对偶短矢量参与中性点钳位，此系数最多有两组（k_1、k_2 与 k_3、k_4），综合各种可能有如下中性点钳位算法：

$$\begin{cases} k_1 = 0.5\left[1 - K_{np}\,\mathrm{sgn}(V_{dc1} - V_{dc2}) \times \mathrm{sgn}(I_{np1})\right] \\ k_2 = 1 - k_1 \\ k_3 = 0.5\left[1 - K_{np}\,\mathrm{sgn}(V_{dc1} - V_{dc2}) \times \mathrm{sgn}(I_{np2})\right] \\ k_4 = 1 - k_3 \end{cases} \quad (4\text{-}20)$$

式中，V_{dc1}、V_{dc2} 为上、下母线电压；K_{np} 为中性点钳位强度，取值为 0，1（$K_{np} = 0$ 钳位禁止，$K_{np} = 1$ 强度最大）；sgn 为带死区特性的符号函数（降低小电流时的灵敏度），取值为 -1，0，1；k_1、k_3 对应第一、二正短矢量的分配系数；k_2、k_4 为相应的负短矢量的分配系数；I_{np1}、I_{np2} 为两个正短矢量对应的中性点电流，且该电流仅与扇区有关。参考表 4-5，表 4-6 给出了各扇区两个正短矢量对应的中性点电流关系。

表 4-6　各扇区两个正短矢量对应的中性点电流关系

扇区	第一正短矢量	I_{np1}	第二正短矢量	I_{np2}
A	ppo	I_c	poo	$-I_a$
B	ppo	I_c	opo	$-I_b$
C	opp	I_a	opo	$-I_b$
D	opp	I_a	oop	$-I_c$
E	pop	I_b	oop	$-I_c$
F	pop	I_b	poo	$-I_a$

5. SVPWM 算法模型

根据前文分析，给出 $g - h$ 坐标下 SVPWM 算法模型，如图 4-8 所示。

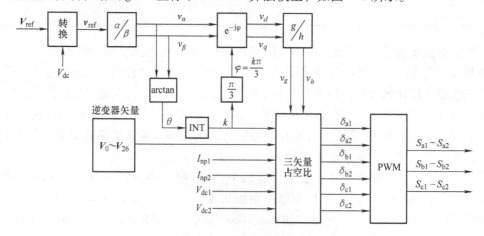

图 4-8　$g - h$ 坐标下 SVPWM 算法模型

结合图 4-8，表 4-7 给出了已知控制系统参考电压标幺值 V_α^{pu}、V_β^{pu} 转化为数学参考电压矢量后求取 NPC 三电平逆变器 SVPWM 占空比算法流程。

表 4-7 NPC 三电平逆变器 SVPWM 占空比算法流程

坐标系	名称		算法	备注
$\alpha-\beta$ 坐标系	数学参考矢量转化		$v_\alpha = \dfrac{3V_{\text{BASE}}}{V_{\text{dc}}^{\text{pu}} V_{\text{dc-BASE}}} V_\alpha^{\text{pu}}$ ；$v_\beta = \dfrac{3V_{\text{BASE}}}{V_{\text{dc}}^{\text{pu}} V_{\text{dc-BASE}}} V_\beta^{\text{pu}}$	式 (4-5a)
	数学参考矢量幅值		$v_{\text{ref}} = \sqrt{v_\alpha^2 + v_\beta^2}$	式 (4-6)
	数学参考矢量相位		$\theta = \arctan\ (v_\beta / v_\alpha)$	
	扇区		$k = \text{INT}\ [3\theta/\pi]$	式 (4-7)
	扇区内余角		$\theta_{dq} = \text{REM}\ [3\theta/\pi]$	
$d-q/g-h$ 坐标系	$d-q$ 分量		$v_d = v_{\text{ref}}\cos\theta_{dq}$ ；$v_q = v_{\text{ref}}\sin\theta_{dq}$	式 (4-8)
	$d-q/g-h$ 分量		$A = v_d - \dfrac{v_q}{\sqrt{3}}$ ；$B = \dfrac{2v_q}{\sqrt{3}}$	式 (4-10)
	过调制修正		$\begin{cases} \text{if } (A+B) > 2 \text{ then } \left\{A^* = \dfrac{2A}{A+B};\ B^* = \dfrac{2B}{A+B}\right\} \\ \text{else } \{A^* = A;\ B^* = B\} \end{cases}$	式 (4-16)
	小区判断		求 A0 ~ A3	表 4-4
	三矢量占空比		求过调制后 d_1^*、d_2^*、d_3^*	表 4-4
	最小脉冲限制及 PWM 模式	内六边形	求 d_1^{**}、d_2^{**}、d_3^{**} 最终占空比	式 (4-17)
			求 PWM 模式	式 (4-18)
		外六边形	求 d_1^{**}、d_2^{**}、d_3^{**} 最终占空比	式 (4-19)
中性点钳位			求 $k_1 \sim k_4$	式 (4-20)

4.5 PWM 输出开关逻辑

1. 参考矢量分解及排序

矢量排序约定如下：

1）矢量排序必须包含三矢量 v_1，v_2，v_3，其中的中、长矢量只能选择一次；为增加中性点钳位效果，三矢量 v_1，v_2，v_3 中所包含的对偶短矢量必须按对偶关系各选择一次。

2）矢量排序应服从一个相邻状态位的变化，即允许在"o↔p"或"o↔n"之间变化，禁止"n↔p"直接切换，其目的是保证输出线电压 $\mathrm{d}v/\mathrm{d}t$ 最小。

3）在 A0 小区，以矢量首发（ppp）→次发第一正短矢量（ppo）→次发第二正短矢量（poo）→中间零矢量（ooo）→第一负短矢量（oon）→第二负短矢量（onn）→末尾零矢量（nnn），即整个载波周期一个往返共 13 段。以零矢量作为首尾矢量可以避免相电压的窄脉冲问题（仍存在线电压窄脉冲）。

4）A1 ~ A3 小区不含零矢量，采用九段式矢量排序。

图 4-9 给出了在图 4-4 基础上的 A 扇区 A1 小区参考矢量分解轨迹细节图。

图 4-9 可用于具体的 PWM 逻辑生成。

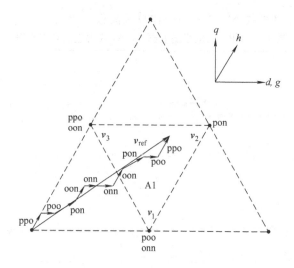

图 4-9　A 扇区 A1 小区参考矢量分解轨迹细节图

2. 六路驱动及 PWM 比较值

六路驱动逻辑 PWM 需要 6 个比较值（δ_{a1}、δ_{a2}、δ_{b1}、δ_{b2}、δ_{c1}、δ_{c2}），它们分别是最佳临时三矢量占空比及对偶矢量分配系数的线性函数。

图 4-10 给出全部 6 个扇区的 24 个小区最佳临时三矢量定义全图。

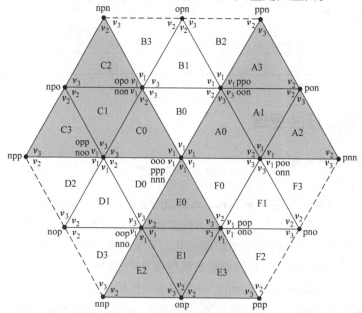

图 4-10　6 个扇区的 24 个小区最佳临时三矢量定义全图

参考图 4-10，表 4-8 给出了 6 个扇区对应的 24 个小区驱动时序及 6 个比较值表达式。其中，$k_1 \sim k_4$ 由式（4-20）决定；η 为 3 个零矢量分配系数，并取

$$\eta = \frac{1}{3} \tag{4-21}$$

表 4-8　6 个扇区对应的 24 个小区驱动时序及 6 个比较值表达式

小区	半载波周期矢量排序及时序	临时三矢量/排序及占空比分配 /6 路 PWM 比较值
A0[①]	ppp ppo poo ooo oon onn nnn S_{a1}: 1 1 1 0 0 0 0 S_{a2}: 1 1 1 1 1 1 0 S_{b1}: 1 1 0 0 0 0 0 S_{b2}: 1 1 1 1 1 0 0 S_{c1}: 1 0 0 0 0 0 0 S_{c2}: 1 1 1 1 1 1 0	$v_1 = \dfrac{ppp}{\eta d_1^{**}}\ \dfrac{ooo}{\eta d_1^{**}}\ \dfrac{nnn}{\eta d_1^{**}}$;　$v_2 = \dfrac{poo}{k_3 d_2^{**}}\ \dfrac{onn}{k_4 d_2^{**}}$;　$v_3 = \dfrac{ppo}{k_1 d_3^{**}}\ \dfrac{oon}{k_2 d_3^{**}}$ $\dfrac{ppp}{\eta d_1^{**}} + \dfrac{ppo}{k_1 d_3^{**}} + \dfrac{poo}{k_3 d_2^{**}} + \dfrac{ooo}{\eta d_1^{**}} + \dfrac{oon}{k_2 d_3^{**}} + \dfrac{onn}{k_4 d_2^{**}} + \dfrac{nnn}{\eta d_1^{**}}$ $\begin{cases} \delta_{a1} = \eta d_1^{**} + k_1 d_3^{**} + k_3 d_2^{**} \\ \delta_{a2} = \eta d_1^{**} + k_1 d_3^{**} + k_3 d_2^{**} + \eta d_1^{**} + k_2 d_3^{**} + k_4 d_2^{**} = 2\eta d_1^{**} + d_3^{**} + d_2^{**} \\ \delta_{b1} = \eta d_1^{**} + k_1 d_3^{**} \\ \delta_{b2} = \eta d_1^{**} + k_1 d_3^{**} + k_3 d_2^{**} + \eta d_1^{**} + k_2 d_3^{**} = 2\eta d_1^{**} + d_3^{**} + k_3 d_2^{**} \\ \delta_{c1} = \eta d_1^{**} \\ \delta_{c2} = \eta d_1^{**} + k_1 d_3^{**} + k_3 d_2^{**} + \eta d_1^{**} = 2\eta d_1^{**} + k_1 d_3^{**} + k_3 d_2^{**} \end{cases}$
A1	ppo poo pon oon onn S_{a1}: 1 1 1 0 0 S_{a2}: 0 1 1 1 1 S_{b1}: 1 0 0 0 0 S_{b2}: 1 1 1 1 0 S_{c1}: 0 0 0 0 0 S_{c2}: 1 1 0 0 0	$v_1 = \dfrac{poo}{k_3 d_1^{**}}\ \dfrac{onn}{k_4 d_1^{**}}$;　$v_2 = \dfrac{pon}{d_2^{**}}$;　$v_3 = \dfrac{ppo}{k_1 d_3^{**}}\ \dfrac{oon}{k_2 d_3^{**}}$ $\dfrac{ppo}{k_1 d_3^{**}} + \dfrac{poo}{k_3 d_1^{**}} + \dfrac{pon}{d_2^{**}} + \dfrac{oon}{k_2 d_3^{**}} + \dfrac{onn}{k_4 d_1^{**}}$ $\begin{cases} \delta_{a1} = k_1 d_3^{**} + k_3 d_1^{**} + d_2^{**} \\ \delta_{a2} = 1 \\ \delta_{b1} = k_1 d_3^{**} \\ \delta_{b2} = k_1 d_3^{**} + k_3 d_1^{**} + d_2^{**} + k_2 d_3^{**} = d_3^{**} + k_3 d_1^{**} + d_2^{**} \\ \delta_{c1} = 0 \\ \delta_{c2} = k_1 d_3^{**} + k_3 d_1^{**} \end{cases}$
A2	poo pon pnn onn S_{a1}: 1 1 1 0 S_{a2}: 1 1 1 1 S_{b1}: 0 0 0 0 S_{b2}: 1 1 0 0 S_{c1}: 0 0 0 0 S_{c2}: 1 0 0 0	$v_1 = \dfrac{poo}{k_3 d_1^{**}}\ \dfrac{onn}{k_4 d_1^{**}}$;　$v_2 = \dfrac{pnn}{d_2^{**}}$;　$v_3 = \dfrac{pon}{d_3^{**}}$ $\dfrac{poo}{k_3 d_1^{**}} + \dfrac{pon}{d_3^{**}} + \dfrac{pnn}{d_2^{**}} + \dfrac{onn}{k_4 d_1^{**}}$ $\begin{cases} \delta_{a1} = k_3 d_1^{**} + d_3^{**} + d_2^{**} \\ \delta_{a2} = 1 \\ \delta_{b1} = 0 \\ \delta_{b2} = k_3 d_1^{**} + d_3^{**} \\ \delta_{c1} = 0 \\ \delta_{c2} = k_3 d_1^{**} \end{cases}$
A3	ppo ppn pon oon S_{a1}: 1 1 1 0 S_{a2}: 1 1 1 1 S_{b1}: 1 1 0 0 S_{b2}: 1 1 1 1 S_{c1}: 0 0 0 0 S_{c2}: 1 0 0 0	$v_1 = \dfrac{ppo}{k_1 d_1^{**}}\ \dfrac{oon}{k_2 d_1^{**}}$;　$v_2 = \dfrac{pon}{d_2^{**}}$;　$v_3 = \dfrac{ppn}{d_3^{**}}$ $\dfrac{ppo}{k_1 d_1^{**}} + \dfrac{ppn}{d_3^{**}} + \dfrac{pon}{d_2^{**}} + \dfrac{oon}{k_2 d_1^{**}}$ $\begin{cases} \delta_{a1} = k_1 d_1^{**} + d_3^{**} + d_2^{**} \\ \delta_{a2} = 1 \\ \delta_{b1} = k_1 d_1^{**} + d_3^{**} \\ \delta_{b2} = 1 \\ \delta_{c1} = 0 \\ \delta_{c2} = k_1 d_1^{**} \end{cases}$

（续）

小区	半载波周期矢量排序及时序	临时三矢量/排序及占空比分配 /6 路 PWM 比较值

B0①

半载波周期矢量排序及时序：

	ppp	ppo	opo	ooo	oon	non	nnn
S'_{a1}	1	1	0	0	0	0	0
S_{a2}	1	1	1	1	1	0	0
S_{b1}	1	1	1	0	0	0	0
S_{b2}	1	1	1	1	1	1	0
S_{c1}	1	0	0	0	0	0	0
S_{c2}	1	1	1	1	0	0	0

$$v_1 = \frac{ppp}{\eta d_1^{**}}\ \frac{ooo}{\eta d_1^{**}}\ \frac{nnn}{\eta d_1^{**}};\quad v_2 = \frac{ppo}{k_1 d_2^{**}}\ \frac{oon}{k_2 d_2^{**}};\quad v_3 = \frac{opo}{k_3 d_3^{**}}\ \frac{non}{k_4 d_3^{**}}$$

$$\frac{ppp}{\eta d_1^{**}} + \frac{ppo}{k_1 d_2^{**}} + \frac{opo}{k_3 d_3^{**}} + \frac{ooo}{\eta d_1^{**}} + \frac{oon}{k_2 d_2^{**}} + \frac{non}{k_4 d_2^{**}} + \frac{nnn}{\eta d_1^{**}}$$

$$\begin{cases}
\delta_{a1} = \eta d_1^{**} + k_1' d_2^{**} \\
\delta_{a2} = \eta d_1^{**} + k_1 d_2^{**} + k_3 d_3^{**} + \eta d_1^{**} + k_2 d_2^{**} = 2\eta d_1^{**} + d_2^{**} + k_3 d_3^{**} \\
\delta_{b1} = \eta d_1^{**} + k_1 d_2^{**} + k_3 d_3^{**} \\
\delta_{b2} = \eta d_1^{**} + k_1 d_2^{**} + k_3 d_3^{**} + \eta d_1^{**} + k_2 d_2^{**} + k_4 d_3^{**} = 2\eta d_1^{**} + d_2^{**} + d_3^{**} \\
\delta_{c1} = \eta d_1^{**} \\
\delta_{c2} = \eta d_1^{**} + k_1 d_2^{**} + k_3 d_3^{**} + \eta d_1^{**} = 2\eta d_1^{**} + k_1 d_2^{**} + k_3 d_3^{**}
\end{cases}$$

B1

半载波周期矢量排序及时序：

	ppo	opo	opn	oon	non
S_{a1}	1	0	0	0	0
S_{a2}	1	1	1	1	0
S_{b1}	1	1	1	0	0
S_{b2}	1	1	1	1	1
S_{c1}	0	0	0	0	0
S_{c2}	1	1	0	0	0

$$v_1 = \frac{ppo}{k_1 d_1^{**}}\ \frac{oon}{k_2 d_1^{**}};\quad v_2 = \frac{opn}{d_2^{**}};\quad v_3 = \frac{opo}{k_3 d_3^{**}}\ \frac{non}{k_4 d_3^{**}}$$

$$\frac{ppo}{k_1 d_1^{**}} + \frac{opo}{k_3 d_3^{**}} + \frac{opn}{d_2^{**}} + \frac{oon}{k_2 d_1^{**}} + \frac{non}{k_4 d_3^{**}}$$

$$\begin{cases}
\delta_{a1} = k_1 d_1^{**} \\
\delta_{a2} = k_1 d_1^{**} + k_3 d_3^{**} + d_2^{**} + k_2 d_1^{**} = d_1^{**} + k_3 d_3^{**} + d_2^{**} \\
\delta_{b1} = k_1 d_1^{**} + k_3 d_3^{**} + d_2^{**} \\
\delta_{b2} = 1 \\
\delta_{c1} = 0 \\
\delta_{c2} = k_1 d_1^{**} + k_3 d_3^{**}
\end{cases}$$

B2

半载波周期矢量排序及时序：

	ppo	ppn	opn	oon
S_{a1}	1	1	0	0
S_{a2}	1	1	1	1
S_{b1}	1	1	1	0
S_{b2}	1	1	1	1
S_{c1}	0	0	0	0
S_{c2}	1	0	0	0

$$v_1 = \frac{ppo}{k_1 d_1^{**}}\ \frac{oon}{k_2 d_1^{**}};\quad v_2 = \frac{ppn}{d_2^{**}};\quad v_3 = \frac{opn}{d_3^{**}}$$

$$\frac{ppo}{k_1 d_1^{**}} + \frac{ppn}{d_2^{**}} + \frac{opn}{d_3^{**}} + \frac{oon}{k_2 d_1^{**}}$$

$$\begin{cases}
\delta_{a1} = k_1 d_1^{**} + d_2^{**} \\
\delta_{a2} = 1 \\
\delta_{b1} = k_1 d_1^{**} + d_2^{**} + d_3^{**} \\
\delta_{b2} = 1 \\
\delta_{c1} = 0 \\
\delta_{c2} = k_1 d_1^{**}
\end{cases}$$

B3

半载波周期矢量排序及时序：

	opo	opn	npn	non
S_{a1}	0	0	0	0
S_{a2}	1	1	0	0
S_{b1}	1	1	1	0
S_{b2}	1	1	1	1
S_{c1}	0	0	0	0
S_{c2}	1	0	0	0

$$v_1 = \frac{opo}{k_3 d_1^{**}}\ \frac{non}{k_4 d_1^{**}};\quad v_2 = \frac{opn}{d_2^{**}};\quad v_3 = \frac{npn}{d_3^{**}}$$

$$\frac{opo}{k_3 d_1^{**}} + \frac{opn}{d_2^{**}} + \frac{npn}{d_3^{**}} + \frac{non}{k_4 d_1^{**}}$$

$$\begin{cases}
\delta_{a1} = 0 \\
\delta_{a2} = k_3 d_1^{**} + d_2^{**} \\
\delta_{b1} = k_3 d_1^{**} + d_2^{**} + d_3^{**} \\
\delta_{b2} = 1 \\
\delta_{c1} = 0 \\
\delta_{c2} = k_3 d_1^{**}
\end{cases}$$

（续）

小区	半载波周期矢量排序及时序	临时三矢量/排序及占空比分配 /6 路 PWM 比较值
C0[①]	见下表	（见下方公式）
C1	见下表	（见下方公式）
C2	见下表	（见下方公式）
C3	见下表	（见下方公式）

C0[①]

	ppp	opp	opo	ooo	noo	non	nnn
S_{a1}	1	0	0	0	0	0	0
S_{a2}	1	1	1	1	0	0	0
S_{b1}	1	1	1	0	0	0	0
S_{b2}	1	1	1	1	1	1	0
S_{c1}	1	1	0	0	0	0	0
S_{c2}	1	1	1	1	1	1	0

$$v_1 = \frac{ppp}{\eta d_1^{**}}\ \frac{ooo}{\eta d_1^{**}}\ \frac{nnn}{\eta d_1^{**}};\quad v_2 = \frac{opo}{k_3 d_2^{**}}\ \frac{non}{k_4 d_2^{**}};\quad v_3 = \frac{opp}{k_1 d_3^{**}}\ \frac{noo}{k_2 d_3^{**}}$$

$$\frac{ppp}{\eta d_1^{**}} + \frac{opp}{k_1 d_3^{**}} + \frac{opo}{k_3 d_2^{**}} + \frac{ooo}{\eta d_1^{**}} + \frac{noo}{k_2 d_3^{**}} + \frac{non}{k_4 d_2^{**}} + \frac{nnn}{\eta d_1^{**}}$$

$$\begin{cases}
\delta_{a1} = \eta d_1^{**} \\
\delta_{a2} = \eta d_1^{**} + k_1 d_3^{**} + k_3 d_2^{**} + \eta d_1^{**} = 2\eta d_1^{**} + k_1 d_3^{**} + k_3 d_2^{**} \\
\delta_{b1} = \eta d_1^{**} + k_1 d_3^{**} + k_3 d_2^{**} \\
\delta_{b2} = \eta d_1^{**} + k_1 d_3^{**} + k_3 d_2^{**} + \eta d_1^{**} + k_2 d_3^{**} + k_4 d_2^{**} = 2\eta d_1^{**} + d_3^{**} + d_2^{**} \\
\delta_{c1} = \eta d_1^{**} + k_1 d_3^{**} \\
\delta_{c2} = \eta d_1^{**} + k_1 d_3^{**} + k_3 d_2^{**} + \eta d_1^{**} + k_2 d_3^{**} = 2\eta d_1^{**} + d_3^{**} + k_3 d_2^{**}
\end{cases}$$

C1

	opp	opo	npo	noo	non
S_{a1}	0	0	0	0	0
S_{a2}	1	1	0	0	0
S_{b1}	1	1	1	0	0
S_{b2}	1	1	1	1	1
S_{c1}	1	0	0	0	0
S_{c2}	1	1	1	1	0

$$v_1 = \frac{opo}{k_3 d_1^{**}}\ \frac{non}{k_4 d_1^{**}};\quad v_2 = \frac{npo}{d_2^{**}};\quad v_3 = \frac{opp}{k_1 d_3^{**}}\ \frac{noo}{k_2 d_3^{**}}$$

$$\frac{opp}{k_1 d_3^{**}} + \frac{opo}{k_3 d_1^{**}} + \frac{npo}{d_2^{**}} + \frac{noo}{k_2 d_3^{**}} + \frac{non}{k_4 d_1^{**}}$$

$$\begin{cases}
\delta_{a1} = 0 \\
\delta_{a2} = k_1 d_3^{**} + k_3 d_1^{**} \\
\delta_{b1} = k_1 d_3^{**} + k_3 d_1^{**} + d_2^{**} \\
\delta_{b2} = 1 \\
\delta_{c1} = k_1 d_3^{**} \\
\delta_{c2} = k_1 d_3^{**} + k_3 d_1^{**} + d_2^{**} + k_2 d_3^{**} = d_3^{**} + k_3 d_1^{**} + d_2^{**}
\end{cases}$$

C2

	opo	npo	npn	non
S_{a1}	0	0	0	0
S_{a2}	1	0	0	0
S_{b1}	1	1	1	0
S_{b2}	1	1	1	1
S_{c1}	0	0	0	0
S_{c2}	1	1	0	0

$$v_1 = \frac{opo}{k_3 d_1^{**}}\ \frac{non}{k_4 d_1^{**}};\quad v_2 = \frac{npn}{d_2^{**}};\quad v_3 = \frac{npo}{d_3^{**}}$$

$$\frac{opo}{k_3 d_1^{**}} + \frac{npo}{d_3^{**}} + \frac{npn}{d_2^{**}} + \frac{non}{k_4 d_1^{**}}$$

$$\begin{cases}
\delta_{a1} = 0 \\
\delta_{a2} = k_3 d_1^{**} \\
\delta_{b1} = k_3 d_1^{**} + d_3^{**} + d_2^{**} \\
\delta_{b2} = 1 \\
\delta_{c1} = 0 \\
\delta_{c2} = k_3 d_1^{**} + d_3^{**}
\end{cases}$$

C3

	opp	npp	npo	noo
S_{a1}	0	0	0	0
S_{a2}	1	0	0	0
S_{b1}	1	1	1	0
S_{b2}	1	1	1	1
S_{c1}	1	1	0	0
S_{c2}	1	1	1	1

$$v_1 = \frac{opp}{k_1 d_1^{**}}\ \frac{noo}{k_2 d_1^{**}};\quad v_2 = \frac{npo}{d_2^{**}};\quad v_3 = \frac{npp}{d_3^{**}}$$

$$\frac{opp}{k_1 d_1^{**}} + \frac{npp}{d_3^{**}} + \frac{npo}{d_2^{**}} + \frac{noo}{k_2 d_1^{**}}$$

$$\begin{cases}
\delta_{a1} = 0 \\
\delta_{a2} = k_1 d_1^{**} \\
\delta_{b1} = k_1 d_1^{**} + d_3^{**} + d_2^{**} \\
\delta_{b2} = 1 \\
\delta_{c1} = k_1 d_1^{**} + d_3^{**} \\
\delta_{c2} = 1
\end{cases}$$

（续）

小区	半载波周期矢量排序及时序	临时三矢量/排序及占空比分配/6路PWM比较值
D0[①]	矢量排序： ppp opp oop ooo noo nno nnn S_{a1}: 1 0 0 0 0 0 0 S_{a2}: 1 1 1 1 0 0 0 S_{b1}: 1 1 0 0 0 0 0 S_{b2}: 1 1 1 1 1 0 0 S_{c1}: 1 1 1 0 0 0 0 S_{c2}: 1 1 1 1 1 1 0	$$v_1 = \frac{ppp}{\eta d_1^{**}} \frac{ooo}{\eta d_1^{**}} \frac{nnn}{\eta d_1^{**}}; \quad v_2 = \frac{opp}{k_1 d_2^{**}} \frac{noo}{k_2 d_2^{**}}; \quad v_3 = \frac{oop}{k_3 d_3^{**}} \frac{nno}{k_4 d_3^{**}}$$ $$\frac{ppp}{\eta d_1^{**}} + \frac{opp}{k_1 d_2^{**}} + \frac{oop}{k_3 d_3^{**}} + \frac{ooo}{\eta d_1^{**}} + \frac{noo}{k_2 d_2^{**}} + \frac{nno}{k_4 d_3^{**}} + \frac{nnn}{\eta d_1^{**}}$$ $$\begin{cases} \delta_{a1} = \eta d_1^{**} \\ \delta_{a2} = \eta d_1^{**} + k_1 d_2^{**} = k_3 d_3^{**} + \eta d_1^{**} = 2\eta d_1^{**} + k_1 d_2^{**} + k_3 d_3^{**} \\ \delta_{b1} = \eta d_1^{**} + k_1 d_2^{**} \\ \delta_{b2} = \eta d_1^{**} + k_1 d_2^{**} + k_3 d_3^{**} + \eta d_1^{**} + k_2 d_2^{**} = 2\eta d_1^{**} + d_2^{**} + k_3 d_3^{**} \\ \delta_{c1} = \eta d_1^{**} + k_1 d_2^{**} + k_3 d_3^{**} \\ \delta_{c2} = \eta d_1^{**} + k_1 d_2^{**} + k_3 d_3^{**} + \eta d_1^{**} + k_2 d_2^{**} + k_4 d_3^{**} = 2\eta d_1^{**} + d_2^{**} + d_3^{**} \end{cases}$$
D1	矢量排序： opp oop nop noo nno S_{a1}: 0 0 0 0 0 S_{a2}: 1 1 0 0 0 S_{b1}: 1 0 0 0 0 S_{b2}: 1 1 1 1 0 S_{c1}: 1 1 1 0 0 S_{c2}: 1 1 1 1 1	$$v_1 = \frac{opp}{k_1 d_1^{**}} \frac{noo}{k_2 d_1^{**}}; \quad v_2 = \frac{nop}{d_2^{**}}; \quad v_3 = \frac{oop}{k_3 d_3^{**}} \frac{nno}{k_4 d_3^{**}}$$ $$\frac{opp}{k_1 d_1^{**}} + \frac{oop}{k_3 d_3^{**}} + \frac{nop}{d_2^{**}} + \frac{noo}{k_2 d_1^{**}} + \frac{nno}{k_4 d_3^{**}}$$ $$\begin{cases} \delta_{a1} = 0 \\ \delta_{a2} = k_1 d_1^{**} + k_3 d_3^{**} \\ \delta_{b1} = k_1 d_1^{**} \\ \delta_{b2} = k_1 d_1^{**} + k_3 d_3^{**} + d_2^{**} + k_2 d_1^{**} = d_1^{**} + k_3 d_3^{**} + d_2^{**} \\ \delta_{c1} = k_1 d_1^{**} + k_3 d_3^{**} + d_2^{**} \\ \delta_{c2} = 1 \end{cases}$$
D2	矢量排序： opp npp nop noo S_{a1}: 0 0 0 0 S_{a2}: 1 0 0 0 S_{b1}: 1 1 0 0 S_{b2}: 1 1 1 1 S_{c1}: 1 1 1 0 S_{c2}: 1 1 1 1	$$v_1 = \frac{opp}{k_1 d_1^{**}} \frac{noo}{k_2 d_1^{**}}; \quad v_2 = \frac{npp}{d_2^{**}}; \quad v_3 = \frac{nop}{d_3^{**}}$$ $$\frac{opp}{k_1 d_1^{**}} + \frac{npp}{d_2^{**}} + \frac{nop}{d_3^{**}} + \frac{noo}{k_2 d_1^{**}}$$ $$\begin{cases} \delta_{a1} = 0 \\ \delta_{a2} = k_1 d_1^{**} \\ \delta_{b1} = k_1 d_1^{**} + d_2^{**} \\ \delta_{b2} = 1 \\ \delta_{c1} = k_1 d_1^{**} + d_2^{**} + d_3^{**} \\ \delta_{c2} = 1 \end{cases}$$
D3	矢量排序： oop nop nnp nno S_{a1}: 0 0 0 0 S_{a2}: 1 0 0 0 S_{b1}: 0 0 0 0 S_{b2}: 1 1 0 0 S_{c1}: 1 1 1 0 S_{c2}: 1 1 1 1	$$v_1 = \frac{oop}{k_3 d_1^{**}} \frac{nno}{k_4 d_1^{**}}; \quad v_2 = \frac{nop}{d_2^{**}}; \quad v_3 = \frac{nnp}{d_3^{**}}$$ $$\frac{oop}{k_3 d_1^{**}} + \frac{nop}{d_2^{**}} + \frac{nnp}{d_3^{**}} + \frac{nno}{k_4 d_1^{**}}$$ $$\begin{cases} \delta_{a1} = 0 \\ \delta_{a2} = k_3 d_1^{**} \\ \delta_{b1} = 0 \\ \delta_{b2} = k_3 d_1^{**} + d_2^{**} \\ \delta_{c1} = k_3 d_1^{**} + d_2^{**} + d_3^{**} \\ \delta_{c2} = 1 \end{cases}$$

（续）

小区	半载波周期矢量排序及时序	临时三矢量/排序及占空比分配 /6 路 PWM 比较值

E0①

半载波周期矢量排序及时序（ppp pop oop ooo ono nno nnn）:

	ppp	pop	oop	ooo	ono	nno	nnn
S_{a1}	1	1	0	0	0	0	0
S_{a2}	1	1	1	1	1	0	0
S_{b1}	1	0	0	0	0	0	0
S_{b2}	1	1	1	1	0	0	0
S_{c1}	1	1	1	0	0	0	0
S_{c2}	1	1	1	1	1	1	0

$$v_1 = \frac{ppp}{\eta d_1^{**}}\,\frac{ooo}{\eta d_1^{**}}\,\frac{nnn}{\eta d_1^{**}};\quad v_2 = \frac{oop}{k_3 d_2^{**}}\,\frac{nno}{k_4 d_2^{**}};\quad v_3 = \frac{pop}{k_1 d_3^{**}}\,\frac{ono}{k_2 d_3^{**}}$$

$$\frac{ppp}{\eta d_1^{**}} + \frac{pop}{k_1 d_3^{**}} + \frac{oop}{k_3 d_2^{**}} + \frac{ooo}{\eta d_1^{**}} + \frac{ono}{k_2 d_3^{**}} + \frac{nno}{k_4 d_2^{**}} + \frac{nnn}{\eta d_1^{**}}$$

$$\begin{cases}
\delta_{a1} = \eta d_1^{**} + k_1 d_3^{**} \\
\delta_{a2} = \eta d_1^{**} + k_1 d_3^{**} + k_3 d_2^{**} + \eta d_1^{**} + k_2 d_3^{**} = 2\eta d_1^{**} + d_3^{**} + k_3 d_2^{**} \\
\delta_{b1} = \eta d_1^{**} \\
\delta_{b2} = \eta d_1^{**} + k_1 d_3^{**} + k_3 d_2^{**} + \eta d_1^{**} = 2\eta d_1^{**} + k_1 d_3^{**} + k_3 d_2^{**} \\
\delta_{c1} = \eta d_1^{**} + k_1 d_3^{**} + k_3 d_2^{**} \\
\delta_{c2} = \eta d_1^{**} + k_1 d_3^{**} + k_3 d_2^{**} + \eta d_1^{**} + k_2 d_3^{**} + k_4 d_2^{**} = 2\eta d_1^{**} + d_3^{**} + d_2^{**}
\end{cases}$$

E1

半载波周期矢量排序及时序（pop oop onp ono nno）:

	pop	oop	onp	ono	nno
S_{a1}	1	0	0	0	0
S_{a2}	1	1	1	1	0
S_{b1}	0	0	0	0	0
S_{b2}	1	1	0	0	0
S_{c1}	1	1	1	0	0
S_{c2}	1	1	1	1	1

$$v_1 = \frac{oop}{k_3 d_1^{**}}\,\frac{nno}{k_4 d_1^{**}};\quad v_2 = \frac{onp}{d_2^{**}};\quad v_3 = \frac{pop}{k_1 d_3^{**}}\,\frac{ono}{k_2 d_3^{**}}$$

$$\frac{pop}{k_1 d_3^{**}} + \frac{oop}{k_3 d_1^{**}} + \frac{onp}{d_2^{**}} + \frac{ono}{k_2 d_3^{**}} + \frac{nno}{k_4 d_1^{**}}$$

$$\begin{cases}
\delta_{a1} = k_1 d_3^{**} \\
\delta_{a2} = k_1 d_3^{**} + k_3 d_1^{**} + d_2^{**} + k_2 d_3^{**} = d_3^{**} + k_3 d_1^{**} + d_2^{**} \\
\delta_{b1} = 0 \\
\delta_{b2} = k_1 d_3^{**} + k_3 d_1^{**} \\
\delta_{c1} = k_1 d_3^{**} + k_3 d_1^{**} + d_2^{**} \\
\delta_{c2} = 1
\end{cases}$$

E2

半载波周期矢量排序及时序（oop onp nnp nno）:

	oop	onp	nnp	nno
S_{a1}	0	0	0	0
S_{a2}	1	1	0	0
S_{b1}	0	0	0	0
S_{b2}	1	0	0	0
S_{c1}	1	1	1	0
S_{c2}	1	1	1	1

$$v_1 = \frac{oop}{k_3 d_1^{**}}\,\frac{nno}{k_4 d_1^{**}};\quad v_2 = \frac{nnp}{d_2^{**}};\quad v_3 = \frac{onp}{d_3^{**}}$$

$$\frac{oop}{k_3 d_1^{**}} + \frac{onp}{d_3^{**}} + \frac{nnp}{d_2^{**}} + \frac{nno}{k_4 d_1^{**}}$$

$$\begin{cases}
\delta_{a1} = 0 \\
\delta_{a2} = k_3 d_1^{**} + d_3^{**} \\
\delta_{b1} = 0 \\
\delta_{b2} = k_3 d_1^{**} \\
\delta_{c1} = k_3 d_1^{**} + d_3^{**} + d_2^{**} \\
\delta_{c2} = 1
\end{cases}$$

E3

半载波周期矢量排序及时序（pop pnp onp ono）:

	pop	pnp	onp	ono
S_{a1}	1	1	0	0
S_{a2}	1	1	1	1
S_{b1}	0	0	0	0
S_{b2}	1	0	0	0
S_{c1}	1	1	1	0
S_{c2}	1	1	1	1

$$v_1 = \frac{pop}{k_1 d_1^{**}}\,\frac{ono}{k_2 d_1^{**}};\quad v_2 = \frac{onp}{d_2^{**}};\quad v_3 = \frac{pnp}{d_3^{**}}$$

$$\frac{pop}{k_1 d_1^{**}} + \frac{pnp}{d_3^{**}} + \frac{onp}{d_2^{**}} + \frac{ono}{k_2 d_1^{**}}$$

$$\begin{cases}
\delta_{a1} = k_1 d_1^{**} + d_3^{**} \\
\delta_{a2} = 1 \\
\delta_{b1} = 0 \\
\delta_{b2} = k_1 d_1^{**} \\
\delta_{c1} = k_1 d_1^{**} + d_3^{**} + d_2^{**} \\
\delta_{c2} = 1
\end{cases}$$

（续）

小区	半载波周期矢量排序及时序	临时三矢量/排序及占空比分配/6 路 PWM 比较值

F0[①]

半载波周期矢量排序及时序：

	ppp	pop	poo	ooo	ono	onn	nnn
S_{a1}	1	1	1	0	0	0	0
S_{a2}	1	1	1	1	1	1	0
S_{b1}	1	0	0	0	0	0	0
S_{b2}	1	1	1	1	0	0	0
S_{c1}	1	1	0	0	0	0	0
S_{c2}	1	1	1	1	1	0	0

$$v_1 = \frac{ppp}{\eta d_1^{**}}\ \frac{ooo}{\eta d_1^{**}}\ \frac{nnn}{\eta d_1^{**}};\quad v_2 = \frac{pop}{k_1 d_2^{**}}\ \frac{ono}{k_2 d_2^{**}};\quad v_3 = \frac{poo}{k_3 d_3^{**}}\ \frac{onn}{k_4 d_3^{**}}$$

$$\frac{ppp}{\eta d_1^{**}} + \frac{pop}{k_1 d_2^{**}} + \frac{poo}{k_3 d_3^{**}} + \frac{ooo}{\eta d_1^{**}} + \frac{ono}{k_2 d_2^{**}} + \frac{onn}{k_4 d_3^{**}} + \frac{nnn}{\eta d_1^{**}}$$

$$\begin{cases} \delta_{a1} = \eta d_1^{**} + k_1 d_2^{**} + k_3 d_3^{**} \\ \delta_{a2} = \eta d_1^{**} + k_1 d_2^{**} + k_3 d_3^{**} + \eta d_1^{**} + k_2 d_2^{**} + k_4 d_3^{**} = 2\eta d_1^{**} + d_2^{**} + d_3^{**} \\ \delta_{b1} = \eta d_1^{**} \\ \delta_{b2} = \eta d_1^{**} + k_1 d_2^{**} + k_3 d_3^{**} + \eta d_1^{**} = 2\eta d_1^{**} + k_1 d_2^{**} + k_3 d_3^{**} \\ \delta_{c1} = \eta d_1^{**} + k_1 d_2^{**} \\ \delta_{c2} = \eta d_1^{**} + k_1 d_2^{**} + k_3 d_3^{**} + \eta d_1^{**} + k_2 d_2^{**} = 2\eta d_1^{**} + d_2^{**} + k_3 d_3^{**} \end{cases}$$

F1

半载波周期矢量排序及时序：

	pop	poo	pno	ono	onn
S_{a1}	1	1	1	0	0
S_{a2}	1	1	1	1	1
S_{b1}	0	0	0	0	0
S_{b2}	1	1	0	0	0
S_{c1}	1	0	0	0	0
S_{c2}	1	1	1	1	0

$$v_1 = \frac{pop}{k_1 d_1^{**}}\ \frac{ono}{k_2 d_1^{**}};\quad v_2 = \frac{pno}{d_2^{**}};\quad v_3 = \frac{poo}{k_3 d_3^{**}}\ \frac{onn}{k_4 d_3^{**}}$$

$$\frac{pop}{k_1 d_1^{**}} + \frac{poo}{k_3 d_3^{**}} + \frac{pno}{d_2^{**}} + \frac{ono}{k_2 d_1^{**}} + \frac{onn}{k_4 d_3^{**}}$$

$$\begin{cases} \delta_{a1} = k_1 d_1^{**} + k_3 d_3^{**} + d_2^{**} \\ \delta_{a2} = 1 \\ \delta_{b1} = 0 \\ \delta_{b2} = k_1 d_1^{**} + k_3 d_3^{**} \\ \delta_{c1} = k_1 d_1^{**} \\ \delta_{c2} = k_1 d_1^{**} + k_3 d_3^{**} + d_2^{**} + k_2 d_1^{**} = d_1^{**} + k_3 d_3^{**} + d_2^{**} \end{cases}$$

F2

半载波周期矢量排序及时序：

	pop	pnp	pno	ono
S_{a1}	1	1	1	0
S_{a2}	1	1	1	1
S_{b1}	0	0	0	0
S_{b2}	1	0	0	0
S_{c1}	1	1	0	0
S_{c2}	1	1	1	1

$$v_1 = \frac{pop}{k_1 d_1^{**}}\ \frac{ono}{k_2 d_1^{**}};\quad v_2 = \frac{pnp}{d_2^{**}};\quad v_3 = \frac{pno}{d_3^{**}}$$

$$\frac{pop}{k_1 d_1^{**}} + \frac{pnp}{d_2^{**}} + \frac{pno}{d_3^{**}} + \frac{ono}{k_2 d_1^{**}}$$

$$\begin{cases} \delta_{a1} = k_1 d_1^{**} + d_2^{**} + d_3^{**} \\ \delta_{a2} = 1 \\ \delta_{b1} = 0 \\ \delta_{b2} = k_1 d_1^{**} \\ \delta_{c1} = k_1 d_1^{**} + d_2^{**} \\ \delta_{c2} = 1 \end{cases}$$

F3

半载波周期矢量排序及时序：

	poo	pno	pnn	onn
S_{a1}	1	1	1	0
S_{a2}	1	1	1	1
S_{b1}	0	0	0	0
S_{b2}	1	0	0	0
S_{c1}	0	0	0	0
S_{c2}	1	1	0	0

$$v_1 = \frac{poo}{k_3 d_1^{**}}\ \frac{onn}{k_4 d_1^{**}};\quad v_2 = \frac{pno}{d_2^{**}};\quad v_3 = \frac{pnn}{d_3^{**}}$$

$$\frac{poo}{k_3 d_1^{**}} + \frac{pno}{d_2^{**}} + \frac{pnn}{d_3^{**}} + \frac{onn}{k_4 d_1^{**}}$$

$$\begin{cases} \delta_{a1} = k_3 d_1^{**} + d_2^{**} + d_3^{**} \\ \delta_{a2} = 1 \\ \delta_{b1} = 0 \\ \delta_{b2} = k_3 d_1^{**} \\ \delta_{c1} = 0 \\ \delta_{c2} = k_3 d_1^{**} + d_2^{**} \end{cases}$$

① 根据 MODE 的取值选择十三段或十一段 PWM。表中第二列给出了半载波周期内的十三段矢量排序波形，去掉首、尾零矢量（表中阴影部分）即可得到半载波周期内的十一段矢量排序。

3. PWM 驱动逻辑输出

图 4-11 给出了 6 路正逻辑（0—关断；1—导通）驱动的 PWM 比较原理。

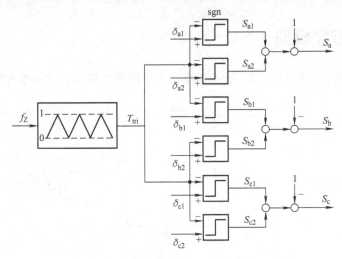

图 4-11　6 路正逻辑驱动的 PWM 比较原理

图中，δ_{xi}（$x=$a、b、c，$i=1$，2）为取自表 4-8 的 PWM 比较值；S_{x1}—S_{x2} 为 x 相正驱动逻辑（0—关断，1—导通）；S_x 为 x 相的输出电平，取值为 -1，0，1。

PWM 输出驱动逻辑反映了逆变器输出电压的瞬时值。

4. 占空比输出电压重构

输出电压重构应根据实际 PWM 比较值逆向计算占空比来构造，这样做真实地反映了因 PWM 计数始终分辨率、最小脉宽限制、过调制等因素带来的影响，反映了逆变器的实际输出电压在一个载波周期内的平均值（基波成分）。

根据 S_{x1} 的驱动时序，可得 PWM 周期内输出电压平均值重构电压为

$$\begin{cases} \hat{V}_x = \delta_{xp} V_{dc1} - \delta_{xn} V_{dc2} \\ \delta_{xp} = \delta_{x1} \\ \delta_{xn} = 1 - \delta_{x2} \\ x = \text{a、b、c} \end{cases} \qquad (4\text{-}22)$$

式中，δ_{xp}、δ_{xn} 为输出 p、n 状态的 PWM 实际占空比。

需要注意的是，不同的矢量排序，式（4-22）表达式会有不同。

标幺化后得到

$$\hat{V}_x^{pu} = \frac{V_{dc-BASE}}{V_{BASE}}(\delta_{xp} V_{dc1}^{pu} - \delta_{xn} V_{dc2}^{pu}) \qquad (4\text{-}23)$$

前文的波形生成环节采用了母线电压的一半（$V_{dc}/2$）作为基准，与控制系统不统一。为实现与外部控制系统的对接，这里将 V_{dc1}、V_{dc2} 的基准值调整为母线总电压（$V_{dc} = V_{dc-nom}$），此时相当于在额定状态下 $V_{dc1}^{pu} = V_{dc2}^{pu} = 0.5$。

作为特例习惯，通常取

$$V_{BASE} = \frac{V_{dc-BASE}}{\sqrt{3}}$$

则式（4-21）可表示为

$$\hat{V}_x^{pu} = \sqrt{3}\left(\delta_{xp} V_{dc1}^{pu} - \delta_{xn} V_{dc2}^{pu}\right) \tag{4-24}$$

4.6 主电路数学模型

图4-12给出直流电源供电的三电平逆变器主电路数学模型，该模型可用于数字仿真。

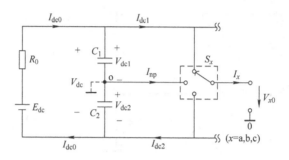

图4-12　直流电源供电的三电平逆变器主电路数学模型

图中，x = a，b，c，对应 a、b、c 三相；S_x 为三相输出逻辑，取值为 − 1，0，1，分别代表3个电平；E_{dc} 为原始供电电压；R_0 为电源内阻；I_x 表示相电流；I_{dc1} 为上母线电流；I_{dc2} 为下母线电流；V_{dc} 为直流母线电压；电容 $C_1 = C_2 = C$。

需要注意的是，电源内阻（R_0）出于仿真模型的可计算性考虑，仿真过程中取值可尽量小。

1. 三相输出逻辑

参考图4-11，三相输出逻辑可以用逻辑 − 算术混合来描述，即

$$\begin{cases} S_x = S_{x1} + S_{x2} - 1 \\ x = a、b、c \end{cases} \tag{4-25}$$

$S_{x1} - S_{x2}$ 为相桥臂开关器件的驱动逻辑，取值为 "0" 或 "1"。

2. 三相输出电压

考虑中性点钳位，有

$$V_x = \begin{cases} S_x V_{dc1} \\ 0 \\ - S_x V_{dc2} \end{cases} \tag{4-26}$$

且

$$V_{dc} = V_{dc1} + V_{dc2} \tag{4-27}$$

3. 直流母线电流

为建模方便，定义以下三相辅助逻辑

$$S_{x-p} = \begin{cases} 1 & S_x = 1 \\ 0 & S_x \neq 1 \end{cases} \tag{4-28}$$

$$S_{x-n} = \begin{cases} -1 & S_x = -1 \\ 0 & S_x \neq -1 \end{cases} \tag{4-29}$$

4. 上、下桥臂直流电流

$$\begin{cases} I_{dc1} = S_{a-p}I_a + S_{b-p}I_b + S_{c-p}I_c \\ I_{dc2} = S_{a-n}I_a + S_{b-n}I_b + S_{c-n}I_c \end{cases} \tag{4-30}$$

式中，I_a，I_b，I_c 为三相输出电流。

5. 中性点电流

由割集电流定律（KCL），有

$$I_{np} = I_{dc2} - I_{dc1} \tag{4-31}$$

6. 中性点电压

由 KCL、KVL 得状态方程为

$$\begin{cases} \dfrac{dV_{dc1}}{dt} = \dfrac{E_{dc} - V_{dc1} - V_{dc2}}{R_0 C} - \dfrac{I_{dc1}}{C} \\ \dfrac{dV_{dc2}}{dt} = \dfrac{E_{dc} - V_{dc1} - V_{dc2}}{R_0 C} - \dfrac{I_{dc2}}{C} \end{cases} \tag{4-32}$$

前文 PWM 波形生成环节直流电压基准以总直流电压的一半进行定标，为了与外部控制系统兼容，此处取直流电压基准为总输入直流电压 E_{dc}，即

$$V_{dc-BASE} = E_{dc} \tag{4-33}$$

得标幺化方程为

$$\begin{cases} \dfrac{dV_{dc1}^{pu}}{dt} = K_{31}(1 - V_{dc1}^{pu} - V_{dc2}^{pu}) - K_{32}I_{dc1}^{pu} \\ \dfrac{dV_{dc2}^{pu}}{dt} = K_{31}(1 - V_{dc1}^{pu} - V_{dc2}^{pu}) - K_{32}I_{dc2}^{pu} \\ K_{31} = 1/(R_0 C) \\ K_{32} = I_{BASE}/(V_{dc-BASE}C) \end{cases} \tag{4-34}$$

注：对原始供电电压 $E_{dc} = 540V$，$V_{dc1} = V_{dc2} = 270V$，上、下部直流电压额定标幺值为 0.5pu。

7. 逆变器输出瞬时电压

三相输出电压瞬时值

$$V_{x0} = \begin{cases} V_{dc1} & \text{if } (S_x = 1) \\ 0 & \text{if } (S_x = 0) \\ -V_{dc2} & \text{if } (S_x = -1) \\ x = a、b、c \end{cases} \tag{4-35}$$

4.7　实验

以下实验波形在上述 4 小区 NPC-PWM 且不考虑中性点钳位模式、设定载波频率为 2kHz、死区时间为 4.77μs、最小脉冲限制为 5μs 条件下采集取得。

图 4-13 为输出 50Hz 时，a 相两路 PWM 比较值 δ_{a1}、δ_{a2}，a 相占空比重构及对应的 α 轴电压分量波形示意。

可见，两路驱动 PWM 比较值呈现半边马鞍形，重构电压为对称马鞍形、α 轴电压表现

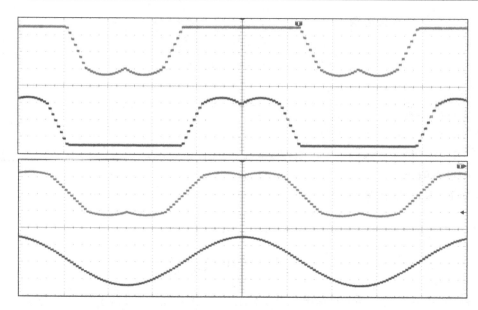

图 4-13　a 相两路 PWM 比较值 δ_{a1}、δ_{a2}，a 相占空比重构及对应的 α 轴电压分量波形示意

为理想的正弦波。

　　调制深度 $M = 0.55$ 附近时 NPC 逆变器输出相电压及线电压的实测波形如图 4-14 所示。

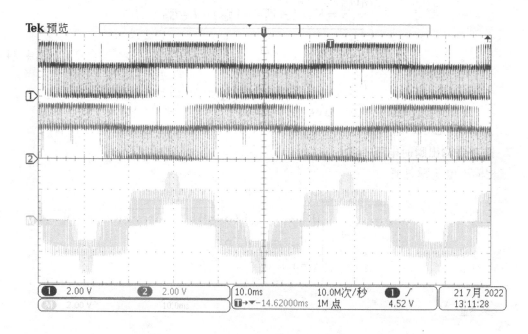

图 4-14　$M = 0.55$ 时输出 a、b 相电压及 a、b 线电压的实测波形（26Hz）

　　此时输出线电压刚刚开始出现五阶梯 PWM 波形趋势（若 $M < 0.5$，则输出波形与两电平逆变器波形一致）。

　　图 4-15 为 $M = 1$ 时输出相电压及线电压的实测波形。由图可见，参考电压幅值介于内外六边形之间，输出相电压呈现三电平，而输出线电压呈现五电平波形。

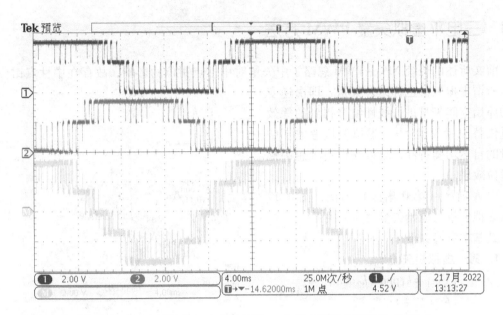

图 4-15　$M=1$ 时输出 a、b 相电压及 a、b 线电压的实测波形（50Hz）

图 4-16 为线性区与过调制区输出电压占空比重构的 $\alpha-\beta$ 分量及轨迹对比。

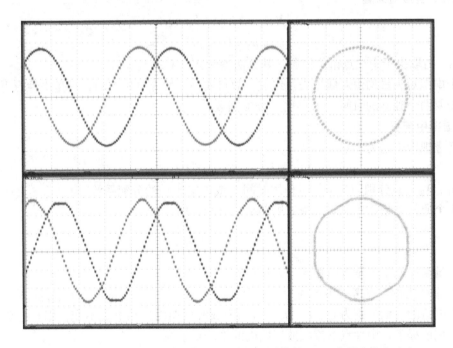

图 4-16　线性区与过调制区输出电压占空比重构的 $\alpha-\beta$ 分量及轨迹对比

可见，在线性区，占空比重构电压表现为理想正弦，$\alpha-\beta$ 分量轨迹呈现理想圆周。在过调制区波形出现平顶和尖峰畸变，轨迹逐渐趋近六边形。

4.8 三电平虚拟矢量 PWM 方法

前文所述的传统 NPC – PWM 忽略了中矢量对中性点钳位的影响，故存在中性点钳位缺陷。所谓虚拟矢量也称组合矢量，即由逆变器的原始空间矢量进行线性组合得到的等效矢量代替原始矢量[12]。虚拟矢量考虑了中矢量的自然均衡特性，故可获得更理想中性点钳位效果。

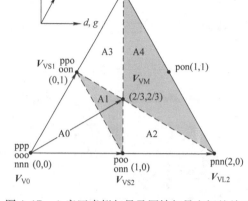

图4-17　A 扇区虚拟矢量及原始矢量之间的关系

以 A 扇区（第 0 扇区）为例，图 4-17 给出虚拟矢量与原始矢量之间的关系。

其基本定义如下。

1. 第一虚拟短矢量

$$\begin{cases} V_{VS1} = k_1 ppo + k_2 oon \\ k_1 + k_2 = 1 \end{cases} \tag{4-36}$$

式中，k_1、k_2 取决于中性点钳位控制，其算法参考式（4-20）。

2. 第二虚拟短矢量

$$\begin{cases} V_{VS2} = k_3 poo + k_4 onn \\ k_3 + k_4 = 1 \end{cases} \tag{4-37}$$

式中，k_3、k_4 取决于中性点钳位控制，其算法参考式（4-20）。

两个虚拟短矢量均由对偶短矢量组成，故可实现中性点电压控制，只是中性点电流规律不同，需要两个独立的时间（占空比）分配函数。

3. 虚拟中矢量

定义虚拟中矢量为

$$V_{VM} = \lambda_1 onn + \lambda_2 pon + \lambda_3 ppo \tag{4-38}$$

式中，λ_1、λ_2、λ_3 分别为 3 个矢量作用时间（或占空比）的分配系数。

若 3 个原始矢量作用时间按载波周期平均分配，即

$$\lambda_1 = \lambda_2 = \lambda_3 = \lambda \triangleq \frac{1}{3} \tag{4-38a}$$

则虚拟矢量与原始中矢量方向相同，矢量长度为 $2/\sqrt{3}$。

以 A 扇区为例。参考表 4-6 的中性点电流与矢量关系可知，onn、pon、ppo 3 个子矢量对中性点电流的贡献分别为 I_a、I_b、I_c，若认为载波周期内三相电流不变，则在三矢量等时间等量分配前提下，中性点电流载波周期内的平均贡献为

$$arvI_{np} = \lambda_1 I_a(onn) + \lambda_2 I_c(ppo) + \lambda_2 I_b(pon) = \lambda[I_a(onn) + I_c(ppo) + I_b(pon)] = 0$$

可见，中性点电流平均值为 0，故中性点电压可实现自然平衡。

同理得到其他扇区满足上述电流平衡原则的虚拟中矢量组合及其对应子矢量中性点电流的贡献，见表 4-9。

表 4-9　各扇区虚拟中矢量组合及其对应子矢量中性点电流的贡献

扇区	A	B	C	D	E	F
V_{VM}	pon、ppo、onn	opn、ppo、non	npo、opp、non	nop、opp、nno	onp、pop、nno	pno、pop、onn
I_{np}	$I_b + I_c + I_a$	$I_a + I_c + I_b$	$I_c + I_a + I_b$	$I_b + I_a + I_c$	$I_a + I_b + I_c$	$I_c + I_b + I_a$

可见，虚拟中矢量所参与的短矢量不是成对出现，且占空比固定。

4. 第一虚拟长矢量

原始长矢量对中性点电压无影响，不妨取虚拟长矢量与原始矢量相等，即

$$V_{VL1} = ppn \tag{4-39}$$

5. 第二虚拟长矢量

同理，定义第二虚拟长矢量为

$$V_{VL2} = pnn \tag{4-40}$$

6. 虚拟零矢量

定义虚拟零矢量为

$$V_{V0} = \eta_1 000 + \eta_2 ppp + \eta_3 nnn \tag{4-41}$$

零矢量对中性点电流无影响，不妨采用 3 个零矢量等量分配原则，即

$$\eta_1 = \eta_2 = \eta_3 = \eta \triangleq \frac{1}{3} \tag{4-41a}$$

7. 小区分割、判别条件、占空比及过调制

在 $d-q/g-h$ 坐标系，定义 A 扇区最佳临时三矢量，如图 4-18 所示。

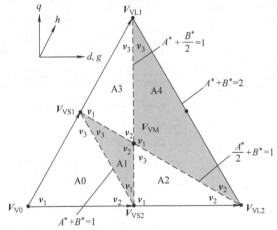

图 4-18　$d-q/g-h$ 坐标系 A 扇区最佳临时三矢量定义

表 4-10 给出了 A 扇区各小区的最佳临时三矢量坐标。

表 4-10　A 扇区各小区的最佳临时三矢量 $d-q/g-h$ 坐标

小区	A0	A1	A2	A3	A4
$v_1(v_{1g}, v_{1h})$	(0,0)	(1,0)	(1,0)	(0,1)	(2/3,2/3)
$v_2(v_{2g}, v_{2h})$	(1,0)	(2/3,2/3)	(2,0)	(2/3,2/3)	(2,0)
$v_3(v_{3g}, v_{3h})$	(0,1)	(0,1)	(2/3,2/3)	(0,2)	(0,2)

将上述坐标代入式（4-14）的最佳临时三矢量占空比表达式，可得到最佳临时三矢量的简化表达式，见表4-11第二行。根据最佳临时三矢量占空比均为正数的条件得出不等式组，即为小区判别条件，见表4-11第三行。

表4-11　各小区占空比及小区判别条件

小区	A0	A1	A2	A3	A4
三矢量占空比	$\begin{cases} d_1^* = 1 - A^* - B^* \\ d_2^* = A^* \\ d_3^* = B^* \end{cases}$	$\begin{cases} d_1^* = 2 - A^* - 2B^* \\ d_2^* = 3A^* + 3B^* - 3 \\ d_3^* = 2 - 2A^* - B^* \end{cases}$	$\begin{cases} d_1^* = 2 - A^* - 2B^* \\ d_2^* = A^* + \dfrac{B^*}{2} - 1 \\ d_3^* = \dfrac{2}{3}B^* \end{cases}$	$\begin{cases} d_1^* = 2 - 2A^* - B^* \\ d_2^* = \dfrac{2}{3}A^* \\ d_3^* = \dfrac{A^*}{2} + B^* - 1 \end{cases}$	$\begin{cases} d_1^* = 3 - \dfrac{2}{3}A^* - \dfrac{2}{3}B^* \\ d_2^* = A^* + \dfrac{B^*}{2} - 1 \\ d_3^* = \dfrac{A^*}{2} + B^* - 1 \end{cases}$
判别条件	$A^* + B^* \leqslant 1$	$\begin{cases} A^* + B^* \leqslant 2 \\ A^* + B^* > 1 \\ 2A^* + B^* \leqslant 2 \end{cases}$	$\begin{cases} 2A^* + B^* > 2 \\ 2B^* + A^* \leqslant 2 \end{cases}$	$\begin{cases} 2A^* + B^* \leqslant 2 \\ A^* + 2B^* > 2 \end{cases}$	$\begin{cases} A^* + B^* \leqslant 2 \\ 2A^* + B^* > 2 \\ A^* + 2B^* > 2 \end{cases}$

8. 6 路驱动逻辑及 PWM 参考值

参考图4-18，仿照本章4.5节的矢量排序方法，将虚拟矢量法所对应的全部6个扇区（共30个小区）6路驱动PWM比较值算法列于表4-12。

表中，$k_1 \sim k_4$由式（4-20）决定；λ、η由式（4-38a）、式（4-41a）决定，即$\lambda = \eta = 1/3$。

表4-12　6 路驱动 PWM 比较值算法

小区	半载波周期矢量排序及时序	临时三矢量/排序及占空比分配 /6 路 PWM 比较值
A0	与表4-8相同	与表4-8相同
A1		$v_1 = \dfrac{\text{poo}}{k_3 d_1^{**}} \dfrac{\text{onn}}{k_4 d_1^{**}}$; $v_2 = \dfrac{\text{pon}}{\lambda d_2^{**}} \dfrac{\text{ppo}}{\lambda d_2^{**}} \dfrac{\text{onn}}{\lambda d_2^{**}}$; $v_3 = \dfrac{\text{ppo}}{k_1 d_3^{**}} \dfrac{\text{oon}}{k_2 d_3^{**}}$ $\dfrac{\text{ppo}}{\lambda d_2^{**} + k_1 d_3^{**}} + \dfrac{\text{poo}}{k_3 d_1^{**}} + \dfrac{\text{pon}}{\lambda d_2^{**}} + \dfrac{\text{oon}}{k_2 d_3^{**}} + \dfrac{\text{onn}}{k_4 d_1^{**} + \lambda d_2^{**}}$ $\begin{cases} \delta_{a1} = \lambda d_2^{**} + k_1 d_3^{**} + k_3 d_1^{**} + \lambda d_2^{**} = 2\lambda d_2^{**} + k_1 d_3^{**} + k_3 d_1^{**} \\ \delta_{a2} = 1 \\ \delta_{b1} = \lambda d_2^{**} + k_1 d_3^{**} \\ \delta_{b2} = \lambda d_2^{**} + k_1 d_3^{**} + k_3 d_1^{**} + \lambda d_2^{**} + k_2 d_3^{**} = 2\lambda d_2^{**} + d_3^{**} + k_3 d_1^{**} \\ \delta_{c1} = 0 \\ \delta_{c2} = \lambda d_2^{**} + k_1 d_3^{**} + k_3 d_1^{**} \end{cases}$
A2		$v_1 = \dfrac{\text{poo}}{k_3 d_1^{**}} \dfrac{\text{onn}}{k_4 d_1^{**}}$; $v_2 = \dfrac{\text{pnn}}{d_2^{**}}$; $v_3 = \dfrac{\text{pon}}{\lambda d_3^{**}} \dfrac{\text{ppo}}{\lambda d_3^{**}} \dfrac{\text{onn}}{\lambda d_3^{**}}$ $\dfrac{\text{ppo}}{\lambda d_3^{**}} + \dfrac{\text{poo}}{k_3 d_1^{**}} + \dfrac{\text{pon}}{\lambda d_3^{**}} + \dfrac{\text{pnn}}{d_2} + \dfrac{\text{onn}}{k_4 d_1^{**} + \lambda d_3^{**}}$ $\begin{cases} \delta_{a1} = \lambda d_3^{**} + k_3 d_1^{**} + \lambda d_3^{**} + d_2^{**} = 2\lambda d_3^{**} + k_3 d_1^{**} + d_2^{**} \\ \delta_{a2} = 1 \\ \delta_{b1} = \lambda d_3^{**} \\ \delta_{b2} = \lambda d_3^{**} + k_3 d_1^{**} + \lambda d_3^{**} = 2\lambda d_3^{**} + k_3 d_1^{**} \\ \delta_{c1} = 0 \\ \delta_{c2} = \lambda d_3^{**} + k_3 d_1^{**} \end{cases}$

（续）

小区	半载波周期矢量排序及时序	临时三矢量/排序及占空比分配 /6 路 PWM 比较值
A3	矢量排序：ppo ppn pon oon onn S_{a1}: 1 1 1 0 0 S_{a2}: 1 1 1 1 1 S_{b1}: 1 1 0 0 0 S_{b2}: 1 1 1 1 0 S_{c1}: 0 0 0 0 0 S_{c2}: 1 0 0 0 0	$$v_1 = \frac{ppo}{k_1 d_1^{**}}\,\frac{oon}{k_2 d_1^{**}};\quad v_2 = \frac{pon}{\lambda d_2^{**}}\,\frac{ppo}{\lambda d_2^{**}}\,\frac{onn}{\lambda d_2^{**}};\quad v_3 = \frac{ppn}{d_3^{**}}$$ $$\frac{ppo}{k_1 d_1^{**}+\lambda d_2^{**}}+\frac{ppn}{d_3^{**}}+\frac{pon}{\lambda d_2^{**}}+\frac{oon}{k_2 d_1^{**}}+\frac{onn}{\lambda d_2^{**}}$$ $$\begin{cases}\delta_{a1}=k_1 d_1^{**}+\lambda d_2^{**}+d_3^{**}+\lambda d_2^{**}=k_1 d_1^{**}+2\lambda d_2^{**}+d_3^{**}\\ \delta_{a2}=1\\ \delta_{b1}=k_1 d_1^{**}+\lambda d_2^{**}+d_3^{**}\\ \delta_{b2}=k_1 d_1^{**}+\lambda d_2^{**}+d_3^{**}+\lambda d_2^{**}+k_2 d_1^{**}=d_1^{**}+2\lambda d_2^{**}+d_3^{**}\\ \delta_{c1}=0\\ \delta_{c2}=k_1 d_1^{**}+\lambda d_2^{**}\end{cases}$$
A4	矢量排序：ppo ppn pon pnn onn S_{a1}: 1 1 1 1 0 S_{a2}: 1 1 1 1 1 S_{b1}: 1 1 0 0 0 S_{b2}: 1 1 1 1 0 S_{c1}: 0 0 0 0 0 S_{c2}: 1 0 0 0 0	$$v_1 = \frac{pon}{\lambda d_1^{**}}\,\frac{ppo}{\lambda d_1^{**}}\,\frac{onn}{\lambda d_1^{**}};\quad v_2 = \frac{pnn}{d_2^{**}};\quad v_3 = \frac{ppn}{d_3^{**}}$$ $$\frac{ppo}{\lambda d_1^{**}}+\frac{ppn}{d_3^{**}}+\frac{pon}{\lambda d_1^{**}}+\frac{pnn}{d_2^{**}}+\frac{onn}{\lambda d_1^{**}}$$ $$\begin{cases}\delta_{a1}=\lambda d_1^{**}+d_3^{**}+\lambda d_1^{**}+d_2^{**}=2\lambda d_1^{**}+d_3^{**}+d_2^{**}\\ \delta_{a2}=1\\ \delta_{b1}=\lambda d_1^{**}+d_3^{**}\\ \delta_{b2}=\lambda d_1^{**}+d_3^{**}+\lambda d_1^{**}=2\lambda d_1^{**}+d_3^{**}\\ \delta_{c1}=0\\ \delta_{c2}=\lambda d_1^{**}\end{cases}$$
B0	与表4-8 相同	与表4-8 相同
B1	矢量排序：ppo opo opn oon non S_{a1}: 1 0 0 0 0 S_{a2}: 1 1 1 1 0 S_{b1}: 1 1 1 0 0 S_{b2}: 1 1 1 1 1 S_{c1}: 0 0 0 0 0 S_{c2}: 1 1 0 0 0	$$v_1 = \frac{ppo}{k_1 d_1^{**}}\,\frac{oon}{k_2 d_1^{**}};\quad v_2 = \frac{opn}{\lambda d_2^{**}}\,\frac{ppo}{\lambda d_2^{**}}\,\frac{non}{\lambda d_2^{**}};\quad v_3 = \frac{opo}{k_3 d_3^{**}}\,\frac{non}{k_4 d_3^{**}}$$ $$\frac{ppo}{k_1 d_1^{**}+\lambda d_2^{**}}+\frac{opo}{k_3 d_3^{**}}+\frac{opn}{\lambda d_2^{**}}+\frac{oon}{k_2 d_1^{**}}+\frac{non}{\lambda d_2^{**}+k_4 d_3^{**}}$$ $$\begin{cases}\delta_{a1}=k_1 d_1^{**}+\lambda d_2^{**}\\ \delta_{a2}=k_1 d_1^{**}+\lambda d_2^{**}+k_3 d_3^{**}+\lambda d_2^{**}+k_2 d_1^{**}=d_1^{**}+2\lambda d_2^{**}+k_3 d_3^{**}\\ \delta_{b1}=k_1 d_1^{**}+\lambda d_2^{**}+k_3 d_3^{**}+\lambda d_2^{**}=k_1 d_1^{**}+2\lambda d_2^{**}+k_3 d_3^{**}\\ \delta_{b2}=1\\ \delta_{c1}=0\\ \delta_{c2}=k_1 d_1^{**}+\lambda d_2^{**}+k_3 d_3^{**}\end{cases}$$
B2	矢量排序：ppo ppn opn oon non S_{a1}: 1 1 0 0 0 S_{a2}: 1 1 1 1 0 S_{b1}: 1 1 1 0 0 S_{b2}: 1 1 1 1 1 S_{c1}: 0 0 0 0 0 S_{c2}: 1 0 0 0 0	$$v_1 = \frac{ppo}{k_1 d_1^{**}}\,\frac{oon}{k_2 d_1^{**}};\quad v_2 = \frac{ppn}{d_2^{**}};\quad v_3 = \frac{opn}{\lambda d_3^{**}}\,\frac{ppo}{\lambda d_3^{**}}\,\frac{non}{\lambda d_3^{**}}$$ $$\frac{ppo}{k_1 d_1^{**}+\lambda d_3^{**}}+\frac{ppn}{d_2^{**}}+\frac{opn}{\lambda d_3^{**}}+\frac{oon}{k_2 d_1^{**}}+\frac{non}{\lambda d_3^{**}}$$ $$\begin{cases}\delta_{a1}=k_1 d_1^{**}+\lambda d_3^{**}+d_2^{**}\\ \delta_{a2}=k_1 d_1^{**}+\lambda d_3^{**}+d_2^{**}+\lambda d_3^{**}+k_2 d_1^{**}=d_1^{**}+2\lambda d_3^{**}+d_2^{**}\\ \delta_{b1}=k_1 d_1^{**}+\lambda d_3^{**}+d_2^{**}+\lambda d_3^{**}=k_1 d_1^{**}+2\lambda d_3^{**}+d_2^{**}\\ \delta_{b2}=1\\ \delta_{c1}=0\\ \delta_{c2}=k_1 d_1^{**}+\lambda d_3^{**}\end{cases}$$

（续）

小区	半载波周期矢量排序及时序	临时三矢量/排序及占空比分配 /6 路 PWM 比较值
B3	矢量排序：ppo opo opn npn non S_{a1}: 1 0 0 0 0 S_{a2}: 1 1 1 0 0 S_{b1}: 1 1 1 1 0 S_{b2}: 1 1 1 1 1 S_{c1}: 0 0 0 0 0 S_{c2}: 1 1 0 0 0	$v_1 = \dfrac{opo}{k_3 d_1^{**}}\ \dfrac{non}{k_4 d_1^{**}};\quad v_2 = \dfrac{opn}{\lambda d_2^{**}}\ \dfrac{ppo}{\lambda d_2^{**}}\ \dfrac{non}{\lambda d_2^{**}};\quad v_3 = \dfrac{npn}{d_3^{**}}$ $\dfrac{ppo}{\lambda d_2^{**}} + \dfrac{opo}{k_3 d_1^{**}} + \dfrac{opn}{\lambda d_2^{**}} + \dfrac{npn}{d_3^{**}} + \dfrac{non}{k_4 d_1^{**} + \lambda d_2^{**}}$ $\begin{cases}\delta_{a1} = \lambda d_2^{**}\\ \delta_{a2} = \lambda d_2^{**} + k_3 d_1^{**} + \lambda d_2^{**} = 2\lambda d_2^{**} + k_3 d_1^{**}\\ \delta_{b1} = \lambda d_2^{**} + k_3 d_1^{**} + \lambda d_2^{**} + d_3^{**} = 2\lambda d_2^{**} + k_3 d_1^{**} + d_3^{**}\\ \delta_{b2} = 1\\ \delta_{c1} = 0\\ \delta_{c2} = \lambda d_2^{**} + k_3 d_1^{**}\end{cases}$
B4	矢量排序：ppo ppn opn npn non S_{a1}: 1 1 0 0 0 S_{a2}: 1 1 1 0 0 S_{b1}: 1 1 1 1 0 S_{b2}: 1 1 1 1 1 S_{c1}: 0 0 0 0 0 S_{c2}: 1 0 0 0 0	$v_1 = \dfrac{opn}{\lambda d_1^{**}}\ \dfrac{ppo}{\lambda d_1^{**}}\ \dfrac{non}{\lambda d_1^{**}};\quad v_2 = \dfrac{ppn}{d_2^{**}};\quad v_3 = \dfrac{npn}{d_3^{**}}$ $\dfrac{ppo}{\lambda d_1^{**}} + \dfrac{ppn}{d_2^{**}} + \dfrac{opn}{\lambda d_1^{**}} + \dfrac{npn}{d_3^{**}} + \dfrac{non}{\lambda d_1^{**}}$ $\begin{cases}\delta_{a1} = \lambda d_1^{**} + d_2^{**}\\ \delta_{a2} = \lambda d_1^{**} + d_2^{**} + \lambda d_1^{**} = 2\lambda d_1^{**} + d_2^{**}\\ \delta_{b1} = \lambda d_1^{**} + d_2^{**} + \lambda d_1^{**} + d_3^{**} = 2\lambda d_1^{**} + d_2^{**} + d_3^{**}\\ \delta_{b2} = 1\\ \delta_{c1} = 0\\ \delta_{c2} = \lambda d_1^{**}\end{cases}$
C0	与表 4-8 相同	与表 4-8 相同
C1	矢量排序：opp opo npo noo non S_{a1}: 0 0 0 0 0 S_{a2}: 1 1 0 0 0 S_{b1}: 1 1 1 0 0 S_{b2}: 1 1 1 1 1 S_{c1}: 1 0 0 0 0 S_{c2}: 1 1 1 1 0	$v_1 = \dfrac{opo}{k_3 d_1^{**}}\ \dfrac{non}{k_4 d_1^{**}};\quad v_2 = \dfrac{npo}{\lambda d_2^{**}}\ \dfrac{opp}{\lambda d_2^{**}}\ \dfrac{non}{\lambda d_2^{**}};\quad v_3 = \dfrac{opp}{k_1 d_3^{**}}\ \dfrac{noo}{k_2 d_3^{**}}$ $\dfrac{opp}{\lambda d_2^{**} + k_1 d_3^{**}} + \dfrac{opo}{k_3 d_1^{**}} + \dfrac{npo}{\lambda d_2^{**}} + \dfrac{noo}{k_2 d_3^{**}} + \dfrac{non}{k_4 d_1^{**} + \lambda d_2^{**}}$ $\begin{cases}\delta_{a1} = 0\\ \delta_{a2} = \lambda d_2^{**} + k_1 d_3^{**} + k_3 d_1^{**}\\ \delta_{b1} = \lambda d_2^{**} + k_1 d_3^{**} + k_3 d_1^{**} + \lambda d_2^{**} = 2\lambda d_2^{**} + k_1 d_3^{**} + k_3 d_1^{**}\\ \delta_{b2} = 1\\ \delta_{c1} = \lambda d_2^{**} + k_1 d_3^{**}\\ \delta_{c2} = \lambda d_2^{**} + k_1 d_3^{**} + k_3 d_1^{**} + \lambda d_2^{**} + k_2 d_3^{**} = 2\lambda d_2^{**} + d_3^{**} + k_3 d_1^{**}\end{cases}$
C2	矢量排序：opp opo npo npn non S_{a1}: 0 0 0 0 0 S_{a2}: 1 1 0 0 0 S_{b1}: 1 1 1 1 0 S_{b2}: 1 1 1 1 1 S_{c1}: 1 0 0 0 0 S_{c2}: 1 1 1 0 0	$v_1 = \dfrac{opo}{k_3 d_1^{**}}\ \dfrac{non}{k_4 d_1^{**}};\quad v_2 = \dfrac{npn}{d_2^{**}};\quad v_3 = \dfrac{npo}{\lambda d_3^{**}}\ \dfrac{opp}{\lambda d_3^{**}}\ \dfrac{non}{\lambda d_3^{**}}$ $\dfrac{opp}{\lambda d_3^{**}} + \dfrac{opo}{k_3 d_1^{**}} + \dfrac{npo}{\lambda d_3^{**}} + \dfrac{npn}{d_2^{**}} + \dfrac{non}{k_4 d_1^{**} + \lambda d_3^{**}}$ $\begin{cases}\delta_{a1} = 0\\ \delta_{a2} = \lambda d_3^{**} + k_3 d_1^{**}\\ \delta_{b1} = \lambda d_3^{**} + k_3 d_1^{**} + \lambda d_3^{**} + d_2^{**} = 2\lambda d_3^{**} + k_3 d_1^{**} + d_2^{**}\\ \delta_{b2} = 1\\ \delta_{c1} = \lambda d_3^{**}\\ \delta_{c2} = \lambda d_3^{**} + k_3 d_1^{**} + \lambda d_3^{**} = 2\lambda d_3^{**} + k_3 d_1^{**}\end{cases}$

（续）

小区	半载波周期矢量排序及时序	临时三矢量/排序及占空比分配/6路PWM比较值

C3

半载波周期矢量排序及时序：

	opp	npp	npo	noo	non
S_{a1}	0	0	0	0	0
S_{a2}	1	0	0	0	0
S_{b1}	1	1	1	0	0
S_{b2}	1	1	1	1	1
S_{c1}	1	1	0	0	0
S_{c2}	1	1	1	1	0

$$v_1 = \frac{opp}{k_1 d_1^{**}}\ \frac{noo}{k_2 d_1^{**}};\quad v_2 = \frac{npo}{\lambda d_2^{**}}\ \frac{opp}{\lambda d_2^{**}}\ \frac{non}{\lambda d_2^{**}};\quad v_3 = \frac{npp}{d_3^{**}}$$

$$\frac{opp}{k_1 d_1^{**} + \lambda d_2^{**}} + \frac{npp}{d_3^{**}} + \frac{npo}{\lambda d_2^{**}} + \frac{noo}{k_2 d_1^{**}} + \frac{non}{\lambda d_2^{**}}$$

$$\begin{cases}\delta_{a1} = 0 \\ \delta_{a2} = k_1 d_1^{**} + \lambda d_2^{**} \\ \delta_{b1} = k_1 d_1^{**} + \lambda d_2^{**} + d_3^{**} + \lambda d_2^{**} = k_1 d_1^{**} + 2\lambda d_2^{**} + d_3^{**} \\ \delta_{b2} = 1 \\ \delta_{c1} = k_1 d_1^{**} + \lambda d_2^{**} + d_3^{**} \\ \delta_{c2} = k_1 d_1^{**} + \lambda d_2^{**} + d_3^{**} + \lambda d_2^{**} + k_2 d_1^{**} = d_1^{**} + 2\lambda d_2^{**} + d_3^{**}\end{cases}$$

C4

半载波周期矢量排序及时序：

	opp	npp	npo	npn	non
S_{a1}	0	0	0	0	0
S_{a2}	1	0	0	0	0
S_{b1}	1	1	1	1	0
S_{b2}	1	1	1	1	1
S_{c1}	1	1	0	0	0
S_{c2}	1	1	1	0	0

$$v_1 = \frac{npo}{\lambda d_1^{**}}\ \frac{opp}{\lambda d_1^{**}}\ \frac{non}{\lambda d_1^{**}};\quad v_2 = \frac{npn}{d_2^{**}};\quad v_3 = \frac{npp}{d_3^{**}}$$

$$\frac{opp}{\lambda d_1^{**}} + \frac{npp}{d_3^{**}} + \frac{npo}{\lambda d_1^{**}} + \frac{npn}{d_2^{**}} + \frac{non}{\lambda d_1^{**}}$$

$$\begin{cases}\delta_{a1} = 0 \\ \delta_{a2} = \lambda d_1^{**} \\ \delta_{b1} = \lambda d_1^{**} + d_3^{**} + \lambda d_1^{**} + d_2^{**} = 2\lambda d_1^{**} + d_3^{**} + d_2^{**} \\ \delta_{b2} = 1 \\ \delta_{c1} = \lambda d_1^{**} + d_3^{**} \\ \delta_{c2} = \lambda d_1^{**} + d_3^{**} + \lambda d_1^{**} = 2\lambda d_1^{**} + d_3^{**}\end{cases}$$

D0

与表4-8相同	与表4-8相同

D1

半载波周期矢量排序及时序：

	opp	oop	nop	noo	nno
S_{a1}	0	0	0	0	0
S_{a2}	1	1	0	0	0
S_{b1}	1	0	0	0	0
S_{b2}	1	1	1	1	0
S_{c1}	1	1	1	0	0
S_{c2}	1	1	1	1	1

$$v_1 = \frac{opp}{k_1 d_1^{**}}\ \frac{noo}{k_2 d_1^{**}};\quad v_2 = \frac{nop}{\lambda d_2^{**}}\ \frac{opp}{\lambda d_2^{**}}\ \frac{nno}{\lambda d_2^{**}};\quad v_3 = \frac{oop}{k_3 d_3^{**}}\ \frac{nno}{k_4 d_3^{**}}$$

$$\frac{opp}{k_1 d_1^{**} + \lambda d_2^{**}} + \frac{oop}{k_3 d_3^{**}} + \frac{nop}{\lambda d_2^{**}} + \frac{noo}{k_2 d_1^{**}} + \frac{nno}{\lambda d_2^{**} + k_4 d_3^{**}}$$

$$\begin{cases}\delta_{a1} = 0 \\ \delta_{a2} = k_1 d_1^{**} + \lambda d_2^{**} + k_3 d_3^{**} \\ \delta_{b1} = k_1 d_1^{**} + \lambda d_2^{**} \\ \delta_{b2} = k_1 d_1^{**} + \lambda d_2^{**} + k_3 d_3^{**} + \lambda d_2^{**} + k_2 d_1^{**} = d_1^{**} + 2\lambda d_2^{**} + k_3 d_3^{**} \\ \delta_{c1} = k_1 d_1^{**} + \lambda d_2^{**} + k_3 d_3^{**} + \lambda d_2^{**} = k_1 d_1^{**} + 2\lambda d_2^{**} + k_3 d_3^{**} \\ \delta_{c2} = 1\end{cases}$$

D2

半载波周期矢量排序及时序：

	opp	npp	nop	noo	nno
S_{a1}	0	0	0	0	0
S_{a2}	1	0	0	0	0
S_{b1}	1	1	0	0	0
S_{b2}	1	1	1	1	0
S_{c1}	1	1	1	0	0
S_{c2}	1	1	1	1	1

$$v_1 = \frac{opp}{k_1 d_1^{**}}\ \frac{noo}{k_2 d_1^{**}};\quad v_2 = \frac{npp}{d_2^{**}};\quad v_3 = \frac{nop}{\lambda d_3^{**}}\ \frac{opp}{\lambda d_3^{**}}\ \frac{nno}{\lambda d_3^{**}}$$

$$\frac{opp}{k_1 d_1^{**} + \lambda d_3^{**}} + \frac{npp}{d_2^{**}} + \frac{nop}{\lambda d_3^{**}} + \frac{noo}{k_2 d_1^{**}} + \frac{nno}{\lambda d_3^{**}}$$

$$\begin{cases}\delta_{a1} = 0 \\ \delta_{a2} = k_1 d_1^{**} + \lambda d_3^{**} \\ \delta_{b1} = k_1 d_1^{**} + \lambda d_3^{**} + d_2^{**} \\ \delta_{b2} = k_1 d_1^{**} + \lambda d_3^{**} + d_2^{**} + \lambda d_3^{**} + k_2 d_1^{**} = d_1^{**} + 2\lambda d_3^{**} + d_2^{**} \\ \delta_{c1} = k_1 d_1^{**} + \lambda d_3^{**} + d_2^{**} + \lambda d_3^{**} = k_1 d_1^{**} + 2\lambda d_3^{**} + d_2^{**} \\ \delta_{c2} = 1\end{cases}$$

小区	半载波周期矢量排序及时序	临时三矢量/排序及占空比分配 /6 路 PWM 比较值

D3

半载波周期矢量排序及时序：

	opp	oop	nop	nnp	nno
S_{a1}	0	0	0	0	0
S_{a2}	1	1	0	0	0
S_{b1}	1	0	0	0	0
S_{b2}	1	1	1	0	0
S_{c1}	1	1	1	1	0
S_{c2}	1	1	1	1	1

$$v_1 = \frac{\text{oop}}{k_3 d_1^{**}} \; \frac{\text{nno}}{k_4 d_1^{**}}; \quad v_2 = \frac{\text{nop}}{\lambda d_2^{**}} \; \frac{\text{opp}}{\lambda d_2^{**}} \; \frac{\text{nno}}{\lambda d_2^{**}}; \quad v_3 = \frac{\text{nnp}}{d_3^{**}}$$

$$\frac{\text{opp}}{\lambda d_2^{**}} + \frac{\text{oop}}{k_3 d_1^{**}} + \frac{\text{nop}}{\lambda d_2^{**}} + \frac{\text{nnp}}{d_3^{**}} + \frac{\text{nno}}{k_4 d_1^{**} + \lambda d_2^{**}}$$

$$\begin{cases} \delta_{a1} = 0 \\ \delta_{a2} = \lambda d_2^{**} + k_3 d_1^{**} \\ \delta_{b1} = \lambda d_2^{**} \\ \delta_{b2} = \lambda d_2^{**} + k_3 d_1^{**} + \lambda d_2^{**} = 2\lambda d_2^{**} + k_3 d_1^{**} \\ \delta_{c1} = \lambda d_2^{**} + k_3 d_1^{**} + \lambda d_2^{**} + d_3^{**} = 2\lambda d_2^{**} + k_3 d_1^{**} + d_3^{**} \\ \delta_{c2} = 1 \end{cases}$$

D4

半载波周期矢量排序及时序：

	opp	npp	nop	nnp	nno
S_{a1}	0	0	0	0	0
S_{a2}	1	0	0	0	0
S_{b1}	1	1	0	0	0
S_{b2}	1	1	1	0	0
S_{c1}	1	1	1	1	0
S_{c2}	1	1	1	1	1

$$v_1 = \frac{\text{nop}}{\lambda d_1^{**}} \; \frac{\text{opp}}{\lambda d_1^{**}} \; \frac{\text{nno}}{\lambda d_1^{**}}; \quad v_2 = \frac{\text{npp}}{d_2^{**}}; \quad v_3 = \frac{\text{nnp}}{d_3^{**}}$$

$$\frac{\text{opp}}{\lambda d_1^{**}} + \frac{\text{npp}}{d_2^{**}} + \frac{\text{nop}}{\lambda d_1^{**}} + \frac{\text{nnp}}{d_3^{**}} + \frac{\text{nno}}{\lambda d_1^{**}}$$

$$\begin{cases} \delta_{a1} = 0 \\ \delta_{a2} = \lambda d_1^{**} \\ \delta_{b1} = \lambda d_1^{**} + d_2^{**} \\ \delta_{b2} = \lambda d_1^{**} + d_2^{**} + \lambda d_1^{**} = 2\lambda d_1^{**} + d_2^{**} \\ \delta_{c1} = \lambda d_1^{**} + d_2^{**} + \lambda d_1^{**} + d_3^{**} = 2\lambda d_1^{**} + d_2^{**} + d_3^{**} \\ \delta_{c2} = 1 \end{cases}$$

E0

与表4-8相同 | 与表4-8相同

E1

半载波周期矢量排序及时序：

	pop	oop	onp	ono	nno
S_{a1}	1	0	0	0	0
S_{a2}	1	1	1	1	0
S_{b1}	0	0	0	0	0
S_{b2}	1	1	0	0	0
S_{c1}	1	1	1	0	0
S_{c2}	1	1	1	1	1

$$v_1 = \frac{\text{oop}}{k_3 d_1^{**}} \; \frac{\text{nno}}{k_4 d_1^{**}}; \quad v_2 = \frac{\text{onp}}{\lambda d_2^{**}} \; \frac{\text{pop}}{\lambda d_2^{**}} \; \frac{\text{nno}}{\lambda d_2^{**}}; \quad v_3 = \frac{\text{pop}}{k_1 d_3^{**}} \; \frac{\text{ono}}{k_2 d_3^{**}}$$

$$\frac{\text{pop}}{\lambda d_2^{**} + k_1 d_3^{**}} + \frac{\text{oop}}{k_3 d_1^{**}} + \frac{\text{onp}}{\lambda d_2^{**}} + \frac{\text{ono}}{k_2 d_3^{**}} + \frac{\text{nno}}{k_4 d_1^{**} + \lambda d_2^{**}}$$

$$\begin{cases} \delta_{a1} = \lambda d_2^{**} + k_1 d_3^{**} \\ \delta_{a2} = \lambda d_2^{**} + k_1 d_3^{**} + k_3 d_1^{**} + \lambda d_2^{**} + k_2 d_3^{**} = 2\lambda d_2^{**} + d_3^{**} + k_3 d_1^{**} \\ \delta_{b1} = 0 \\ \delta_{b2} = \lambda d_2^{**} + k_1 d_3^{**} + k_3 d_1^{**} \\ \delta_{c1} = \lambda d_2^{**} + k_1 d_3^{**} + k_3 d_1^{**} + \lambda d_2^{**} = 2\lambda d_2^{**} + k_1 d_3^{**} + k_3 d_1^{**} \\ \delta_{c2} = 1 \end{cases}$$

E2

半载波周期矢量排序及时序：

	pop	oop	onp	nnp	nno
S_{a1}	1	0	0	0	0
S_{a2}	1	1	1	1	1
S_{b1}	0	0	0	0	0
S_{b2}	1	1	0	0	0
S_{c1}	1	1	1	1	0
S_{c2}	1	1	1	1	1

$$v_1 = \frac{\text{oop}}{k_3 d_1^{**}} \; \frac{\text{nno}}{k_4 d_1^{**}}; \quad v_2 = \frac{\text{nnp}}{d_2^{**}}; \quad v_3 = \frac{\text{onp}}{\lambda d_3^{**}} \; \frac{\text{pop}}{\lambda d_3^{**}} \; \frac{\text{nno}}{\lambda d_3^{**}}$$

$$\frac{\text{pop}}{\lambda d_3^{**}} + \frac{\text{oop}}{k_3 d_1^{**}} + \frac{\text{onp}}{\lambda d_3^{**}} + \frac{\text{nnp}}{d_2^{**}} + \frac{\text{nno}}{k_4 d_1^{**} + \lambda d_3^{**}}$$

$$\begin{cases} \delta_{a1} = \lambda d_3^{**} \\ \delta_{a2} = \lambda d_3^{**} + k_3 d_1^{**} + \lambda d_3^{**} = 2\lambda d_3^{**} + k_3 d_1^{**} \\ \delta_{b1} = 0 \\ \delta_{b2} = \lambda d_3^{**} + k_3 d_1^{**} \\ \delta_{c1} = \lambda d_3^{**} + k_3 d_1^{**} + \lambda d_3^{**} + d_2^{**} = 2\lambda d_3^{**} + k_3 d_1^{**} + d_2^{**} \\ \delta_{c2} = 1 \end{cases}$$

（续）

小区	半载波周期矢量排序及时序	临时三矢量/排序及占空比分配/6 路 PWM 比较值
E3	pop pnp onp ono nno S_{a1}: 1 1 0 0 0 S_{a2}: 1 1 1 1 0 S_{b1}: 0 0 0 0 0 S_{b2}: 1 0 0 0 0 S_{c1}: 1 1 1 0 0 S_{c2}: 1 1 1 1 1	$v_1 = \dfrac{\text{pop}}{k_1 d_1^{**}} \dfrac{\text{ono}}{k_2 d_1^{**}};\ v_2 = \dfrac{\text{onp}}{\lambda d_2^{**}} \dfrac{\text{pop}}{\lambda d_2^{**}} \dfrac{\text{nno}}{\lambda d_2^{**}};\ v_3 = \dfrac{\text{pnp}}{d_3^{**}}$ $\dfrac{\text{pop}}{k_1 d_1^{**}} + \dfrac{\text{pnp}}{d_3^{**}} + \dfrac{\text{onp}}{\lambda d_2^{**}} + \dfrac{\text{ono}}{k_2 d_1^{**}} + \dfrac{\text{nno}}{\lambda d_2^{**}}$ $\begin{cases}\delta_{a1} = k_1 d_1^{**} + \lambda d_2^{**} + d_3^{**}\\ \delta_{a2} = k_1 d_1^{**} + \lambda d_2^{**} + d_3^{**} + \lambda d_2^{**} + k_2 d_1^{**} = d_1^{**} + 2\lambda d_2^{**} + d_3^{**}\\ \delta_{b1} = 0\\ \delta_{b2} = k_1 d_1^{**} + \lambda d_2^{**}\\ \delta_{c1} = k_1 d_1^{**} + \lambda d_2^{**} + d_3^{**} + \lambda d_2^{**} = k_1 d_1^{**} + 2\lambda d_2^{**} + d_3^{**}\\ \delta_{c2} = 1\end{cases}$
E4	pop pnp onp nnp nno S_{a1}: 1 1 0 0 0 S_{a2}: 1 1 1 0 0 S_{b1}: 0 0 0 0 0 S_{b2}: 1 0 0 0 0 S_{c1}: 1 1 1 1 0 S_{c2}: 1 1 1 1 1	$v_1 = \dfrac{\text{onp}}{\lambda d_1^{**}} \dfrac{\text{pop}}{\lambda d_1^{**}} \dfrac{\text{nno}}{\lambda d_1^{**}};\ v_2 = \dfrac{\text{nnp}}{d_2^{**}};\ v_3 = \dfrac{\text{pnp}}{d_3^{**}}$ $\dfrac{\text{pop}}{\lambda d_1^{**}} + \dfrac{\text{pnp}}{d_3^{**}} + \dfrac{\text{onp}}{\lambda d_1^{**}} + \dfrac{\text{nnp}}{d_2^{**}} + \dfrac{\text{nno}}{\lambda d_1^{**}}$ $\begin{cases}\delta_{a1} = \lambda d_1^{**} + d_3^{**}\\ \delta_{a2} = \lambda d_1^{**} + d_3^{**} + \lambda d_1^{**}\\ \delta_{b1} = 0\\ \delta_{b2} = \lambda d_1^{**}\\ \delta_{c1} = \lambda d_1^{**} + d_3^{**} + \lambda d_1^{**} + d_2^{**} = 2\lambda d_1^{**} + d_3^{**} + d_2^{**}\\ \delta_{c2} = 1\end{cases}$
F0	与表 4-8 相同	与表 4-8 相同
F1	pop poo pno ono onn S_{a1}: 1 1 1 0 0 S_{a2}: 1 1 1 1 1 S_{b1}: 0 0 0 0 0 S_{b2}: 1 0 0 0 0 S_{c1}: 1 0 0 0 0 S_{c2}: 1 1 1 1 0	$v_1 = \dfrac{\text{pop}}{k_1 d_1^{**}} \dfrac{\text{ono}}{k_2 d_1^{**}};\ v_2 = \dfrac{\text{pno}}{\lambda d_2^{**}} \dfrac{\text{pop}}{\lambda d_2^{**}} \dfrac{\text{onn}}{\lambda d_2^{**}};\ v_3 = \dfrac{\text{poo}}{k_3 d_3^{**}} \dfrac{\text{onn}}{k_4 d_3^{**}}$ $\dfrac{\text{pop}}{k_1 d_1^{**} + \lambda d_2^{**}} + \dfrac{\text{poo}}{k_3 d_3^{**}} + \dfrac{\text{pno}}{\lambda d_2^{**}} + \dfrac{\text{ono}}{k_2 d_1^{**}} + \dfrac{\text{onn}}{\lambda d_2^{**} + k_4 d_3^{**}}$ $\begin{cases}\delta_{a1} = k_1 d_1^{**} + \lambda d_2^{**} + k_3 d_3^{**} + \lambda d_2^{**} = k_1 d_1^{**} + 2\lambda d_2^{**} + k_3 d_3^{**}\\ \delta_{a2} = 1\\ \delta_{b1} = 0\\ \delta_{b2} = k_1 d_1^{**} + \lambda d_2^{**} + k_3 d_3^{**}\\ \delta_{c1} = k_1 d_1^{**} + \lambda d_2^{**}\\ \delta_{c2} = k_1 d_1^{**} + \lambda d_2^{**} + k_3 d_3^{**} + \lambda d_2^{**} + k_2 d_1^{**} = d_1^{**} + 2\lambda d_2^{**} + k_3 d_3^{**}\end{cases}$
F2	pop pnp pno ono onn S_{a1}: 1 1 1 0 0 S_{a2}: 1 1 1 1 1 S_{b1}: 0 0 0 0 0 S_{b2}: 1 0 0 0 0 S_{c1}: 1 1 0 0 0 S_{c2}: 1 1 1 1 0	$v_1 = \dfrac{\text{pop}}{k_1 d_1^{**}} \dfrac{\text{ono}}{k_2 d_1^{**}};\ v_2 = \dfrac{\text{pnp}}{d_2^{**}};\ v_3 = \dfrac{\text{pno}}{\lambda d_3^{**}} \dfrac{\text{pop}}{\lambda d_3^{**}} \dfrac{\text{onn}}{\lambda d_3^{**}}$ $\dfrac{\text{pop}}{k_1 d_1^{**} + \lambda d_3^{**}} + \dfrac{\text{pnp}}{d_2^{**}} + \dfrac{\text{pno}}{\lambda d_3^{**}} + \dfrac{\text{ono}}{k_2 d_1^{**}} + \dfrac{\text{onn}}{\lambda d_3^{**}}$ $\begin{cases}\delta_{a1} = k_1 d_1^{**} + \lambda d_3^{**} + d_2^{**} + \lambda d_3^{**} = k_1 d_1^{**} + 2\lambda d_3^{**} + d_2^{**}\\ \delta_{a2} = 1\\ \delta_{b1} = 0\\ \delta_{b2} = k_1 d_1^{**} + \lambda d_3^{**}\\ \delta_{c1} = k_1 d_1^{**} + \lambda d_3^{**} + d_2^{**}\\ \delta_{c2} = k_1 d_1^{**} + \lambda d_3^{**} + d_2^{**} + \lambda d_3^{**} + k_2 d_1^{**} = d_1^{**} + 2\lambda d_3^{**} + d_2^{**}\end{cases}$

（续）

小区	半载波周期矢量排序及时序	临时三矢量/排序及占空比分配 /6 路 PWM 比较值
F3	pop poo pno pnn onn S_{a1}: 1 1 1 1 0 S_{a2}: 1 1 1 1 1 S_{b1}: 0 0 0 0 0 S_{b2}: 1 1 0 0 0 S_{c1}: 1 0 0 0 0 S_{c2}: 1 1 1 0 0	$$v_1 = \frac{poo}{k_3 d_1^{**}}\ \frac{onn}{k_4 d_1^{**}};\quad v_2 = \frac{pno}{\lambda d_2^{**}}\ \frac{pop}{\lambda d_2^{**}}\ \frac{onn}{\lambda d_2^{**}};\quad v_3 = \frac{pnn}{d_3^{**}}$$ $$\frac{pop}{\lambda d_2^{**}} + \frac{poo}{k_3 d_1^{**}} + \frac{pno}{\lambda d_2^{**}} + \frac{pnn}{d_3^{**}} + \frac{onn}{k_4 d_1^{**} + \lambda d_2^{**}}$$ $$\begin{cases} \delta_{a1} = \lambda d_2^{**} + k_3 d_1^{**} + \lambda d_2^{**} + d_3^{**} = 2\lambda d_2^{**} + k_3 d_1^{**} + d_3^{**} \\ \delta_{a2} = 1 \\ \delta_{b1} = 0 \\ \delta_{b2} = \lambda d_2^{**} + k_3 d_1^{**} \\ \delta_{c1} = \lambda d_2^{**} \\ \delta_{c2} = \lambda d_2^{**} + k_3 d_1^{**} + \lambda d_2^{**} = 2\lambda d_2^{**} + k_3 d_1^{**} \end{cases}$$
F4	pop pnp pno pnn onn S_{a1}: 1 1 1 1 0 S_{a2}: 1 1 1 1 1 S_{b1}: 0 0 0 0 0 S_{b2}: 1 0 0 0 0 S_{c1}: 1 1 0 0 0 S_{c2}: 1 1 1 0 0	$$v_1 = \frac{pno}{\lambda d_1^{**}}\ \frac{pop}{\lambda d_1^{**}}\ \frac{onn}{\lambda d_1^{**}};\quad v_2 = \frac{pnp}{d_2^{**}};\quad v_3 = \frac{pnn}{d_3^{**}}$$ $$\frac{pop}{\lambda d_1^{**}} + \frac{pnp}{d_2^{**}} + \frac{pno}{\lambda d_1^{**}} + \frac{pnn}{d_3^{**}} + \frac{onn}{\lambda d_1^{**}}$$ $$\begin{cases} \delta_{a1} = \lambda d_1^{**} + d_2^{**} + \lambda d_1^{**} + d_3^{**} = 2\lambda d_1^{**} + d_2^{**} + d_3^{**} \\ \delta_{a2} = 1 \\ \delta_{b1} = 0 \\ \delta_{b2} = \lambda d_1^{**} \\ \delta_{c1} = \lambda d_1^{**} + d_2^{**} \\ \delta_{c2} = \lambda d_1^{**} + d_2^{**} + \lambda d_1^{**} = 2\lambda d_1^{**} + d_2^{**} \end{cases}$$

图 4-19 给出虚拟矢量法全部 6 个扇区共 30 个小区的最佳临时三矢量定义全图。

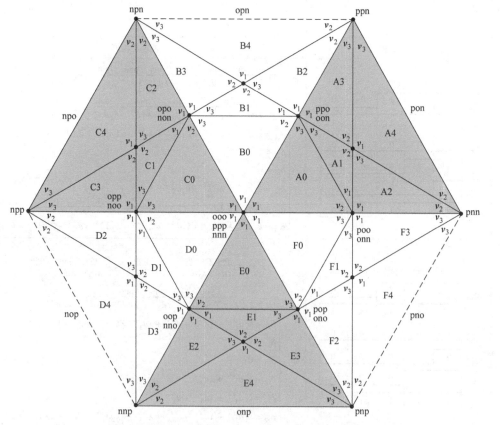

图 4-19　虚拟矢量法全部 6 个扇区共 30 个小区的最佳临时三矢量定义全图

第5章 异步电机模型

5.1 直流电机与异步电机一体化

5.1.1 直流电机

图 5-1 给出了他励直流电机等效电路。

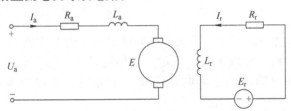

图 5-1 他励直流电机等效电路

在转子（电枢）坐标系，电枢电压可表示为

$$U_a = I_a R_a + L_a \frac{dI_a}{dt} + C_e \Phi_r n \qquad (5-1)$$

式中，I_a 为电枢电流；R_a 为电枢电阻；L_a 为电枢总漏感；C_e 为电动势常数；n 为转速；Φ_r 为励磁磁链强度。

因机械换向器的存在，电枢电流矢量超前励磁电流矢量 $\pi/2$ 如图 5-2 所示。

在定子（励磁电流）坐标系，电机数学模型可描述为

$$\begin{cases} \bar{I}_a = I_a e^{j\pi/2} = jI_a \\ \overline{\Phi}_a = L_s \bar{I}_a + L_m I_r = L_m I_r + jL_s I_a \\ \overline{\Phi}_r = L_r I_r + L_m \bar{I}_a = L_r I_r + jL_m I_a \\ E_r = I_r R_r + L_r \dfrac{dI_r}{dt} \end{cases} \qquad (5-2)$$

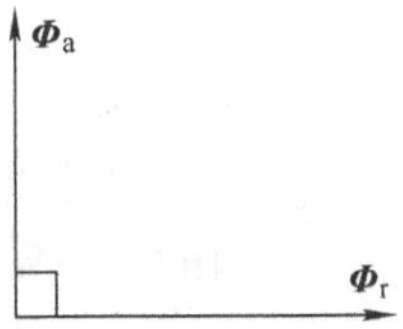

图 5-2 直流电机
励磁电流、电枢
电流矢量模型

式中，$\overline{\Phi}_a$ 为电枢磁链矢量；$\overline{\Phi}_r$ 为励磁磁链矢量；L_m 为互感；L_s 为电枢总电感；L_r 为励磁回路总电感；I_r 为励磁电流；E_r 为励磁电压；R_r 为励磁回路电阻。

电磁转矩可表示为[78][79]

$$T_e = K_m \bar{I}_a \otimes \bar{I}_r = K_m I_r I_a$$

可见，直流电机转矩与电枢电流和励磁电流乘积成正比。考虑式（5-1）的电压方程稳

态，有

$$U_a = I_a R_a + C_e \Phi_r n \tag{5-3}$$

对式（5-3）求偏导

$$\frac{\partial U_a}{\partial I_a} = R_a > 0 \tag{5-4}$$

式（5-4）表明，定子电压与电枢电流为正定关系，而电枢电流又与转矩成正比，故有图5-3所示的经典直流电机双闭环调速控制系统。

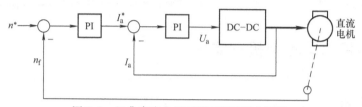

图5-3　经典直流电机双闭环调速控制系统

5.1.2　异步电机

对于三相异步电机而言，三相定子绕组在电机空间结构上按照 $2\pi/3$ 对称分布，每相绕组形成各自的电流（与磁动势成正比）矢量，三相绕组在空间上总能等效为一个合成电流矢量 $\bar{I}_s$。同理，转子感应的三相电流也会形成一个等效合成电流矢量 $\bar{I}_r$，其矢量关系如图5-4所示。

比较图5-2与图5-4可见，两种电机产生转矩的机理均基于定、转子电流矢量的相互作用，只是直流电机两个矢量夹角为常数（$\pi/2$），而异步电机两个矢量夹角 θ 随负载变化。

对异步电机，若将定子电流矢量向转子电流矢量及其垂直方向分解为 $\bar{I}_{s1}$、$\bar{I}_{s2}$，则可形成等效的两个垂直电流矢量，如图5-5所示。

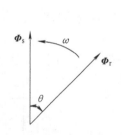

图5-4　异步电机合成电流矢量模型　　图5-5　异步电机定子合成矢量分解模型

又因转矩只在两个垂直分量 $\bar{I}_{s1}$、$\bar{I}_{s2}$ 之间产生，与直流电机具有相似性，因此，可借鉴直流电机的控制理念构建控制系统。

5.2　复数与矢量

设 X_1、X_2 为两个复数，在直角坐标可表示为

$$\begin{cases} X_1 = x_1 + jy_1 \\ X_2 = x_2 + jy_2 \end{cases} \tag{5-5}$$

若 X 代表两个复数之和，根据复数运算规则有

$$X = X_1 + X_2 = (x_1 + x_2) + \mathrm{j}(y_1 + y_2) \triangleq x + \mathrm{j}y \tag{5-6}$$

将 3 个复数表示在复平面，如图 5-6 所示。

可见，两个复数在复平面的几何关系服从物理上矢量合成的"平行四边形法则"，因此用复数表示矢量，可将物理问题转化为数学问题，从而简化矢量分析。

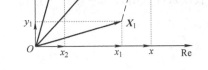

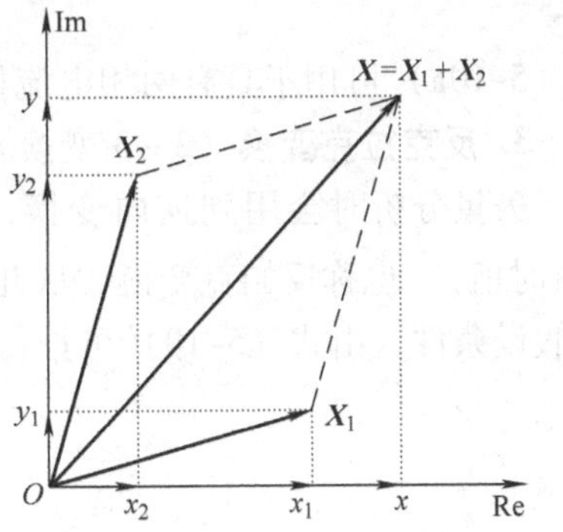

1. 三相系统的复数矢量定义

定义三相系统复数矢量为

$$X_{\mathrm{s}} = \frac{2}{3}(x_{\mathrm{a}}a^0 + x_{\mathrm{b}}a^1 + x_{\mathrm{c}}a^2) \tag{5-7}$$

式中

$$a = \mathrm{e}^{\mathrm{j}\frac{2}{3}\pi} \tag{5-8}$$

图 5-6　复平面复数相加与矢量相加

a^0、a^1、a^2 为空间互差 $2\pi/3$ 的 3 个单位矢量；x_{a}、x_{b}、x_{c} 为 3 个相矢量的方向坐标，对应三相物理量的瞬时值。图 5-7 给出它们在复平面的几何关系。

需要注意的是，定义式中系数"2/3"可使矢量模值与三相正弦稳态峰值相等，便于矢量、标量转化，参考第 6 章 6.9 节。

对于三相电机磁链矢量可定义为

$$\boldsymbol{\Phi}_{\mathrm{s}} = \frac{2}{3}(a^0 \Phi_{\mathrm{a}} + a^1 \Phi_{\mathrm{b}} + a^2 \Phi_{\mathrm{c}}) \tag{5-9}$$

则 $\boldsymbol{\Phi}_{\mathrm{s}}$ 刚好反映了三相合成磁场的强度与角度。

同理，可引申定义电流矢量、电压矢量、电动势矢量等。因电流与磁链称成比例关系，故电流矢量间接反映了磁场矢量，而电压矢量、电动势等矢量可理解为数学算子，并无物理意义。

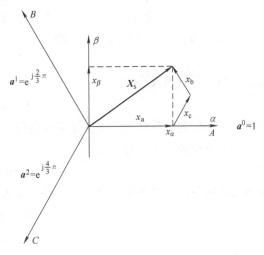

图 5-7　三相系统矢量定义的几何关系

2. 克拉克变换（3 – 2 变换）

矢量分析经常用到 3 个相矢量的瞬时值与直角坐标系分量的关系，不妨设

$$X_{\mathrm{s}} = x_{\alpha} + \mathrm{j}x_{\beta} = \frac{2}{3}(x_{\mathrm{a}}a^0 + x_{\mathrm{b}}a^1 + x_{\mathrm{c}}a^2)$$

展开右式，比较实部和虚部，有

$$\begin{cases} x_{\alpha} = \dfrac{2}{3}x_{\mathrm{a}} - \dfrac{1}{3}(x_{\mathrm{b}} + x_{\mathrm{c}}) \\[2mm] x_{\beta} = \dfrac{\sqrt{3}}{3}(x_{\mathrm{b}} - x_{\mathrm{c}}) \end{cases} \tag{5-10}$$

此即为"3 – 2"变换也称为克拉克变换。

特别地，由于三相电流之和为零，则式（5-10）可简化为

$$\begin{cases} i_{\alpha} = i_{a} \\ i_{\beta} = \dfrac{\sqrt{3}}{3}(i_{b} - i_{c}) = -\dfrac{\sqrt{3}}{3}(i_{a} + 2i_{c}) \end{cases} \tag{5-10a}$$

式（5-10a）可用于具有两相电流检测的逆变控制系统。

3. 反克拉克变换（2 – 3 变换）

矢量分析时会用到逆向变换，即由两个角坐标分量 x_{α}、x_{β} 逆向求解三个相矢量坐标（瞬时值），也称反帕克变换。从几何上不难理解，反帕克变换不是唯一的，通常以 $x_{a} = x_{\alpha}$ 为假设条件，由式（5-10）可推得

$$\begin{cases} x_{a} = x_{\alpha} \\ x_{b} = -\dfrac{1}{2}x_{\alpha} + \dfrac{\sqrt{3}}{2}x_{\beta} \\ x_{c} = -\dfrac{1}{2}x_{\alpha} - \dfrac{\sqrt{3}}{2}x_{\beta} \end{cases} \tag{5-11}$$

4. 帕克变换（旋转变换）

矢量分析中会用同一矢量在两个相对夹角为 θ 的不同坐标系的描述关系。如矢量 $\boldsymbol{X}_{s}$ 在 A 坐标系（如 $\alpha - \beta$ 坐标系）定义，$\boldsymbol{X}_{\theta}$ 为该矢量在 B 坐标系（如 $d - q$ 坐标系）数学表达式，在复平面有以下极坐标关系，即

$$\boldsymbol{X}_{s} = \boldsymbol{X}_{\theta}\mathrm{e}^{\mathrm{j}\theta} \tag{5-12}$$

根据复数运算规则改写为

$$\boldsymbol{X}_{\theta} = \boldsymbol{X}_{s}\mathrm{e}^{-\mathrm{j}\theta} \tag{5-13}$$

式中，θ 为 B 坐标系相对于 A 坐标系的夹角；$\mathrm{e}^{\mathrm{j}\theta}$ 或 $\mathrm{e}^{-\mathrm{j}\theta}$ 为旋转因子，也称帕克因子。

根据欧拉公式，又有

$$\mathrm{e}^{\mathrm{j}\theta} = \cos\theta + \mathrm{j}\sin\theta \tag{5-14}$$

旋转变换前后的矢量表示为直角坐标系形式为

$$\begin{cases} \boldsymbol{X}_{s} = x_{1} + \mathrm{j}y_{1} \\ \boldsymbol{X}_{\theta} = x_{2} + \mathrm{j}y_{2} \end{cases} \tag{5-15}$$

联立式（5-13）~ 式（5-15），有

$$\boldsymbol{X}_{\theta} = \boldsymbol{X}_{s}\mathrm{e}^{-\mathrm{j}\theta} = x_{1}\cos\theta + y_{1}\sin\theta + \mathrm{j}(-x_{1}\sin\theta + y_{1}\cos\theta) = x_{2} + \mathrm{j}y_{2}$$

比较实部、虚部为

$$\begin{cases} x_{2} = x_{1}\cos\theta + y_{1}\sin\theta \\ y_{2} = -x_{1}\sin\theta + y_{1}\cos\theta \end{cases}$$

写成矩阵表达式为

$$\mathrm{e}^{-\mathrm{j}\theta} \Leftrightarrow \begin{bmatrix} x_{2} \\ y_{2} \end{bmatrix} = \begin{bmatrix} \cos\theta & \sin\theta \\ -\sin\theta & \cos\theta \end{bmatrix} \begin{bmatrix} x_{1} \\ y_{1} \end{bmatrix}$$

或

$$\mathrm{e}^{\mathrm{j}\theta} \Leftrightarrow \begin{bmatrix} x_{1} \\ y_{1} \end{bmatrix} = \begin{bmatrix} \cos\theta & -\sin\theta \\ \sin\theta & \cos\theta \end{bmatrix} \begin{bmatrix} x_{2} \\ y_{2} \end{bmatrix}$$

图 5-8 给出了旋转变换各分量的复平面几何关系。

5. 电机的矢量模型

从物理学角度而言，定子侧电压、电流、磁链在定子坐标系定义较为直观，而转子侧矢量只能在转子坐标系定义才能应用物理定律。

三相电机定子矢量在定子坐标系为

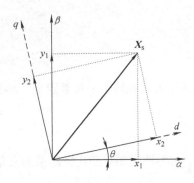

图 5-8　旋转变换各分量的复平面几何关系

$$
\begin{cases}
\boldsymbol{I}_{s-s} = \dfrac{2}{3}(I_{sa} + aI_{sb} + a^2 I_{sc}) \\[2mm]
\boldsymbol{V}_{s-s} = \dfrac{2}{3}(V_{sa} + aV_{sb} + a^2 V_{sc}) \\[2mm]
\boldsymbol{\Phi}_{s-s} = \dfrac{2}{3}(\Phi_{sa} + a\Phi_{sb} + a^2 \Phi_{sc})
\end{cases}
$$

同理，转子电流矢量定义在转子坐标系有

$$
\begin{cases}
\boldsymbol{I}_{r-r} = \dfrac{2}{3}(I_{ra} + aI_{rb} + a^2 I_{rc}) \\[2mm]
\boldsymbol{V}_{r-r} = \dfrac{2}{3}(V_{ra} + aV_{rb} + a^2 V_{rc}) \\[2mm]
\boldsymbol{\Phi}_{r-r} = \dfrac{2}{3}(\Phi_{ra} + a\Phi_{rb} + a^2 \Phi_{rc})
\end{cases}
$$

由物理定律可得的电机矢量基本方程为

$$
\begin{cases}
\boldsymbol{V}_{s-s} = \boldsymbol{I}_{s-s} R_s + \dfrac{\mathrm{d}\boldsymbol{\Phi}_{s-s}}{\mathrm{d}t} \\[2mm]
\boldsymbol{\Phi}_{s-s} = L_s \boldsymbol{I}_{s-s} + L_m \boldsymbol{I}_{r-s} \\[2mm]
\boldsymbol{\Phi}_{r-r} = L_m \boldsymbol{I}_{s-r} + L_r \boldsymbol{I}_{r-r} \\[2mm]
0 = \boldsymbol{I}_{r-r} R_r + \dfrac{\mathrm{d}\boldsymbol{\Phi}_{r-r}}{\mathrm{d}t}
\end{cases}
\tag{5-16}
$$

其中

$$
\begin{cases}
L_s = L_m + L_{\sigma s} \\[2mm]
L_r = L_m + L_{\sigma r}
\end{cases}
\tag{5-17}
$$

式中，R_s、L_s 为定子电阻和定子全电感；R_r、L_r 为转子电阻及转子全电感；L_m 为定转子励磁电感（互感）；$L_{\sigma s}$、$L_{\sigma r}$ 为定转子漏感；下标中 " – " 左侧符号代表被定义矢量的归属绕组（定子或转子），右侧代表定义该电量的坐标系（定子坐标系或转子坐标系等）。

由于定、转子矢量分别在各自的坐标系定义，不利于分析电动机的动态特性，故希望将所有矢量变换到同一坐标系，也称同步 ω 坐标系，这就需要用到旋转变换。

5.3　任意坐标系下的电动机动态方程[48,49]

依据式（5-12）、式（5-13）的旋转变换，在与静止坐标系（定子系）夹角为 $\theta = \omega t$ 的任意坐标系（ω 系），定子矢量可表示为

$$\begin{cases} \boldsymbol{V}_{\mathrm{s-s}} = \boldsymbol{V}_{\mathrm{s-}\omega}\mathrm{e}^{\mathrm{j}\theta} \\ \boldsymbol{I}_{\mathrm{s-s}} = \boldsymbol{I}_{\mathrm{s-}\omega}\mathrm{e}^{\mathrm{j}\theta} \\ \boldsymbol{\varPhi}_{\mathrm{s-s}} = \boldsymbol{\varPhi}_{\mathrm{s-}\omega}\mathrm{e}^{\mathrm{j}\theta} \end{cases} \tag{5-18}$$

转子矢量在转子坐标系定义，将其变换到定子坐标系，得

$$\begin{cases} \boldsymbol{I}_{\mathrm{r-s}} = \boldsymbol{I}_{\mathrm{r-r}}\mathrm{c}^{\mathrm{j}\theta_{\mathrm{r}}} \\ \boldsymbol{\varPhi}_{\mathrm{r-s}} = \boldsymbol{\varPhi}_{\mathrm{r-r}}\mathrm{e}^{\mathrm{j}\theta_{\mathrm{r}}} \end{cases} \tag{5-19}$$

式中，θ_{r} 为转子相对静止坐标系的夹角。它与 ω 坐标系定义的转子电流矢量关系又可表示为

$$\begin{cases} \boldsymbol{I}_{\mathrm{r-s}} = \boldsymbol{I}_{\mathrm{r-}\omega}\mathrm{e}^{\mathrm{j}\theta} \\ \boldsymbol{\varPhi}_{\mathrm{r-s}} = \boldsymbol{\varPhi}_{\mathrm{r-}\omega}\mathrm{e}^{\mathrm{j}\theta} \end{cases} \tag{5-20}$$

联立式（5-19）、式（5-20），得

$$\begin{cases} \boldsymbol{I}_{\mathrm{r-r}} = \boldsymbol{I}_{\mathrm{r-}\omega}\mathrm{e}^{\mathrm{j}(\theta-\theta_{\mathrm{r}})t} \\ \boldsymbol{\varPhi}_{\mathrm{r-r}} = \boldsymbol{\varPhi}_{\mathrm{r-}\omega}\mathrm{e}^{\mathrm{j}(\theta-\theta_{\mathrm{r}})t} \end{cases} \tag{5-21}$$

将式（5-18）、式（5-21）代入式（5-16）得

$$\begin{cases} \boldsymbol{V}_{\mathrm{s-}\omega} = \boldsymbol{I}_{\mathrm{s-}\omega}R_{\mathrm{s}} + \dfrac{\mathrm{d}\boldsymbol{\varPhi}_{\mathrm{s-}\omega}}{\mathrm{d}t} + \mathrm{j}\dfrac{\mathrm{d}\theta}{\mathrm{d}t}\boldsymbol{\varPhi}_{\mathrm{s-}\omega} \\[2mm] \boldsymbol{\varPhi}_{\mathrm{s-}\omega} = L_{\mathrm{s}}\boldsymbol{I}_{\mathrm{s-}\omega} + L_{\mathrm{m}}\boldsymbol{I}_{\mathrm{r-}\omega} \\[2mm] \boldsymbol{\varPhi}_{\mathrm{r-}\omega} = L_{\mathrm{m}}\boldsymbol{I}_{\mathrm{s-}\omega} + L_{\mathrm{r}}\boldsymbol{I}_{\mathrm{r-}\omega} \\[2mm] 0 = \boldsymbol{I}_{\mathrm{r-}\omega}R_{\mathrm{r}} + \dfrac{\mathrm{d}\boldsymbol{\varPhi}_{\mathrm{r-}\omega}}{\mathrm{d}t} + \mathrm{j}\left(\dfrac{\mathrm{d}\theta}{\mathrm{d}t} - \dfrac{\mathrm{d}\theta_{\mathrm{r}}}{\mathrm{d}t}\right)\boldsymbol{\varPhi}_{\mathrm{r-}\omega} \end{cases} \tag{5-22}$$

若考虑定义

$$\begin{cases} \omega \triangleq \dfrac{\mathrm{d}\theta}{\mathrm{d}t} \\[3mm] \omega_{\mathrm{r}} \triangleq \dfrac{\mathrm{d}\theta_{\mathrm{r}}}{\mathrm{d}t} \end{cases} \tag{5-23}$$

去掉 ω 坐标系下标，由式（5-22）、式（5-23）可得任意同步坐标系下的电机方程为

$$\begin{cases} \boldsymbol{V}_{\mathrm{s}} = \boldsymbol{I}_{\mathrm{s}}R_{\mathrm{s}} + \dfrac{\mathrm{d}\boldsymbol{\varPhi}_{\mathrm{s}}}{\mathrm{d}t} + \mathrm{j}\omega\boldsymbol{\varPhi}_{\mathrm{s}} \\[2mm] \boldsymbol{\varPhi}_{\mathrm{s}} = L_{\mathrm{s}}\boldsymbol{I}_{\mathrm{s}} + L_{\mathrm{m}}\boldsymbol{I}_{\mathrm{r}} \\[2mm] \boldsymbol{\varPhi}_{\mathrm{r}} = L_{\mathrm{m}}\boldsymbol{I}_{\mathrm{s}} + L_{\mathrm{r}}\boldsymbol{I}_{\mathrm{r}} \\[2mm] 0 = \boldsymbol{I}_{\mathrm{r}}R_{\mathrm{r}} + \dfrac{\mathrm{d}\boldsymbol{\varPhi}_{\mathrm{r}}}{\mathrm{d}t} + \mathrm{j}\Delta\omega\boldsymbol{\varPhi}_{\mathrm{r}} \end{cases} \tag{5-24}$$

其中，前两式为电机定子侧方程，后两式为转子侧方程，且

$$\Delta\omega \triangleq \omega - \omega_{\mathrm{r}} \tag{5-25}$$

以上为异步电机在同步坐标系的动态方程。需要注意的是，电机方程只有在 ω 与 ω_{r} 均为常数时才表现为线性定常系统，方可用传递函数来表征，否则为线性时变系统，不存在传递函数。因此，分析电机动态尽量采用微分方程形式，避免因时变系数造成错误结果。

5.4　电磁转矩

电机动态转矩定义在定子电流矢量与转子电流矢量之间产生[78,79]，可表示为

$$T_e = \frac{3}{2} p_n L_m \boldsymbol{I}_s \otimes \boldsymbol{I}_r = \frac{3}{2} p_n L_m |\boldsymbol{I}_s| \times |\boldsymbol{I}_r| \sin\theta_{sr} = \frac{3}{2} p_n L_m (x_2 x_3 - x_1 x_4) \qquad (5\text{-}26)$$

式中，p_n 为电机极对数；θ_{sr} 为定、转子电流矢量之间的夹角；$\boldsymbol{I}_s$、$\boldsymbol{I}_r$ 为定、转子电流矢量，且

$$\begin{cases} \boldsymbol{I}_s \triangleq x_1 + j x_2 \\ \boldsymbol{I}_r \triangleq x_3 + j x_4 \end{cases}$$

考虑磁链矢量与电流矢量的关系，做如下矢量叉积变换，有

$$\overline{\boldsymbol{\Phi}}_s \otimes \overline{\boldsymbol{\Phi}}_r = (L_s \overline{\boldsymbol{I}}_s + L_m \overline{\boldsymbol{I}}_r) \otimes (L_m \overline{\boldsymbol{I}}_s + L_r \overline{\boldsymbol{I}}_r) = L_s L_r \overline{\boldsymbol{I}}_s \otimes \overline{\boldsymbol{I}}_r + L_m L_m \overline{\boldsymbol{I}}_r \otimes \overline{\boldsymbol{I}}_s = (L_s L_r - L_m L_m) \overline{\boldsymbol{I}}_s \otimes \overline{\boldsymbol{I}}_r$$

代入式（5-26）得转矩方程为

$$T_e = \frac{3 p_n}{2} \frac{L_m}{L_s L_r - L_m L_m} \boldsymbol{\Phi}_s \otimes \boldsymbol{\Phi}_r = \frac{3 p_n}{2} \frac{L_m}{L_s L_r - L_m L_m} (\boldsymbol{\Phi}_2 \boldsymbol{\Phi}_3 - \boldsymbol{\Phi}_1 \boldsymbol{\Phi}_4) \qquad (5\text{-}27)$$

其中

$$\begin{cases} \boldsymbol{\Phi}_s \triangleq \Phi_1 + j \Phi_2 \\ \boldsymbol{\Phi}_r \triangleq \Phi_3 + j \Phi_4 \end{cases}$$

同理，根据电机方程，用定子磁链矢量或用转子磁链矢量代替转子电流矢量，根据矢量叉积分配律及交换律，动态电磁转矩还可以表示为

$$T_e = \frac{3 p_n L_m}{2} \boldsymbol{I}_s \otimes \left(\frac{\boldsymbol{\Phi}_s}{L_m} - \frac{L_s}{L_m} \boldsymbol{I}_s \right) = \frac{3 p_n}{2} \boldsymbol{I}_s \otimes \boldsymbol{\Phi}_s = \frac{3 p_n L_m}{2 L_r} \boldsymbol{I}_s \otimes \boldsymbol{\Phi}_r \qquad (5\text{-}28)$$

由前两式可知：电磁转矩既可在定、转子电流矢量间生成，也可在定子电流与定子磁链矢量间生成，还可在定子电流与转子磁链矢量间生成，且电磁转矩与两个矢量的相对夹角有关，"与所选择的参考坐标系无关"。

由物理学得知电机运动方程为

$$\begin{cases} \dfrac{d\omega_m}{dt} = \dfrac{T_e - T_L}{J} \\ \omega_m = \omega_r / p_n \end{cases} \qquad (5\text{-}29)$$

式中，T_e 为电磁转矩；ω_m 为机械角频率；ω_r 为电气角频率；J 为转动惯量。

5.5　电机模型与仿真

5.5.1　静止坐标系电机动态模型

令 $\omega = 0$，由式（5-24）得静止坐标系电机动态方程为

$$\begin{cases} \boldsymbol{V}_s = \boldsymbol{I}_s R_s + \dfrac{\mathrm{d}\boldsymbol{\Phi}_s}{\mathrm{d}t} \\[2mm] \boldsymbol{\Phi}_s = L_s \boldsymbol{I}_s + L_m \boldsymbol{I}_r \\[2mm] \boldsymbol{\Phi}_r = L_m \boldsymbol{I}_s + L_r \boldsymbol{I}_r \\[2mm] 0 = \boldsymbol{I}_r R_r + \dfrac{\mathrm{d}\boldsymbol{\Phi}_r}{\mathrm{d}t} - \mathrm{j}\omega_r \boldsymbol{\Phi}_r \end{cases} \tag{5-30}$$

考虑各矢量直角坐标系形式

$$\begin{cases} \boldsymbol{V}_s = V_{s\alpha} + \mathrm{j}V_{s\beta} \\[2mm] \boldsymbol{I}_s = I_{s\alpha} + \mathrm{j}I_{s\beta} = x_1 + \mathrm{j}x_2 \\[2mm] \boldsymbol{I}_r = I_{r\alpha} + \mathrm{j}I_{r\beta} = x_3 + \mathrm{j}x_4 \end{cases}$$

式（5-30）中消去定、转子磁链得

$$\begin{cases} \boldsymbol{V}_s = \boldsymbol{I}_s R_s + L_s \dfrac{\mathrm{d}\boldsymbol{I}_s}{\mathrm{d}t} + L_m \dfrac{\mathrm{d}\boldsymbol{I}_r}{\mathrm{d}t} \\[3mm] 0 = \boldsymbol{I}_r R_r + L_m \dfrac{\mathrm{d}\boldsymbol{I}_s}{\mathrm{d}t} + L_r \dfrac{\mathrm{d}\boldsymbol{I}_r}{\mathrm{d}t} - \mathrm{j}\omega_r L_m \boldsymbol{I}_s - \mathrm{j}\omega_r L_r \boldsymbol{I}_r \end{cases}$$

代入各矢量的分量形式，整理并比较实部、虚部得

$$\begin{cases} V_{s\alpha} = R_s x_1 + L_s \dot{x}_1 + L_m \dot{x}_3 \\[2mm] V_{s\beta} = R_s x_2 + L_s \dot{x}_2 + L_m \dot{x}_4 \\[2mm] 0 = L_m \dot{x}_1 + \omega_r L_m x_2 + R_r x_3 + L_r \dot{x}_3 + \omega_r L_r x_4 \\[2mm] 0 = -\omega_r L_m x_1 + L_m \dot{x}_2 - \omega_r L_r x_3 + R_r x_4 + L_r \dot{x}_4 \end{cases} \tag{5-31}$$

可见，异步电机表现为"线性时变系统"。当转速 ω_r 为常数时表现为线性定常系统。化简式（5-31）并考虑前文的电机运动方程，可得定子坐标系异步电机状态方程为

$$\begin{cases} L_x \triangleq \dfrac{L_s L_r - L_m^2}{L_m}; \ K_x \triangleq \dfrac{L_x + L_m}{L_s L_x} \\[3mm] \dot{x}_1 = -K_x R_s x_1 + \dfrac{\omega_r L_m x_2}{L_x} + \dfrac{R_r x_3}{L_x} + \dfrac{\omega_r L_r x_4}{L_x} + K_x V_{s\alpha} \\[3mm] \dot{x}_2 = -\dfrac{\omega_r L_m x_1}{L_x} - K_x R_s x_2 - \dfrac{\omega_r L_r x_3}{L_x} + \dfrac{R_r x_4}{L_x} + K_x V_{s\beta} \\[3mm] \dot{x}_3 = \dfrac{R_s x_1}{L_x} - \dfrac{\omega_r L_s x_2}{L_x} - \dfrac{L_s R_r x_3}{L_m L_x} - \dfrac{\omega_r L_s L_r x_4}{L_m L_x} - \dfrac{V_{s\alpha}}{L_x} \\[3mm] \dot{x}_4 = \dfrac{\omega_r L_s x_1}{L_x} + \dfrac{R_s x_2}{L_x} + \dfrac{\omega_r L_r L_s x_3}{L_m L_x} - \dfrac{L_s R_r x_4}{L_m L_x} - \dfrac{V_{s\beta}}{L_x} \\[3mm] T_e = \dfrac{3}{2} p_n L_m (x_2 x_3 - x_1 x_4) \\[3mm] \dot{\omega}_r = \dfrac{p_n}{J}(T - T_L) \end{cases} \tag{5-31a}$$

以上电机模型可用于仿真研究（仿真模型电机参数见第 6 章 6.9 节）。图 5-9 为模型定子纯正弦驱动，$T_L = 35\mathrm{N} \cdot \mathrm{m}$ 负载时的电机直接起动过程。

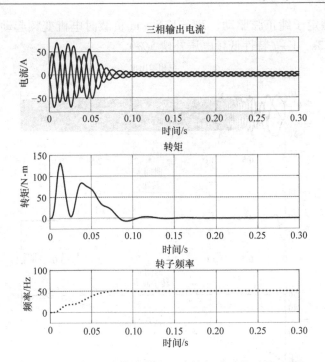

图 5-9　35N·m 负载时的电机直接起动过程（纯正弦）

可见，最大起动电流接近 80A，相当于额定电流 7 倍左右。

图 5-10 为模型定子纯正弦驱动，$T_L = 0$ 空载时的电机直接起动过程。

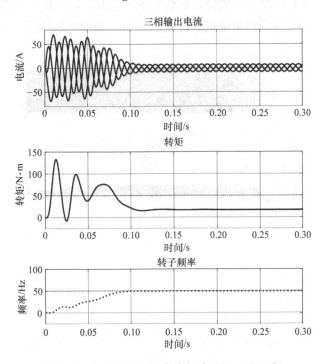

图 5-10　空载时的电机直接起动过程（纯正弦）

图 5-11 为模型定子纯正弦驱动，$T_L = 17\text{N} \cdot \text{m}$ 负载时电机变频起动的动态过程（0 ~ 50Hz，加速时间为 3s，$V - f$ 特性低频电压补偿 5%）。

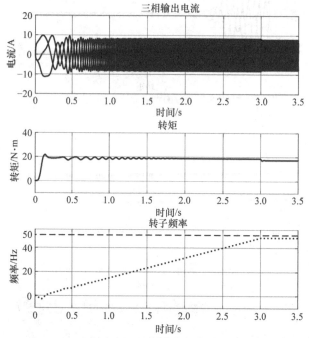

图 5-11　17N·m 负载电机变频起动过程（纯正弦）

可见，输出电流得到控制，电机稳态后转子频率略低于定子频率，即出现了转差频率。

图 5-12 为逆变器模型拖动模型电机，$T_L = 17\text{N} \cdot \text{m}$，低频电压补偿为 10% 时的仿真结果。

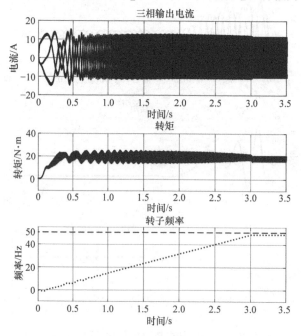

图 5-12　17N·m 负载逆变器变频起动仿真结果

图 5-13 给出了负载为 $T_L = 35N \cdot m$，低频电压补偿为 10% 时的变频起动仿真结果。

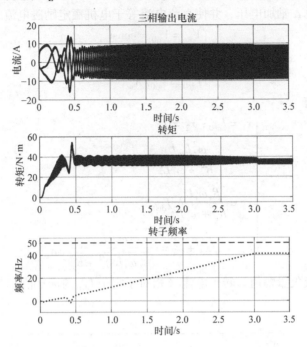

图 5-13　35N·m 负载逆变器变频起动仿真结果

可见，逆变器拖动非常接近理论正弦拖动的仿真结果。

5.5.2　定子施加直流电压的特性

定子施加恒定直流电压不会形成磁场旋转，故有制动效果，该模式称为直流制动模式。

1. 电流稳态响应特性

在静止坐标系，若定子电压施加直流，表明稳态时所有状态变量 $x_1 \sim x_4$ 均收敛于直流，令式（5-31）的导数项为零，此时的电机稳态方程为

$$
\begin{cases}
V_{s\alpha} = R_s x_1 \\
V_{s\beta} = R_s x_2 \\
0 = \omega_r L_m x_2 + R_r x_3 + \omega_r L_r x_4 \\
0 = R_r x_4 - \omega_r L_m x_1 - \omega_r L_r x_3
\end{cases}
$$

解方程组

$$
\begin{cases}
x_1 = \dfrac{V_{s\alpha}}{R_s}; \ x_2 = \dfrac{V_{s\beta}}{R_s} \\[2mm]
x_3 = -\dfrac{\omega_r L_m (R_r V_{s\beta} + \omega_r L_r V_{s\alpha})}{R_s (R_r^2 + \omega_r^2 L_r^2)} \\[2mm]
x_4 = \dfrac{\omega_r L_m (R_r V_{s\alpha} - \omega_r L_r V_{s\beta})}{R_s (R_r^2 + \omega_r^2 L_r^2)}
\end{cases}
\tag{5-32}
$$

可见，稳态时定、转子电流均为直流量。

需要注意的是，动态过程为四阶微分方程，很难解析，只能通过状态方程进行仿真。

特别地，若只对 α 轴加电压，并使直流电流等于电机额定励磁电流幅值，即

$$\begin{cases} V_{s\alpha} = V_{\alpha 0} = \text{const} \\ V_{s\beta} = 0 \\ I_{dc0} \triangleq V_{\alpha 0}/R_s \end{cases}$$

则代入式（5-32）有

$$\begin{cases} x_1 = I_{dc0}; \ x_2 = 0 \\ x_3 = -\dfrac{\omega_r^2 L_m L_r}{R_r^2 + \omega_r^2 L_r^2} I_{dc0} \\ x_4 = \dfrac{R_r \omega_r L_m}{R_r^2 + \omega_r^2 L_r^2} I_{dc0} \\ I_{rm} = \sqrt{x_3^2 + x_4^2} = \dfrac{|\omega_r| L_m}{\sqrt{(\omega_r L_r)^2 + R_r^2}} I_{dc0} \end{cases} \tag{5-33}$$

式中，I_{rm} 为转子电流矢量幅值。转子电流（相对于定子 I_{dc0} 的标幺值）与转速的关系曲线如图 5-14 所示。

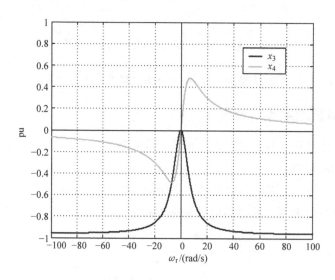

图 5-14　转子电流与转速的关系曲线

由图 5-14 可知，稳态时，转子电流分量的幅值不会超过定子直流电流（I_{dc0}），当转速较高时，有

$$I_{rm} \approx \frac{L_m I_{dc0}}{L_r} \approx I_{dc0}$$

可见，转子电流与定子电流水平相当。

图 5-15 给出的是理论空载、转子频率为 25Hz（0.5pu）、定子施加直流电压 $V_{\alpha 0} = I_{dc0} R_s = 7V$（$I_{dc0} = 4.67A$ 为额定励磁电流，$R_s = 1.5\Omega$）、转子无剩磁时的定子电流的动态仿真。

由图 5-15 可知，只要定子电压合适，定子电流波动不大，不会产生过电流。

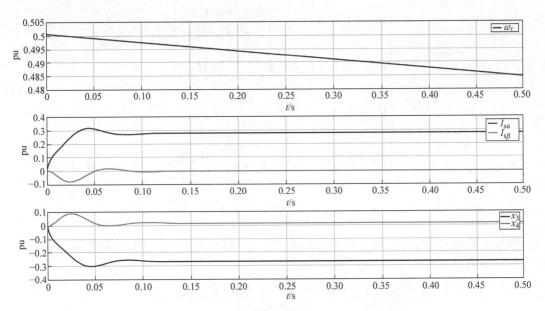

图 5-15　定子加直流，转子无剩磁时的定子电流动态仿真

图 5-16 为转子有剩磁 $[x_3(0)=4.67\mathrm{A}, x_4(0)=0\mathrm{A}]$ 时，转子频率为 $25\mathrm{Hz}$，定子加直流电压上述电压时的电流动态仿真波形。

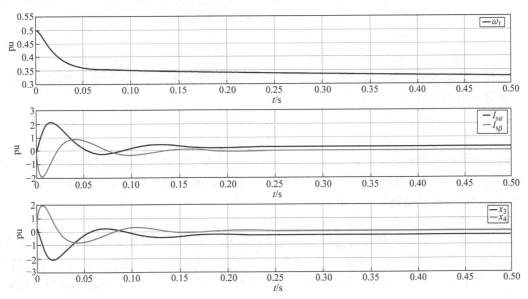

图 5-16　定子加直流，转子有剩磁时的定子电流动态仿真

由图 5-16 可知，当转子存在残余电流时，定子施加直流电压（包括零电压），定子电流动态响应的交流波动随转速提高而增大，最大可达到 5~8 倍，相当于直接起动时的电流水平。

2. 磁链稳态特性

在定子坐标系电机定、转子磁链方程可表示为

$$\begin{cases} \varPhi_{s\alpha} = L_s x_1 + L_m x_3 = \left(\dfrac{R_r^2 L_s + \omega_r^2 L_r^2 L_\sigma^*}{R_r^2 + \omega_r^2 L_r^2} \right) I_{dc0} \\[4mm] \varPhi_{s\beta} = L_s x_2 + L_m x_4 = \left(\dfrac{R_r \omega_r L_m^2}{R_r^2 + \omega_r^2 L_r^2} \right) I_{dc0} \\[4mm] \varPhi_{r\alpha} = L_m x_1 + L_r x_3 = \dfrac{R_r^2}{R_r^2 + \omega_r^2 L_r^2} L_m I_{dc0} \\[4mm] \varPhi_{r\beta} = L_m x_2 + L_r x_4 = \left(\dfrac{R_r \omega_r L_r}{R_r^2 + \omega_r^2 L_r^2} \right) L_m I_{dc0} \end{cases} \tag{5-34}$$

其中

$$L_\sigma^* = \frac{L_s L_r - L_m^2}{L_r} \tag{5-35}$$

可见，转速为正时定、转子磁链均在第一象限，转速为负时稳定在第四象限。

磁链幅值与相位可进一步表示为

$$\begin{cases} \varPhi_s = \left(\dfrac{\sqrt{(R_r^2 L_s + \omega_r^2 L_r^2 L_\sigma^*)^2 + (R_r \omega_r L_m^2)^2}}{R_r^2 + \omega_r^2 L_r^2} I_{dc0} \right. \\[4mm] \theta_s = \arctan\left(\dfrac{R_r \omega_r L_m^2}{R_r^2 L_s + \omega_r^2 L_r^2 L_\sigma^*} \right) \\[4mm] \varPhi_r = \sqrt{\varPhi_{r\alpha}^2 + \varPhi_{r\beta}^2} = \dfrac{R_r L_m I_{dc0}}{\sqrt{R_r^2 + \omega_r^2 L_r^2}} \\[4mm] \theta_e = \arctan\left(\dfrac{\omega_r L_r}{R_r} \right) \end{cases} \tag{5-36}$$

可见，转速越高，磁链幅值越小，且转子磁链角单调收敛，而定子磁链角存在一个最大值，求导可得最大值为

$$\omega_{r\alpha} = \frac{R_r}{L_r} \sqrt{\frac{L_s}{L_\sigma^*}}$$

对一般电机其漏感占互感的 $2\% \sim 5\%$，$R_r / \omega_r L_m$ 也在 2% 左右，故此时的磁链幅值为额定磁链的 $2\% \sim 5\%$，远低于额定磁场。为建立尽可能高的磁场，只能加大直流电流，这一点在飞车起动直流预励磁时非常重要。

按仿真模型电机参数绘制磁链角与转子角频率的关系曲线，如图 5-17 所示。

可见，定子加直流时稳态时磁链角相对纵轴对称，定转子磁链角差随转速增高而加大，转速为正时，角度收敛于第一象限（$0 \sim \pi/2$），定子磁链角滞后转子磁链，从而产生负转矩制，形成制动力；转速为负时，角度收敛于第四象限（$-\pi/2 \sim 0$），定子磁链超前转子磁链，产生正转矩，也相当于制动力。

图 5-18 为定、转子磁链幅值标幺值（额定励磁为基值）与转子角频率的关系曲线。

可见，若电机有残余速度，定子按励磁电流水平施加直流电流磁场会被弱化，只有在电机静止时才能达到额定磁场。

5.5.3 定子注入直流电流时的特性

静止坐标异步电机系的转子方程可表示为

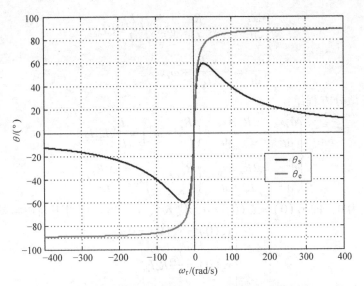

图 5-17　磁链角与转子角频率的关系曲线

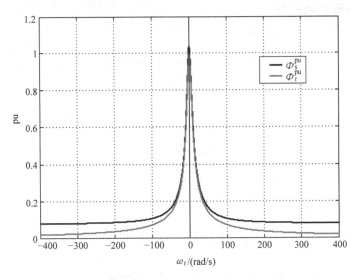

图 5-18　定、转子磁链幅值标幺值与转子角频率的关系曲线

$$\begin{cases} 0 = \bar{\boldsymbol{I}}_r R_r + \dfrac{d\boldsymbol{\Phi}_r}{dt} - j\omega_r \boldsymbol{\Phi}_r \\ \boldsymbol{\Phi}_r = L_m \boldsymbol{I}_s + L_r \boldsymbol{I}_r \end{cases} \tag{5-37}$$

或

$$\frac{d\boldsymbol{\Phi}_r}{dt} + \frac{R_r}{L_r}\boldsymbol{\Phi}_r - j\omega_r \boldsymbol{\Phi}_r = \frac{R_r L_m}{L_r} \boldsymbol{I}_s$$

令

$$\begin{cases} \boldsymbol{\Phi}_r = x_5 + jx_6 \\ \boldsymbol{I}_s = I_{dc} + j0 \end{cases}$$

代入式（5-37）得状态方程为

$$\begin{cases} \dfrac{\mathrm{d}x_5}{\mathrm{d}t} = -x_5\dfrac{R_r}{L_r} - \omega_r x_6 + \dfrac{L_m}{L_r}R_r I_{dc} \\ \dfrac{\mathrm{d}x_6}{\mathrm{d}t} = -\dfrac{x_6 R_r}{L_r} + \omega_r x_5 \end{cases} \tag{5-38}$$

转化为以下二阶微分方程组：

$$\begin{cases} \dfrac{\mathrm{d}^2 x_5}{\mathrm{d}t^2} + \dfrac{2R_r}{L_r}\dfrac{\mathrm{d}x_5}{\mathrm{d}t} + \left(\dfrac{R_r^2}{L_r^2} + \omega_r^2\right) = \dfrac{R_r^2}{L_r^2}L_m I_{dc} \\ \dfrac{\mathrm{d}^2 x_6}{\mathrm{d}t^2} + \dfrac{2R_r}{L_r}\dfrac{\mathrm{d}x_6}{\mathrm{d}t} + \left(\dfrac{R_r^2}{L_r^2} + \omega_r^2\right)x_6 = \dfrac{\omega_r R_r}{L_r}L_m I_{dc} \end{cases}$$

若初始磁链为0，即 $x_5(0) = x_6(0) = 0$，代入式（5-38）可得下列初始条件：

$$\begin{cases} x_5(0) = x_6(0) = 0 \\ \dot{x}_5(0) = \dfrac{L_m}{L_r}R_r I_{dc} \\ \dot{x}_6(0) = 0 \end{cases}$$

求以上动态微分方程的通解为

$$\begin{cases} T_r = L_r/R_r \\ x_5 = \mathrm{e}^{-\frac{t}{T_r}}(C_1\cos\omega_r t + C_2\sin\omega_r t) + C_3 \\ x_6 = \mathrm{e}^{-\frac{t}{T_r}}(C_4\cos\omega_r t + C_5\sin\omega_r t) + C_6 \end{cases} \tag{5-39}$$

式中

$$\begin{cases} C_1 = -\dfrac{R_r^2}{R_r^2 + \omega_r^2 L_r^2}L_m I_{dc} \\ C_2 = \dfrac{\omega_r L_r R_r}{R_r^2 + \omega_r^2 L_r^2}L_m I_{dc} \\ C_3 = \dfrac{R_r^2}{R_r^2 + \omega_r^2 L_r^2}L_m I_{dc} = -C_1 \\ C_4 = -\dfrac{\omega_r L_r R_r}{R_r^2 + \omega_r^2 L_r^2}L_m I_{dc} = -C_2 \\ C_5 = -\dfrac{R_r^2}{R_r^2 + \omega_r^2 L_r^2}L_m I_{dc} = -C_3 = C_1 \\ C_6 = \dfrac{\omega_r L_r R_r}{R_r^2 + \omega_r^2 L_r^2}L_m I_{dc} = C_2 \end{cases} \tag{5-39a}$$

图 5-19 给出了电机频率不变（$f_r = 25\,\mathrm{Hz}$）时定子注入直流电流时的转子磁链轨迹。其中轨迹的收敛点对应稳态磁链。

可见，转子磁链轨迹始终处于第一象限，且表现为圆心偏离坐标原点的衰减圆形轨迹（圆的渐开线），其旋转速度为电机当前速度。利用电机观测器可观测到 x_5、x_6，可求取电机速度，即

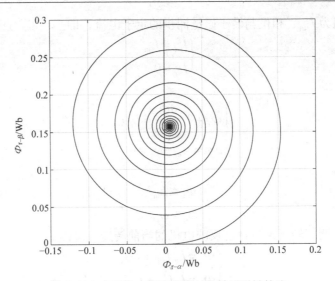

图 5-19　定子注入直流电流时的转子磁链轨迹

$$\begin{cases} \theta_e = \arctan(x_6/x_5) \\ \omega_r = \omega_e = \dfrac{\mathrm{d}\theta_e}{\mathrm{d}t} \end{cases} \tag{5-40}$$

作为特例，当 $I_{dc}=0$ 时，式（5-38）的状态方程可变为

$$\begin{cases} \dfrac{\mathrm{d}x_5}{\mathrm{d}t} = -x_5\dfrac{R_r}{L_r} - \omega_r x_6 \\ \dfrac{\mathrm{d}x_6}{\mathrm{d}t} = -\dfrac{x_6 R_r}{L_r} + \omega_r x_5 \end{cases}$$

微分方程的通解为

$$\begin{cases} T_r = L_r/R_r \\ x_5 = \mathrm{e}^{-\frac{t}{T_r}}\big[x_5(0)\cos\omega_r t - x_6(0)\sin\omega_r t\big] \\ x_6 = \mathrm{e}^{-\frac{t}{T_r}}\big[x_6(0)\cos\omega_r t + x_5(0)\sin\omega_r t\big] \end{cases}$$

式中，$x_5(0)$、$x_6(0)$ 为转子磁链初值。

可见，若转子有剩磁，则磁场表现为从初值按转子时间常数指数衰减正弦响应，且正弦频率为当前电机转速。或者说，转子的剩磁可通过向电机定子注入零电流予以激发，这一点在飞车起动时很有意义。

向电机定子注入直流电流可采取动态电流控制方法实现（参考第 7 章 7.10 节）。

5.5.4　按转子磁链定向注入定子电流

令 $\omega=\omega_e$，由式（5-24）可得转子磁链坐标系电机方程（参考第 6 章 6.1 节）为

$$\begin{cases} \Phi_r + T_r\dfrac{\mathrm{d}\Phi_r}{\mathrm{d}t} = L_m I_{sd} \\ \Delta\omega = \dfrac{L_m I_{sq}}{T_r \Phi_r} \end{cases} \tag{5-41}$$

若向电机注入幅值为 I_{sm}、相位与转子磁链同步的定子电流，即

$$\begin{cases} I_{sd} = I_{sm} \\ I_{sq} = 0 \end{cases}$$

代入式（5-41），得

$$\begin{cases} \Phi_r + T_r \dfrac{\mathrm{d}\Phi_r}{\mathrm{d}t} = L_m I_{sm} \\ \Delta\omega = \omega_e - \omega_r = 0 \end{cases} \qquad (5\text{-}42)$$

显然有

$$\begin{cases} \Phi_r \leqslant L_m I_{sm} \\ \omega_e = \omega_r \end{cases} \qquad (5\text{-}43)$$

式（5-43）表明，转子磁链速度反映电机的当前转速。又因为

$$\begin{cases} \boldsymbol{\Phi}_r = L_m \boldsymbol{I}_{sm} + L_r \boldsymbol{I}_r \\ \boldsymbol{\Phi}_s = L_s \boldsymbol{I}_{sm} + L_m \boldsymbol{I}_r \end{cases} \qquad (5\text{-}44)$$

由式（5-43）、式（5-44）得

$$\begin{cases} \boldsymbol{I}_r = \dfrac{\boldsymbol{\Phi}_r - L_m \boldsymbol{I}_{sm}}{L_r} \leqslant 0 \\ \boldsymbol{\Phi}_s = L_s \boldsymbol{I}_{sm} + \dfrac{L_m}{L_r}(\boldsymbol{\Phi}_r - L_m \boldsymbol{I}_{sm}) = \dfrac{L_m}{L_r}\boldsymbol{\Phi}_r + L_\sigma^* \boldsymbol{I}_{sm} \end{cases}$$

可见，按转子磁链角向定子注入幅值恒定的交流电流时，转差恒定为零，即转子磁链、定子磁链及定子电流均为正实数，表明三者动态保持同相位，且旋转速度均等于电机转速（转子电流为负实数，与前三者成反相位），利用这一特点可实现无速度传感器条件下的电机飞车起动。

5.5.5 逆变器封锁后电机状态分析

1. 断电后定子电流的衰减过程

由于逆变器的逆导二极管的整流作用和直流电容的存在，使 $t = 0^-$ 时刻定子漏感能量将被迅速吸收。以定子 A 相绕组中形成动态方程为例说明，其他相绕组情形类似。动态方程为

$$-\frac{2}{3}V_{dc} = I_a R_s + L_s \frac{\mathrm{d}I_a}{\mathrm{d}t} + L_m \frac{\mathrm{d}I_{r\text{-}s}}{\mathrm{d}t}$$

因转子时间常数一般较大，故转子电流变化率很小，忽略最后一项，定子电流规律演变为以定子全时间常数和直流电压强迫条件下的指数衰减过程，直到定子能量（漏感和自感能量）消耗完毕为止。以 7.5kW 异步电机 $I_a(0) = 20A$，$V_{dc} = 540V$，$R_s = 1\Omega$，$L_s = 100mH$ 为例，定子电流衰减规律可近似描述为

$$\frac{\mathrm{d}I_a}{\mathrm{d}t} \approx \frac{2}{3L_s}V_{dc}$$

实验表明：20A 定子电流约在 4ms 内即可衰减到零。

2. 定子开路电压的变化规律

令 $\omega = \omega_r$，由式（5-24）可得转子定向电机模型为

$$\begin{cases} V_s = I_s R_s + \dfrac{\mathrm{d}\pmb{\Phi}_s}{\mathrm{d}t} + \mathrm{j}\omega_r\pmb{\Phi}_s \\[2mm] 0 = I_r R_r + \dfrac{\mathrm{d}\pmb{\Phi}_r}{\mathrm{d}t} \\[2mm] \pmb{\Phi}_s = L_s I_s + L_m I_r \\[2mm] \pmb{\Phi}_r = L_m I_s + L_r I_r \end{cases} \tag{5-45}$$

考虑定子电流为 0,则式(5-45)变为

$$\begin{cases} V_s = \mathrm{d}\pmb{\Phi}_s/\mathrm{d}t + \mathrm{j}\omega_r\pmb{\Phi}_s \\ 0 = I_r R_r + \mathrm{d}\pmb{\Phi}_r/\mathrm{d}t \\ \pmb{\Phi}_s = L_m I_r \\ \pmb{\Phi}_r = L_r I_r \end{cases}$$

消去磁链矢量并考虑转子电流分量形式得

$$\begin{cases} V_s = L_m(\mathrm{d}I_r/\mathrm{d}t) + \mathrm{j}\omega_r L_m I_r \\ 0 = R_r I_r + L_r(\mathrm{d}I_r/\mathrm{d}t) \\ I_r = x_3 + \mathrm{j}x_4 \end{cases}$$

写成分量表达式为

$$\begin{cases} V_s = L_m\dfrac{\mathrm{d}x_3}{\mathrm{d}t} - \omega_r L_m x_4 + \mathrm{j}\left(\omega_r L_m x_3 + L_m\dfrac{\mathrm{d}x_4}{\mathrm{d}t}\right) \\[2mm] 0 = R_r x_3 + L_r\dfrac{\mathrm{d}x_3}{\mathrm{d}t} + \mathrm{j}\left(R_r x_4 + L_r\dfrac{\mathrm{d}x_4}{\mathrm{d}t}\right) \end{cases} \tag{5-46}$$

转子电流表现为一阶线性惯性环节,其动态解为

$$\begin{cases} x_3 = x_3(0)\mathrm{e}^{-t/T_r};\ x_4 = x_4(0)\mathrm{e}^{-t/T_r} \\ I_{rm}(0) = \sqrt{x_3(0)^2 + x_4(0)^2} \\ I_{rm} = I_{rm}(0)\mathrm{e}^{-t/T_r} \end{cases}$$

式中,$x_3(0)$、$x_4(0)$ 分别为转子电流 d 轴、q 轴分量的初值;I_{rm} 为转子电流幅值。

代入式(5-46)化简得

$$V_s = -\frac{L_m}{T_r}x_3(0)\mathrm{e}^{-t/T_r} - \omega_r L_m x_4(0)\mathrm{e}^{-t/T_r} + \mathrm{j}\left[\omega_r L_m x_3(0)\mathrm{e}^{-\frac{t}{T_r}} - \frac{L_m}{T_r}x_4(0)\mathrm{e}^{-\frac{t}{T_r}}\right]$$

$$= \{-x_3(0) - \omega_r T_r x_4(0) + \mathrm{j}[\omega_r T_r x_3(0) - x_4(0)]\}\frac{L_m}{T_r}\mathrm{e}^{-\frac{t}{T_r}} = V_{sm}\mathrm{e}^{\mathrm{j}\gamma}$$

其中

$$\begin{cases} V_{sm} = \left(\dfrac{L_m}{T_r}\sqrt{x_3(0)^2 + x_4(0)^2}\sqrt{1+(\omega_r T_r)^2}\right)\mathrm{e}^{-\frac{t}{T_r}} = \left(\dfrac{L_m}{T_r}I_{rm}(0)\sqrt{1+(\omega_r T_r^2)}\right)\mathrm{e}^{-\frac{t}{T_r}} \\[3mm] \gamma = \arctan\left[\dfrac{x_4(0) - \omega_r T_r x_3(0)}{x_3(0) + \omega_r T_r x_4(0)}\right] \end{cases}$$

$$\tag{5-47}$$

式中,V_{sm} 为定子电压矢量幅值;γ 为相位。

可见,定子电压幅值与转子电流均服从以转子时间常数衰减的指数规律。当电机转速较高时,$\omega_r T_r \gg 1$,式(5-47)有

$$V_{sm} = \left(\frac{L_m}{T_r} I_{rm}(0) \sqrt{1 + (\omega_r T_r)^2}\right) e^{-\frac{t}{T_r}} \approx \omega_r L_m I_{rm}(0) e^{-\frac{t}{T_r}}$$

对于仿真模型电机，假设额定励磁电流为 4.67A，若 $x_3(0) = 4.67A$，$x_4(0) = 0$，$\omega_r = 314rad/s$，$L_r = 214mH$，$L_m = 0.206mH$，逆变器封锁后定子最大发电电压幅值为

$$V_{sm}(0) \approx 314 \times 0.206 \times 4.67V = 302V$$

可见，断电后转了剩磁所产生的最高定子电压略低于电机额定电压（311V）。

若再将转子坐标系电压矢量变换到定子坐标系，有

$$V_{s-s} = V_s e^{j\omega_r t} = V_{sm} e^{j(\gamma + \omega_r t)}$$

可见，在定子坐标系，定子电压包络线按转子时间常数衰减，且定子电压频率为转子实际频率。该结论可支持硬件电压检测的转子时间常数测量及电机的飞车起动。

图 5-20 给出了 5.5kW 冷态空载电机定子突然断电后定子开路电压的变化规律。

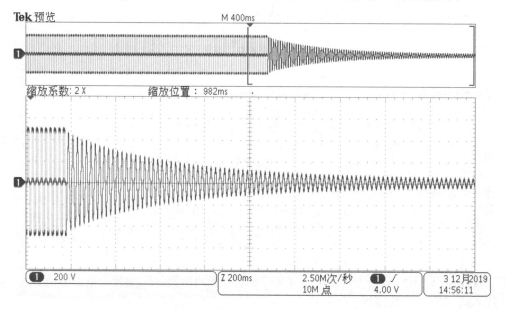

图 5-20　电机定子突然断电后定子开路电压的变化规律

可见，输出电压包络线按转子时间常数指数衰减，观测转子时间常数 $T_r \approx 400ms$。

3. 电机剩磁估计

因逆变器封锁期间电压信息丢失，可采用速度 – 电流模型估计剩磁的变化规律。对无传感器系统，只能估算出剩磁幅值，无法得到剩磁的相位。

逆变器封锁期间，剩磁按转子时间常数指数衰减，3 个转子时间常数（$3T_r$）时间内可衰减到初始磁链的 4.9%（$e^{-3} = 0.049$），通常认为有剩磁，大于 $3T_r$ 可认为无剩磁。

5.6　按定子电压矢量定向的电机模型

VF 模式变频调速中的节能控制、速度搜索、无电跨越及振荡抑制等功能的实现均建立定子电压矢量定向模型基础之上。以下给出电压矢量定向下的电机模型及电流特征分析。

将同步坐标系按电压矢量定向，根据式（5-24）可得异步电机模型为

$$\begin{cases} V_{sm} = V_{sm} = I_s R_s + \dfrac{\mathrm{d}\boldsymbol{\Phi}_s}{\mathrm{d}t} + \mathrm{j}\omega\boldsymbol{\Phi}_s \\[2mm] \boldsymbol{\Phi}_s = L_s I_s + L_m I_r \\[2mm] \boldsymbol{\Phi}_r = L_m I_s + L_r I_r \\[2mm] 0 = I_r R_r + \dfrac{\mathrm{d}\boldsymbol{\Phi}_r}{\mathrm{d}t} + \mathrm{j}(\omega - \omega_r)\boldsymbol{\Phi}_r \end{cases} \tag{5-48}$$

式中，V_{sm} 为电压矢量幅值（实数）；ω 为定子电压频率。

式（5-48）消去定、转子磁链变量有

$$\begin{cases} V_{sm} = I_s R_s + L_s \dfrac{\mathrm{d}I_s}{\mathrm{d}t} + \mathrm{j}\omega L_s I_s + L_m \dfrac{\mathrm{d}I_r}{\mathrm{d}t} + \mathrm{j}\omega L_m I_r \\[3mm] 0 = L_m \dfrac{\mathrm{d}I_s}{\mathrm{d}t} + \mathrm{j}\Delta\omega L_m I_s + I_r R_r + L_r \dfrac{\mathrm{d}I_r}{\mathrm{d}t} + \mathrm{j}\Delta\omega L_r I_r \end{cases} \tag{5-49}$$

式中，$\Delta\omega$ 为转差角频率，$\Delta\omega = \omega - \omega_r$。

考虑电流的直角坐标系分量表达式，即

$$\begin{cases} I_s \triangleq I_{sp} + \mathrm{j}I_{sq} \triangleq I_{act} + \mathrm{j}I_{neg} \triangleq x_1 + \mathrm{j}x_2 \\ I_r \triangleq I_{rp} + \mathrm{j}I_{rq} \triangleq x_3 + \mathrm{j}x_4 \end{cases}$$

注：考虑不同场合应用此处定义了三种等价电流标号。

代入式（5-49）得

$$\begin{cases} V_{sm} = R_s x_1 + L_s \dot{x}_1 + \mathrm{j}\omega L_s x_1 + \mathrm{j}R_s x_2 + \mathrm{j}L_s \dot{x}_2 - \omega L_s x_2 + \\ \qquad L_m \dot{x}_3 + \mathrm{j}\omega L_m x_3 + \mathrm{j}L_m \dot{x}_4 - \omega L_m x_4 \\ 0 = L_m \dot{x}_1 + \mathrm{j}\Delta\omega L_m x_1 + \mathrm{j}L_m \dot{x}_2 - \Delta\omega L_m x_2 + \\ \qquad R_r x_3 + L_r \dot{x}_3 + \mathrm{j}\Delta\omega L_r x_3 + \mathrm{j}R_r x_4 + \mathrm{j}L_r \dot{x}_4 - \Delta\omega L_r x_4 \end{cases}$$

整理比较实部、虚部，得四元一次线性微分方程组。

$$\begin{cases} V_{sm} = R_s x_1 + L_s \dot{x}_1 - \omega L_s x_2 + L_m \dot{x}_3 - \omega L_m x_4 \\ 0 = \omega L_s x_1 + R_s x_2 + L_s \dot{x}_2 + \omega L_m x_3 + L_m \dot{x}_4 \\ 0 = L_m \dot{x}_1 - \Delta\omega L_m x_2 + R_r x_3 + L_r \dot{x}_3 - \Delta\omega L_r x_4 \\ 0 = \Delta\omega L_m x_1 + L_m \dot{x}_2 + \Delta\omega L_r x_3 + R_r x_4 + L_r \dot{x}_4 \end{cases} \tag{5-50}$$

整理成状态方程形式为

$$\begin{cases} \dot{x}_1 = \dfrac{-R_s L_r x_1 + (\omega L_s L_r - \Delta\omega L_m^2)x_2 + R_r L_m x_3 + L_m L_r(\omega - \Delta\omega)x_4 + L_r V_{sm}}{L_s L_r - L_m^2} \\[4mm] \dot{x}_2 = \dfrac{(\Delta\omega L_m^2 - \omega L_s L_r)x_1 - R_s L_r x_2 + (\Delta\omega - \omega)L_m L_r x_3 + L_m R_r x_4}{L_s L_r - L_m^2} \\[4mm] \dot{x}_3 = \dfrac{L_m R_s x_1 - (\omega - \Delta\omega)L_m L_s x_2 - R_r L_s x_3 - (\omega L_m^2 - \Delta\omega L_s L_r)x_4 - L_m V_{sm}}{L_s L_r - L_m^2} \\[4mm] \dot{x}_4 = \dfrac{-(\Delta\omega - \omega)L_m L_s x_1 + L_m R_s x_2 - (\Delta\omega L_s L_r - \omega L_m^2)x_3 - R_r L_s x_4}{L_s L_r - L_m^2} \end{cases}$$

5.7 电机转差与有功电流的关系

图 5-21 给出了仿真模型电机在转子频率为 26.6Hz，突加转差频率 $\Delta f = 1$Hz 时定子电流两个分量的响应过程。

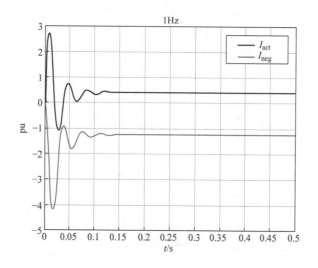

图 5-21 $\Delta f = 1$Hz 时定子电流两个分量的响应过程

可见，转差为正时，I_{act} 为正值（0.4346），表明电机处于电动状态。同理，转差为负时，I_{act} 为负值，表明电机处于发电状态（图略）。

文献［78］给出了异步电机全局稳定性证明，故令导数项为零，由式（5-50）可得到稳态方程为

$$
\begin{cases}
V_{sm} = R_s x_1 - \omega L_s x_2 - \omega L_m x_4 \\
0 = \omega L_s x_1 + R_s x_2 + \omega L_m x_3 \\
0 = -\Delta\omega L_m x_2 + R_r x_3 - \Delta\omega L_r x_4 \\
0 = \Delta\omega L_m x_1 + \Delta\omega L_r x_3 + R_r x_4
\end{cases} \tag{5-51}
$$

求解四元一次方程组得

$$
\begin{cases}
a = \left[R_r \omega \Delta\omega L_m^2 + R_r^2 R_s + R_s (\Delta\omega L_r)^2 \right] \left[R_r R_s + \omega\Delta\omega (L_m^2 - L_s L_r) \right] - \\
\qquad \omega \left[\Delta\omega^2 L_r (L_m^2 - L_s L_r) - R_r^2 L_s \right] (R_r \omega L_s + R_s \Delta\omega L_r) \\
I_{act} = x_1 = R_r V_{sm} \dfrac{R_r \omega \Delta\omega L_m^2 + R_r^2 R_s + R_s (\Delta\omega L_r)^2}{a} \\
I_{neg} = x_2 = \omega R_r V_{sm} \dfrac{\Delta\omega^2 L_r (L_m^2 - L_r L_s) - R_r^2 L_s}{a}
\end{cases} \tag{5-51a}
$$

图 5-22 给出了仿真模型电机，频率从 $-50 \sim 50$Hz 按式（5-51a）计算得出的有功电流、无功电流仿真曲线。

图 5-23 为逆变器驱动 5.5kW、频率在 -50Hz$\leftrightarrow 50$Hz 双向扫频过程的实测数据曲线。

可见，理论曲线与实测曲线比较接近。

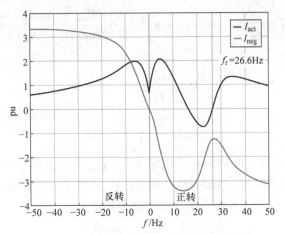

图 5-22　有功电流、无功电流仿真曲线

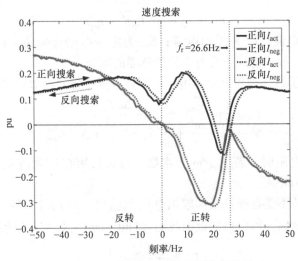

图 5-23　双向扫频过程的实测数据曲线

5.8　电机稳态转矩特性

　　若考虑定子电阻，则求取电压 – 转差转矩表达式太过烦琐，则由式（5-51）忽略定子电阻，有

$$
\begin{cases}
V_{sm} = -\omega L_s x_2 - \omega L_m x_4 \\
0 = \omega L_s x_1 + \omega L_m x_3 \\
0 = R_r x_3 - \Delta\omega L_m x_2 - \Delta\omega L_r x_4 \\
0 = x_4 R_r + \Delta\omega L_m x_1 + \Delta\omega L_r x_3
\end{cases}
\tag{5-52}
$$

求解得

$$
x_2 x_3 - x_1 x_4 = \frac{V_{sm}^2}{\omega^2}\frac{\Delta\omega L_m R_r}{L_s^2 R_r^2 + \Delta\omega^2 (L_s L_r - L_m^2)^2}
$$

考虑式（5-26）的电机动态转矩，有稳态转矩为

$$T_e = \frac{3}{2}p_n L_m (x_2 x_3 - x_1 x_4) = \frac{3}{2}p_n \frac{V_{sm}^2}{\omega^2} \frac{\Delta\omega R_r^*}{R_r^2 + \Delta\omega^2 L_{\sigma sr}^2} \tag{5-53}$$

其中

$$\begin{cases} R_r^* = \frac{L_m^2}{L_s^2} R_r \\ L_{\sigma sr} = \frac{L_s L_r - L_m^2}{L_s} \approx L_\sigma^* \end{cases} \tag{5-53a}$$

式中，R_r^* 为转子转化电阻（近似为转子电阻 R_r）；$L_{\sigma sr}$ 为准总漏感（近似为定转子漏感之和），$L_{\sigma sr} \approx L_\sigma$；$\omega$ 为定子频率；$\Delta\omega$ 为转差频率；V_{sm} 为定子电压峰值。

若考虑定子电阻，根据矢量关系推导得出稳态转矩为

$$\begin{cases} T_e = \frac{3}{2}p_n \frac{E_{sm}^2}{\omega^2} \frac{\Delta\omega R_r^*}{R_r^2 + \Delta\omega^2 L_{\sigma sr}^2} \\ E_{sm} = \sqrt{V_{sm}^2 - I_{sp}^2 R_s} - I_{sq} R_s \end{cases} \tag{5-54}$$

式中，I_{sp} 为电机有功电流；I_{sq} 为无功电流；E_{sm} 为定子电动势幅值；V_{sm} 为定子电压幅值。该公式含有电流变量，故只能用于含有电流传感器的场合。

文献［79］给出了另一种含有定子电阻但不含电流变量的近似稳态转矩公式为

$$T_e = \frac{3}{2}p_n \frac{V_{sm}^2}{\omega^2} \frac{\Delta\omega R_r^*}{\left(\frac{\Delta\omega}{\omega}R_s + R_r\right)^2 + \Delta\omega^2 L_{\sigma sr}^2} \tag{5-55}$$

可见：忽略定子电阻时，若 V_{sm}/ω 为常数，稳态转矩在认为转差不变时也维持常数，这也是 VF 控制的基本原则。

若频率及电压维持不变且维持最高输出电压 V_{smax} 时，对式（5-54）求转矩对转差的偏导并令其为零，求取极值，得电机的极限转矩（Pull－out）及对应的转差频率为

$$\begin{cases} T_{ep} = \frac{3p_n V_{smax}^2}{2\omega^2} \frac{1}{L_{\sigma sr}} \\ \Delta\omega_p = \frac{R_r}{L_{\sigma sr}} \triangleq \frac{1}{T_{\sigma sr}} \end{cases} \tag{5-56}$$

式中，$\Delta\omega_p$ 为极限转矩对应的转差频率；$T_{\sigma sr}$ 为转子漏感时间常数。可见，极限转矩对应的转差约为总漏感时间常数的倒数。

对模型电机，$T_{\sigma sr} = 12mH$，代入式（5-56）得：$T_{ep} = 245N \cdot m$，$\Delta\omega_p = 83rad/s$，相当于 $\Delta f_p = 13Hz$。可见，极限转矩远大于额定转矩，因此极限转矩对应的电机电流很大（超过2倍额定电流），对采用2倍电流裕量设计的逆变器而言无法承受。

根据仿真模型电机参数，按式（5-54）仿真给出了定子角频率 62.8～439.6rad/s（对应 10～70Hz）之间的7条仿真曲线，如图5-24所示。

其中，$V-f$ 特性曲线考虑为

$$\begin{cases} \frac{V_{sm}}{\omega} = \frac{V_{sm-nom}}{\omega_{s-nom}} = const & (\omega \leqslant \omega_{s-nom}) \\ V_{sm} = V_{sm-nom} = const & (\omega > \omega_{s-nom}) \end{cases} \tag{5-57}$$

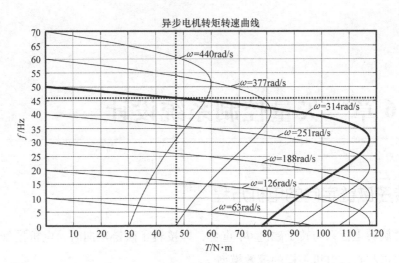

图 5-24 定子角频率对应 10～70Hz 之间的 7 条仿真曲线

图 5-25 为不同定子频率下转差与转矩关系，图中，深色为额定频率以下（20～50Hz）的曲线（V/f = const 时多条曲线重合）。

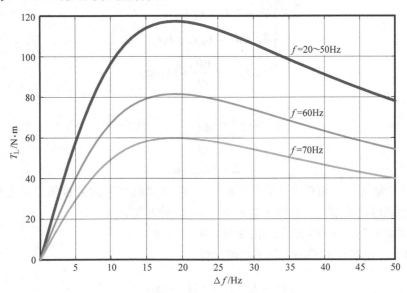

图 5-25 不同定子频率下转差与转矩关系

观察曲线有如下结论：

1）基频以下转差不变时，转矩不变，这表明 VF 控制的低频以下可以实现恒转矩控制。

2）基频以上输出电压饱和后，同样转差时，电机转矩随定子频率升高而减小。

3）定子频率不变时，转差与转矩存在一个极大值点，即极限转矩。超过极限转矩，随转差增大，转矩急剧下降。所以，当负载转矩超过极限转矩时，电机会崩溃，这也是 VF 变频控制的弊端所在。

第6章 矢量控制系统设计

6.1 按转子磁链定向的电机方程[20,49]

当取任意旋转坐标系与转子磁链 $\boldsymbol{\Phi}_r$ 重合，即按转子磁链定向时，电机模型将变得非常简洁，并可取得与直流电机一样的等效模型。

根据第 5 章同步坐标系异步电机模型式（5-24），令 $\omega = \omega_e$，有

$$\begin{cases} V_s = I_s R_s + \dfrac{d\boldsymbol{\Phi}_s}{dt} + j\omega_e \boldsymbol{\Phi}_s \\[2mm] \boldsymbol{\Phi}_s = L_s I_s + L_m I_r \\[2mm] \boldsymbol{\Phi}_r = \Phi_r = L_m I_s + L_r I_r \\[2mm] 0 = I_r R_r + \dfrac{d\Phi_r}{dt} + j\Delta\omega \Phi_r \end{cases} \tag{6-1}$$

其中

$$\begin{cases} \omega_e = \dfrac{d\theta_e}{dt} \\[2mm] \Delta\omega = \omega_e - \omega_r \end{cases} \tag{6-2}$$

式中，θ_e 为转子磁链矢量相对于定子坐标系（或 $\alpha - \beta$ 坐标系）的磁链角；ω_e 为转子磁链相对于静止坐标系的角频率；ω_r 为转子角频率；$\Delta\omega$ 为转差角频率。

注：坐标系定向于转子磁链矢量时，转子磁链矢量仅为实数。

式（6-1）中的转子方程消去转子电流，得

$$\begin{cases} \Phi_r + T_r \dfrac{d\Phi_r}{dt} = L_m I_s - j\Delta\omega T_r \Phi_r \\[2mm] T_r = \dfrac{L_r}{R_r} \end{cases} \tag{6-3}$$

式中，T_r 定义为转子时间常数。

考虑电流矢量表示为直角坐标系形式，即

$$\begin{cases} I_s = I_{sd} + jI_{sq} \\[2mm] I_r = I_{rd} + jI_{rq} \end{cases} \tag{6-4}$$

联立式（6-3）、式（6-4），并比较实部、虚部，得

$$\begin{cases} \Phi_r + T_r \dfrac{\mathrm{d}\Phi_r}{\mathrm{d}t} = L_m I_{sd} \\[2mm] \Delta\omega = \dfrac{L_m I_{sq}}{T_r \Phi_r} \qquad (\Phi_r \neq 0) \end{cases} \tag{6-5}$$

可见，转子磁链与定子电流 d 轴分量呈现一阶惯性环节，类似他励直流电机的励磁特性；而 q 轴分量与转差角成正比。

再将式（6-4）代入式（6-1）的转子磁链表达式，有

$$\Phi_r = L_m(I_{sd} + jI_{sq}) + L_r(I_{rd} + jI_{rq}) = (L_m I_{sd} + L_r I_{rd}) + j(L_m I_{sq} + L_r I_{rq})$$

比较实部及虚部得

$$\begin{cases} I_{rd} = \dfrac{\Phi_r - L_m I_{sd}}{L_r} \\[3mm] I_{rq} = -\dfrac{L_m}{L_r} I_{sq} \end{cases}$$

由第 5 章动态转矩公式［式（5-26）］进行变量替换，有

$$T_e = \frac{3}{2} p_n L_m (I_{sq} I_{rd} - I_{sd} I_{rq})$$

联立前两式并考虑式（6-5），得动态转矩表达式为

$$T_e = \frac{3 p_n L_m}{2 L_r} \Phi_r I_{sq} = \frac{3 p_n \Phi_r^2}{2 R_r} \Delta\omega \tag{6-6}$$

令 $\mathrm{d}\Phi_r/\mathrm{d}t = 0$，由式（6-5）得稳态磁链为

$$\Phi_r = L_m I_{sd}$$

代入式（6-6）得稳态转矩表达式为

$$T_e = \frac{3 p_n L_m^2}{2 L_r} I_{sd} I_{sq} = \frac{3 p_n L_m^2}{2 R_r} I_{sd}^2 \Delta\omega \tag{6-7}$$

综合以上分析，有以下结论：

1）式（6-5）表明：I_{sd} 决定产生转矩的磁场强度 Φ_r，且服从一阶惯性环节，类似于他励直流电机的励磁电流，故 I_{sd} 可引申为定子电流的励磁分量。

2）式（6-7）表明：电磁转矩由励磁电流 I_{sd} 与 I_{sq} 的乘积决定，I_{sd} 相当于直流电机的电枢电流，故可引申为定子电流的转矩分量。

3）由于 I_{sd} 与 I_{sq} 为垂直关系，实现了解耦，并与直流电机模型达到统一，故可仿照直流电机的双闭环策略构建调速系统。

6.2　转子磁链观测

欲实现转子磁链定向控制，关键是得到转子磁链角。以下介绍典型的电压模型和电流模型算法。

6.2.1　电压模型

电压模型建立在定子坐标系电机方程基础之上。由第 5 章式（5-24），令 $\omega = 0$，并变换得

$$\begin{cases} \boldsymbol{\Phi}_r = L_m \boldsymbol{I}_s + \dfrac{L_r}{L_m}(\boldsymbol{\Phi}_s - L_s \boldsymbol{I}_s) \\[3mm] \boldsymbol{\Phi}_s = \displaystyle\int (\boldsymbol{V}_s - \boldsymbol{I}_s R_s)\,\mathrm{d}t \end{cases}$$

变换得

$$\begin{cases} \boldsymbol{\Phi}_r = \dfrac{L'_r}{L_m}\left\{ \displaystyle\int (\boldsymbol{V}_s - \boldsymbol{I}_s R_s)\,\mathrm{d}t - L^*_\sigma \boldsymbol{I}_s \right\} \\[3mm] L^*_\sigma \triangleq \dfrac{L_s L_r - L_m^2}{L_r} \end{cases} \tag{6-8}$$

式中，L^*_σ 被定义为总漏感。

因式（6-8）磁链算法中含有定子电压，故称为电压模型。该模型仅涉及定子侧电机参数，不涉及转子电阻这一敏感参数，故具有一定的鲁棒性。但算法中含有纯积分环节，再加上低频时定子电压很低且畸变、定子电阻随温度变化等因素，电压模型一般只适合相对高频的工作范围。

6.2.2　电动势模型（闭环法）

电动势模型属于电压模型的一个变种。在定子坐标系引入转子电动势矢量，得

$$\boldsymbol{e}_r = \frac{\mathrm{d}\boldsymbol{\Phi}_r}{\mathrm{d}t}$$

考虑式（6-8）有

$$\boldsymbol{e}_r = \frac{\mathrm{d}\boldsymbol{\Phi}_r}{\mathrm{d}t} = \frac{L_r}{L_m}\left[(\boldsymbol{V}_s - \boldsymbol{I}_s R_s) - L_\sigma \frac{\mathrm{d}\boldsymbol{I}_s}{\mathrm{d}t} \right]$$

对转子磁链极坐标表达式求导，有

$$\boldsymbol{e}_r = \frac{\mathrm{d}}{\mathrm{d}t}(\Phi_r \mathrm{e}^{\mathrm{j}\theta_e}) = \left(\frac{\mathrm{d}\Phi_r}{\mathrm{d}t} + \mathrm{j}\Phi_r \omega_e \right)\mathrm{e}^{\mathrm{j}\theta_e} \triangleq (e_{rd} + \mathrm{j}e_{rq})\mathrm{e}^{\mathrm{j}\theta_e}$$

式中，Φ_r 为转子磁链的模；θ_e 为转子磁链相对定子坐标系的夹角；e_{rd} 和 e_{rq} 刚好充当了转子电动势按转子磁链定向后的两个分量。比较的实部与虚部可表示为

$$\begin{cases} \Phi_r = \displaystyle\int e_{rd}\,\mathrm{d}t \\[3mm] \omega_e = \dfrac{e_{rq}}{\Phi_r} \\[3mm] \theta_e = \displaystyle\int \omega_e\,\mathrm{d}t \end{cases}$$

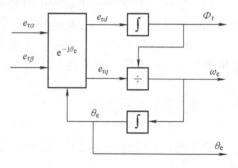

图 6-1　电动势模型算法数学模型

图 6-1 给出了该算法数学模型。

该模型中虽然含有积分器，但因在闭环系统之中，故可自动补偿积分漂移。但 $e_{r\alpha}$ 和 $e_{r\beta}$ 的计算会涉及微分运算，可能会带来噪声干扰。

6.2.3　速度 - 转差电流模型[48]

电流模型在转子磁链坐标系取得。考虑式（6-2）及式（6-5），有

$$\begin{cases} \Phi_{\rm r} + T_{\rm r}\dfrac{{\rm d}\Phi_{\rm r}}{{\rm d}t} = L_{\rm m}I_{sd} \\[2mm] \Delta\omega = \dfrac{L_{\rm m}I_{sq}}{T_{\rm r}\Phi_{\rm r}} \quad (\Phi_{\rm r} > 0;\ |\Delta\omega| \leqslant \Delta\omega_{\max}) \\[2mm] \omega_{\rm e} = \omega_{\rm r} + \Delta\omega \\[2mm] \theta_{\rm e} = \int\omega_{\rm e}{\rm d}t \end{cases} \tag{6-9}$$

需要注意的是，算法中涉及对 $\Phi_{\rm r}$ 的除法运算，而起动过程 $\Phi_{\rm r}$ 从 0 开始，会造成算法溢出，故在算法上对转差进行限幅可减小起动过程的电流冲击，而对电机的转矩影响不大。考虑动态跟踪，转差限幅值可以取额定转差的 2 ~ 3 倍。

图 6-2 给出了有速度传感器时磁链观测器的速度 – 电流 $d-q$ 模型框图。

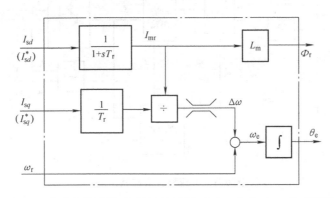

图 6-2　有速度传感器时磁链观测器的速度 – 电流 $d-q$ 模型框图

此外，从闭环控制的稳态意义上讲，$d-q$ 坐标系下的两个电流分量 I_{sd} 与 I_{sq} 总会跟随它们的给定值 I_{sd}^* 和 I_{sq}^*，故不妨用电流给定值代替实际值，于是有如下静态电流模型算法，即

$$\begin{cases} \Phi_{\rm r} + T_{\rm r}\dfrac{{\rm d}\Phi_{\rm r}}{{\rm d}t} = L_{\rm m}I_{sd}^* \\[2mm] \Delta\omega = \dfrac{L_{\rm m}I_{sq}^*}{T_{\rm r}\Phi_{\rm r}} \quad (\Phi_{\rm r} \neq 0;\ |\Delta\omega| \leqslant \Delta\omega_{\max}) \\[2mm] \omega_{\rm e} = \omega_{\rm r} + \Delta\omega \\[2mm] \theta_{\rm e} = \int\omega_{\rm e}{\rm d}t \end{cases} \tag{6-9a}$$

静态电流算法虽然有一定的动态损失，然因其算法收敛性好（见后文仿真结果），调试方便，在实际系统设计也经常采用。

6.2.4　状态方程电流模型法

由第 5 章式（5-30）的定子坐标系电机方程消去转子电流的状态方程为

$$\begin{cases} \dfrac{{\rm d}\Phi_{{\rm r}\alpha}}{{\rm d}t} = -\dfrac{R_{\rm r}}{L_{\rm r}}\Phi_{{\rm r}\alpha} - \omega_{\rm r}\Phi_{{\rm r}\beta} + \dfrac{L_{\rm m}R_{\rm r}}{L_{\rm r}}I_{s\alpha} \\[2mm] \dfrac{{\rm d}\Phi_{{\rm r}\beta}}{{\rm d}t} = -\dfrac{R_{\rm r}}{L_{\rm r}}\Phi_{{\rm r}\beta} + \omega_{\rm r}\Phi_{{\rm r}\alpha} + \dfrac{L_{\rm m}R_{\rm r}}{L_{\rm r}}I_{s\beta} \end{cases} \tag{6-10}$$

状态方程不同于电流－转差电流模型，它不含积分项，能够宽范围正确观测出转子磁链及磁链角（包括直流），适合有速度传感器矢量控制。对于无速度传感器因速度信息需要电压模型支撑，而低速时电压模型观测误差较大，影响动态效果。状态方程求解对采样时间有一定要求，通常更适合采样时间较短（如 $T_Z < 25\mu s$）控制模式。

6.2.5　电流型矢量闭环控制系统

借鉴直流电机双闭环控制系统，给出图6-3所示的电流型矢量控制系统框图。其中，电流跟踪控制器可采用第7章7.11节给出的动态电流控制方法实现。

电流型逆变器最大的弊端是实际电流相对于指令电流的滞后问题。

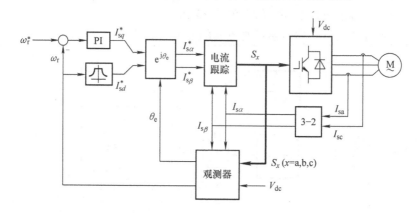

图6-3　电流型矢量控制系统

6.2.6　电压型矢量闭环控制系统

1. 定子电压方程及控制器

定子电压与定子电流关系决定闭环系统的控制关系。令导数项为零，由式（6-1）可得转子磁链坐标系稳态方程为

$$
\begin{cases}
\boldsymbol{V}_s = \boldsymbol{I}_s R_s + j\omega_e \boldsymbol{\Phi}_s \\
\boldsymbol{\Phi}_s = L_s \boldsymbol{I}_s + L_m \boldsymbol{I}_r \\
\boldsymbol{\Phi}_r = \Phi_r = L_m \boldsymbol{I}_s + L_r \boldsymbol{I}_r \\
0 = \boldsymbol{I}_r R_r + j\Delta\omega \Phi_r
\end{cases}
\tag{6-11}
$$

消去转子电流，有

$$
\begin{cases}
\boldsymbol{V}_s = \boldsymbol{I}_s R_s + j\omega_e L_\sigma^* \boldsymbol{I}_s + j\omega_e L_m \dfrac{\Phi_r}{L_r} \\
\Phi_r = L_m I_{sd}
\end{cases}
$$

写成分量式并比较实部、虚部，得

$$
\begin{cases}
V_{sd} = I_{sd} R_s - \omega_e L_\sigma^* I_{sq} \\
V_{sq} = I_{sq} R_s + \omega_e L_s I_{sd}
\end{cases}
\tag{6-12}
$$

在 d、q 轴对式（6-12）分别求如下偏导：

$$\begin{cases} \partial V_{sd} / \partial I_{sd} = R_s \\ \partial V_{sq} / \partial I_{sq} = R_s \end{cases} \tag{6-13}$$

式（6-13）表明，V_{sd} 与 I_{sd} 为正定关系，故可组成正关系控制器，而该通道 I_{sq} 可视作前馈量参与总电压的生成；相似地，V_{sq} 与 I_{sq} 也服从正定关系，组成正关系控制器，I_{sd} 作为前馈量参与总电压的生成。按式（6-13）可得图 6-4a 所示的带耦合前馈控制器。

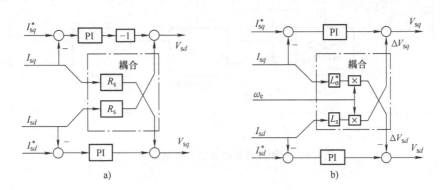

图 6-4　带耦合前馈电压控制器

同理有

$$\begin{cases} \partial V_{sd} / \partial I_{sq} = -\omega_e L_\sigma^* \\ \partial V_{sq} / \partial I_{sd} = \omega_e L_s \end{cases} \tag{6-14}$$

式（6-14）表明，V_{sd} 与 I_{sq} 为负定关系，故可组成负关系控制器；V_{sq} 与 I_{sd} 为正定，组成正关系控制器，按式（6-14）可得图 6-4b 所示的带耦合前馈控制器。

由于前馈耦合量在闭环系统中均被看作扰动量，对系统稳态没有影响，忽略耦合前馈量，以上两种控制器派生出两种简化的无耦合电压控制器，如图 6-5 所示。

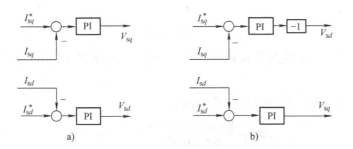

图 6-5　无耦合电压控制器

无耦合电压控制器为常用的控制策略。

2. 双闭环控制系统

按图 6-5a 的无耦合电压控制器组成双闭环有速度传感器矢量控制系统，如图 6-6 所示。图中，速度调节器采用带死区的 PI 调节器以降低大惯量系统调节灵敏度。

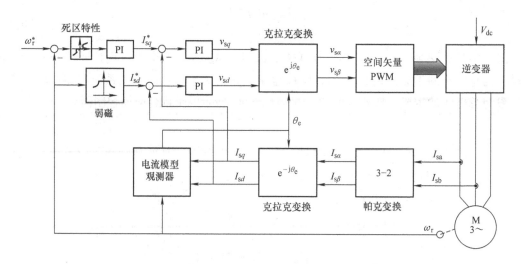

图 6-6　双闭环有速度传感器矢量控制系统

6.3　有速度传感器矢量控制

有速度传感器矢量控制的关键是速度反馈及转子磁链观测器，以下分别讨论。

6.3.1　速度反馈

速度反馈通常采用正交编码器 M－T 测速法（简称 M－T 法）。M－T 法实质上可理解为变采样周期的 M 法。按照最高速下的脉冲个数选择基础采样时间 ΔT，在低速段按采样周期倍数进行变窗口以提高采样精度。设编码器每转脉冲数为 N，最高转速 $n_{\max}$，则最高转速下 ΔT 采样周期内可捕获到的脉冲差值数为

$$\Delta n_x = \frac{4Nn_{\max}}{60 \times 1000}\Delta T$$

需要注意的是，正交编码器每转脉冲在数字信号处理器（DSP）内部计数增量为其 4 倍。

对 $n_{\max} = 1500\text{r/min}$，$N = 1024$，$\Delta T = 4\text{ms}$，有

$$\Delta n_x = \frac{4 \times 1024 \times 1500}{60 \times 1000} \times 4 = 409.6$$

可见，最高转速下保证了 1/409.6 的测速分辨率。

在低速段，保证 1/200 的测量精度，可用 ΔT 内采集到的脉冲数作为判别条件，当 $\Delta n_x < 200$ 后，增加 1 个采样周期，若还达不到规定的脉冲数则再次增加 1 个基础采样周期，依次类推。可见，在低速段总采样窗口会自然加长，保证了速度分辨率，但响应速率也相应变慢。

图 6-7 给出了精度控制在 $2/N$ 时的 M－T 法程序框图。其中，Δn_x 为正交计数差值；N 为正交编码器每转脉冲数；ΔT 为基础采样时间；K 为 M－T 变周期系数（初始值 $K = 1$，变

周期 K 值上限为 5，总采样窗口为 5 个基础采样时间）；n 为输出转速（测速值）；cont 为 DSP 当前计数值；BUF0 为计数器历史缓冲值（初始值 BUF0 = 0）；AX 为正交计数器当前值。

　　若想进一步提高速度分辨率，只能提高编码器每转脉冲数或增加基础采样时间，显然后者将会影响响应速率，因此实际系统设计时必须权衡考虑。K 限制为 5 可以保证在 $n_{\min} = n_{\max}/(2K) = n_{\max}/10$ 速度以上获得 $2/N$ 的检测数值分辨率。

6.3.2 磁链观测器

1. 速度－转差磁链观测器

（1）$d-q$ 坐标系转子磁链计算

　　由式（6-9）加上标"i"表示来自电流模型，得 $d-q$ 坐标系的转子磁链微分方程

$$\Phi_{\mathrm{r}}^i + T_{\mathrm{r}} \frac{\mathrm{d}\Phi_{\mathrm{r}}^i}{\mathrm{d}t} = L_{\mathrm{m}} I_{sd} \quad (\Phi_{\mathrm{r}}^i \neq 0) \qquad (6\text{-}15)$$

离散化，得

$$\Phi_{\mathrm{r}}^i(k) - \Phi_{\mathrm{r}}^i(k-1) = \frac{\Delta T}{T_{\mathrm{r}}}\{ -\Phi_{\mathrm{r}}^i(k) + L_{\mathrm{m}} I_{sd}(k) \}$$

标幺化为

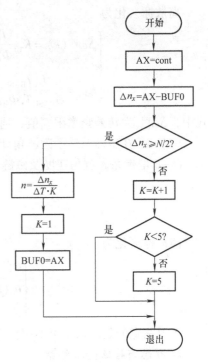

图 6-7　精度控制在 $2/N$ 时的 M－T 法程序框图

$$\begin{cases} \Phi_{\mathrm{r}}^{i,\mathrm{pu}}(k) = K_1 \Phi_{\mathrm{r}}^{i,\mathrm{pu}}(k-1) + K_2 I_{sd}^{\mathrm{pu}}(k) ; \ \Phi_{\mathrm{r}}^{i,\mathrm{pu}}(k) \neq 0 \\ K_1 = \dfrac{T_{\mathrm{r}}}{T_{\mathrm{r}} + \Delta T} ; \ K_2 = \dfrac{\Delta T}{T_{\mathrm{r}} + \Delta T} \dfrac{L_{\mathrm{m}} I_{\mathrm{BASE}}}{\Phi_{\mathrm{BASE}}} = \dfrac{\Delta T}{T_{\mathrm{r}} + \Delta T} L_{\mathrm{m}}^{\mathrm{pu}} \end{cases} \qquad (6\text{-}15\mathrm{a})$$

式中，上标"pu"表示标幺量；K_1、K_2 为两个无量纲数。

　　需要注意的是，凡涉及累加运算（积分）宜采用双精度变量以保障运算精度，参考第 1 章 1.2 节。

（2）$d-q$ 坐标系定子电流分量计算

$d-q$ 电流来自逆旋转变换（$\mathrm{e}^{-j\theta_e}$），即

$$\begin{cases} I_{sd} = I_{s\alpha}\cos\theta_e + I_{s\beta}\sin\theta_e \\ I_{sq} = -I_{s\alpha}\sin\theta_e + I_{s\beta}\cos\theta_e \end{cases} \qquad (6\text{-}16)$$

离散标幺化为

$$\begin{cases} I_{sd}^{\mathrm{pu}}(k) = I_{s\alpha}^{\mathrm{pu}}(k)\cos[\theta_e(k-1)] + I_{s\beta}^{\mathrm{pu}}(k)\sin[\theta_e(k-1)] \\ I_{sq}^{\mathrm{pu}}(k) = -I_{s\alpha}^{\mathrm{pu}}(k)\sin[\theta_e(k-1)] + I_{s\beta}^{\mathrm{pu}}(k)\cos[\theta_e(k-1)] \end{cases} \qquad (6\text{-}16\mathrm{a})$$

（3）$d-q$ 坐标系转差计算

　　由式（6-9）电流模型加上标"i"表示来自电流模型得

$$\begin{cases} \Delta\omega = \dfrac{L_{\mathrm{m}} I_{sq}}{T_{\mathrm{r}} \Phi_{\mathrm{r}}^i} \quad (\Phi_{\mathrm{r}}^i > 0) \\ |\Delta\omega| < \Delta\omega_{\max} \end{cases} \qquad (6\text{-}17)$$

离散标幺化为

$$
\begin{cases}
\Delta\omega^{\text{pu}}(k) = K_{10}\dfrac{I_{sq}^{\text{pu}}(k)}{\Phi_r^{i,\text{pu}}(k)}(\Phi_r^{i,\text{pu}}\neq 0\,;\ |\Delta\omega^{\text{pu}}(k)|\leqslant\Delta\omega_{\max}^{\text{pu}}) \\[4mm]
K_{10} = \dfrac{L_{\text{m}}I_{\text{BASE}}}{\omega_{\text{BASE}}T_{\text{r}}\Phi_{\text{BASE}}} = \dfrac{L_{\text{m}}I_{\text{BASE}}}{T_{\text{r}}V_{\text{BASE}}} = \dfrac{L_{\text{m}}R_{\text{r}}I_{\text{BASE}}}{L_{\text{r}}V_{\text{BASE}}} = \dfrac{L_{\text{m}}^{\text{pu}}R_{\text{r}}^{\text{pu}}}{L_{\text{r}}^{\text{pu}}}
\end{cases}
\tag{6-17a}
$$

式中，$\Delta\omega_{\max}^{\text{pu}}$ 为转差频率限幅值，通常取额定转差的 2~3 倍即可。

（4）$\alpha-\beta$ 坐标系转子磁链角计算

$\alpha-\beta$ 坐标系磁链角速度及磁链角为

$$
\begin{cases}
\omega_{\text{e}} = \omega_{\text{r}} + \Delta\omega \\[2mm]
\theta_{\text{e}} = \displaystyle\int\omega_{\text{e}}\mathrm{d}t
\end{cases}
\tag{6-18}
$$

离散标幺化为

$$
\begin{cases}
\omega_{\text{e}}^{\text{pu}}(k) = \omega_{\text{r}}^{\text{pu}}(k) + \Delta\omega^{\text{pu}}(k) \\[2mm]
\theta_{\text{e}}(k) = \theta_{\text{e}}(k-1) + K_6\omega_{\text{e}}^{\text{pu}}(k) \\[2mm]
K_6 = \omega_{\text{BASE}}\Delta T
\end{cases}
\tag{6-18a}
$$

需要注意的是，角度可不用标幺化而用实际值（单位为 rad）。

2. 状态方程磁链观测器

系统采样时间足够短时（25μs 以下）可采用状态方程法观测（低采样频率时也可采用子时间片多次迭代法来实现）。状态方程的迭代模型属于速度–电流模型，有定子坐标系直接观测磁链，避免了旋转变换，可提高实时性。

（1）状态方程标幺化

对式（6-10）状态方程差分化得离散标幺化方程为

$$
\begin{cases}
\Phi_{r\alpha}^{i-\text{pu}}(k) = K_1\Phi_{r\alpha}^{i-\text{pu}}(k-1) - K_\omega\Phi_{r\beta}^{i-\text{pu}}(k-1) + K_2 I_{s\alpha}^{\text{pu}}(k) \\[2mm]
\Phi_{r\beta}^{i-\text{pu}}(k) = K_1\Phi_{r\beta}^{i-\text{pu}}(k-1) + K_\omega\Phi_{r\alpha}^{i-\text{pu}}(k-1) + K_2 I_{s\beta}^{\text{pu}}(k) \\[2mm]
K_1 = \dfrac{T_{\text{r}}}{T_{\text{r}} + \Delta T}\,;\ K_\omega = \dfrac{\Delta T}{T_{\text{r}} + \Delta T}T_{\text{r}}\omega_{\text{r}}\,;\ K_2 = \dfrac{\Delta T}{T_{\text{r}} + \Delta T}L_{\text{m}}^{\text{pu}}
\end{cases}
\tag{6-19}
$$

（2）磁链角函数

磁场定向控制需要的转子磁链角正弦、余弦函数，它们可由定子坐标系变量可直接得到，离散标幺化表达式为

$$
\begin{cases}
\sin\theta_{\text{e}}(k) = \dfrac{\Phi_{r\beta}^{i-\text{pu}}(k)}{\sqrt{\Phi_{r\alpha}^{i-\text{pu}}(k)^2 + \Phi_{r\beta}^{i-\text{pu}}(k)^2}} \\[5mm]
\cos\theta_{\text{e}}(k) = \dfrac{\Phi_{r\alpha}^{i-\text{pu}}(k)}{\sqrt{\Phi_{r\alpha}^{i-\text{pu}}(k)^2 + \Phi_{r\beta}^{i-\text{pu}}(k)^2}}
\end{cases}
\tag{6-20}
$$

6.3.3　有速度传感器飞车起动

逆变器封锁期间因逆变器电压矢量未知，故只能用独立电流模型估计剩磁。但是，有速度传感器可支撑电流模型得到精确的剩磁，为剩磁估计提供了保障。

1）剩磁估计。逆变器封锁期间，使电流模型处于在线状态，实时监控电机的剩磁变化

规律。

2）交流励磁。按当前速度锁定速度给定，按励磁曲线给定目标励磁电流，保持 3 倍转子时间常数实现建磁。

3）常规模式。建磁完成后，解除速度调节器的约束条件，系统进入上闭环常规模式。

图 6-8 给出了有速度传感器 18.5kW 电机 + 大惯量 + 有剩磁 + 100Hz 弱磁状态下飞车起动电流及转子磁链角的动态波形。

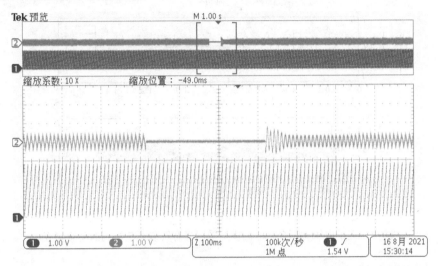

图 6-8　有速度传感器 18.5kW 电机 + 大惯量 + 有剩磁 + 100Hz 弱磁状态下
飞车起动电流及转子磁链角的动态波形

可见，飞车起动过程很好。

6.3.4　矢量控制系统仿真

以下考虑仿真模型电机突加负载，控制策略采用电流模型有速度传感器矢量控制，励磁方式为静态励磁，且 $I_{sd}^* = 0.275 I_{sm-nom}$（电机参数参考本章 6.9 节第 8 点）。

1. 纯正弦电压驱动电机

正弦电压驱动电机属于纯理论仿真。图 6-9 为定子电压无耦合，电流模型采用静态转差算法得到的动态响应。

可见，负载变化时，励磁电流分量受到一定程度的影响，表明没有实现完全解耦。

图 6-10 为定子电压无耦合，电流模型采用动态转差算法得到的动态响应。

可见，动态算法对应的 I_d、I_q 的波动明显降低，表明动态算法优于静态转差算法。

图 6-11 为考虑定子电压耦合控制策略时的动态响应。

与图 6-10 比较可见，定子电压耦合对控制系统影响不大。

2. 逆变器驱动电机

以下为 PWM 逆变器驱动电机有速度传感器矢量控制仿真结果。

图 6-12 为静态电流模型算法在变载过程中的动态响应。

图 6-9 与图 6-12 所示的理想正弦供电规律十分接近，只是 $d-q$ 电流分量出现了高频脉

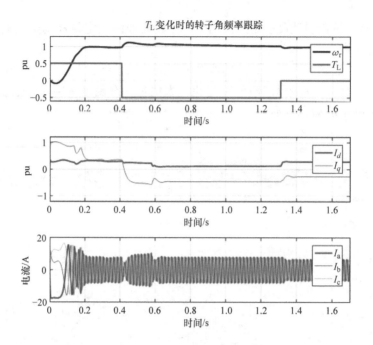

图6-9   定子电压无耦合，电流模型采用静态转差算法得到的动态响应

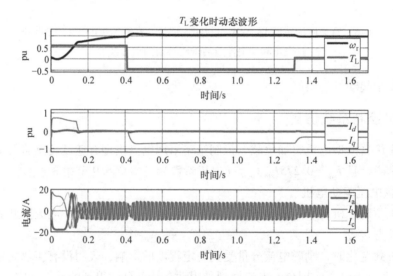

图6-10   定子电压无耦合，电流模型采用动态转差算法得到的动态响应

动，此应为 PWM 调制附加的高次谐波所致。

图 6-13 为动态电流模型的变载响应。

图 6-12 与图 6-13 所示的静态转差算法比较，$d-q$ 分量的动态波动明显减小，与理论正弦供电的仿真结果一致。

图 6-14 为考虑定子电压耦合策略的仿真波形。

可见，有无耦合项对系统影响不大。

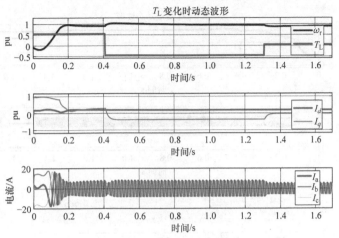

图 6-11　考虑定子电压耦合控制策略时的动态响应

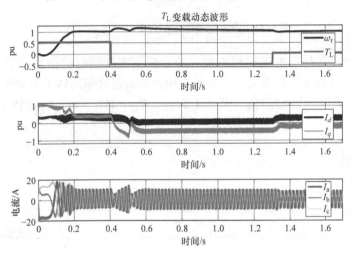

图 6-12　静态电流模型算法在变载过程中的动态响应

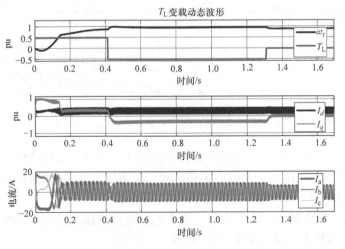

图 6-13　动态电流模型的变载响应

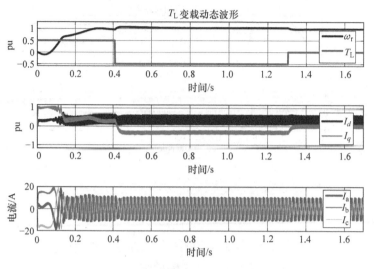

图 6-14　考虑定子电压耦合策略的仿真波形

以下给出有速度传感器电流模型参数（T_r）偏离实际值时的仿真结果。由于有速度传感器矢量控制仅涉及转子时间常数一个参数，因此不妨通过偏离转子电阻的方式进行验证。

图 6-15 为转子电阻为实际值（$R_r = 1.5\Omega$），$T_L = 45\text{N} \cdot \text{m}$，$f_{rg} = 45\text{Hz}$ 时的仿真波形（额定 $f_{re} = 46\text{Hz}$）。

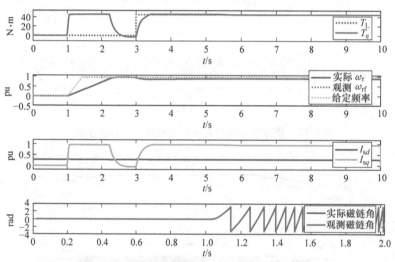

图 6-15　转子电阻为实际值（$R_r = 1.5\Omega$），$T_L = 45\text{N} \cdot \text{m}$，$f_{rg} = 45\text{Hz}$ 时的仿真波形

图 6-16 为转子电阻为实际值的 50%，负载转矩 $T_L = 45\text{N} \cdot \text{m}$ 时的仿真波形。可见，电机参数不正确时，加载后无法达到目标速度，表明电机出力不足。

3. 电流跟踪 PWM 矢量控制

图 6-17 给出了逆变器 +5.5kW 电机 +最小拍误差电流跟踪矢量控制的动态仿真（最小拍误差电流矢量 PWM 方法参考第 7 章 7.10 节）。

从波形看，在加速过程中 I_{sq} 与 I_{sq}^* 逐渐呈现稳态误差，此现象与实际电流和指令电流之间的角度滞后有关（滞后角与很多参数有关，精确的角度补偿比较困难），这也是电流型矢

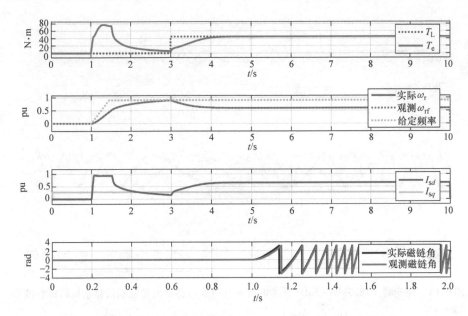

图 6-16　转子电阻为实际值的 50%，$T_\mathrm{L} = 45\mathrm{N} \cdot \mathrm{m}$ 时的仿真波形

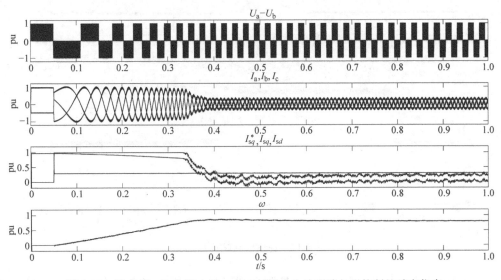

图 6-17　逆变器 + 5.5kW 电机 + 最小拍误差电流跟踪矢量控制的动态仿真

量控制的弊端。

6.3.5　实验波形

以下实验结果由实际的逆变器产品驱动取得。

图 6-18 给出了逆变器 + 18.5kW − 50Hz 异步电机 + 有速度传感器矢量控制低频正反转试验波形。

由图 6-18 可见，由于电流闭环控制的参与，逆变器死区等非线性因素得以补偿，切换过程电流正弦度很好。

图 6-19 为速度阶跃响应波形，可见转矩电流控制及速度响应比较理想。

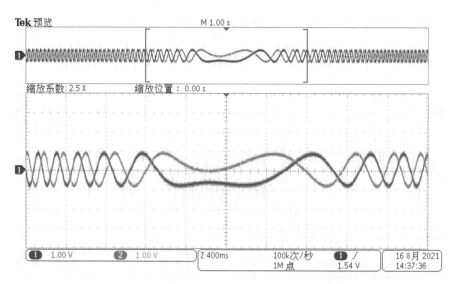

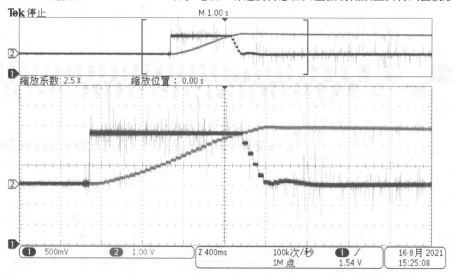

图 6-18　逆变器 + 18.5kW − 50Hz 异步电机 + 有速度传感器矢量控制低频正反转试验波形

图 6-19　速度阶跃响应波形

由图 6-19 可见，有速度传感器矢量控制做到了与直流调速系统一样的动态控制，可以实现阶跃响应、堵转及冲击，这在交流牵引控制上有非常深远的意义[55]。

6.4　励磁特性与控制

6.4.1　静态励磁特性[52]

或由第 5 章式（5-24），令 $\omega = \omega_{se}$，得定子磁链定向的稳态方程为

$$V_s = I_s R_s + j\omega_{se} \boldsymbol{\Phi}_s = I_s R_s + j\omega_{se} \boldsymbol{\Phi}_s$$

代入分量，有

$$\begin{cases} V_{sm}^2 = R_s^2 I_{sm}^2 + 2I_{sq}R_s\omega_{se}\Phi_s + \omega_{se}^2\Phi_s^2 \\ I_{sm} = \sqrt{I_{sd}^2 + I_{sq}^2} \end{cases}$$

求有用解为

$$\Phi_s = \frac{1}{\omega_{se}}\left(\sqrt{V_{sm}^2 - R_s^2 I_{sd}^2} - I_{sq}R_s \right)$$

因 I_{sd} 和 I_{sq} 均小于 I_{sm}，故用 I_{sm} 代替 I_{sd} 和 I_{sq} 一定能够达到更弱的磁场条件，不妨取

$$\Phi_s \triangleq \frac{1}{\omega_{se}}\left(\sqrt{V_{sm}^2 - R_s^2 I_{sm}^2} - I_{sm}R_s \right) \tag{6-21}$$

式（6-21）在系统实现时可得到更稳定的弱磁效果。

特别地，忽略定子电阻，有

$$\Phi_s \approx \frac{V_{sm}}{\omega_{se}} \tag{6-21a}$$

式中，ω_{se} 为定子磁链频率；V_{sm} 为定子电压幅值；I_{sm} 为定子电流幅值。

可见，当输出电压达到上限常数时，定子磁链应与磁链频率成反比。或者说，一旦输出电压达到饱和，想要提高磁链速度，必须进行反比弱磁。

此外，由式（6-12）忽略定子电阻，得稳态时有

$$\begin{cases} V_{sd} = -\omega L_\sigma^* I_{sq} \\ V_{sq} = \omega L_s I_{sd} \end{cases}$$

也可表示为

$$V_{sd}^2 + V_{sq}^2 = V_{sm}^2 = (\omega_e L_\sigma^* I_{sq})^2 + (\omega_e L_s I_{sd})^2 \leq V_{smax}^2 \tag{6-22}$$

式中，V_{smax} 为最高电压幅值；L_σ 为电机总漏感。

当频率超过基本频率时，电压达到最高值 V_{smax}，故欲提高频率必须降低电流，又因 $L_\sigma \ll L_s$，故 I_{sd} 起主导作用，因此，若不进行弱磁则定子频率将被限制，无法实现升速。

再者，由第 5 章式（5-54）忽略定子电阻，则稳态转矩为

$$T_e = \frac{3p_n}{2}\frac{V_{sm}^2}{\omega^2}\frac{\Delta\omega R_r^*}{R_r^2 + \Delta\omega^2 L_{\sigma sr}^2}$$

可见，在基本频率以下，只要维持 V_{sm}/ω 为常数即可实现恒转矩。而在基频以上，当转差不变时，转矩与转子频率的二次方成反比，表明基频以上必须减小转矩。由式（6-7a）可知转矩的另一种表达式为

$$T_e = \frac{3p_n L_m^2}{2L_r}I_{sd}I_{sq} \tag{6-23}$$

可见，当 $I_{sd} = \text{const}$ 时，若负载转矩 $T_L = \text{const}$，则 I_{sq} 将收敛到 I_{sqmax} 以下的某个恒定值，保证了电机总输出电流受控前提下，实现"恒转矩调速"。其数学表达式为

$$\begin{cases} I_{sd} = I_{sd-nom} = \text{const} \\ I_{smax} = \sqrt{I_{sqmax}^2 + I_{sd}^2} \\ |\omega| \leq \omega_{s-nom}^* \end{cases} \tag{6-24}$$

式中，I_{sqmax} 为转矩电流的限幅值；I_{smax} 为电机允许的最大总电流；I_{sd-nom} 为额定励磁电流；ω_{s-nom}^* 为实际弱磁临界频率。

对于 SVPWM，最高输出相电压与直流母线电压的关系为

$$V_{max} = V_{dc}/\sqrt{3}$$

故弱磁临界频率应根据直流母线电压做相应的修正，即

$$\omega_{s-nom}^* = \frac{V_{smax}}{V_{s-nom}}\omega_{s-nom} = \frac{V_{dc}}{\sqrt{3}V_{s-nom}}\omega_{s-nom} \tag{6-25}$$

式中，ω_{s-nom} 为电机基本频率（额定频率）；V_{dc} 为直流母线电压。可见，直流母线电压会影响弱磁临界频率。

基频以上若采用恒功率方式降低转矩，从负载机械特性忽略转差得

$$T_L = \frac{p_n P_L}{\omega_r} \approx \frac{p_n P_L}{|\omega|} \tag{6-26}$$

式中，P_L 为负载功率；p_n 为极对数。

可见，若负载保持恒功率，转矩与转速成倒数关系。若 I_{sd} 为转速的倒数，则能够满足负载的倒数特性，而 I_{sq} 根据负载的大小也将收敛到 I_{sqmax} 以下的某个恒定值，同样保证了电机总电流的受控。"恒功率区间"的数学表达式为

$$\begin{cases} I_{sd} = I_{sd0}\dfrac{\omega_{s-nom}^*}{|\omega|}; \ \omega_{s-nom}^* \leqslant |\omega| \leqslant \omega_p \\ I_{smax} = \sqrt{I_{sqmax}^2 + I_{sd}^2} \end{cases} \tag{6-27}$$

式中，ω_p 为恒功率区与减功率区的交界频率（参考图 6-20 的说明）。

按以上两段特性规划励磁电流时，且输出总电流为 I_{smax} 时对应的负载转矩（以下称为额定转矩特性）可表示为

$$T_{e0} = \frac{3p_n}{2}\frac{L_m^2}{L_r}I_{sd}\sqrt{I_{smax}^2 - I_{sd}^2} \tag{6-28}$$

然而，恒功率调速的特性由负载特性式（6-27）给出，电机能否达到负载要求还要考虑电机的极限输出转矩。第 5 章式（5-56）给出了电机的极限输出转矩（pull-out）为

$$T_{ep} = \frac{3p_n}{2}\frac{V_{smax}^2}{\omega^2}\frac{1}{L_{\sigma sr}} \tag{6-29}$$

图 6-20 给出了仿真模型电机在总电流保持不变（I_{smax}）时按转矩特性［式（6-28）］与极限转矩特性［式（6-29）］的比较图。图中，ω_p 为额定转矩曲线与极限转矩 T_{ep} 曲线的交点频率（$\omega_p = 2\pi f_p$），从曲线查得模型电机的交界频率约为 $f_p = 245\,Hz$。

尽管电机设计能够保证额定负载转矩一定小于电机的极限转矩，但对比特性曲线可见，极限转矩按 $1/\omega^2$ 规律变化，恒功率对负载转矩的要求按 $1/\omega$ 规律变化。很明显，极限转矩的衰减速率要高于负载转矩，当输出转速超过两个曲线的交点（ω_p）时，极限转矩开始小于恒功率负载转矩，表明电机在转矩电流 I_{sq} 的限定范围无法承受正常的负载，从而造成电机失控。因此异步电机调速还要增加由极限转矩约束的减功率区。或者说，减功率区要求使励磁电流也按照 $1/\omega^2$ 变化规律。故有"减功率区间"的数学表达式为

$$\begin{cases} I_{sd} = I_{sd-nom}\left(\dfrac{\omega_p}{\omega}\right)^2 \quad (|\omega| > \omega_p) \\ I_{smax} = \sqrt{I_{sqmax}^2 + I_{sd}^2} \end{cases} \tag{6-30}$$

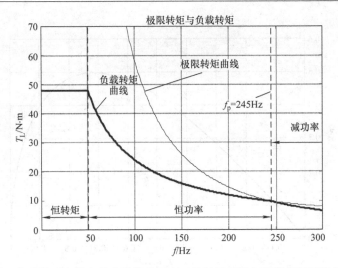

图 6-20　仿真模型电机在总电流保持不变时按转矩特性与极限转矩特性的比较图

式中，I_{sd-nom} 为基频以下励磁电流，即额定励磁电流；ω_p 为极限转矩曲线与负载恒功率曲线的交点频率。对于一般电机设计，极限转矩一般是额定转矩的 2～3 倍。

考虑模型电机参数，图 6-20 按转矩特性划分了恒转矩、恒功率、减功率三个区段，于是有图中粗实线构建的 $(I_{sd}^* - \omega)$ 励磁分段函数。

从图 6-20 中可见，该仿真模型电机的恒功率与减功率的临界频率约为 $\omega_p = 245\text{Hz}$。该参数与电机总漏感有关，因此宽范围励磁特性必须根据电机参数规划合理的励磁特性。静态励磁特性简单易行且 $d-q$ 两轴电流可独立设置。

6.4.2　最佳磁场控制[80,81]

以总电流不变为原则，考察 I_{sd} 与 I_{sq} 的电流分配对转矩的影响。由式（6-7a）稳态转矩公式，有

$$\begin{cases} T_e = \dfrac{3p_n}{2}\dfrac{L_m^2}{L_r}I_{sd}I_{sq} \\[2mm] I_{sq} = \sqrt{I_{sm}^2 - I_{sd}^2} \end{cases}$$

当 I_{sm} 不变时，求该函数极大值。令 $\partial T_e / \partial I_{sd} = 0$，求转矩极大值的条件为

$$\begin{cases} T_{e-best} = \dfrac{3p_n}{2}\dfrac{L_m^2}{L_r}\dfrac{I_{smax}^2}{2} \\[2mm] I_{sd-best} = I_{s-best} = \dfrac{\sqrt{2}}{2}I_{smax} \end{cases} \tag{6-31}$$

式中，I_{smax} 为最大允许总电流，它来自人工参数设定的总电流限幅值；T_{e-best} 为系统最佳转矩；$I_{sd-best}$ 为最佳励磁电流。

图 6-21 给出总电流不变时，转矩 – 励磁电流的标幺化关系曲线。

可见，在 I_{sd} 在 $[0,(\sqrt{2}/2)I_{sm}]$ 之间与转矩服从正定关系，并在

$$I_{sd-best} = I_{sq-best} = \dfrac{\sqrt{2}}{2}I_{sm} \tag{6-32}$$

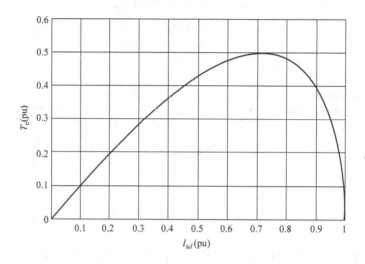

图 6-21   总电流不变时，转矩 – 励磁电流的标幺化关系曲线

时取得最大（最佳）转矩。对仿真模型电机，在励磁电流恒定，即 $I_{sd-nom} = 0.275 \times I_{smax}$ 时，最大转矩为

$$T_{emax} = \frac{3p_n L_m^2}{2L_r} I_{sd} I_{sqmax} = \frac{3p_n L_m^2}{2L_r} \times 0.275 \times \sqrt{1 - 0.275^2} I_{smax}^2 = 0.264 \cdot \frac{3p_n L_m^2}{2L_r} I_{smax}^2$$

而式（6-31）得到的最佳转矩为

$$T_{emax} = \frac{3p_n}{2} \frac{L_m^2}{L_r} \frac{I_{smax}^2}{2}$$

比较两者可见，最佳转矩几乎是恒定励磁时最大转矩的 2 倍，而以转矩最大化为原则寻找最恰当的励磁电流是最佳励磁控制的根本所在。

将式（6-32）代入式（6-22），有

$$(\omega L_\sigma I_{sq-best})^2 + (\omega L_s I_{sd-best})^2 = \frac{\omega^2 (L_\sigma^{*2} + L_s^2) I_{smax}^2}{2} \leqslant V_{smax}^2$$

变换可得能够输出最大转矩时的频率范围为

$$\omega \leqslant \omega_{best} \triangleq \frac{\sqrt{2} V_{smax}}{I_{smax} \sqrt{L_s^2 + L_\sigma^{*2}}} \qquad (6-33)$$

式中，ω_{best} 为最佳临界频率。

可见，电机只能在低频段输出最佳（最大）转矩。对仿真模型电机，$L_s = 0.212H$，$L_\sigma^* = 0.012H$，$V_{smax} = 311V$，$I_{smax} = 17A$，代入式（6-33）得

$$f = \frac{\omega}{2\pi} \leqslant \frac{\sqrt{2} \times 311}{2\pi \times 17 \times \sqrt{0.012^2 + 0.212^2}} Hz = 19.4Hz$$

这表明，模型在频率 19.4Hz 以下均能发挥最佳转矩，而 19.4Hz 以上不能输出最佳转矩。

仿照恒定励磁特性可得出最佳励磁电流特性为

$$\begin{cases} I_{sd-best} = (\sqrt{2}/2)I_{smax} & |\omega| \le \omega_{best} \\ I_{sd-best} = (\sqrt{2}/2)I_{smax}\omega_{best}/|\omega| & |\omega| > \omega_{best} \\ I_{sd-best} = (\sqrt{2}/2)I_{smax}\left(\dfrac{\omega_p}{\omega}\right)^2 & |\omega| > \omega_p \\ I_{sqmax} = \sqrt{I_{smax}^2 - I_{sd-best}^2} \end{cases} \tag{6-34}$$

对应的最佳转矩特性为

$$T_{e-best} = \frac{3p_n}{2}\frac{L_m^2}{L_r}I_{sd-best}\sqrt{I_{s-max}^2 - I_{sd-best}^2} \tag{6-35}$$

图 6-22 给出了总电流恒定（I_{smax}）时开环额定励磁转矩［式（6-28）］、极限转矩［式（6-29）］与最佳励磁转矩［式（6-35）］特性曲线比较。

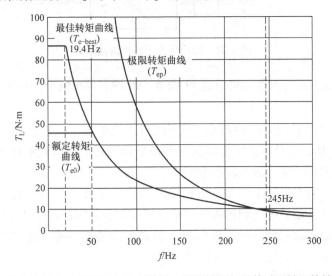

图 6-22　总电流恒定时开环额定励磁转矩、极限转矩与最佳励磁转矩特性曲线比较

最佳励磁特性可采用开环方式或闭环方式来实现。

图 6-23 给出了开环模式下的控制框图。

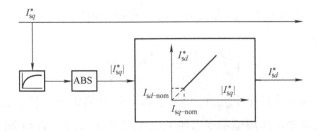

图 6-23　开环模式下的控制框图

开环模式的基本思想是在转矩电流绝对值大于额定励磁电流时，使励磁电流跟随转矩电流，即 $I_{sd} = I_{sq}$；当转矩电流小于励磁电流时，励磁电流维持额定励磁电流（I_{sd-nom}）。这样做既满足负载条件下的最大转矩，又兼顾轻载时输出电流最小。

图 6-24 为闭环模式下的控制框图[80]。其中，V_{sm}^* 作为参考电压，与实际电机电压比较后进行 PI 调节，由式（6-22）忽略漏感，有

$$V_{sm} \approx \omega_e L_s I_{sd}$$

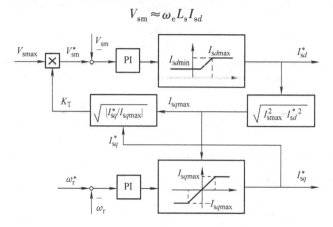

图 6-24　闭环模式下的控制框图

可见，I_{sd} 与 V_{sm} 为正定关系，可组成 PI 调节，PI 调节器最终会根据 V_{sm}^* 指令找到合适的 I_{sd}^* 值。

K_T 为负载率，负载越轻，K_T 值越小，对应的 V_{sm}^* 也很小，I_{sd}^* 自然也很小；反之，I_{sd}^* 增大，直至达到 I_{sdmax} 值，为总电流不变前提下实现最佳励磁做好提供前提条件。因转矩电流限幅值受励磁电流限幅约束，故总输出电流不会超过限定值 I_{smax}。

需要指出的是：只有当两个调节器输出同时达到限幅值（满载）时，系统才能实现最佳转矩。轻载时具体的励磁电流和转矩电流由闭环控制自动协调。在基频以上，输出电压恒定，电压闭环会自动收敛到合适的励磁电流（弱磁）及转矩电流。闭环策略充分利用了电机最佳转矩，故属于一种最优力矩控制策略。

以下给出闭环策略的参数取值方法：

V_{smax} 为当前母线电压下所能达到的理论电压最高值，对于空间矢量法，取

$$V_{smax} = \frac{V_{dc}}{\sqrt{3}} \tag{6-36}$$

V_{sm} 为逆变器实际输出电压，通常取逆变器重构输出电压，考虑输出电压与直流母线电压双基准，标幺化后得

$$V_{smax}^{pu} = \frac{V_{smax}}{V_{BASE}} = \frac{V_{DC-BASE}}{\sqrt{3} V_{BASE}} V_{dc}^{pu} \tag{6-36a}$$

需要注意的是，闭环系统中 V_{sd}、V_{sq} 的标幺限幅值宜略大于"1"，即使 PWM 能够进入过调制区，或者维持两个电压限幅不变而使 V_{smax} 略小于 $V_{dc}/\sqrt{3}$，否则会因为励磁电流 PI 调节器的输入误差为"0"而使励磁电流调节失效，达不到期望的效果。

I_{sdmin} 为全速范围内维持电机空载运行的最小励磁电流，该值小于额定励磁电流且与调速范围有关，即弱磁范围越宽，取值越小，即

$$I_{sdmin} < I_{sd-nom} \tag{6-37}$$

式中，I_{sd-nom} 为额定励磁电流。为使 I_{sd} 与转矩始终处于正定区间，不妨取最佳励磁电流作

为励磁电流上限，即

$$I_{sd\max} \triangleq I_{sd-best} = \frac{\sqrt{2}}{2} I_{s\max} \tag{6-38}$$

$I_{sq\max}$ 为转矩电流限幅值，它由总电流限幅值 $I_{s\max}$ 和励磁电流给定值 I_{sd}^* 决定，即

$$I_{sq\max} = \sqrt{I_{s\max}^2 - I_{sd}^{*2}}$$

由第 5 章式（5-54）稳态转矩公式可知：当 $V_{sm} = V_{s\max}$ 时，系统允许的最大转矩可表示为

$$T_{e\max} = \frac{3p_n}{2} \frac{V_{s\max}^2}{\omega^2} \frac{\Delta\omega R_r}{R_r^2 + \Delta\omega^2 L_{\sigma sr}^2} \tag{6-39}$$

若认为转差不变，将式（6-39）与第 5 章式（5-54）比较，得

$$\frac{T_e}{T_{e\max}} = \frac{V_{sm}^2}{V_{s\max}^2}$$

故可推算当前负载下所期望的定子电压为

$$\begin{cases} V_{sm}^* = K_T V_{s\max} \\ K_T \triangleq \sqrt{T_e / T_{e\max}} \end{cases} \tag{6-40}$$

K_T 反映了当前转矩与最大转矩之间的比例，故也称为负载系数。考虑式（6-7）转矩公式可知当前励磁电流条件下有

$$K_T = \sqrt{T_e / T_{e\max}} \triangleq \sqrt{I_{sq}^* / I_{sq\max}} \tag{6-41}$$

式中，T_e 为当前转矩；$T_{e\max}$ 为当前励磁下所能达到的限幅转矩。

6.4.3 电流轨迹分析[53,54]

式（6-22）可表示为

$$\begin{cases} \dfrac{I_{sq}^2}{(V_{sm}/\omega L_\sigma^*)^2} + \dfrac{I_{sd}^2}{(V_{sm}/\omega L_s)^2} = 1 \\ L_\sigma^* = (L_s L_r - L_m^2)/L_r \end{cases} \tag{6-42}$$

可见在 $d-q$ 坐标系电流轨迹为一个椭圆。

联立式（6-29）、式（6-42）可得 $d-q$ 电流在电机极限转矩下的轨迹为

$$\begin{cases} I_{sd} = \dfrac{L_r V_{sm}^2}{\omega^2 L_m^2 L_{\sigma sr}} \dfrac{1}{I_{sq}} \\ L_{\sigma sr} = \dfrac{L_s L_r - L_m^2}{L_s} \end{cases} \tag{6-43}$$

可见，该轨迹为一个反比曲线（双曲线）。

图 6-25 给出弱磁区 $d-q$ 电流轨迹与极限转矩时的电流轨迹以及额定电流圆的比较图。

图 6-25 中，粗线为基频（50Hz）电流轨迹，细线为 100Hz 电流轨迹，虚线为额定电流轨迹。

可见，在基频以下，只要总电流限幅对应圆形轨迹不与极限转矩轨迹相交，则可以达到所期望的控制效果。随着频率提高，系统进入弱磁区，电流轨迹与其对应的极限转矩下电流轨迹均向原点收缩，因此必须确保总电流控制在极限转矩轨迹以内，否则电机将崩溃。

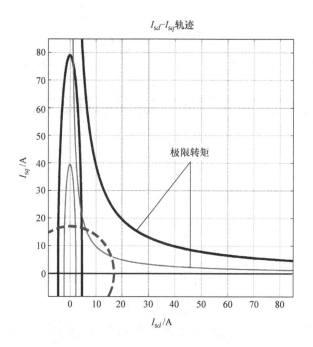

图 6-25   弱磁区 $d - q$ 电流轨迹与极限转矩时的电流轨迹以及额定电流圆的比较图

6.4.4   弱磁区的动态磁场饱和

因弱磁阶段实际磁场与目标励磁存在一阶滤波器，故在动态加、减速时会出现短时过饱和问题。图 6-26 给出 18.5kW 电机从 $0 \sim 100\text{Hz}$ 加速过程 V_{sd}（深色）与 I_a（浅色）的动态波形。

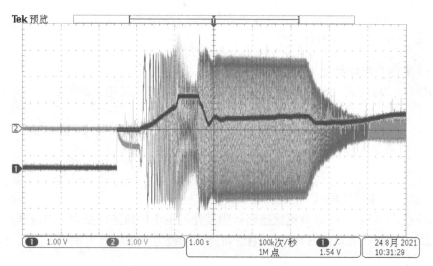

图 6-26   18.5kW 电机从 $0 \sim 100\text{Hz}$ 加速过程 V_{sd} 与 I_a 的动态波形

可见，在进入弱磁区 1s 内（$50 \sim 70\text{Hz}$ 之间）出现了动态饱和（V_{sd} 达到限幅值）。

6.4.5　励磁特性系统仿真

仿真条件：$\Delta T = 10^{-6}\mathrm{s}$；$f_{\mathrm{rg}} = 45\mathrm{Hz}$；$I_{sd}^* = 0.275\mathrm{pu}$；$T_{\mathrm{L}}$ 按 $0\mathrm{N\cdot m} - 45\mathrm{N\cdot m} - 0\mathrm{N\cdot m}$ 规律施加（额定转矩 $45\mathrm{N\cdot m}$）；闭环励磁取 $I_{sdmin} = 0.1\mathrm{pu}$，$I_{sdmax} = 0.707\mathrm{pu}$，$I_{\mathrm{BASE}} = 17\mathrm{A}$。

图 6-27 为静态励磁定子电压纯正弦有速度传感器矢量控制（VC）模型的动态响应。

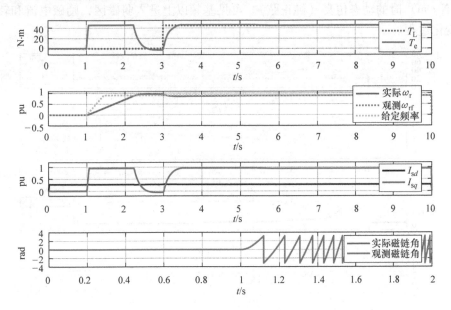

图 6-27　静态励磁定子电压纯正弦有速度传感器 VC 模型的动态响应

图 6-28 为闭环动态励磁纯正弦有速度传感器矢量控制（VC）模型的动态响应。

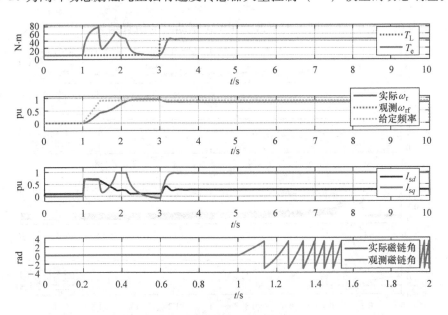

图 6-28　闭环动态励磁纯正弦有速度传感器 VC 模型的动态响应

可见，在总电流不变前提下，静态励磁时加速期间 I_{sq} 始终保持限幅值，约在 0.7s 后达到目标速度。闭环励磁时加速过程在低频段（19.4Hz 以下）保持 $I_{sd}=I_{sq}=0.707I_{smax}$，表明维持输出最佳转矩，达到目标速度的时间约为 0.6s。可以想象，若目标频率在 19.4Hz 以下，闭环励磁的整体力矩将近似达到静态励磁时的 2 倍，足见闭环励磁的优势。

图 6-29 为无传感器励磁闭环模式下，设定频率为 2 倍额定频率，转矩为额定转矩 30%（$T_L=15\mathrm{N\cdot m}$）时的动态仿真（纯正弦）。可见基频以上进入弱磁区，励磁电流和转矩逐渐减小的变化过程。

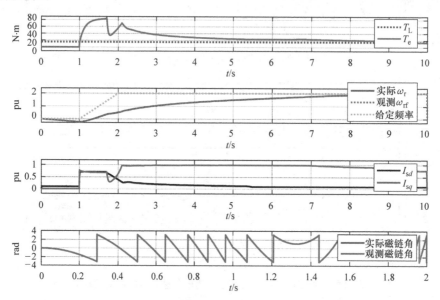

图 6-29　无传感器励磁闭环模式 +2 倍额定频率 +30% 额定转矩时的动态仿真（纯正弦）

图 6-30 为在与图 6-29 相同工况下改为 PWM 驱动时的仿真结果。

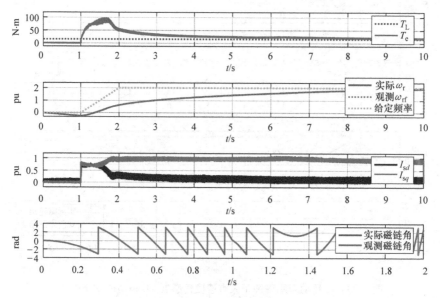

图 6-30　无传感器励磁闭环模式 +2 倍额定频率 +30% 额定转矩时的动态仿真（PWM）

可见，PWM 逆变器驱动与理想正弦驱动的仿真结果差异不大，只是因 PWM 调制产生了电流脉动。其他情况下的 PWM 驱动与纯正弦驱动结果的相似性（仿真图略）。

6.5 位置控制（悬停）

吊车及车辆牵引控制场合需要悬停或坡道驻车功能，其本质是位置控制。位置控制只能在有传感器下实现。对于增量编码器无绝对位置信号，但可以在速度进入"零区"的第一时刻定义位置 0 点，然后进行定位控制。

图 6-31 给出了位置 – 速度/电流"准三环"有差调节系统。

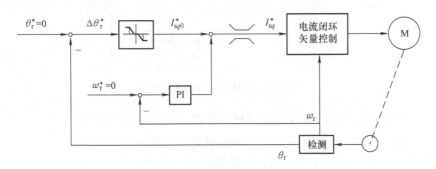

图 6-31　有差调节系统

图中，位置调节器采用非线性增益的比例控制，其输出作为电流环的给定（I_{sq}^*），以达到定位目的。速度 PI 作为辅助调节器用于极低速区的减速控制，以抑制位置调节引起的不稳定。当速度为零时，速度 PI 输出应强迫为零，将控制权完全交给位置调节器。

6.6 力矩控制

车辆多级重联牵引会涉及力矩均衡控制。

图 6-32 给出了单机力矩控制模型。

图 6-33 为单机力矩下垂特性控制。

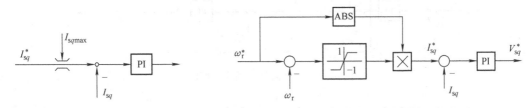

图 6-32　单机力矩控制模型　　　　图 6-33　单机力矩下垂特性控制

图中：ABS 为绝对值函数；ω_r^* 为速度给定（标幺值），它与转矩电流给定（标幺值）组成联动关系。下垂控制相当于带死区的有差控制系统，可以实现稳速。该模式适合人工驾驶车辆牵引控制，可取得较好的系统稳定性。

图 6-34 为主从力矩均衡控制框图。

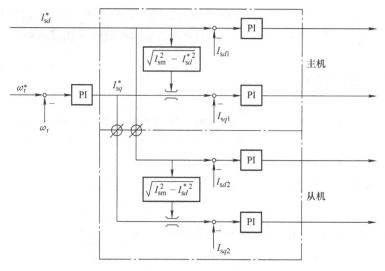

图 6-34 主从力矩均衡控制框图

它可实现多机重联。主机完成速度闭环，并将主机的励磁电流给定（I_{sd}^*）与力矩电流给定（I_{sq}^*）传递给从机，以便从机跟随主机的转矩，实现力矩均衡。

图 6-35 为主从限幅跟随模式框图，即从机根据主机的力矩的方向和大小作为自身力矩的单边限幅。该模式允许主从独立速度闭环。

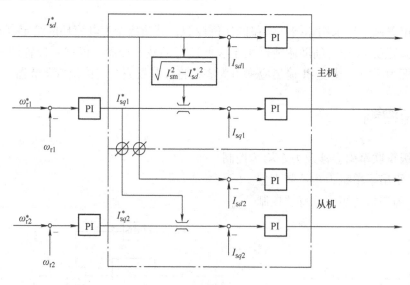

图 6-35 主从限幅跟随模式框图

6.7 无速度传感器矢量控制（SVC）[37-40]

矢量控制的核心是转子磁链的观测。当电机无法加装速度传感器时，电机的磁链和转速只能靠数学模型去估计。文献［37］给出了基于模型参考自适应（MRAS）[41]原理实现的无速度传感器方案，如图 6-36 所示。

电流模型在全局内均有较好特性，特别是低频优势更明显。但电流模型依赖转子速度，

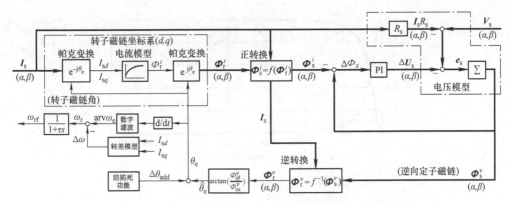

图 6-36　基于模型参考自适应（MRAS）原理实现的无速度传感器方案

故欲实现无速度传感器控制必须依赖电压模型。电压模型在高速区优势明显，但其模型内部所含有的积分器漂移问题必须进行抑制。

　　本方案利用两个模型的比较，基于 MRAS 原理模型误差来校正积分器，克服积分漂移问题（图中点画线部分解决模型启动时电压模型的初值问题）。两个模型通过 PI 调节器衔接，但因 PI 输入（磁链）与输出（电压）物理量量纲不同，故宜采用标幺化进行评述。考虑基准值定义 $\omega_{\mathrm{BASE}} = V_{\mathrm{BASE}} / \varPhi_{\mathrm{BASE}}$，得到标幺化信号关系为

$$\begin{cases} \Delta \boldsymbol{U}_{\mathrm{s}}^{\mathrm{pu}} = K_{\mathrm{p}} \left(\boldsymbol{\varPhi}_{\mathrm{s}}^{v,\mathrm{pu}} - \boldsymbol{\varPhi}_{\mathrm{s}}^{i,\mathrm{pu}} \right) + \dfrac{\boldsymbol{\varPhi}_{\mathrm{s}}^{v,\mathrm{pu}} - \boldsymbol{\varPhi}_{\mathrm{s}}^{i,\mathrm{pu}}}{T_{\mathrm{i}} s} \\[2ex] \boldsymbol{\varPhi}_{\mathrm{s}}^{v,\mathrm{pu}} = \boldsymbol{\varPsi}_{\mathrm{s}}^{\mathrm{pu}} - \omega_{\mathrm{BASE}} \dfrac{\Delta \boldsymbol{U}_{\mathrm{s}}^{\mathrm{pu}}}{s} \\[2ex] \boldsymbol{\varPsi}_{\mathrm{s}}^{\mathrm{pu}} \triangleq \dfrac{\boldsymbol{U}_{\mathrm{s}}^{\mathrm{pu}} - \boldsymbol{I}_{\mathrm{s}}^{\mathrm{pu}} R_{\mathrm{s}}^{\mathrm{pu}}}{s} \end{cases}$$

整理得

$$\begin{cases} \boldsymbol{\varPhi}_{\mathrm{s}}^{v,\mathrm{pu}} = G_1(s) \boldsymbol{\varPsi}_{\mathrm{s}}^{v,\mathrm{pu}} + G_2(s) \boldsymbol{\varPhi}_{\mathrm{s}}^{i,\mathrm{pu}} \\[2ex] G_1(s) = \dfrac{s^2}{s^2 + \omega_{\mathrm{BASE}} K_{\mathrm{p}} s + \omega_{\mathrm{BASE}} / T_{\mathrm{i}}} \\[2ex] G_2(s) = 1 - G_1(s) \end{cases} \tag{6-44}$$

式中，$\boldsymbol{\varPsi}_{\mathrm{s}}^{v,\mathrm{pu}}$ 为不含补偿量的纯理论电压模型的定子磁链；K_{p}、T_{i} 为观测器 PI 调节器比例系数与积分时间常数；ω_{BASE} 为标幺化模型的频率基准。

　　考核两个传递函数幅 – 频关系为

$$\begin{cases} \left| G_1(\mathrm{j}\omega) \right| = \dfrac{\omega^2}{\sqrt{(\omega^2 - \omega_{\mathrm{BASE}} / T_{\mathrm{i}})^2 + (\omega_{\mathrm{BASE}} K_{\mathrm{p}} \omega)^2}} \\[2ex] \left| G_2(\mathrm{j}\omega) \right| = 1 - \left| G_1(\mathrm{j}\omega) \right| \end{cases} \tag{6-45}$$

取 $\omega_{\mathrm{BASE}} = 314\mathrm{rad/s}$；$T_{\mathrm{i}} = 1\mathrm{s}$；$K_{\mathrm{p}} = 0.1$，可由式（6-45）得到幅频仿真曲线，如图 6-37 所示。

　　可见，两个二阶传递函数增益随频率互补变化，在两个电机模型之间形成加权作用，即低速时以电流模型为主，高速时电压模型起主导作用。又因 $G_1(s) + G_2(s) = 1$，两个二阶传

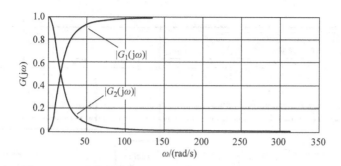

图 6-37 两个模型的幅频仿真曲线

递函数一个超前，一个滞后弥补了相位偏移。

此外，$G_1(s)$ 的频率特性对积分漂移起到补偿作用且不会产生相位移弥补了理论电压模型的纯积分漂移的弊端。

调节器改为 P 调节时 $G_1(s)$、$G_2(s)$ 表现为一阶传递函数滤波环节，从而会使观测器得以降阶和简化。

6.7.1 模型参考自适应系统（MRAS）磁链观测器

为提高电机模型动态效果，PWM 输出采用时间片组合方式，以下观测器在高速时间片中断程序中实施（$T_Z = 10\mu s$），定子电压采用瞬时重构。

1. $d-q$ 坐标系电流模型转子磁链

式（6-9）给出了按转子磁链定向时转子磁链电流模型表达式。为防止与后文中电压模型得到的转子磁链混淆，将转子磁链增加上标"i"以示区分。转子磁链微分方程为

$$\Phi_r^i + T_r \frac{\mathrm{d}\Phi_r^i}{\mathrm{d}t} = L_m I_{sd} \quad (\Phi_r^i \neq 0) \tag{6-46}$$

离散标幺化为

$$\begin{cases} \Phi_r^{i,\mathrm{pu}}(k) = K_1 \Phi_r^{i,\mathrm{pu}}(k-1) + K_2 I_{sd}^{\mathrm{pu}}(k) \\ K_1 = \dfrac{T_r}{T_r + \Delta T}; \ K_2 = \dfrac{\Delta T}{T_r + \Delta T}\dfrac{L_m I_{\mathrm{BASE}}}{\Phi_{\mathrm{BASE}}} = \dfrac{\Delta T}{T_r + \Delta T}L_m^{\mathrm{pu}} \end{cases} \tag{6-46a}$$

2. $d-q$ 坐标系定子电流

定子电流方程为

$$\begin{cases} I_{sd} = I_{s\alpha}\cos\theta_e + I_{s\beta}\sin\theta_e \\ I_{sq} = I_{s\alpha}\sin\theta_e + I_{s\beta}\cos\theta_e \end{cases} \tag{6-47}$$

离散标幺化为

$$\begin{cases} I_{sd}^{\mathrm{pu}}(k) = I_{s\alpha}^{\mathrm{pu}}(k)\cos[\theta_e(k-1)] + I_{s\beta}^{\mathrm{pu}}(k)\sin[\theta_e(k-1)] \\ I_{sq}^{\mathrm{pu}}(k) = -I_{s\alpha}^{\mathrm{pu}}(k)\sin[\theta_e(k-1)] + I_{s\beta}^{\mathrm{pu}}(k)\cos[\theta_e(k-1)] \end{cases} \tag{6-47a}$$

3. $\alpha-\beta$ 坐标系电流模型转子磁链

自适应模型建立在系统收敛前提下，此处不妨假设磁链角已知，转子磁链变换到定子坐标系为

$$\Phi_{r-s}^i = \Phi_r^i \mathrm{e}^{\mathrm{j}\theta_e} \tag{6-48}$$

式中，θ_e 为转子磁链与定子坐标系的夹角。离散标幺化为

$$\begin{cases} \Phi_{r\alpha}^{i,\mathrm{pu}}(k) = \Phi_r^{i,\mathrm{pu}}(k)\cos[\theta_e(k-1)] \\ \Phi_{r\beta}^{i,\mathrm{pu}}(k) = \Phi_r^{i,\mathrm{pu}}(k)\sin[\theta_e(k-1)] \end{cases} \tag{6-48a}$$

4. $\alpha-\beta$ 坐标系电流模型定子磁链

由电机静止坐标系基本方程可知

$$\begin{cases} \boldsymbol{\Phi}_{s-s} = L_s \boldsymbol{I}_{s-s} + L_m \boldsymbol{I}_{r-s} \\ \boldsymbol{\Phi}_{r-s} = L_m \boldsymbol{I}_{s-s} + L_r \boldsymbol{I}_{r-s} \end{cases}$$

去掉转子电流，得转子磁链与定子磁链之间的转换函数关系为

$$\boldsymbol{\Phi}_{s-s} = \frac{L_m}{L_r}\boldsymbol{\Phi}_{r-s} + \frac{L_s L_r - L_m^2}{L_r}\boldsymbol{I}_{s-s} \tag{6-49}$$

分量形式为

$$\begin{cases} \Phi_{s\alpha}^i = \dfrac{L_m}{L_r}\Phi_{r\alpha}^i + \dfrac{L_s L_r - L_m^2}{L_r}I_{s\alpha} \\[3mm] \Phi_{s\beta}^i = \dfrac{L_m}{L_r}\Phi_{r\beta}^i + \dfrac{L_s L_r - L_m^2}{L_r}I_{s\beta} \end{cases}$$

此式也称转子－定子磁链转化特性，或称"正转化"特性。离散标幺化为

$$\begin{cases} \Phi_{s\alpha}^{i,\mathrm{pu}}(k) = K_3 \Phi_{r\alpha}^{i,\mathrm{pu}}(k) + K_4 I_{s\alpha}^{i,\mathrm{pu}}(k) \\ \Phi_{s\beta}^{i,\mathrm{pu}}(k) = K_3 \Phi_{r\beta}^{i,\mathrm{pu}}(k) + K_4 I_{s\beta}^{i,\mathrm{pu}}(k) \\ K_3 = L_m/L_r \\ K_4 = \dfrac{L_s L_r - L_m^2}{L_r}\dfrac{I_{\mathrm{BASE}}}{\Phi_{\mathrm{BASE}}} = \dfrac{L_s^{\mathrm{pu}} L_r^{\mathrm{pu}} - (L_m^{\mathrm{pu}})^2}{L_r^{\mathrm{pu}}} \end{cases} \tag{6-49a}$$

5. $\alpha-\beta$ 坐标系电压模型定子磁链

（1）反电动势

$$\begin{cases} e_{s\alpha} = V_{s\alpha} - V_{\mathrm{err}\alpha} - I_{s\alpha}R_s - \Delta U_{s\alpha} \\ e_{s\beta} = V_{s\beta} - V_{\mathrm{err}\beta} - I_{s\beta}R_s - \Delta U_{s\beta} \end{cases} \tag{6-50}$$

对于时间片组合 PWM 方式，$V_{s\alpha}$、$V_{s\beta}$ 为瞬时电压重构，$V_{\mathrm{err}\alpha}$、$V_{\mathrm{err}\beta}$ 为包含饱和压降及按边沿考虑的死区电压误差。

离散标幺化为

$$\begin{cases} e_{s\alpha}^{\mathrm{pu}}(k) = V_{s\alpha}^{\mathrm{pu}}(k) - V_{\mathrm{err}\alpha}^{\mathrm{pu}}(k) - K_5 I_{s\alpha}^{\mathrm{pu}}(k) - \Delta U_{s\alpha}^{\mathrm{pu}}(k-1) \\ e_{s\beta}^{\mathrm{pu}}(k) = V_{s\beta}^{\mathrm{pu}}(k) - V_{\mathrm{err}\beta}^{\mathrm{pu}}(k) - K_5 I_{s\beta}^{\mathrm{pu}}(k) - \Delta U_{s\beta}^{\mathrm{pu}}(k-1) \\ K_5 = R_s I_{\mathrm{BASE}}/V_{\mathrm{BASE}} = R_s^{\mathrm{pu}} \end{cases} \tag{6-50a}$$

（2）定子磁链

$$\begin{cases} \Phi_{s\alpha}^v = \displaystyle\int e_{s\alpha}\mathrm{d}t \\ \Phi_{s\beta}^v = \displaystyle\int e_{s\beta}\mathrm{d}t \end{cases} \tag{6-51}$$

差分化，得

$$\begin{cases} \Delta\Phi_{s\alpha}^v = e_{s\alpha}\Delta T \\ \Delta\Phi_{s\beta}^v = e_{s\beta}\Delta T \end{cases}$$

离散标幺化，积分累加取前后两拍平均值，有

$$\begin{cases} \Phi_{s\alpha}^{v,\mathrm{pu}}(k) = \Phi_{s\alpha}^{v,\mathrm{pu}}(k-1) + 0.5K_6\left[e_{s\alpha}^{\mathrm{pu}}(k) + e_{s\alpha}^{\mathrm{pu}}(k-1) \right] \\ \Phi_{s\beta}^{v,\mathrm{pu}}(k) = \Phi_{s\beta}^{v,\mathrm{pu}}(k-1) + 0.5K_6\left[e_{s\beta}^{\mathrm{pu}}(k) + e_{s\beta}^{\mathrm{pu}}(k-1) \right] \\ K_6 = \Delta T V_{\mathrm{BASE}} / \Phi_{\mathrm{BASE}} = \omega_{\mathrm{BASE}} \Delta T \end{cases} \tag{6-51a}$$

（3）磁链误差

将电流模型与电压模型分别得到的定子磁链进行比较，得到定子磁链误差为

$$\Delta \boldsymbol{\Phi}_x = \boldsymbol{\Phi}_s^v - \boldsymbol{\Phi}_s^i \tag{6-52}$$

离散标幺化为

$$\begin{cases} \Delta \Phi_{x\alpha}^{\mathrm{pu}}(k) = \Phi_{s\alpha}^{v,\mathrm{pu}}(k) - \Phi_{s\alpha}^{i,\mathrm{pu}}(k) \\ \Delta \Phi_{x\beta}^{\mathrm{pu}}(k) = \Phi_{s\beta}^{v,\mathrm{pu}}(k) - \Phi_{s\beta}^{i,\mathrm{pu}}(k) \end{cases} \tag{6-52a}$$

（4）PI 调节器

物理量表达式为

$$\Delta \boldsymbol{U}_s = K_{\mathrm{pp}} \Delta \boldsymbol{\Phi}_x + \frac{1}{T_{\mathrm{ii}}} \int \Delta \boldsymbol{\Phi}_x \mathrm{d}t$$

式中，K_{pp}、T_{ii} 为物理系统 PI 调节器参数，对数字系统而言，我们更关心标幺化量之间的 PI 参数。考虑基准值定义 $\omega_{\mathrm{BASE}} = V_{\mathrm{BASE}} / \Phi_{\mathrm{BASE}}$，得如下标幺量表达式

$$\begin{cases} \Delta U_s^{\mathrm{pu}} = K_p \Delta \boldsymbol{\Phi}_x^{\mathrm{pu}} + \frac{1}{T_i} \int \Delta \boldsymbol{\Phi}_x^{\mathrm{pu}} \mathrm{d}t \\ K_p \triangleq K_{\mathrm{pp}} / \omega_{\mathrm{BASE}}; \ T_i \triangleq \omega_{\mathrm{BASE}} T_{\mathrm{ii}} \end{cases} \tag{6-53}$$

式中，K_p、T_i 为数字系统所关心的标幺化 PI 调节器对应的比例、积分时间参数。

离散标幺化（梯形算法）为

$$\begin{cases} \Delta U_{s\alpha}(k) = \Delta U_{s\alpha}(k-1) + K_{x1} \Delta \Phi_{x\alpha}^{\mathrm{pu}}(k) - K_{x2} \Delta \Phi_{x\alpha}^{\mathrm{pu}}(k-1) \\ \Delta U_{s\beta}(k) = \Delta U_{s\beta}(k-1) + K_{x1} \Delta \Phi_{x\beta}^{\mathrm{pu}}(k) - K_{x2} \Delta \Phi_{x\beta}^{\mathrm{pu}}(k-1) \\ K_{x1} = K_p \left(1 + \frac{\Delta T}{2T_i} \right); \ K_{x2} = K_p \left(1 - \frac{\Delta T}{2T_i} \right) \end{cases} \tag{6-53a}$$

6. $\alpha - \beta$ 坐标系电压模型转子磁链

由式（6-49）变换得定子-转子磁链转化特性，替换上标得到"逆转化"特性为

$$\boldsymbol{\Phi}_r^v = \frac{L_r}{L_m} \boldsymbol{\Phi}_s^v - \frac{L_s L_r - L_m^2}{L_m} \boldsymbol{I}_s \tag{6-54}$$

分量形式为

$$\begin{cases} \Phi_{r\alpha}^v = \frac{L_r}{L_m} \Phi_{s\alpha}^v - \frac{L_s L_r - L_m^2}{L_m} I_{s\alpha} \\ \\ \Phi_{r\beta}^v = \frac{L_r}{L_m} \Phi_{s\beta}^v - \frac{L_s L_r - L_m^2}{L_m} I_{s\beta} \end{cases}$$

离散标幺化为

$$\begin{cases} \Phi_{r\alpha}^{v,\mathrm{pu}}(k) = K_7 \Phi_{s\alpha}^{v,\mathrm{pu}}(k) - K_8 I_{s\alpha}^{\mathrm{pu}}(k) \\ \\ \Phi_{r\beta}^{v,\mathrm{pu}}(k) = K_7 \Phi_{s\beta}^{v,\mathrm{pu}}(k) - K_8 I_{s\beta}^{\mathrm{pu}}(k) \\ \\ K_7 = \frac{L_r}{L_m} = \frac{L_r^{\mathrm{pu}}}{L_m^{\mathrm{pu}}}; K_8 = \frac{L_s^{\mathrm{pu}} L_r^{\mathrm{pu}} - (L_m^{\mathrm{pu}})^2}{L_m^{\mathrm{pu}}} \end{cases} \tag{6-54a}$$

7. $\alpha-\beta$ 坐标系转子磁链角（电压、电流模型）

通式可表示为

$$\begin{cases} \hat{\theta}_e = \arctan(\Phi_{r\beta}/\Phi_{r\alpha}) & (\text{rad}) \\ \Phi_{r\alpha}(k) \neq 0 \end{cases} \tag{6-55}$$

离散标幺化为

$$\begin{cases} \hat{\theta}_e(k) = \arctan\left[\Phi_{r\beta}^{pu}(k)/\Phi_{r\alpha}^{pu}(k)\right] & (\text{rad}) \\ \Phi_{r\alpha}^{pu}(k) \neq 0 \end{cases} \tag{6-55a}$$

转子磁链既可取自电压模型 Φ_r^v，也可取自电流模型 Φ_r^i（对上式进行变量替换即可）。

8. $\alpha-\beta$ 坐标系转子磁链角度补偿

为了解决观测器可能发生的"陷死"现象，增加磁链角度补偿。

$$\theta_e(k) = \hat{\theta}_e(k) + \Delta\theta_{add} \tag{6-56}$$

式中，$\Delta\theta_{add}$ 为角度补偿量，见本章 6.7.2 节。

9. 转子磁链频率

转子磁链频率可由角度微分定义式直接取得，即

$$\omega_e = \frac{d\theta_e}{dt} = \frac{\theta_e(k) - \theta_e(k-1)}{\Delta T} \tag{6-57}$$

也可以按磁链频率定义对磁链角的反正切表达式进行求导，有如下表达式：

$$\begin{cases} \omega_e = \dfrac{d\theta_e}{dt} = d\,\dfrac{\arctan(\Phi_{r\beta}/\Phi_{r\alpha})}{dt} = \dfrac{1}{\Phi_r^2}\left(\Phi_{r\alpha}\dfrac{d\Phi_{r\beta}}{dt} - \Phi_{r\beta}\dfrac{d\Phi_{r\alpha}}{dt}\right) + \Delta\omega_{add} \\ \Delta\omega_{add} = d(\Delta\theta_{add})/dt \end{cases} \tag{6-58}$$

式中，$\Delta\omega_{add}$ 为附加转差频率，见本章 6.7.2 节。

离散化为

$$\omega_e(k) = \frac{\Phi_{r\alpha}(k)\left[\Phi_{r\beta}(k) - \Phi_{r\beta}(k-1)\right] - \Phi_{r\beta}(k)\left[\Phi_{r\alpha}(k) - \Phi_{r\alpha}(k-1)\right]}{\Delta T \Phi_r^2}$$

标幺化为

$$\begin{cases} \omega_e^{pu}(k) = K_9 \dfrac{\Phi_{r\alpha}^{pu}(k)\left[\Phi_{r\beta}^{pu}(k) - \Phi_{r\beta}^{pu}(k-1)\right] - \Phi_{r\beta}^{pu}(k)\left[\Phi_{r\alpha}^{pu}(k) - \Phi_{r\alpha}^{pu}(k-1)\right]}{(\Phi_r^{pu})^2} \\ K_9 = 1/(\omega_{BASE}\Delta T) \end{cases}$$

$$\tag{6-58a}$$

以上微分方法计算瞬时角速度会带来严重的微分噪声，故需要进行数字滤波。实验发现，采用常规一阶滤波器对转子磁链频率进行滤波所得到的磁链频率会有较大偏差（频率越高，偏差越大，严重时误差可达到 5Hz 以上），为此给出如下的磁链频率滤波方法。

10. 磁链频率滤波

该方法借鉴了本章 6.3.1 节的有速度传感器的 M-T 法思想，采用变窗口磁链角度差值累加-平均的方法。即磁链频率越高，窗口时间越长，所对应的滤波时间也越长。变窗口方法可解决微分计算所带来的噪声，且对低速时因角度线性度变差所带来的磁链频率不稳定问题也有所改善。设当前角度采样窗口对应的总时间为 T_w，样本所对应采样时间（时间片）的个数为 n，则平均磁链角速度与瞬时角速度 M-T 法的函数关系可表示为

$$\begin{cases} \Delta\theta_e^{pu}(k) = \theta_e^{pu}(k) - \theta_e^{pu}(k-1) \\ \text{arv}\omega_e^{pu}(k) = \dfrac{1}{\omega_{BASE}T_w}\sum_{i=1}^{n}\Delta\theta_e^{pu}(i) \end{cases} \tag{6-59}$$

注意：为提高低频时平均值的响应速度，可对采样窗口进行的上限约束，如 T_w 上限取 100ms 等。

11. 转子速度估计

（1）开环速度算法 1

由式（6-9）电流模型加上标表示来自电流模型，得

$$\begin{cases} \Delta\omega = \dfrac{L_m I_{sq}}{T_r \Phi_r^i} \quad (\Phi_r^i \neq 0) \\ |\Delta\omega| < \Delta\omega_{max} \end{cases} \tag{6-60}$$

式中，$\Delta\omega_{max}$ 可取额定转差的 2~3 倍。离散标幺化为

$$\begin{cases} \Delta\omega^{pu}(k) = K_{10}\dfrac{I_{sq}^{pu}(k)}{\Phi_r^{i,pu}(k)} \\ \Phi_r^{i,pu}(k) \neq 0; \ |\Delta\omega^{pu}(k)| \leqslant \Delta\omega_{max}^{pu} \\ K_{10} = \dfrac{L_m I_{BASE}}{\omega_{BASE}T_r\Phi_{BASE}} = \dfrac{L_m^{pu}R_r^{pu}}{L_r^{pu}} \end{cases} \tag{6-60a}$$

转子速度观测值为

$$\omega_r = \text{arv}\omega_e - \Delta\omega$$

由于动态转差仍存在干扰噪声，故需要再增加一阶滤波器滤除噪声。不妨设滤波器时间常数为 τ，滤波器输出为

$$\omega_{rf} = \dfrac{\omega_r}{1+\tau s} \tag{6-61}$$

离散标幺算法为

$$\begin{cases} \omega_{rf}^{pu}(k) = K_{11}\omega_{rf}^{pu}(k-1) + K_{12}\omega_r^{pu}(k) \\ K_{11} = \dfrac{\tau}{\tau+\Delta T}; \ K_{12} = \dfrac{\Delta T}{\tau+\Delta T} \end{cases} \tag{6-61a}$$

（2）开环速度算法 2

转差频率还可以通过另外途径得到。根据第 5 章式（5-30）的电机静止坐标系模型有

$$\begin{cases} 0 = I_{r-s}R_r + \dfrac{d}{dt}\Phi_{r-s} - j\omega_r\Phi_{r-s} \\ \Phi_{r-s} = L_m I_{s-s} + L_r I_{r-s} \end{cases}$$

消去转子电流矢量，得

$$\dfrac{d}{dt}\Phi_{r-s} = j\omega_r\Phi_{r-s} - \dfrac{\Phi_{r-s}}{T_r} - \dfrac{L_m}{T_r}I_{s-s}$$

写成分量形式为

$$
\begin{cases}
\dfrac{\mathrm{d}\Phi_{r\alpha}}{\mathrm{d}t} = -\dfrac{\Phi_{r\alpha}}{T_r} + \dfrac{L_m}{T_r}I_{s\alpha} - \omega_r\Phi_{r\beta} \\[2mm]
\dfrac{\mathrm{d}\Phi_{r\beta}}{\mathrm{d}t} = -\dfrac{\Phi_{r\beta}}{T_r} + \dfrac{L_m}{T_r}I_{s\beta} + \omega_r\Phi_{r\alpha} \\[2mm]
\Phi_r = \sqrt{\Phi_{r\alpha}^2 + \Phi_{r\beta}^2} \\[2mm]
\theta_e = \arctan(\Phi_{r\beta}/\Phi_{r\alpha})
\end{cases}
\tag{6-62}
$$

对 θ_e 求导，得转子磁链角频率为

$$
\omega_e = \frac{\mathrm{d}\theta_e}{\mathrm{d}t} = \mathrm{d}\,\frac{\arctan(\Phi_{r\beta}/\Phi_{r\alpha})}{\mathrm{d}t} = \frac{1}{\Phi_r^2}\left(\Phi_{r\alpha}\frac{\mathrm{d}\Phi_{r\beta}}{\mathrm{d}t} - \Phi_{r\beta}\frac{\mathrm{d}\Phi_{r\alpha}}{\mathrm{d}t}\right)
\tag{6-63}
$$

联立式（6-62）及式（6-63）得

$$
\omega_r = \omega_e - \frac{1}{\Phi_r^2}\frac{L_m}{T_r}(\Phi_{r\alpha}I_{s\beta} - \Phi_{r\beta}I_{s\alpha})
\tag{6-64}
$$

考虑式（6-2）得

$$
\Delta\omega = \frac{1}{\Phi_r^2}\frac{L_m}{T_r}(\Phi_{r\alpha}I_{s\beta} - \Phi_{r\beta}I_{s\alpha})
\tag{6-65}
$$

式（6-60）与式（6-65）转差虽然从不同渠道取得，但计算结果一致，只是前者适合电流模型，后者更适合电压模型。

图 6-38 给出了两种等价的磁链观测模型。

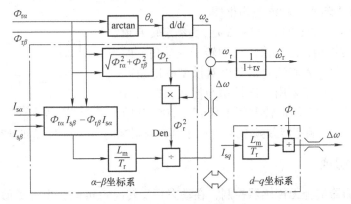

图 6-38　两种等价的磁链观测模型

注：Den 为除法运算的分母。

（3）闭环速度估计（MRAS）[37,39,41]

由静止坐系电机模型可得到

$$
\boldsymbol{\Phi}_{r-s}^v = -\left(\frac{L_rL_s - L_m^2}{L_m}\right)\boldsymbol{I}_s + \frac{L_r}{L_m}\int(\boldsymbol{V}_s - \boldsymbol{I}_s R_s - \Delta\boldsymbol{U}_s)\mathrm{d}t \triangleq \boldsymbol{\Phi}_{r\alpha}^v + \mathrm{j}\boldsymbol{\Phi}_{r\beta}^v
\tag{6-66}
$$

式中，$\Delta\boldsymbol{U}_s$ 为电压矢量补偿，与前文图 6-36 中的意义相同。

由转子电流模型及转子磁链可得到

$$\boldsymbol{\Phi}_{r-s}^i + T_r \frac{d\boldsymbol{\Phi}_{r-s}^i}{dt} = L_m \boldsymbol{I}_s + j\omega_r T_r \boldsymbol{\Phi}_{r-s}^i = \boldsymbol{\Phi}_{r\alpha}^i + j\boldsymbol{\Phi}_{r\beta}^i \tag{6-67}$$

求取两个转子磁链的广义误差为两个转子磁链矢量的差积

$$e \triangleq \boldsymbol{\Phi}_r^i \otimes \boldsymbol{\Phi}_r^v = \boldsymbol{\Phi}_{r\alpha}^i \boldsymbol{\Phi}_{r\beta}^v - \boldsymbol{\Phi}_{r\beta}^i \boldsymbol{\Phi}_{r\alpha}^v \tag{6-68}$$

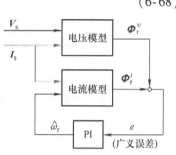

以上为两个不同渠道得出相同的转子磁链，且式（6-67）含有速度量。广义误差为两个矢量的叉积，反映了两个矢量之间的虚拟转矩（或夹角）。根据广义误差进行 PI 调节转子模型磁链的速度，可实现转子模型矢量跟随定子模型矢量的目的。由于两个模型受同一电机模型的约束，故稳态时 PI 输出一定收敛于转子角频率，这也是模型参考自适应的基本原理。图 6-39 给出闭环速度观测模型。

图 6-39　闭环速度观测模型

解决了无传感器矢量控制转子磁链和转子速度的辨识问题，即可仿照有速度传感器矢量控制策略构建无传感器双闭环矢量控制系统。

6.7.2　观测器防"陷死"功能

因异步电机在磁链频率（ω_e）为零时具有不可观测的特性[38]，故特殊情况下可能出现观测器在零频附近"陷死"的情况。通常发生这种情况时，控制系统的速度调节器输出（I_{sq}^*）均维持在限幅值。为使系统避开此极点，可利用 I_{sq}^* 的这一特性产生一个附加的微转差频率（额定转差的 1% 左右），并由该转差频率积分产生附加磁链角 θ_{add} 与观测器的转子磁链角 $\hat{\theta}_e$ 进行叠加作为新的磁链角 θ_e，可确保磁链频率避开零频稳态。

图 6-40 为防"陷死"功能逻辑框图。

图中，K 为增益系数，且 $K<1$；$\Delta\omega_{nom}$ 为额定转差频率；$\Delta\theta_{add}$ 为附加磁链角；θ_e 为修正后的转子磁链角，即观测器的最终磁链角。为避免附加角度对模型磁链角产生累计效应，该环节只能采用一次性参与模式，即电机起动后，当磁链频率小于额定转差频率且 $I_{sq}^* > 50\%$ 开始

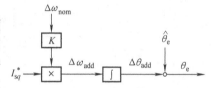

图 6-40　防"陷死"功能逻辑框图

进入，当磁链频率大于额定转差频率或 I_{sq} 小于其自身限幅的 50% 延时（如延时 2s）退出。

6.7.3　正反转切换

全域采用观测器实施无传感器控制，在动态正反转时也可能会出现类似观测器"陷死"的情况。该现象可通过嵌入零制动模式并对观测器进行重置的方法解决。在零制动维持期间（如分秒级）使速度给定积分器输出置零，观测器磁链角按进入时的瞬时角度进行锁定。维持时间过后，解除零制动，恢复给定积分器并开放观测器。

6.7.4　直流母线电压抑制

系统减速过程中会造成直流电压升高，严重时会引起过电压保护。

图 6-41 给出了正转时，直流母线电压偏差对速度调节器下限幅修正的控制策略（反转时修正上限幅，图略）。

正转时，根据误差电压修改速度调节器的限幅值下限，反转时修改限幅值上限。两种方式均对减速能力进行限制，最大限度地抑制动能向电能的转化，进而抑制母线电压升高。考

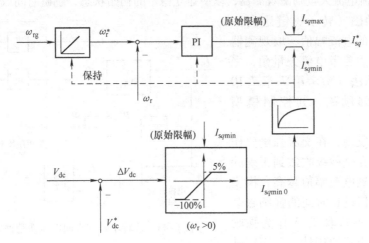

图 6-41　正转时直流母线电压偏差对速度调节器下限幅修正的控制策略

虑电机模型误差有可能带来转矩分量的零点偏移，正转运行时使下限幅值维持在正区间；同理，反转时上限幅值维持在负区间。

注意：①滤波器（10ms）实现两种模式切换时的软过渡；②V_{dc} 环节起作用时应同步刷新速度调节器并使速度给定积分器进行保持（hold）。

特别注意的是：当最优励磁参与工作时，原始限幅值 $I_{sqmax} = I_{sqmin}$ 为受控变量，过电压抑制限幅控制输出（I_{sqmin}^*）应在原始限幅基础上进行。

6.7.5　无速度传感器飞车起动

有速度传感器模式下由于剩磁可以通过电流模型来观测，故可实现理想的飞车起动。无速度传感器模式下需要采用电压、电流双模型观测器，且由于剩磁的不可观测性，故飞车起动前，必须建立可靠的无剩磁条件。具体流程如图 6-42 所示。

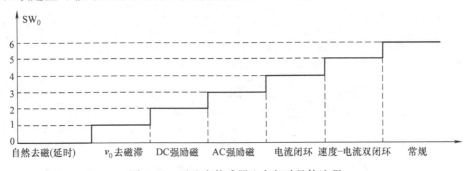

图 6-42　无速度传感器飞车起动具体流程

1）自然去磁。记录逆变器封锁时间，当该时间大于 $3T_r$ 时，认为自然去磁结束。也可采用动态电流跟踪法向定子注入零电流进行强迫去磁的方法代替自然去磁。

2）v_0 去磁滞。自然去磁无法消除铁磁材料的磁滞，故增加一个 T_r 时间的零电压去磁，以建立更准确的零磁场初始条件。

3）DC 强励磁。采用动态电流跟踪法（参考第 7 章 7.10 节），向电机定子注入角度为零，幅值为额定值的直流电流矢量励磁观测器,以便建立稳定的初始状态,励磁时间取 $1 \sim 3ms$。

4）AC 强励磁（转子磁链定向）。保持直流强励磁的电流幅值,取观测器的转子磁链角作为参考电流矢量角,采用动态电流跟踪法（参考第 7 章 7.10 节）进行交流强励磁,其控制模型如图 6-43 所示。

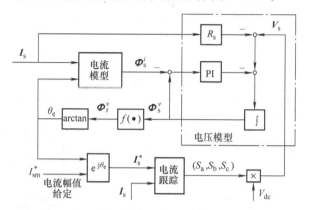

图 6-43 按转子磁链定向电流强励磁控制模型

仿真及实验发现,在交流强励磁作用下,观测器可在毫秒级收敛到正确的同步状态,且励磁电流幅值越高,模型收敛效果越好,但过长时间的强励磁会影响模型收敛,不妨取 $T_r/5$ 作为强励磁时间（或考虑电机通用性,取固定励磁时间 50ms）。

5）电流闭环励磁。考虑强励磁所测得的速度存在偏差,增设电流闭环励磁。此时仅投入系统电流环,即使 I_{sd}^* 为目标值,$I_{sq} = 0$,继续励磁 $1.5T_r$,并测得该时间段的平均速度（角度累加 – 平均法）。

6）速度 – 电流双闭环励磁。用所测到的电机转速初始化速度给定积分器,开放速度 – 电流闭环系统并保持 $1.5T_r$。

7）常规模式。解除速度调节器及速度给定积分器约束条件,恢复常规的双闭环调速系统。

注:①以上无传感器飞车起动同样适用于标量控制模式（VF 模式）,即采样上述方法得到电机转子频率后,经过一个电机转子时间常数的"零电流"去磁,再按当前频率从零电压开始向额定 V-f 特性进行软过渡,最后进入常规模式。②以上过程均需投入直流电压抑制调节器以避免出现直流母线过电压（见本章 6.7.4 节）。

图 6-44 给出了无剩磁 + 初始速度 40Hz + 50ms 额定电流励磁的飞车起动过程仿真波形。

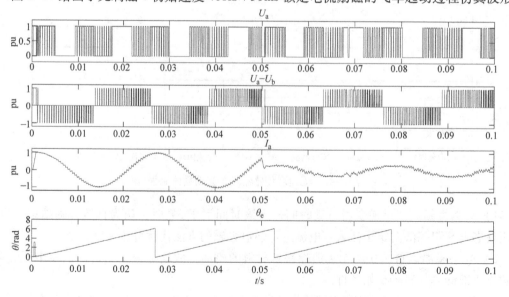

图 6-44 飞车起动过程仿真波形

可见，观测器快速收敛，动态过程完美。重复仿真实验还表明，该方法对任意电机初始速度时且观测器参数偏离电机参数 10% 的情况下，均可得到满意的跟踪效果。

图 6-45 给出了 50Hz/18.5kW 空载大惯量异步电机在 100Hz（弱磁状态）时无速度传感器模式下飞车起动实测波形。

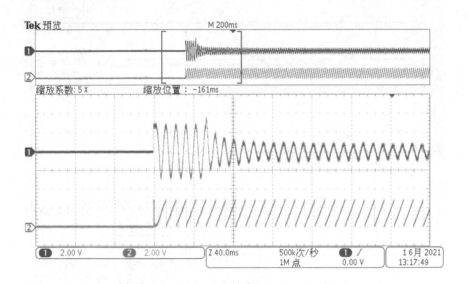

图 6-45　50Hz/18.5kW 电机在 100Hz 时无速度传感器模式下飞车起动实测波形

可见，在 60ms 内完成速度搜索然后进入建磁过程并进入常规模式，整个起动过程电流受控且磁链角跟踪效果很好。

6.7.6　电感非线性（磁化曲线）

因电机的磁化曲线存在一定的非线性，故电机励磁电感（互感 L_m）并非常数，它与励磁电流呈现一定的函数关系，如图 6-46 所示。

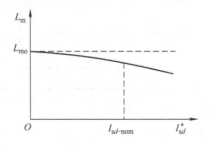

图 6-46　典型的励磁电感特性

该关系曲线可通过电机参数自测试得到（参考第 10 章）。其中，I_{sd-nom} 为额定励磁电流。矢量控制中的磁链观测器必须考虑该特性曲线，否则会影响电机出力甚至影响系统收敛性。

需要注意的是，励磁电流给定（I_{sd}^*）代替实际励磁电流（I_{sd}）可提高系统稳定性。

6.7.7 SVC 系统仿真

图 6-47 为纯正弦条件下且参数正确时的动态过程。

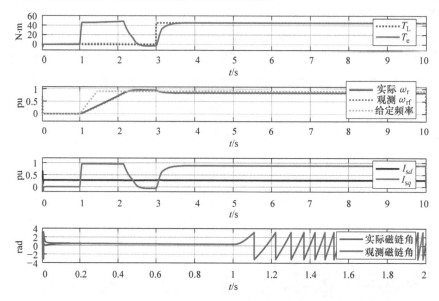

图 6-47　纯正弦条件下且参数正确时的动态过程

其中，$I_{sd}^* = 0.275\text{pu}$；$f_g = 45\text{Hz}$；$T_L = 0 — 45\text{N}\cdot\text{m} — 0$ 变载；$K_p = 0.25$；$K_i = 100\text{ms}$。可见，观测模型的转子磁链角与实际模型非常接近，表明观测器效果良好。

图 6-48 为纯正弦条件下，改变转子电阻 $R_r = 0.75\Omega$（实际值为 1.5Ω）时的观测结果。

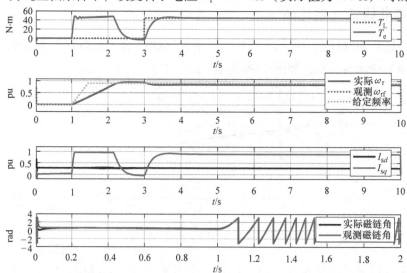

图 6-48　纯正弦条件下，改变转子电阻 $R_r = 0.75\Omega$ 时的观测结果

图 6-49 为纯正弦条件下，改变转子电阻 $R_r = 3\Omega$（实际值为 1.5Ω）时的观测结果。可见，该观测器模型对电机参数鲁棒性较好。

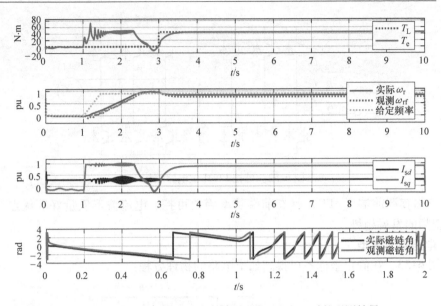

图 6-49　纯正弦条件下，改变转子电阻 $R_r = 3\Omega$ 时的观测结果

由 PWM 逆变器驱动电机的仿真结果与上述正弦电压驱动的仿真结果类似，仿真图略。

6.8　PWM 有源前端及功率因数控制

传统 AC – DC – AC 逆变器主电路结构如图 6-50 所示。

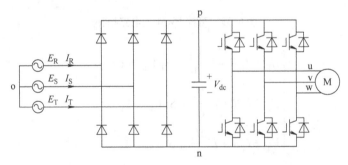

图 6-50　传统 AC – DC – AC 逆变器主电路结构

由于前端整流二极管的存在，能量只能正向传输，无法实现回馈，同时不可控整流桥还会导致电网侧电流波形严重畸变，如图 6-51 所示。

为此提出有源前端结构，即采用可关断器件（IGBT）实现四象限（可回馈）单位功率因数控制的无谐波 PWM 整流方式，实现对直流母线电压 V_{dc} 及网侧电流双闭环控制。主电路结构如图 6-52 所示。

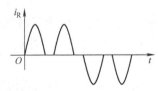

图 6-51　不可控整流桥电网侧电流波形

仿照异步电机的磁场定向原理，对 PWM 整流系统可采用电源矢量定向，通过有功电流和无功电流的解耦构成双闭环控制系统，达到输出直流电压及任意功率因数控制的目的。有

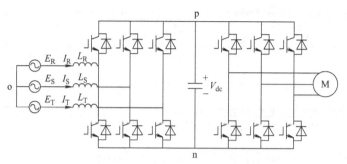

图 6-52　可控 PWM 主电路结构

源逆变器或称有源前端（AFE）具有前端功率因数可控、电流波形质量好等优点，是未来"绿色"变频的发展趋势。

1. 主电路数学模型[75]

参考图 6-53，在静止坐标系可得到如下电路的物理方程：

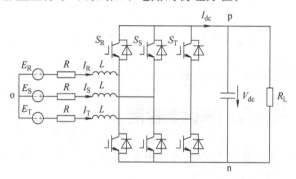

图 6-53　可控 PWM 主电路拓扑

$$
\begin{cases}
E_R = I_R R + L \dfrac{dI_R}{dt} + S_R V_{dc} + V_{no} \\[2mm]
E_S = I_S R + L \dfrac{dI_S}{dt} + S_S V_{dc} + V_{no} \\[2mm]
E_T = I_T R + L \dfrac{dI_T}{dt} + S_T V_{dc} + V_{no} \\[2mm]
I_{dc} = I_R S_R + I_S S_S + I_T S_T = C \dfrac{dV_{dc}}{dt} + \dfrac{V_{dc}}{R_L}
\end{cases} \tag{6-69}
$$

式中，E_R、E_S、E_T 为三相电源电压；S_R、S_S、S_T 为三相 PWM 上桥臂控制逻辑；V_{no} 为直流负母线（n）对电源中性点（o）之间的电压，其对应逆变器输出的零序分量；I_{dc} 为直流母线电流。

对式（6-69）前三式相加可求出 V_{no} 表达式为

$$
V_{no} = \frac{E_R + E_S + E_T}{3} - \frac{S_R + S_S + S_T}{3} V_{dc} - (I_R + I_S + I_T)R + L \frac{d(I_R + I_S + I_T)}{dt} \tag{6-70}
$$

当三相电源对称时，有

$$
\begin{cases}
E_R + E_S + E_T = 0 \\
I_R + I_S + I_T = 0
\end{cases}
$$

代入式 (6-70) 得

$$V_{\text{no}} = -\frac{1}{3}(S_R + S_S + S_T)V_{\text{dc}} \tag{6-71}$$

代入式 (6-69) 得

$$\begin{cases} E_R = I_R R + L\dfrac{dI_R}{dt} + V_R \\[6pt] E_S = I_S R + L\dfrac{dI_S}{dt} + V_S \\[6pt] E_T = I_T R + L\dfrac{dI_T}{dt} + V_T \\[6pt] I_{\text{dc}} = I_R S_R + I_S S_S + I_T S_T = C\dfrac{dV_{\text{dc}}}{dt} + \dfrac{V_{\text{dc}}}{R_L} \end{cases} \tag{6-72}$$

其中逆变器三相输出对电源中性点 "o" 的电压可表示为

$$\begin{cases} V_R = \left[S_R - (S_R + S_S + S_T)/3\right]V_{\text{dc}} \\[4pt] V_S = \left[S_S - (S_R + S_S + S_T)/3\right]V_{\text{dc}} \\[4pt] V_T = \left[S_T - (S_R + S_S + S_T)/3\right]V_{\text{dc}} \end{cases} \tag{6-73}$$

考虑矢量定义

$$\begin{cases} \boldsymbol{E}_s = \dfrac{2}{3}(E_R + E_S e^{j2\pi/3} + E_T e^{j4\pi/3}) \\[6pt] \boldsymbol{I}_s = \dfrac{2}{3}(I_R + I_S e^{j2\pi/3} + I_T e^{j4\pi/3}) \\[6pt] \boldsymbol{V}_s = \dfrac{2}{3}(V_R + V_S e^{j2\pi/3} + V_T e^{j4\pi/3}) \\[6pt] \boldsymbol{S} = \dfrac{2}{3}(S_R + S_S e^{j2\pi/3} + S_T e^{j4\pi/3}) \end{cases} \tag{6-74}$$

联立式 (6-72) 得矢量形式为

$$\begin{cases} \boldsymbol{E}_s = \boldsymbol{I}_s R + L\dfrac{d\boldsymbol{I}_s}{dt} + \boldsymbol{V}_s \\[6pt] \boldsymbol{V}_s = \boldsymbol{S}V_{\text{dc}} \end{cases} \tag{6-75}$$

式中, $\boldsymbol{V}_s$ 为逆变器输出电压矢量, 对应逆变器的 8 个恒定矢量; $\boldsymbol{E}_s$ 为交流电源矢量; $\boldsymbol{I}_s$ 为输入电流矢量; $\boldsymbol{S}$ 为逆变器开关逻辑矢量; V_{dc} 为母线电压; $\boldsymbol{V}_s$ 为逆变器电压矢量。

2. 电源矢量定向控制

仿照电机矢量定向控制的思路, 所有矢量变换到以角速度 ω 同步旋转坐标系, 即

$$\begin{cases} \boldsymbol{I}_s = \boldsymbol{I}_\omega e^{j\omega t} \\ \boldsymbol{E}_s = \boldsymbol{E}_\omega e^{j\omega t} \\ \boldsymbol{V}_s = \boldsymbol{V}_\omega e^{j\omega t} \end{cases}$$

代入式 (6-75), 约去 $e^{j\omega t}$ 得任意同步坐标系的矢量方程为

$$\boldsymbol{E}_\omega = \boldsymbol{I}_\omega R + L\dfrac{d\boldsymbol{I}_\omega}{dt} + j\omega L\boldsymbol{I}_\omega + \boldsymbol{V}_\omega \tag{6-76}$$

再考虑矢量的直角坐标系表达式

$$\begin{cases} \boldsymbol{E}_\omega = E_d + \mathrm{j}E_q \\ \boldsymbol{I}_\omega = I_d + \mathrm{j}I_q \\ \boldsymbol{V}_\omega = V_d + \mathrm{j}V_q \end{cases}$$

代入式（6-76）整理得

$$\begin{cases} V_d = E_d - I_d R - L\dfrac{\mathrm{d}I_d}{\mathrm{d}t} + \omega L I_q \\[3mm] V_q = E_q - I_q R - L\dfrac{\mathrm{d}I_q}{\mathrm{d}t} - \omega L I_d \end{cases} \tag{6-77}$$

考虑稳态导数项为零，有

$$\begin{cases} V_d = E_d - I_d R + \omega L I_q \\ V_q = E_q - I_q R - \omega L I_d \end{cases} \tag{6-78}$$

若同步坐标系按电源矢量 $\boldsymbol{E}_s$ 定向，则电源矢量表现为恒定标量，即 $E_q = 0$；而 I_d 与电源同步坐标系重合，表现为有功分量；I_q 与电源同步坐标系垂直，表现为无功分量。

仿照电机控制的速度环和励磁环双闭环控制系统，对式（6-78）求偏导可得

$$\begin{cases} \partial V_d / \partial I_d = -R \\ \partial V_q / \partial I_q = -R \end{cases} \tag{6-79}$$

根据式（6-79）的负定关系，再考虑式（6-78）的电压耦合，得如图 6-54 所示的控制策略 1[56]。

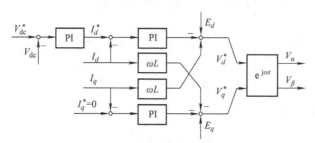

图 6-54　电源定向 PWM 整流控制策略 1（$E_q = 0$）

图中，V_{dc} 为直流母线电压。

由图 6-54 可见，欲使直流电压升高，必须加大有功分量 I_d，故直流电压调节器输出可作为有功电流给定。无功电流反映了电网与负载之间的能量交换的强弱，其平均功率为零，不会产生平均充电效果，故可进行独立控制。有功电流与无功电流的分配比例决定了整个系统的功率因数。作为特例，当无功电流给定 $I_q^* = 0$ 时，可实现单位功率因数，这也是四象限逆变器控制的基本策略。

同理，对式（6-78）求偏导可得到

$$\begin{cases} \partial V_d / \partial I_q = \omega L \\ \partial V_q / \partial I_d = -\omega L \end{cases} \tag{6-80}$$

可见，V_d 与 I_q 为正定关系，而 V_q 与 I_d 为负定关系。由式（6-78）忽略电阻压降可得到

相应的控制策略 2，如图 6-55 所示[56,76]。

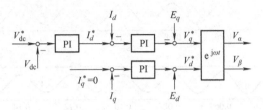

图 6-55　电源定向 PWM 整流控制策略 2（$E_q = 0$）

在单位功率因数控制前提下，有

$$\begin{cases} \boldsymbol{E}_\omega = E_d \\ \boldsymbol{I}_\omega = I_d \end{cases}$$

考虑稳态并忽略电阻，式（6-76）变为

$$\boldsymbol{E}_\omega = E_d = \mathrm{j}\omega L I_d + \boldsymbol{V}_\omega = \mathrm{j}\omega L \boldsymbol{I}_\omega + \boldsymbol{V}_\omega \tag{6-81}$$

可见，电感电压矢量超前电流矢量 $\pi/2$，故在单位功率因数控制稳态时有如图 6-56 所示的矢量关系。

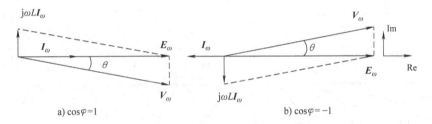

a) $\cos\varphi = 1$ 　　　　　　　　　　　b) $\cos\varphi = -1$

图 6-56　单位功率因数控制稳态时的矢量关系图

可见，$\cos\varphi = 1$ 时，$\boldsymbol{V}_\omega$ 滞后 $\boldsymbol{E}_\omega$；$\cos\varphi = -1$ 时，$\boldsymbol{V}_\omega$ 超前 $\boldsymbol{E}_\omega$。由于 $\boldsymbol{V}_\omega$ 长度对应直角三角形的斜边，因此，单位功率因数控制下逆变器输出电压一定高于电网电压。又因 SVPWM 方式下逆变器具有 100% 电压利用率，进而反推直流电压给定值一定大于其额定值，即

$$V_{\mathrm{dc}}^* > V_{\mathrm{dc-nom}} = \sqrt{3} V_{\mathrm{sm-nom}} \tag{6-82}$$

3. 数字仿真

仿真在图 6-54 所示控制模式下进行，其中：$V_{\mathrm{sm-nom}} = 311\mathrm{V}$；$V_{\mathrm{dc-nom}} = 540\mathrm{V}$；$P_{\mathrm{L}} = 7.5\mathrm{kW}$；$R = 0\Omega$；$L = 6\mathrm{mH}$；$R_{\mathrm{L}} = 38.8\Omega$；$C = 1000\mu\mathrm{F}$；用 $E_{\mathrm{L}} < V_{\mathrm{dc-nom}}$（$E_{\mathrm{L}} = 0$）模拟电动过程，即功率因数为"1"；用 $E_{\mathrm{L}} > V_{\mathrm{dc-nom}}$（$E_{\mathrm{L}} = 800\mathrm{V}$）模拟回馈过程，即功率因数为"-1"。

图 6-57、图 6-58 分别给出了电动模式与回馈模式的仿真波形。

可见，电动模式下，网侧电压、电流为同相位，对应功率因数为"1"；在回馈模式下，网侧电压、电流为反相位关系，对应功率因数为"-1"。

注：仿真还发现，采用图 6-55 的无耦合方案与上述耦合方案动态过程差距不大，图略。

4. 数字控制标幺化建模

考虑电压基准 V_{BASE} 为相电压基准（单位为 V），I_{BASE} 为电流基准（单位为 A），对

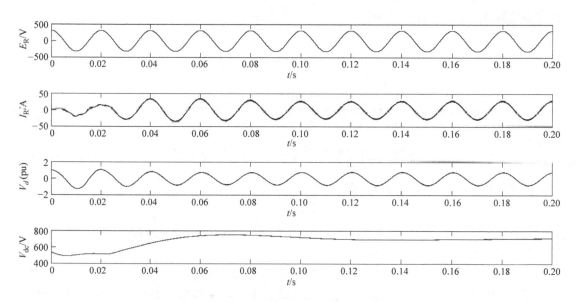

图 6-57　电动模式下的仿真 $\cos\varphi = 1$

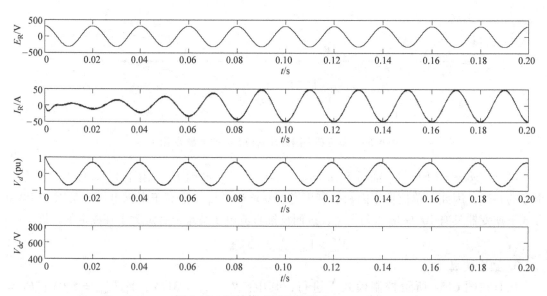

图 6-58　回馈模式下的仿真 $\cos\varphi = -1$

式（6-78）的物理方程进行标幺化，有

$$
\begin{cases}
V_d^{\mathrm{pu}} = E_d^{\mathrm{pu}} - R^{\mathrm{pu}} I_d^{\mathrm{pu}} + Z^{\mathrm{pu}} I_q^{\mathrm{pu}} \\
V_q^{\mathrm{pu}} = E_d^{\mathrm{pu}} - R^{\mathrm{pu}} I_q^{\mathrm{pu}} - Z^{\mathrm{pu}} I_d^{\mathrm{pu}} \\
R^{\mathrm{pu}} \triangleq I_{\mathrm{BASE}} R / V_{\mathrm{BASE}} \\
Z^{\mathrm{pu}} \triangleq \omega L I_{\mathrm{BASE}} / V_{\mathrm{BASE}}
\end{cases}
\tag{6-83}
$$

式中，V_d^{pu}、V_q^{pu} 为电压矢量标幺值；I_d^{pu}、I_q^{pu} 为电流矢量标幺值；R^{pu} 为电阻标幺值；Z^{pu} 为阻抗标幺值。且 ω、L、R、I_{BASE}、V_{BASE} 的量纲取 rad/s、H、Ω、A 和 V。

5. 电源角度测量

电源定向控制效果很大程度上取决于电源同步角度测量精度。因电源本身可能存在畸变，故高可靠性的电源定向角的测量方法尤为重要。以下归纳几种检测方法。

1）过零比较法。由于电源为固定频率，我们最先想到的是采用过零比较方式测得电源角度 $\theta = \omega t$，但这种方法抗干扰能力较差，一般不宜简单采用。

2）反正切算法。反正切法即以直接采集电源模拟量，通过 3－2 变换得到 E_α、E_β 分量，再通过反正切查表求得电源同步角。反正切法同样存在抗干扰能力较差的弊端。

3）数字锁相环（PLL）法。文献［27］给出了电源角度估计的数字锁相环（PLL）法，其原理如图 6-59 所示。

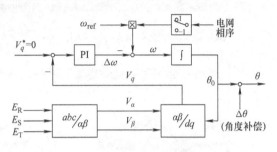

图中，ω_{ref} 为电源频率；$\Delta\theta$ 为补偿角，用于补偿逆变系统的滞后，补偿量可由实际系统测量结果决定；V_q^* 为电网电压垂直分量给定值，V_q 为反馈量，其误差经 PI 调节器输出 $\Delta\omega$ 用于闭环控制。若希望得到输出

图 6-59　数字锁相环法原理

角度与电网电压同步，则须令 $V_q^* = 0$。当锁相完成（稳态）后，有 $V_q = 0$，即达到同步。

图 6-60 给出 PLL 法在电源侧添加 20% 高次谐波时锁相环仿真波形。其中，E_R 为添加高次谐波后的电源输入信号标幺值，E_{R0} 为经锁相环后得到的理想电源信号标幺值。

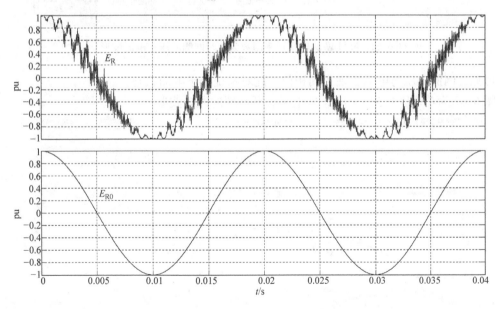

图 6-60　电源侧添加 20% 高次谐波时锁相环仿真波形

可见，锁相环具有很好的抗干扰能力。

6. 电感计算原则

文献［56］给出了电感选择的具体方法，即

$$L \geq \frac{0.29 E_{\max}}{\Delta I_{\max} f_{\mathrm{c}}} \tag{6-84}$$

式中，$E_{\max}$ 为网侧相电压峰值；$\Delta I_{\max}$ 为网侧相电流纹波；f_{c} 为开关频率。

7. 三电平有源前端

三电平有源前端逆变器控制策略与两电平相同，仅波形发送方式有异（见第 4 章）。

8. 实验

图 6-61 为 5.5kW 两电平功率因数为 1 时网侧电压、电流波形。

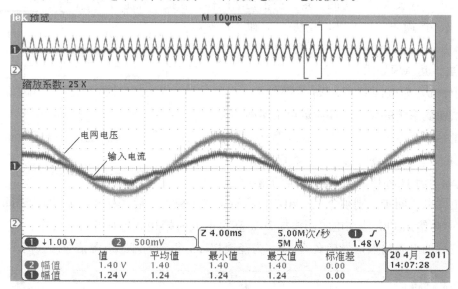

图 6-61 5.5kW 两电平功率因数为 1 时网侧电压、电流波形

可见，网侧电压与电流实现了同相位，此时系统处于电动状态。

图 6-62 为功率因数为 -1 时，两电平有源前端的回馈波形。

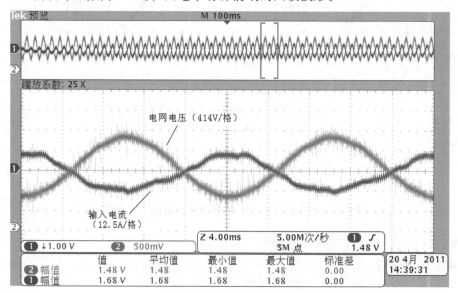

图 6-62 功率因数为 -1 时两电平有源前端的回馈波形

图 6-63 为功率因数为 -1 时实测 7.5kW 三电平有源前端的回馈波形。

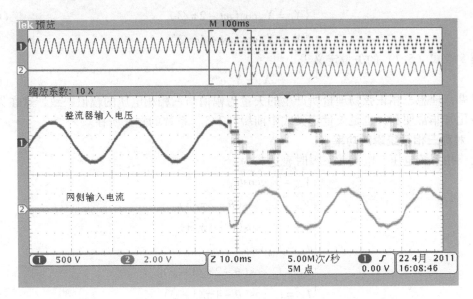

图 6-63 功率因数为 -1 时实测 7.5kW 三电平有源前端的回馈波形

从中可见电压、电流反相位，此时系统工作在回馈状态。

图 6-64 为网侧电流超前电压 90°的网侧波形，此时有源前端对电网而言表现为容性负载，此时可充当功率因数补偿器。

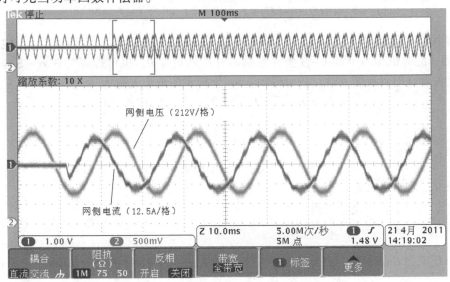

图 6-64 网侧电流超前电压 90°的网侧波形

6.9 本章数学基础

1. 三相对称正弦物理量的矢量特征

若三相物理量服从对称正弦函数关系，即

$$\begin{cases} X_{\mathrm{a}} = X_{\mathrm{m}}\cos(\omega t) \\ X_{\mathrm{b}} = X_{\mathrm{m}}\cos(\omega t - 2\pi/3) \\ X_{\mathrm{c}} = X_{\mathrm{m}}\cos(\omega t - 4\pi/3) \end{cases} \tag{6-85}$$

代入第 5 章式（5-7）的矢量定义得

$$\boldsymbol{X}_{\mathrm{s}} = X_{\mathrm{m}}\mathrm{e}^{\mathrm{j}\omega t} \tag{6-86}$$

可见，理想三相正弦物理量所产生的矢量为幅值与三相相电压的幅值一致，这在矢量与标量转化时非常便利，也是矢量定义式中前缀"2/3"系数的意义所在。

2. 对称三相系统瞬时功率

设三相系统电压、电流动态瞬时表达式为

$$\begin{cases} V_{\mathrm{sa}} = V_{\mathrm{sm}}\cos\theta \\ V_{\mathrm{sb}} = V_{\mathrm{sm}}\cos(\theta - 2\pi/3) \\ V_{\mathrm{sc}} = V_{\mathrm{sm}}\cos(\theta - 4\pi/3) \\ I_{\mathrm{sa}} = I_{\mathrm{sm}}\cos(\theta - \varphi) \\ I_{\mathrm{sb}} = I_{\mathrm{sm}}\cos(\theta - 2\pi/3 - \varphi) \\ I_{\mathrm{sc}} = I_{\mathrm{sm}}\cos(\theta - 4\pi/3 - \varphi) \end{cases} \tag{6-87}$$

式中，θ 为三相电压、电流的动态角，$\theta = \omega t$；φ 为相电流相对相电压的滞后相位角；V_{sm}、I_{sm} 为三相电压、电流幅值，表示为矢量形式为

$$\begin{cases} \boldsymbol{V}_{\mathrm{s}} = V_{s\alpha} + \mathrm{j}V_{s\beta} = \dfrac{2}{3}(V_{\mathrm{sa}} + V_{\mathrm{sb}}\mathrm{e}^{\mathrm{j}2\pi/3} + V_{\mathrm{sc}}\mathrm{e}^{\mathrm{j}4\pi/3}) = V_{\mathrm{sm}}\mathrm{e}^{\mathrm{j}\theta} \\ \boldsymbol{I}_{\mathrm{s}} = I_{s\alpha} + \mathrm{j}I_{s\beta} = \dfrac{2}{3}(I_{\mathrm{sa}} + I_{\mathrm{sb}}\mathrm{e}^{\mathrm{j}2\pi/3} + I_{\mathrm{sc}}\mathrm{e}^{\mathrm{j}4\pi/3}) = I_{\mathrm{sm}}\mathrm{e}^{\mathrm{j}(\theta-\varphi)} \end{cases} \tag{6-88}$$

若将电流矢量朝电压矢量定向，即新坐标系（$p-q$ 坐标系）实轴（p）与电压矢量（α）同轴，此时也相当于将 $\alpha - \beta$ 坐标系顺时针旋转角度 θ，也可理解为在 $\alpha - \beta$ 坐标系定义的电流矢量逆时针旋转 θ 角。故可得到 $p-q$ 坐标系的电流矢量为

$$\bar{I}_{pq} = \bar{I}_{\mathrm{s}}\mathrm{e}^{-\mathrm{j}\theta} = I_{\mathrm{sm}}\mathrm{e}^{\mathrm{j}(\theta-\varphi)}\mathrm{e}^{-\mathrm{j}\theta} = I_{\mathrm{sm}}\mathrm{e}^{-\mathrm{j}\varphi} \tag{6-89}$$

化简为

$$\begin{cases} I_{\mathrm{act}} = I_{\mathrm{sm}}\cos\varphi \\ I_{\mathrm{neg}} = -I_{\mathrm{sm}}\sin\varphi \end{cases} \tag{6-90}$$

可见 I_{act}、I_{neg} 与 θ 角无关。

瞬时电气功率 p_{e} 可由定义得

$$\begin{aligned} p_{\mathrm{e}} &= I_{\mathrm{sa}}V_{\mathrm{sa}} + I_{\mathrm{sb}}V_{\mathrm{sb}} + I_{\mathrm{sc}}V_{\mathrm{sc}} \\ &= I_{\mathrm{sm}}V_{\mathrm{sm}}\left[\cos\theta\cos(\theta-\varphi) + \cos\left(\theta-\frac{2\pi}{3}\right)\cos\left(\theta-\frac{2\pi}{3}-\varphi\right) + \cos\left(\theta-\frac{4\pi}{3}\right)\cos\left(\theta-\frac{4\pi}{3}-\varphi\right)\right] \end{aligned} \tag{6-91}$$

展开三角函数并化简得

$$p_{\mathrm{e}} = \frac{3V_{\mathrm{sm}}}{2}I_{\mathrm{sm}}\cos\varphi = \frac{3V_{\mathrm{sm}}}{2}I_{\mathrm{act}} \tag{6-92}$$

可见，对称三相系统的瞬时功率 p_{w} 为恒定的常数且与 I_{act} 成比例，因此 I_{act} 可引申为有功电流，I_{neg} 可引申为无功电流，φ 为功率因数角。

图 6-65 给出 $\varphi = \pi/4$、$-\pi/4$、$5\pi/4$、$3\pi/4$ 这 4 种典型情况时电压、电流矢量及功率之间关系。

可见,当电压矢量与电流矢量夹角大于 $\pi/2$ 时(并非简单的超前和滞后关系),$I_{act} < 0$,对应负功率,即为发电模式(阴影区)。否则输出正功率,为电动模式(白色区)。

在 VF 控制的速度搜索及无电跨越功能会根据功率的流向判别同步速度或通过 I_{act} 控制能量流向,其基本依据在于此。

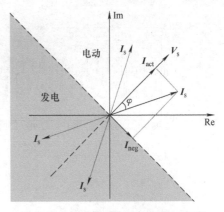

3. 三相逆变器瞬时功率

图 6-65　4 种典型情况的电压、电流矢量及功率之间关系

上文给出纯正弦三相电压、电流与功率的关系。而逆变器输出电压为 PWM 方式,非纯正弦,因此上述结论只能反映逆变系统的基波稳态关系。以下给出三相逆变器输出电压、电流矢量与功率关系。

参考图 6-66 给出的两电平逆变器主电路,负载侧相电压关系为

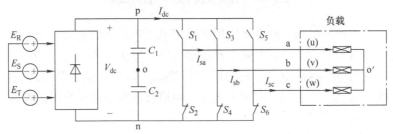

图 6-66　两电平逆变器主电路

$$\begin{cases} V_{ao'} = V_{an} - V_{o'n} \\ V_{bo'} = V_{bn} - V_{o'n} \\ V_{co'} = V_{cn} - V_{o'n} \end{cases} \tag{6-93}$$

瞬时功率为

$$p_e = I_{sa}V_{so'} + I_{sb}V_{bo'} + I_{sc}V_{co'} = I_{sa}V_{an} + I_{sb}V_{bn} + I_{sc}V_{cn} - V_{o'n}(I_{sa} + I_{sb} + I_{sc}) \tag{6-94}$$
$$= I_{sa}V_{an} + I_{sb}V_{bn} + I_{sc}V_{cn} = V_{dc}(S_1 I_{sa} + S_3 I_{sb} + S_5 I_{sc}) = V_{dc} I_{dc}$$

其中

$$I_{dc} = S_a I_{sa} + S_b I_{sb} + S_c I_{sc} \tag{6-95}$$

式中,S_1、S_3、S_5 为 a、b、c 三相半桥上桥臂驱动逻辑,取值为 0 或 1。

可见,在直流母线电压不变时,母线电流波形反映了逆变器的瞬时功率。图 6-67 给出逆变器驱动 5.5kW 空载电机、运行频率 50Hz 时直流母线电流 I_{dc} 的仿真波形。

综上所述:三相正弦系统的瞬时功率为常数,且正比于有功电流;逆变系统动态功率的变化规律表现为三相输出电流的离散采样,其平均功率可理解为基波输出功率,高频交变功率在负载与直流侧(电容)之间交换,可理解为高频无功功率(注:与交流系统的无功功率概念不同),因此,逆变器直流侧必须增加一定容量的电容吸收高频能量,以防止直流母线出现过电压。

4. 逆变器输出电压重构

由于电机电压为离散开关量,计算机采集这些量作为电压反馈不但面临隔离检测问题,

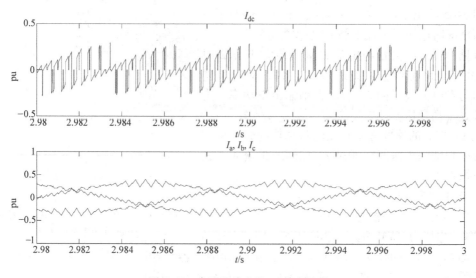

图 6-67　直流母线电流 I_{dc} 仿真波形

同时存在数据处理方面的问题，故实际应用多采用电压重构方法估计输出电压。输出电压重构是指利用逆变器自身的信息量获取逆变器输出电压（基波）用于系统控制。

尽管电压指令与逆变器输出电压基波成比例关系，但却只能在 PWM 线性调制区有效，在过调制的非线性区已不再适用，而输出电压重构通过占空比逆向获得输出电压，最大限度地反映了逆变器的实际输出。

（1）PWM 占空比重构电压

参考两电平逆变器主电路（见图 6-66），由于在一个参考周期 T_Z 内 PWM 占空比已知，且代表了该参考时间内的平均电压（也称等效二级参考信号），故可用该平均电压估计三相逆变器输出电压，即

$$\begin{cases} \hat{V}_{xn} = \delta_x V_{dc} \\ \delta_x = T_x / T_Z \end{cases} \qquad (6\text{-}96)$$

式中，V_{dc} 为直流母线电压；$\hat{V}_{xn}$ 为逆变器输出对直流母线负母线 n 点的电压；δ_x 为三相 PWM 信号的实际占空比，它由数字 PWM 比较值和载波周期逆向求取，即包含了最小脉冲限制和过调制修正以后的真实占空比；x = a，b，c 对应三相。

需要注意的是，以上 δ_x 为正逻辑 PWM 占空比，对于负逻辑，PWM 重构电压极性相反。

可见，占空比的变化规律即为平均电压变化规律，也是二级参考电压的变化规律。对于 SVPWM 或谐波注入法，其等效二级参考信号呈现为马鞍形，如图 6-68 所示，故 3 个时间占空比的变化规律也呈现马鞍形。

将式（6-96）第一式写成标幺化方程，有

$$\hat{V}_{xn}^{pu} = \frac{\hat{V}_{xn}}{V_{BASE}} = \frac{\delta_x V_{DC-BASE}}{V_{BASE}} V_{dc}^{pu} \qquad (6\text{-}97)$$

需要注意的是，对 DC – AC 系统，最好采用交流电压与直流电压独立基准值，这样系统设计更为灵活。

需要注意的是：系统控制模型中我们只关心电机电压矢量（逆变器输出对电机内部中

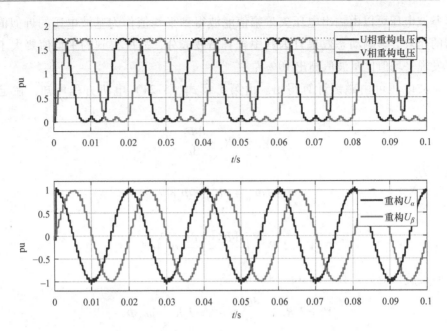

图 6-68 两电平逆变器重构输出电压波形示意图

性点），由于逆变器输出电压矢量所含有的直流成分经 3 - 2 变换后将被自然剔除（参考第 3 章），故也可不对原始逆变器电压进行平移处理。

容易得出重构输出电压矢量的标幺化表达式为

$$\begin{cases} \hat{V}_{s\alpha}^{pu} = \frac{2}{3}V_{an}^{pu} - \frac{1}{3}(V_{bn}^{pu} + V_{cn}^{pu}) \\ \hat{V}_{s\beta}^{pu} = \frac{\sqrt{3}}{3}(V_{bn}^{pu} - V_{cn}^{pu}) \\ \hat{V}_{sm} = \sqrt{(\hat{V}_{s\alpha}^{pu})^2 + (\hat{V}_{s\beta}^{pu})^2} \end{cases} \tag{6-98}$$

用占空比进行电压重构能够正确反映输出电压基波成分，其重构电压幅值基本能够再现参考电压的幅值。

（2）瞬时开关逻辑重构电压

电流比较型或 DTC 中不存在占空比，但驱动逻辑瞬时值已知，故可以此进行输出电压瞬时值重构。逆变器输出瞬时电压与开关逻辑的关系为

$$\hat{V}_{xn} = S_x V_{dc} \tag{6-99}$$

式中，V_{dc} 为直流母线电压；S_x 为上桥臂开关管的三相驱动逻辑；$x =$ a，b，c 对应三相。式（6-99）也可转化为标幺化形式为

$$\hat{V}_{xn}^{pu} = S_x \frac{V_{DC-BASE}}{V_{BASE}} V_{dc}^{pu} \tag{6-100}$$

瞬时重构电压矢量的幅值不同于占空比形式，它含有开关成分。需要进行滤波，提取直流分量作为基波电压幅值。然而，仿真发现，此方式得到的滤波值总比理论基波电压（参考信号）幅值高（约 1.1 倍），故以此作为显示量需要进行衰减。

DTC 基波电压可以由输出电压矢量幅值滤波得到平均值作为基波电压的近似值，但由于滤波器的介入会影响动态效果且因其中含有谐波成分，故所得到的平均值要大于基波电压，仿真发现平均值比基波值高出 10% 左右。

DTC 基波电压可由磁链计算得出。由第 5 章式（5-24）电机方程可知，在定子坐标系有

$$V_s = I_s R_s + \frac{\mathrm{d}\boldsymbol{\varPhi}_s}{\mathrm{d}t}$$

若磁链表示为

$$\boldsymbol{\varPhi}_s = \varPhi_{s\alpha} + \mathrm{j}\varPhi_{s\beta} = \varPhi_s \mathrm{e}^{\mathrm{j}\theta_s}$$

则

$$V_s = I_s R_s + \left(\frac{\mathrm{d}\varPhi_s}{\mathrm{d}t} + \mathrm{j}\frac{\mathrm{d}\theta_s}{\mathrm{d}t}\varPhi_s \right)\mathrm{e}^{\mathrm{j}\theta_s}$$

考虑稳态时磁链幅值为常数，即 $\mathrm{d}\varPhi_s/\mathrm{d}t = 0$，有

$$V_s = I_s R_s + \mathrm{j}\frac{\mathrm{d}\theta_s}{\mathrm{d}t}\varPhi_s \mathrm{e}^{\mathrm{j}\theta_s} = I_s R_s + \mathrm{j}\omega_s \boldsymbol{\varPhi}_s$$

或表示为

$$\begin{cases} V_{s\alpha} = I_{s\alpha} R_s - \omega_s \varPhi_{s\beta} \\ V_{s\beta} = I_{s\beta} R_s + \omega_s \varPhi_{s\alpha} \\ V_{sm} = \sqrt{V_{s\alpha}^2 + V_{s\beta}^2} \\ \omega_s = \mathrm{d}\theta_s/\mathrm{d}t \end{cases} \tag{6-101}$$

式中，θ_s 为磁链角；ω_s 为磁链频率；V_{sm} 为输出电压幅值。

5. 逆变系统转矩、功率计算小结

（1）电机机械转矩

1）VF 模式动态转矩。

$$T_e \approx \frac{2}{3} p_n \frac{L_m^2}{L_r} I_{act} I_{neg} \eta \tag{6-102}$$

式中，η 为电机效率，来自铭牌数据；I_{act} 为有功电流；I_{neg} 为无功电流，来自电流检测。

2）VC 或 SVC 动态转矩。

$$T_e = \frac{3}{2} p_n \frac{L_m^2}{L_r} I_{sd} I_{sq} \tag{6-103}$$

（2）逆变器动态输出功率

由式（6-92）可知

$$P_e = \frac{3 V_{sm} I_{act}}{2} \tag{6-104}$$

式中，I_{act} 为有功电流；V_{sm} 为逆变器相电压重构电压幅值。逆变器输出无功功率为

$$P_{neg} = \frac{3 V_{sm} I_{neg}}{2} \tag{6-105}$$

（3）逆变器功率因数

$$\cos\varphi = \frac{I_{\text{act}}}{I_{\text{sm}}} \tag{6-106}$$

式中，I_{sm} 为定子电流幅值。

（4）电机输出功率

以下计算均为忽略机械摩擦损耗。

1）对 VC 或 SVC 或 VF 有速度传感器

$$P_{\text{m}} = \frac{T_{\text{e}}\omega_{\text{r}}}{p_{\text{n}}} \tag{6-107}$$

式中，ω_{r} 为转子角频率；p_{n} 为电机极对数。

2）VF 无速度传感器（铭牌数据计算）

$$P_{\text{m}} \approx \eta P_{\text{e}} = \eta \frac{3V_{\text{sm}}I_{\text{neg}}}{2} \tag{6-108}$$

6. 正弦滤波器输出电压计算

VF 模式下若输出增加 LC 滤波器会产生电感压降。已知逆变器输出电流的有功分量和无功分量，朝输出电压相量定向的滤波器输出相量表达式为

$$\begin{cases} \dot{I}_{\text{sm}} = I_{\text{act}} + \text{j}I_{\text{neg}} \\ \dot{V}_0 = V_{\text{sm}} - \text{j}\omega L\,\dot{I}_{\text{s}} = V_{\text{sm}} - \text{j}\omega L(I_{\text{act}} + \text{j}I_{\text{neg}}) \triangleq V_{0d} + \text{j}V_{0q} = V_0 \text{e}^{\text{j}\theta_v} \\ \dot{I}_0 = \frac{\dot{V}_0}{\text{j}\omega C} = -\frac{LI_{\text{act}}}{C} - \text{j}\left(\frac{V_{\text{sm}}}{\omega C} + \frac{LI_{\text{neg}}}{C}\right) \triangleq I_{0d} + \text{j}I_{0q} = I_0 \text{e}^{\text{j}\theta_i} \\ \cos\varphi = \cos(\theta_v - \theta_i) \end{cases} \tag{6-109}$$

7. 数字锁相环（PLL）角度求取方法

因反正切角度求取方法容易引入干扰，这里给出了一种数字锁相环（PLL）观测器估计矢量频率及角度的方法，数学模型如图 6-69 所示[94]。

图中，x_α，x_β 为在静止坐标系的输入矢量的两个正交分量；θ 为输入矢量角；$\hat{\omega}$ 为输入矢量的观测频率；$\hat{\theta}$ 为输入矢量观测的角。依图可知，误差可表示为

$$\begin{aligned} \varepsilon(\theta) &= x_\beta\cos\hat{\theta} - x_\alpha\sin\hat{\theta} = |x_{\alpha\beta}|(\sin\theta\cos\hat{\theta} - \cos\theta\sin\hat{\theta}) \\ &= |x_{\alpha\beta}|\sin(\theta - \hat{\theta}) \approx |x_{\alpha\beta}|(\theta - \hat{\theta}) \end{aligned}$$

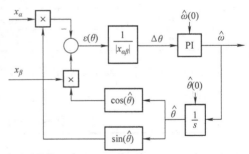

图 6-69　数字锁相环观测器数学模型

当角度误差增大时，PI 调节器会使观测频率增加，进而增大观测角使误差趋于零。当角度误差为 0 时，PI 调节器输出稳态时会收敛到某一常数。若将该常数定义为观测角，则该 PI 输出对应角度变化率，即为所观测矢量的角速度。

仿真发现，该观测器 PI 调节器的初值对收敛过程影响较大，若用输入矢量的反正切法求出角度及角速度初值分别对角度积分器及 PI 调节器进行初始化，则会大大加快收敛速度。

图 6-70 给出了正确初始化后正交变频过程中观测角度 $\hat{\theta}(0)$ 与 x_α 的动态锁相过程仿真。

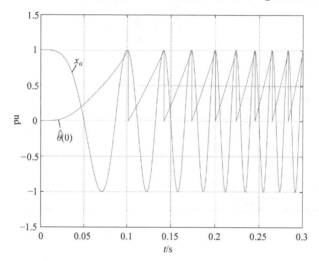

图 6-70　正确初始化后正交变频过程中观测角度 $\hat{\theta}(0)$ 与 x_α 的动态锁相过程仿真

可见，动态跟踪效果良好。

8. 电机物理基准值定义

1）定义。表 6-1 给出电机物理量基准值定义，它是控制系统标幺化设计的基础。

表 6-1　电机物理量基准值定义

参数名称	物理量基准值定义	说明
电流	$I_{\mathrm{BASE}} \triangleq I_{\mathrm{sm-nom}}$	
电压	$V_{\mathrm{BASE}} \triangleq V_{\mathrm{sm-nom}}$	
频率	$\omega_{\mathrm{BASE}} \triangleq 2\pi f_{\mathrm{s-nom}}$	
磁链	$\Phi_{\mathrm{BASE}} \triangleq V_{\mathrm{BASE}}/\omega_{\mathrm{BASE}}$	下标"nom"代表额定参数
转矩	$T_{\mathrm{BASE}} \triangleq 1.5 p_{\mathrm{n}} \Phi_{\mathrm{BASE}} I_{\mathrm{BASE}}$	
电阻	$R_{\mathrm{BASE}} \triangleq V_{\mathrm{BASE}}/I_{\mathrm{BASE}}$	
电感	$L_{\mathrm{BASE}} \triangleq \Phi_{\mathrm{BASE}}/I_{\mathrm{BASE}}$	

2）举例。表 6-2～表 6-4 给出了 6.5kW 仿真模型电机的额定参数、物理基准值及额定参数标幺值。

表 6-2　仿真模型电机额定参数

名称	额定值
额定电压（$V_{\mathrm{sm-nom}}$）	311V
额定电流（$I_{\mathrm{sm-nom}}$）	16.97A
额定频率（$f_{\mathrm{s-nom}}$）	50Hz
极对数（p_{n}）	2
定子电阻（R_{s}）	1.5Ω
转子电阻（R_{r}）	1.5Ω

（续）

名称	额定值
定子电感（L_s）	0.212H
转子电感（L_r）	0.212H
总漏感（L_σ）	0.0118H
转矩（T_e）	45.04N·m
转动惯量（J）	25/1000kg·m^2

表6-3 仿真模型电机物理基准值

名称	代号	物理基准值
交流电压	V_{BASE}	311V
直流母线电压	$V_{DC-BASE}$	537V
交流电流	I_{BASE}	16.97A
频率	ω_{BASE}	314rad/s
磁链	Φ_{BASE}	(311/314)Wb = 0.99Wb
转矩	T_{BASE}	50.49N·M
电阻	R_{BASE}	(311/16.97)Ω = 18.32Ω
电感	L_{BASE}	(0.99/16.97)H = 0.058H

表6-4 仿真模型电机额定参数标幺值

名称	代号	额定参数标幺值
频率、交流电压、交流电流	ω_{s-nom}^{pu}、V_{sm-nom}^{pu}、I_{sm-nom}^{pu}	1
定子电阻	R_s^{pu}	1.5×16.97/311 = 0.082
转子电阻	R_r^{pu}	1.5×16.97/311 = 0.082
定子电感	L_s^{pu}	0.212×16.97/0.99 = 3.64
转子电感	L_r^{pu}	0.212×16.97/0.99 = 3.64
总漏感	L_σ^{pu}	0.0118×16.97/0.99 = 0.202
互感	L_m^{pu}	0.206×16.97/0.99 = 3.54
额定磁链	Φ_{s-nom}^{pu}	0.968/0.99 = 0.978
额定转矩	T_{e-nom}^{pu}	45.04/50.49 = 0.892

注：额定参数标幺值不一定对应"100%"。

第7章 直接转矩控制系统设计

磁场定向控制（FOC）、矢量控制（VC）属于间接转矩控制，且因采用经典的 PWM 载波调制生成驱动逻辑，总会产生一个采样周期的指令滞后，故不能实现完全意义上的动态转矩控制。

直接转矩控制（DTC）采用高采样速率（如采样周期 $10\mu s$）的磁链、转矩动态比较直接产生驱动逻辑，指令延时很小，故转矩动态响应远超 VC。

其一，定子电压采用开关逻辑重构为真实的定子开关电压（传统 PWM 采用占空比重构，表现为平均电压），特别是采用输出电压占空比反馈时可大大提高观测器在低频时的观测精度，在精度要求不高的场合（额定转速的 $0.1\% \sim 0.3\%$）可不依赖速度传感器。

其二，逆变器输出呈现随机 PWM 特征，调制谐波属于白噪声，故电机工作噪声会比传统 PWM 更悦耳。

DTC 属于磁场定向控制（FOC）与直接自控制（Direct Self Control，DSC）相结合的产物。DSC 思想最早由德国学者 Manfred Depenbrock 提出[83,84]，其基本原理陈述如下。

对逆变器母线电压（V_{dc}）积分到给定定子参考磁链（Φ_{ref}）所用的时间（T）是固定的，且为当前工作频率（ω_e）对应的半周期时间（$T = \pi/\omega_e$）。其工作频率并非由频率指令给出，而是参考磁链与反馈磁链比较后自然生成的结果，故称自控制。频率的增加、减小取决于转矩指令与转矩反馈的比较结果。

DTC 的实现，得益于数字信号处理器（DSP）及专用集成电路（ASIC）技术的成熟。典型 DTC 系统由滞环比较器、最优开关逻辑、自适应电机模型 3 个部分组成，如图 7-1 所示[82]。

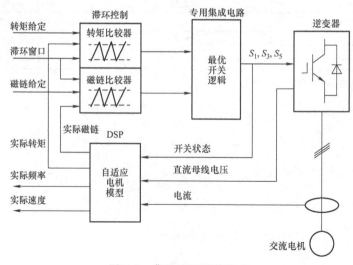

图 7-1 典型 DTC 系统组成

7.1　转矩、磁链比较器

滞环控制模块包含转矩、磁链两个比较器单元。转矩参考值与转矩实际值比较后输出转矩请求（TS），磁链参考值与磁链实际值比较后输出磁链请求（FS）。转矩和磁链的实际值来自电机的自适应模型。

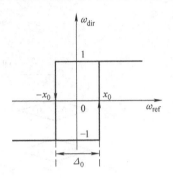

图 7-2　方向滞环逻辑

误差转矩比较特性采用非对称方式，两种方式选择由速度方向请求决定（$\omega_{dir} = 1$ 或 -1）。图 7-2 为方向滞环逻辑。

图中，转速给定（ω_{dir}）可理解为方向选择逻辑，代表电机目标磁链的旋转方向，对 DTC 及其标量控制均适用；Δ_0 为滞环宽度。

图 7-3 为两种不同 ω_{dir} 条件下的非对称误差转矩滞环特性[89]。

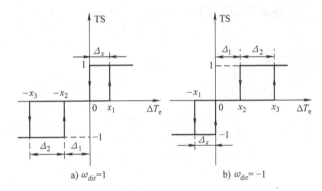

a) $\omega_{dir} = 1$　　　　b) $\omega_{dir} = -1$

图 7-3　两种不同 ω_{dir} 条件下的非对称误差转矩滞环特性

图中，ΔT_e 为给定转矩与实际转矩的差值；Δ_1、Δ_2 为常数。为保持开关频率尽量恒定，Δ_x 应随磁链频率的降低而减小。

当 $\omega_{dir} = 1$ 时，输出请求 TS = 1 选择正向旋转矢量增加转矩，TS = 0 选择零矢量自然降低转矩；TS = -1 选择反向矢量快速降低转矩。

当 $\omega_{dir} = -1$ 时，TS = -1 选择反向旋转矢量减小转矩；TS = 0 选择零矢量自然增加转矩；TS = 1 选择反向矢量快速增加转矩。非对称转矩滞环比较方式的优点在于可最大限度地抑制反向矢量的介入，降低转矩脉动。

图 7-4 给出了转矩滞环比较器的全算法逻辑框图。

磁链比较器误差滞环特性可选择对称方式，如图 7-5 所示。

其中输出磁链请求 FS = 2 或 FS = -2 表示用扇区中心矢量快速增加或快速减小磁链，然而，过多地选择中心矢量会产生线电压的奇异脉冲，故最外层的逻辑宽度（$\Delta_4 + \Delta_5$）应尽量加宽；FS = 1 或 FS = -1 表明选择旋转矢量增加或减小磁链。

图 7-6 给出了磁链比较器的算法逻辑框图。

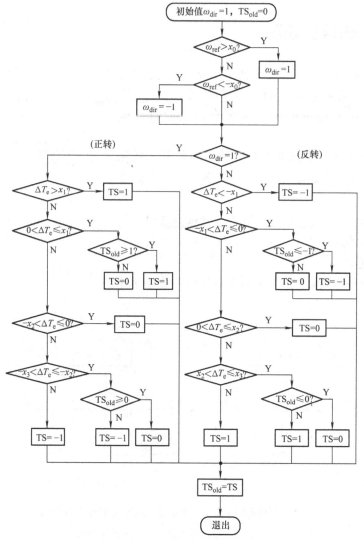

图7-4 转矩滞环比较器的全算法逻辑框图

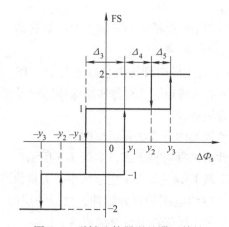

图7-5 磁链比较器误差滞环特性

需要强调的是，为了配合后续的驱动逻辑优化，磁链、转矩比较器的输出请求（TS、FS）必须服从"相邻级别请求变化原则"，以避免出现非相邻矢量问题。

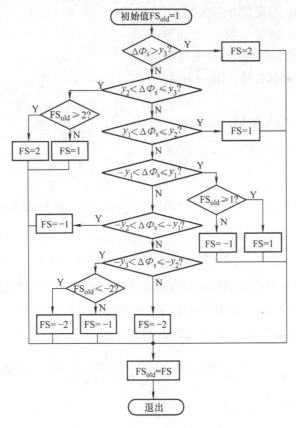

图 7-6　磁链比较器的算法逻辑框图

7.2　最优开关逻辑

根据转矩与磁链的请求（TS、FS），按相邻矢量切换原则选择最恰当的电压矢量即为最优开关逻辑。

逆变器共有 8 个恒定的离散矢量可以选择，即 $v_0 \sim v_7$。其中，$v_0 = v_7$ 为零矢量，它们对应复数平面的原点矢量；$v_1 \sim v_6$ 为非零矢量，它们的顶点在复平面组成等边六角形。逆变器的 8 个单位矢量可描述为

$$\begin{cases} v_0 = v_7 = 0 \\ v_x = \mathrm{e}^{\mathrm{j}(x-1)\frac{\pi}{3}} \\ x = 1 \sim 6 \end{cases} \tag{7-1}$$

其复平面特征如图 7-7 所示。

图中，数字 0 ~ 5 代表电压矢量扇区。

为分析方便，定义 v_0 为奇零矢量，v_7 为偶零矢量，并统称为广义零矢量，记作 v_{00}。

驱动逻辑输出会涉及相邻矢量问题，故定义仅有一个状态位变化的矢量为相邻矢量。可见，奇零矢量 v_0 与奇数非零矢量 v_1、v_3、v_5 互为相邻矢量；偶零矢量 v_7 与偶数矢量 v_2、v_4、v_6 互为相邻矢量；6 个非零矢量六进制数字循环互为相邻矢量，如 $\cdots \leftrightarrow v_6 \leftrightarrow v_1 \leftrightarrow v_2 \leftrightarrow \cdots$。

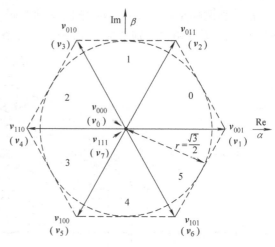

图 7-7　逆变器电压矢量复平面特征

由电机模型可知，定子磁链可表示为

$$\boldsymbol{\Phi}_s = \int_0^t (\boldsymbol{V}_s - \boldsymbol{I}_s R_s)\,\mathrm{d}t = \int_0^t (V_{dc}\,\boldsymbol{v}_x - \boldsymbol{I}_s R_s)\,\mathrm{d}t \tag{7-2}$$

式中，V_{dc} 为直流母线电压，且为常数。忽略定子电阻，有

$$\boldsymbol{\Phi}_s \approx V_{dc} \int_0^t \boldsymbol{v}_x \,\mathrm{d}t = V_{dc}\,\boldsymbol{v}_x t \tag{7-3}$$

可见，"定子磁链矢量的运动轨迹与当前电压矢量方向相同，且轨迹的移动长度与当前电压矢量的作用时间成正比"。因此，可以用相应的电压矢量生成期望的磁链轨迹。

此外，由第 5 章转矩公式［式（5-27）］可知

$$T_e = \frac{3p_n}{2} \frac{L_m}{L_s L_r - L_m L_m} \boldsymbol{\Phi}_s \otimes \boldsymbol{\Phi}_r = \frac{3p_n}{2} \frac{L_m}{L_s L_r - L_m L_m} |\boldsymbol{\Phi}_s| \times |\boldsymbol{\Phi}_r| \sin\gamma \tag{7-4}$$

若采样时间足够短，有

$$T_e \approx \frac{3p_n}{2} \frac{L_m}{L_s L_r - L_m L_m} |\boldsymbol{\Phi}_s| \times |\boldsymbol{\Phi}_r| \gamma \tag{7-5}$$

因电机转子时间常数一般较大（百毫秒以上），故在足够短时间内（如 $T_Z = 10\mu s$）转子磁链（$\boldsymbol{\Phi}_r$）变化很小。因此，若选择电压矢量以"尽可能保持 $\boldsymbol{\Phi}_s$ 不变"为原则，则 $\boldsymbol{\Phi}_s$ 和 $\boldsymbol{\Phi}_r$ 的夹角（γ）决定转矩的大小，故可通过电压矢量选择转矩的增加或减小。

若定子磁链表示为极坐标形式为

$$\boldsymbol{\Phi}_s = \Phi_s e^{j\theta_s}$$

将式（7-1）的 6 个非零电压矢量朝 $\boldsymbol{\Phi}_s$ 定向，得矢量表达式为

$$\boldsymbol{v}_x = e^{j(x-1)\frac{\pi}{3}} e^{-j\theta_s} = \cos\left[(x-1)\frac{\pi}{3} - \theta_s\right] + j\sin\left[(x-1)\frac{\pi}{3} - \theta_s\right]$$

写成分量形式为

$$\begin{cases} v_{xr} = \cos\left[(x-1)\dfrac{\pi}{3} - \theta_s\right] \\[2mm] v_{xt} = \sin\left[(x-1)\dfrac{\pi}{3} - \theta_s\right] \end{cases} \tag{7-6}$$

式中，v_{xr} 为电压矢量朝定子磁链分解的径向分量；v_{xt} 为切向分量；$x = 1 \sim 6$ 代表 6 个非零电

压矢量。图 7-8 给出了 v_{xr}、v_{xt} 与磁链角之间的关系。

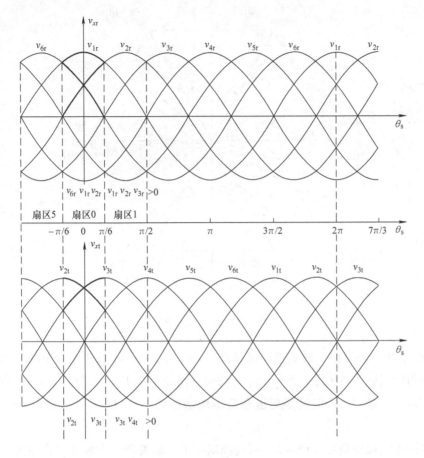

图 7-8　v_{xr}、v_{xt} 与磁链角之间的关系

图中可见，两个分量以 6 个非零矢量为中心轴对称，如 $-\pi/6 \sim \pi/6$ 之间以 v_1 矢量对称，$\pi/6 \sim \pi/2$ 以 v_2 矢量对称，其余类推。

所以，"DTC 磁链扇区分隔应从 $-\pi/6 \sim \pi/6$ 作为基本扇区进行等角度（$\pi/3$）分割"。以下给出电压矢量扇区及 DTC 扇区的定义，即

$$\begin{cases} \mathrm{SEC\_v} = \mathrm{INT}\left(\dfrac{3\theta_s}{\pi}\right) \\ \mathrm{SEC\_dtc} = \mathrm{INT}\left[3\,\dfrac{(\theta_s + \pi/6)}{\pi}\right] \end{cases} \tag{7-7}$$

式中，SEC_v 为电压矢量扇区，取值为 [0 ~ 5]；SEC_dtc 为 DTC 磁链扇区，取值为 [0 ~ 5]。

图 7-9 给出了 $\boldsymbol{\Phi}_s$ 落入第 0 扇区（SECTR_dtc = 0）时全部 6 个非零电压矢量在定子磁链径向及切向分解示意图（零矢量不产生轨迹）。

考察第 0 扇区，不难有如下结论：

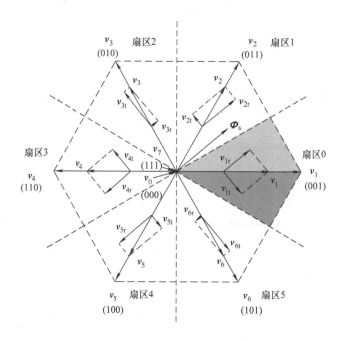

图 7-9　DTC 扇区与矢量分解

1）磁链增加（FS = 1）、转矩也增加（TS = 1）。v_6、v_1、v_2 这 3 个矢量的径向分量始终为正值，表明使磁链幅值增加，而 v_2、v_3 的切向分量始终为正，表明使磁链正向旋转，故使转矩增加。以上矢量中，同时满足磁链和转矩均增加的矢量只有 v_2，故取"v_2"作为最佳矢量。

若磁链请求大幅度增加（FS = 2）可选择扇区中心轴矢量 v_1 大幅度提高磁链，忽略该矢量的切向分量，可归为 TS = 0。

2）磁链增加（FS = 1）、转矩减小（TS = −1）。v_6、v_1、v_2 这 3 个矢量的径向分量始终为正值，表明使磁链幅值增加，而 v_5、v_6 的切向分量始终为负，表明使磁链反向旋转，使转矩减小。以上矢量中，同时满足两个条件的只有 v_6，故取"v_6"作为最佳矢量。

3）磁链减小（FS = −1）、转矩增加（TS = 1）。v_3、v_4、v_5 这 3 个矢量的径向分量始终为负值，表明使磁链幅值减小，而 v_2、v_3 的切向分量始终为正，表明使磁链正向旋转，故使转矩增加。以上矢量中，同时满足两个条件的只有 v_3，故取"v_3"作为最佳矢量。

4）磁链减小（FS = −1）、转矩减小（TS = −1）。同理选择"v_5"作为最佳矢量。

若磁链请求大幅度减小（FS = −2），可选择扇区中心轴矢量 v_5 大幅度降低磁链幅值，而 v_5 对转矩影响相对较弱，故可归为 TS = 0。

5）转矩请求 TS = 0 时的处理。FS = ±1 时，考虑两个矢量切换由零矢量过渡，过渡期间认为 TS = 0，过渡零矢量应遵从"最少数据位变化"原则，如矢量切换 $v_6 \Leftrightarrow v_2$ 嵌入 v_7、$v_5 \Leftrightarrow v_3$ 嵌入 v_0 等。

其他扇区的情形类似，略。

表 7-1 给出了全部 6 个 DTC 扇区的最优矢量选择策略[84]。

表 7-1　最优矢量选择策略

FS	TS	扇区（SECTR_dtc）					
		0	1	2	3	4	5
2	1	v_2	v_3	v_4	v_5	v_6	v_1
	0	v_1	v_2	v_3	v_4	v_5	v_6
	−1	v_6	v_1	v_2	v_3	v_4	v_5
1	1	v_2	v_3	v_4	v_5	v_6	v_1
	0	v_7	v_0	v_7	v_0	v_7	v_0
	−1	v_6	v_1	v_2	v_3	v_4	v_5
−1	1	v_3	v_4	v_5	v_6	v_1	v_2
	0	v_0	v_7	v_0	v_7	v_0	v_7
	−1	v_5	v_6	v_1	v_2	v_3	v_4
−2	1	v_3	v_4	v_5	v_6	v_1	v_2
	0	v_4	v_5	v_6	v_1	v_2	v_3
	−1	v_5	v_6	v_1	v_2	v_3	v_4

注：1. "2" 表示迅速增加，"1" 表示增加，"−1" 表示减小，"−2" 表示迅速减小。

2. 表中零矢量v_0和v_7的不同分配方式可派生出多种驱动波形。

表 7-2 给出了 8 个逆变器矢量对应的三相桥臂的开关状态。

表 7-2　逆变器矢量对应的三相桥臂的开关状态

矢量	v_0	v_1	v_2	v_3	v_4	v_5	v_6	v_7
S_a	0	1	1	0	0	0	1	1
S_b	0	0	1	1	1	0	0	1
S_c	0	0	0	0	1	1	1	1

注：0 表示关断逻辑；1 表示导通逻辑。

图 7-10 给出了第 0 扇区且 $T_{\text{dir}} = 1$ 时，FS = 1 和 FS = −1 时不同转矩请求（TS）所对应的矢量切换顺序，其他扇区的情形类似。

可见，矢量切换 $(v_6 - v_7 - v_2)$ 和 $(v_5 - v_0 - v_3)$ 均服从最少数据位变化原则。

图 7-11 给出磁链比较后的动态轨迹示意图。

滞环控制摒弃了传统意义上的 PWM 载波调制，逆变器开关逻辑的取得由电机动态所决定，故其开关速率不定，属于随机 PWM 模式，其谐波噪声属于白噪声，电机谐波声音比传统 PWM 更为悦耳，这也是 DTC 的一大优点。

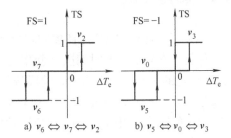

图 7-10　不同转矩请求所对应的矢量切换顺序

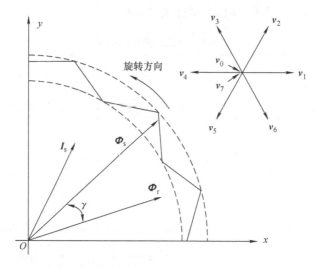

图 7-11　磁链比较后的动态轨迹示意图

7.3　自适应电机模型

电机模型输出 4 个反馈量用于系统控制，即实际定子磁链（Φ_s）、实际转矩（T_e）、实际转速（ω_r）和实际频率（ω_e）。

其中，前两个反馈量参与内环控制比较，需要采用高采样率（如 $T_Z = 10\mu s$）的计算，后两个反馈量属于闭环系统外环参量，可采用相对低采样率（如 $T_c = 1ms$）的计算。电机的输入量为定子两相电流（I_{sa}、I_{sc}），母线电压（V_{dc}）及逆变器三相的桥臂开关状态（S_c—S_b—S_a）。电机辨识模型需要电机电感、定子电阻及定子磁链饱和效应曲线等参数。

DTC 中定子磁链的观测是关键，然而单纯采用电压模型由于积分器的存在，积分漂移和积分器初值问题不可回避，因此电机模型必须采用电压模型和电流模型互相校正的自适应方法。

7.4　转矩生成

图 7-12 给出了 DTC 滞环控制转矩动态示意图。

可见，在转矩上升时间段（斜率为正），如图中的 T_{up} 标记的时间段，表明该时间段选择了有效的非零矢量（$v_1 \sim v_6$）使转矩增加。在转矩下降时间段（斜率为负），如图中 T_{down} 标记的时间段，表明该时间段选择了相应的零矢量（v_0 或 v_7）。

绝大多数时间段内转矩的变化斜率是不变的，此时总会找到满意的电压矢量同时满足转矩和磁链的双重要求。然而，有些时间段，如图中 T_{up2} 所标

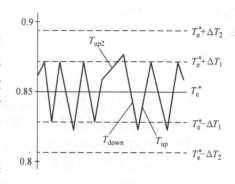

图 7-12　DTC 滞环控制转矩动态示意图

记，却出现两个转矩斜率，这表明按照转矩请求选择一个电压矢量后，磁链请求又要选择另外一个电压矢量。

通常开关切换发生在转矩小于 $T_e^* - \Delta T_1$ 或大于 $T_e^* + \Delta T_1$ 附近。特殊情况下，转矩切换也可能发生在 $T_e^* - \Delta T_2$ 或 $T_e^* + \Delta T_2$ 附近。

滞环控制会带来转矩脉动，但由于脉动周期可控制在 1ms 以内，远远小于电机的机械时间常数，故这种高频转矩脉动对机械系统的影响可以忽略。

此外，因每个时间片进行一次电压矢量的选择，欲使最大开关速率控制在希望水平（如 3.5kHz），每开关时间内转矩、磁链均要进行 10 次以上的比较，这种配比关系是 DTC 稳定工作的前提。幸好，高速 DSP 出现为 DTC 的控制算法实现提供了可行性。

7.5　转矩表达式

DTC 属于间接电流控制。对逆变器系统，我们也关心转矩与电流的关系，以便考核装置的过载余量。由第 5 章式（5-28）及第 6 章式（6-6）可知，动态转矩有如下几种表达式：

$$T_e = \frac{3p_n L_m}{2L_r} I_s \otimes \Phi_r = \frac{3p_n}{2} I_s \otimes \Phi_s = \frac{3p_n (\Phi_r)^2}{2R_r} \Delta\omega \tag{7-8}$$

稳态转矩为

$$T_e = \frac{3p_n L_m^2}{2L_r} I_{sd} I_{sq} = \frac{3p_n L_m^2}{2R_r} I_{sd}^2 \Delta\omega \tag{7-8a}$$

式中，I_{sd} 为转子磁链坐标系的励磁电流分量；I_{sq} 为转矩电流分量；$\Delta\omega$ 为转差频率；I_s、Φ_s、Φ_r 为任意坐标系的定子电流、定子磁链及转子磁链矢量。

从稳态意义上讲，DTC 系统磁链受控，表明励磁电流 I_{sd} 也受控；转矩受控表明 I_{sq} 也受控，而电机电流幅值为

$$I_{sm} = \sqrt{I_{sd}^2 + I_{sq}^2}$$

可见，总电流也间接受控。

7.6　磁链观测器

1. 有速度传感器

因 DTC 系统仅涉及速度、转矩及定子磁链，不必关注转子磁链坐标系的 I_{sd}、I_{sq}，故可直接在定子坐标系进行观测，省略旋转变换。

（1）$\alpha - \beta$ 坐标系转子磁链

参考第 6 章 6.2.4 节有

$$\begin{cases} \dfrac{d\Phi_{r\alpha}}{dt} + \dfrac{1}{T_r}\Phi_{r\alpha} + \omega_r \Phi_{r\beta} - \dfrac{L_m I_{s\alpha}}{T_r} = 0 \\[3mm] \dfrac{d\Phi_{r\beta}}{dt} + \dfrac{1}{T_r}\Phi_{r\beta} - \omega_r \Phi_{r\alpha} - \dfrac{L_m I_{s\beta}}{T_r} = 0 \end{cases} \tag{7-9}$$

标幺化为

$$\begin{cases} \Phi_{r\alpha}^{pu}(k) = K_1 \Phi_{r\alpha}^{pu}(k-1) - K_\omega \omega_r^{pu}(k) \Phi_{r\beta}^{pu}(k-1) + K_2 L_m^{pu} I_{s\alpha}^{pu}(k) \\ \Phi_{r\beta}^{pu}(k) = K_1 \Phi_{r\beta}^{pu}(k-1) + K_\omega \omega_r^{pu}(k) \Phi_{r\alpha}^{pu}(k-1) + K_2 L_m^{pu} I_{s\beta}^{pu}(k) \\ K_1 = \dfrac{T_r}{T_r + \Delta T}; \ K_2 = \dfrac{\Delta T}{T_r + \Delta T}; \ K_\omega = \dfrac{T_r \omega_{BASE} \Delta T}{T_r + \Delta T} \end{cases} \quad (7\text{-}9a)$$

（2）$\alpha - \beta$ 坐标系定子磁链

$$\begin{cases} \Phi_{s\alpha} = \dfrac{L_m}{L_r} \Phi_{r\alpha} + \left(\dfrac{L_s L_r - L_m^2}{L_r} \right) I_{s\alpha} \\ \Phi_{s\beta} = \dfrac{L_m}{L_r} \Phi_{r\beta} + \left(\dfrac{L_s L_r - L_m^2}{L_r} \right) I_{s\beta} \end{cases} \quad (7\text{-}10)$$

标幺化为

$$\begin{cases} \Phi_{s\alpha}^{pu} = K_3 \Phi_{r\alpha}^{pu}(k) + K_4 I_{s\alpha}^{pu}(k) \\ \Phi_{s\beta}^{pu} = K_3 \Phi_{r\beta}^{pu}(k) + K_4 I_{s\beta}^{pu}(k) \\ K_3 = L_m^{pu}/L_r^{pu}; \ K_4 = \left[L_s^{pu} L_r^{pu} - (L_m^{pu})^2 \right]/L_r^{pu} \end{cases} \quad (7\text{-}10a)$$

（3）定子磁链及 DTC 磁链角

$$\begin{cases} \theta_s = \arctan(\Phi_{s\beta}/\Phi_{s\alpha}) \\ \theta_{s\_dtc} = \theta_s + \pi/6 \end{cases} \quad (7\text{-}11)$$

标幺化为

$$\begin{cases} \theta_s(k) = \arctan\left[\Phi_{s\beta}(k)/\Phi_{s\alpha}(k) \right] \\ \theta_{s\_dtc} = \theta_s(k) + \pi/6 \end{cases} \quad (7\text{-}11a)$$

（4）动态转矩方程

$$T_e = \frac{3p_n}{2} I_s \otimes \Phi_s = \frac{3p_n}{2}(I_{s\beta} \Phi_{s\alpha} - I_{s\alpha} \Phi_{s\beta}) \quad (7\text{-}12)$$

按第 6 章 6.9 节的转矩基准定义，有

$$T_{BASE} \triangleq \frac{3p_n}{2} \Phi_{BASE} I_{BASE}$$

对式（7-12）标幺化为

$$T_e^{pu}(k) = I_{s\beta}^{pu}(k) \Phi_{s\alpha}^{pu}(k) - I_{s\alpha}^{pu}(k) \Phi_{s\beta}^{pu}(k) \quad (7\text{-}12a)$$

2. 无速度传感器

图 7-13 给出了电压-电流双模型闭环 DTC 磁链观测器基本框图。

这里，磁链观测器采用了与矢量控制一样的电压、电流双模型的全阶观测器。参考第 6 章 6.7 节，以下给出了 DTC 时间片中断程序的算法流程。

（1）输出电压瞬时值重构

在中断程序入口进行驱动输出可以尽可能保证驱动输出的同步性，但此时会出现一个时间片的延时。

需要注意的是，中断程序末尾输出驱动逻辑可略微减小驱动延时，但保证同步性比较困难。实验表明。驱动不同步性会产生一定程度的输出电流畸变。

考虑逆变器综合误差特性，逆变器瞬时电压重构方法为

$$V_{xn}(k) = \left[S_x(k) - K_{DT} \frac{DT}{T_Z} \right] V_{dc}(k) - V_{TH}(k) \quad (7\text{-}13)$$

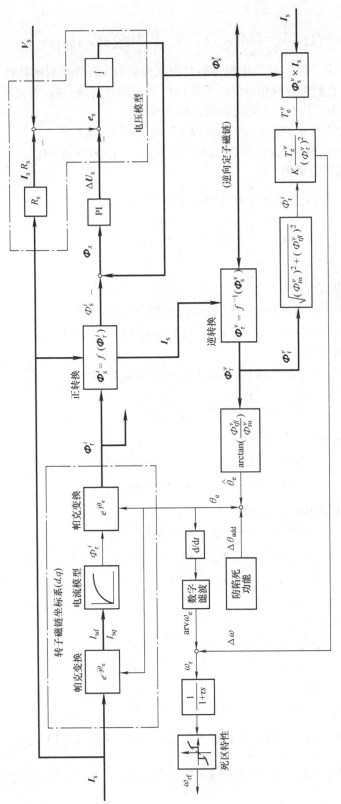

图 7-13　电压-电流双模型闭环 DTC 磁链观测器基本框图

标幺化为

$$V_{xn}^{pu}(k) = \frac{V_{dc-BASE}}{V_{BASE}}\left[S_x(k) - K_{DT}\frac{DT}{T_Z}\right]V_{dc}^{pu}(k) - V_{TH}^{pu}(k) \tag{7-13a}$$

式中，$x=a$，b，c 对应三相；DT 为电机参数自测试得到的实际死区时间特性及饱和压降特性（参考第 10 章），它们是对应相电流的函数；T_Z 为时间片时间；K_{DT} 为死区补偿系数，它根据驱动逻辑跳变沿决定是否加入死区补偿，即

$$\text{if}\left[I_{sx}(k) \geqslant 0 \cap S_x(k) \uparrow\right]\text{ then }K_{DT} = 1$$

$$\text{else if}\left[I_{sx}(k) < 0 \cap S_x(k) \downarrow\right]K_{DT} = -1\text{ else }K_{DT} = 0 \tag{7-13b}$$

经 3 - 2 变换得重构矢量分量为

$$\begin{cases} V_{s\alpha}^{pu}(k) = \dfrac{2}{3}V_{an}^{pu}(k) - \dfrac{1}{3}\left[V_{bn}^{pu}(k) + V_{cn}^{pu}(k)\right] \\[2mm] V_{s\beta}^{pu}(k) = \dfrac{\sqrt{3}}{3}\left[V_{bn}^{pu}(k) - V_{cn}^{pu}(k)\right] \end{cases} \tag{7-13c}$$

（2）电流模型磁链

1）$d-q$ 坐标系电流分量

$$\begin{cases} I_{sd}^{pu}(k) = I_{s\alpha}^{pu}(k)\cos\left[\theta_e(k-1)\right] + I_{s\beta}^{pu}(k)\sin\left[\theta_e(k-1)\right] \\[2mm] I_{sq}^{pu}(k) = -I_{s\alpha}^{pu}(k)\sin\left[\theta_e(k-1)\right] + I_{s\beta}^{pu}(k)\cos\left[\theta_e(k-1)\right] \end{cases} \tag{7-14}$$

2）$d-q$ 坐标系转子磁链

$$\begin{cases} \Phi_r^{i,pu}(k) = K_1\Phi_r^{i,pu}(k-1) + K_2I_{sd}^{pu}(k) \\[2mm] K_1 = \dfrac{T_r}{T_r + \Delta T};\ K_2 = \dfrac{\Delta T}{T_r + \Delta T}L_m^{pu} \end{cases} \tag{7-15}$$

3）$\alpha-\beta$ 坐标系电流模型转子磁链

$$\begin{cases} \Phi_{r\alpha}^{i,pu}(k) = \Phi_r^{i,pu}(k)\cos\left[\theta_e(k-1)\right] \\[2mm] \Phi_{r\beta}^{i,pu}(k) = \Phi_r^{i,pu}(k)\sin\left[\theta_e(k-1)\right] \end{cases} \tag{7-16}$$

4）$\alpha-\beta$ 坐标系电流模型定子磁链

$$\begin{cases} \Phi_{s\alpha}^{i,pu}(k) = K_3\Phi_{r\alpha}^{i,pu}(k) + K_4I_{s\alpha}^{i,pu}(k) \\[2mm] \Phi_{s\beta}^{i,pu}(k) = K_3\Phi_{r\beta}^{i,pu}(k) + K_4I_{s\beta}^{i,pu}(k) \\[2mm] K_3 = L_m^{pu}/L_r^{pu};\ K_4 = \left[L_s^{pu}L_r^{pu} - (L_m^{pu})^2\right]/L_r^{pu} \end{cases} \tag{7-17}$$

（3）电压模型磁链

1）$\alpha-\beta$ 坐标系反电动势

$$\begin{cases} e_{s\alpha}^{pu}(k) = V_{s\alpha}^{pu}(k) - K_5I_{s\alpha}^{pu}(k) - \Delta U_{s\alpha}^{pu}(k-1) \\[2mm] e_{s\beta}^{pu}(k) = V_{s\beta}^{pu}(k) - K_5I_{s\beta}^{pu}(k) - \Delta U_{s\beta}^{pu}(k-1) \\[2mm] K_5 = R_s^{pu} \end{cases} \tag{7-18}$$

2）$\alpha-\beta$ 坐标系定子磁链

$$\begin{cases} \Phi_{s\alpha}^{v,pu}(k) = \Phi_{s\alpha}^{v,pu}(k-1) + K_6\dfrac{1}{2}\left[e_{s\alpha}^{pu}(k) + e_{s\alpha}^{pu}(k-1)\right] \\[3mm] \Phi_{s\beta}^{v,pu}(k) = \Phi_{s\beta}^{v,pu}(k-1) + K_6\dfrac{1}{2}\left[e_{s\beta}^{pu}(k) + e_{s\beta}^{pu}(k-1)\right] \\[3mm] K_6 = \omega_{BASE}\Delta T \end{cases} \tag{7-19}$$

3）$\alpha - \beta$ 坐标系磁链误差

$$\begin{cases} \Delta \Phi_{x\alpha}^{\mathrm{pu}}(k) = \Phi_{s\alpha}^{v,\mathrm{pu}}(k) - \Phi_{s\alpha}^{i,\mathrm{pu}}(k) \\ \Delta \Phi_{x\beta}^{\mathrm{pu}}(k) = \Phi_{s\beta}^{v,\mathrm{pu}}(k) - \Phi_{s\beta}^{i,\mathrm{pu}}(k) \end{cases} \tag{7-20}$$

4）$\alpha - \beta$ 坐标系 PI 调节器

$$\begin{cases} \Delta U_{s\alpha}^{\mathrm{pu}}(k) = \Delta U_{s\alpha}^{\mathrm{pu}}(k-1) + K_{x1} \Delta \Phi_{x\alpha}^{\mathrm{pu}}(k) - K_{x2} \Delta \Phi_{x\alpha}^{\mathrm{pu}}(k-1) \\ \Delta U_{s\beta}^{\mathrm{pu}}(k) = \Delta U_{s\beta}^{\mathrm{pu}}(k-1) + K_{x1} \Delta \Phi_{x\beta}^{\mathrm{pu}}(k) - K_{x2} \Delta \Phi_{x\beta}^{\mathrm{pu}}(k-1) \\ K_{x1} = K_{\mathrm{p}}(1 + 0.5\Delta T/T_{\mathrm{i}}) \, ; \, K_{x2} = K_{\mathrm{p}}(1 - 0.5\Delta T/T_{\mathrm{i}}) \end{cases} \tag{7-21}$$

5）$\alpha - \beta$ 坐标系电压模型转子磁链

$$\begin{cases} \Phi_{r\alpha}^{v,\mathrm{pu}}(k) = K_7 \Phi_{s\alpha}^{v,\mathrm{pu}}(k) - K_8 I_{s\alpha}^{\mathrm{pu}}(k) \\ \Phi_{r\beta}^{v,\mathrm{pu}}(k) = K_7 \Phi_{s\beta}^{v,\mathrm{pu}}(k) - K_8 I_{s\beta}^{\mathrm{pu}}(k) \\ K_7 = L_r^{\mathrm{pu}}/L_m^{\mathrm{pu}} \, ; \, K_8 = \left[L_s^{\mathrm{pu}} L_r^{\mathrm{pu}} - (L_m^{\mathrm{pu}})^2 \right]/L_m^{\mathrm{pu}} \end{cases} \tag{7-22}$$

（4）$\alpha - \beta$ 坐标系转子磁链角

转子磁链既可取自电流模型（$\boldsymbol{\Phi}_r^i$），也可取自电压模型（$\boldsymbol{\Phi}_r^v$），忽略上标给出通式为

$$\begin{cases} \theta_e(k) = \arctan\left[\Phi_{r\beta}^{\mathrm{pu}}(k)/\Phi_{r\alpha}^{\mathrm{pu}}(k) \right] + \Delta\theta_{\mathrm{add}} \quad (\mathrm{rad}) \\ \Phi_{r\alpha}^{\mathrm{pu}}(k) \neq 0 \end{cases} \tag{7-23}$$

式中，$\Delta\theta_{\mathrm{add}}$ 为防陷死磁链角度补偿值，参考第 6 章 6.7.2 节，用 T_e^* 替代 I_{sq}^* 即可。

（5）转子磁链频率

根据转子磁链速度定义得差分方程为

$$\omega_e(k) = \frac{\theta_e(k) - \theta_e(k-1)}{\Delta T} \tag{7-24}$$

还可以对转子磁链角定义式求导并考虑补偿角速度，得

$$\begin{cases} \omega_e = \dfrac{\mathrm{d}\theta_e}{\mathrm{d}t} = \dfrac{1}{\Phi_r^2}\left(\Phi_{r\alpha}\dfrac{\mathrm{d}\Phi_{r\beta}}{\mathrm{d}t} - \Phi_{r\beta}\dfrac{\mathrm{d}\Phi_{r\alpha}}{\mathrm{d}t} \right) + \Delta\omega_{\mathrm{add}} \\ \Delta\omega_{\mathrm{add}} = \dfrac{\mathrm{d}}{\mathrm{d}t}\Delta\theta_{\mathrm{add}} \end{cases} \tag{7-25}$$

离散化为

$$\omega_e(k) = \frac{\Phi_{r\alpha}(k)\left[\Phi_{r\beta}(k) - \Phi_{r\beta}(k-1) \right] - \Phi_{r\beta}(k)\left[\Phi_{r\alpha}(k) - \Phi_{r\alpha}(k-1) \right]}{\Delta T \Phi_r^2} + \Delta\omega_{\mathrm{add}}(k)$$

标幺化为

$$\begin{cases} \omega_e^{\mathrm{pu}}(k) = K_9 \dfrac{\Phi_{r\alpha}^{\mathrm{pu}}(k)\left[\Phi_{r\beta}^{\mathrm{pu}}(k) - \Phi_{r\beta}^{\mathrm{pu}}(k-1) \right] - \Phi_{r\beta}^{\mathrm{pu}}(k)\left[\Phi_{r\alpha}^{\mathrm{pu}}(k) - \Phi_{r\alpha}^{\mathrm{pu}}(k-1) \right]}{(\Phi_r^{\mathrm{pu}})^2} + \Delta\omega_{\mathrm{add}}^{\mathrm{pu}}(k) \\ K_9 = \dfrac{1}{\omega_{\mathrm{BASE}}\Delta T} \end{cases}$$

$$\tag{7-25a}$$

（6）$\alpha - \beta$ 坐标系定子磁链角

定子磁链既可取自电流模型（$\boldsymbol{\Phi}_r^i$），也可取自电压模型（$\boldsymbol{\Phi}_r^v$），忽略上标给出通式

$$\begin{cases} \theta_s(k) = \arctan\left[\Phi_{s\beta}^{\mathrm{pu}}(k)/\Phi_{s\alpha}^{\mathrm{pu}}(k) \right] \quad (\mathrm{rad}) \\ 0 \leqslant \theta_s(k) < 2\pi \\ \Phi_{s\alpha}^{\mathrm{pu}}(k) \neq 0 \end{cases} \tag{7-26}$$

（7）$\alpha - \beta$ 坐标系 DTC 磁链角

DTC 磁链角应滞后定子磁链角 $\pi/6$，故

$$\begin{cases} \theta_{s\_dtc}(k) = \theta_s(k) + \pi/6 \\ 0 \leqslant \theta_{s\_dtc}(k) < 2\pi \end{cases} \tag{7-27}$$

（8）$\alpha - \beta$ 坐标系 DTC 扇区

$$\text{SECTR\_dtc} = \text{INT}\left[3\theta_{s\_dtc}(k)/\pi\right] \tag{7-28}$$

（9）电压模型转矩与电流模型转矩

转矩计算所用磁链可取自电流模型（$\boldsymbol{\Phi}_r^i$），也可取自电压模型（$\boldsymbol{\Phi}_r^v$），忽略上标给出转矩标幺化离散通式为

$$T_e^{pu}(k) = I_{s\beta}^{pu}(k)\Phi_{s\alpha}^{pu}(k) - I_{s\alpha}^{pu}(k)\Phi_{s\beta}^{pu}(k) \tag{7-29}$$

（10）转差频率

转差计算所用磁链、转矩既可取自电流模型也可取自电压模型，忽略上标给出通式。由式（7-8）得转差与转矩关系式为

$$\Delta\omega = \frac{2R_r T_e}{3p_n (\Phi_r)^2} \tag{7-30}$$

标幺化为

$$\begin{cases} \Delta\omega^{pu}(k) = K_{25} T_e^{pu}(k)/\left[\Phi_r^{pu}(k)\right]^2 \\ \Phi_r^{pu}(k) \neq 0 \; ; \; \left|\Delta\omega^{pu}(k)\right| < \Delta\omega_{max} \\ K_{25} = R_r^{pu} \end{cases} \tag{7-30a}$$

式中，$\Delta\omega_{max}$ 通常取额定转差频率的 2～3 倍。

需要注意的是，为提高系统稳定性，可用转矩参考值 T_e^* 代替实际转矩 T_e，但会影响动态响应。

（11）转子磁链频率数字滤波

式（7-24）、式（7-25）均属于磁链频率的微分算法，计算时会带来微分噪声，而在此基础上采用一阶滤波器进行滤波又会产生较大误差（严重时会达到 5Hz 以上），故给出以下的平均磁链角速度的 $M - T$ 算法（参考第 6 章 6.3.1 节）。

$$\begin{cases} \Delta\theta_e(k) = \theta_e(k) - \theta_e(k-1) \\ \text{arv}\omega_e^{pu}(k) = \dfrac{1}{\omega_{BASE} T_w} \displaystyle\sum_{i=1}^{n} \Delta\theta_e^{pu}(i) \end{cases} \tag{7-31}$$

式中，T_w 为当前角度采样窗口对应的总时间；n 为样本区间所对应时间片个数。

转子速度估计为

$$\omega_r = \text{arv}\omega_e - \Delta\omega \tag{7-32}$$

离散标幺化为

$$\omega_r^{pu}(k) = \text{arv}\omega_e^{pu}(k) - \Delta\omega^{pu}(k) \tag{7-32a}$$

（12）转子频率（速度）滤波器

由于动态转差仍存在干扰噪声，故增设一阶滤波器为

$$\omega_{rf} = \frac{\omega_r}{1 + \tau s} \tag{7-33}$$

离散标幺算法为

$$\begin{cases} \omega_{rf}^{pu}(k) = K_{11}\omega_{rf}^{pu}(k-1) + K_{12}\omega_{r}^{pu}(k) \\ K_{11} = \dfrac{\tau}{\tau + \Delta T}; \ K_{12} = \dfrac{\Delta T}{\tau + \Delta T} \end{cases}$$ (7-33a)

3. 磁链及转矩基准值

以下给出磁链、转矩与电机额定参数之间的关系。

（1）磁链额定值与基准值

按第6章6.9节的磁链基准定义有

$$\Phi_{BASE} \triangleq \frac{V_{sm-nom}}{\omega_{s-nom}}$$

由第5章式（5-48），令 $d\boldsymbol{\Phi}_s/dt = 0$ 并忽略定子电阻得稳态磁链为

$$V_{sm} \approx j\omega_s \boldsymbol{\Phi}_s$$

式中，ω_s 为定子电压频率。额定条件下定子磁链幅值为

$$\Phi_{s-nom} \approx \frac{V_{s-nom}}{\omega_{s-nom}} = \Phi_{BASE}$$

这表明，磁链基准近似等于额定磁链。

（2）转矩基准值与转矩额定值

忽略总漏感，则定、转子磁链幅值可表示为

$$\Phi_s \approx \frac{L_m}{L_r}\Phi_r$$

按第6章6.9节的转矩基准值定义有

$$T_{BASE} \triangleq \frac{3}{2}p_n \Phi_{s-nom} I_{s-nom}$$

由 $d-q$ 坐标系转矩公式，有电机额定转矩为

$$T_{e-nom} = \frac{3p_n L_m}{2L_r}\Phi_{r-nom}I_{sq-nom} \approx \frac{3p_n}{2}\Phi_{s-nom}\sqrt{I_{s-nom}^2 - I_{sd-nom}^2} < T_{BASE}$$

可见，转矩基准一般要大于额定机械转矩，这一点在系统参数设定时需要注意。

4. 闭环控制系统

图7-14所示为DTC闭环控制系统。

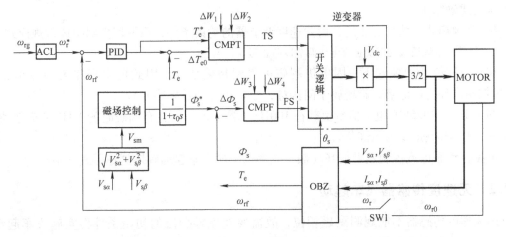

图7-14　DTC闭环控制系统

其中，速度环、励磁给定属于外环，采样时间取 1ms；转矩和励磁比较属于系统内环，采样时间 $T_Z = 10\mu s$。

7.7　DTC 特殊功能的实现

7.7.1　有速度传感器飞车起动

1）剩磁估计。逆变器封锁期间，利用速度－电流模型实时监控电机的剩磁变化规律。

2）交流励磁。有速度传感器 DTC 定子交流励磁模型如图 7-15 所示。

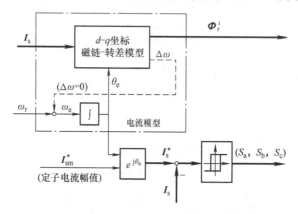

图 7-15　有速度传感器 DTC 定子交流励磁模型

因 DTC 模式无直接电流环，为避免直接投入引起过电流，须采用动态电流跟踪法进行交流励磁（见后文本章 7.10 节）。考虑速度－电流模型观测器收敛性很好，故不必采用强励磁，以励磁电流特性作为幅值即可，相位取自观测器的转子磁链角。交流励磁旨在使观测器建立粗略的磁场初值，维持 50～200ms 即可。

3）额定建磁。因交流励磁时间较短，尚未达到额定磁场，故还需继续建磁。将转矩给定为零，磁链给定为目标磁链并按转子时间常数进行滤波。通常 3 倍转子时间常数（$3T_r$）后可认为建磁结束。

4）常规模式。建磁完成后，解除速度调节器的约束条件，系统切换到闭环常规模式。

注：建磁及常规模式均需要直流电压调节以防止母线过电压。

在有速度传感器模式下，因电机剩磁可得到精确估计，因此可实现完美的飞车起动（矢量控制内环为电流环，磁场属于间接量，故飞车起动效果略差）。

图 7-16 为 18.5kW 电机惯量负载在 100Hz（弱磁状态）且有剩磁时的 DTC 飞车起动实测波形（1 为电流，2 为磁链角）。

可见，动态电流控制效果很好（额定频率以下的飞车起动效果更好，波形略）。

7.7.2　无速度传感器飞车起动

因无速度传感器不能观测剩磁相位，故需要建立零剩磁的初始条件再实施飞车起动。DTC 飞车起动是在矢量控制系统飞车起动基础上的延伸（参考第 6 章 6.7.5 节）。

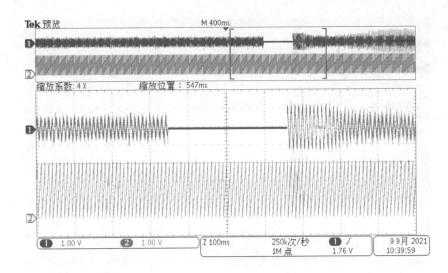

图 7-16　18.5kW 电机惯量负载在 100Hz（弱磁状态）且有剩磁时的 DTC 飞车起动实测波形

1）去磁及初始化。为建立可靠的无剩磁条件，待逆变器封锁间隔大于 $3T_r$ 后，采用零电流（电流跟踪，见本章 7.10 节）＋零电压去磁时间后可认为电机无剩磁。去磁完成后对观测器进行磁链零初始化即可。

2）DC 强激励。采用动态电流跟踪法（见本章 7.10 节），开放观测器并锁定磁链角（θ_e），按电机额定电流施加 $1\sim3\text{ms}$ 的 DC 强励磁。

3）AC 强励磁。开放观测器磁链角，采用动态电流跟踪法，即，保持给定电流矢量幅值并取观测器的定子磁链角作为指令电流矢量角，激发观测器，激发时间以 $T_r/5$（如 50ms）为宜。

4）动态预励磁（闭环）。使转矩指令为零（$T_e^* = 0$），给定目标磁链并由转子时间常数构成一阶滤波器进行过渡，3 个转子时间常数（$3T_r$）后，可认为动态励磁结束。该过程需用当前电机转速观测值同步刷新速度给定积分器输出，以便进入正常模式后从当前速度实现软起动。

然而，在 $T_e^* = 0$ 建磁过程中，因转矩滞环及电机参数固有偏差，绝对的 $T_e = 0$ 条件很难建立，有时会在建磁过程中出现过电压，故需要介入后文的直流母线电压抑制。

5）常规模式。解除对速度调节器的同步刷新，恢复到常规的环速度－转矩双闭控制模式。

图 7-17 为 18.5kW 电机大惯量负载无传感器模式在 100Hz 时 DTC 飞车起动实测波形（1 为 a 相定子电流；2 为转子磁链角）。

可见，飞车起动的动态过程非常理想。

7.7.3　直流电压抑制

直流母线电压抑制采用电压闭环的 P 调节器（函数发生器）或 PI 调节器进行附加调节，只是正转时进行正限幅，反转时进行负限幅。

图 7-18 给出了按直流电压闭环 PI 调节的控制框图。

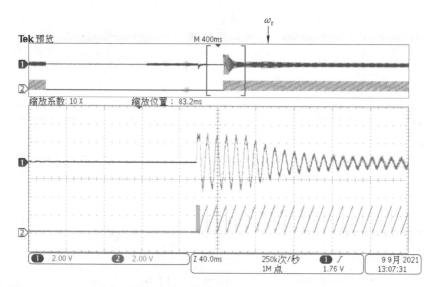

图 7-17　18.5kW 电机大惯量负载无传感器模式在 100Hz 时 DTC 飞车起动实测波形

这里，T_Δ 为转矩限幅，一般取略大于 DTC 的转矩滞环宽度（如额定转矩的 10%）；sgn 为电机转速的符号函数，正转时为 1，反转时为 −1；V_{dc}^* 的取值应高于额定直流电压。

7.7.4　闭环最优磁场控制

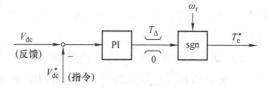

图 7-18　按直流电压闭环 PI 调节的控制框图

仿照第 6 章，将转子磁链坐标系定子磁链（Φ_s）、转矩（T_e）分别与励磁电流（I_{sd}）、转矩电流（I_{sq}）对接，于是有图 7-19 所示的定子磁链最优控制模型。

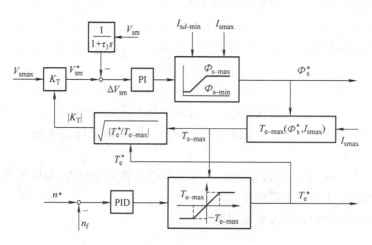

图 7-19　定子磁链最优控制模型

以下给出设计说明：由第 6 章可知，若保持电机总电流幅值（I_{smax}）不变时，获得最大转矩的条件为

$$\begin{cases} T_{e-best} = \dfrac{3p_n}{2} \dfrac{L_m^2}{L_r} \dfrac{I_{smax}^2}{2} \\[3mm] I_{sd-best} = I_{sq-best} = \dfrac{\sqrt{2}}{2} I_{smax} \end{cases}$$

对仿真模型电机，最佳转矩为

$$T_{e-best}^{pu} = \frac{L_m^2 I_{BASE}}{2 L_r \Phi_{BASE}} I_{smax}^{*pu2} = \frac{0.206^2 \times 16.97}{2 \times 0.214 \times 0.99} I_{smax}^{*pu2} = 1.699 I_{smax}^{*pu2}$$

这表明，保持总电流为额定电流（$I_{smax} = I_{BASE}$）时，最大转矩为转矩基准的 1.699 倍，考虑转矩基准与额定转矩的关系，最大转矩相当于电机额定转矩的 1.699/0.892 = 1.9 倍（额定转矩标幺值为 0.892，见第 6 章 6.9 节表 6-4）。

由转子磁链坐标系的电机方程得

$$\Phi_s = \frac{L_m}{L_r} \Phi_r + L_\sigma (I_{sd} + jI_{sq}) = \left(\frac{L_m}{L_r} \Phi_r + L_\sigma I_{sd} \right) + jL_\sigma I_{sq}$$

考虑总电流幅值为 I_{smax}，定子磁链幅值为

$$\Phi_s^* = \sqrt{(L_s^2 - L_\sigma^2) I_{sd}^{*2} + L_\sigma^2 I_{smax}^2} \tag{7-34}$$

式（7-34）代入最佳励磁电流得到最佳定子磁链为

$$\Phi_{s-best}^* = \sqrt{(L_s^2 - L_\sigma^2) I_{sd-best}^2 + L_\sigma^2 I_{smax}^2} = \frac{\sqrt{2}}{2} I_{smax} \sqrt{L_s^2 + L_\sigma^2}$$

对仿真模型电机，额定磁链为 $\Phi_{s-nom} = (311/314) \text{Wb} = 0.99 \text{Wb}$，最佳磁链为

$$\Phi_{s-best}^* = \frac{\sqrt{2}}{2} \times 16.97 \times \sqrt{0.214^2 + 0.015^2} \text{Wb} \approx 2.6 \text{Wb}$$

可见，最佳转矩对应的最佳磁链约为额定磁链的 2.6 倍。

取最佳励磁电流作为励磁电流上限，使励磁电流与转矩处于正定变化区间，励磁电流下限选择允许电机空载运行的最小励磁电流值（小于额定励磁电流），即

$$\begin{cases} I_{sd-max} \triangleq I_{sd-best} = \dfrac{\sqrt{2}}{2} I_{s max} \\[3mm] I_{sd-min} < I_{sd-nom} \end{cases} \tag{7-35}$$

式中，I_{sd-nom} 为额定励磁电流。代入式（7-34）得定子磁链限幅值

$$\begin{cases} \Phi_{s-max}^* = I_{smax} \sqrt{\dfrac{L_s^2 - L_\sigma^2}{2} + L_\sigma^2} \\[3mm] \Phi_{s-min}^* = \sqrt{(L_s^2 - L_\sigma^2) I_{sd-min}^2 + L_\sigma^2 I_{smax}^2} \end{cases}$$

因实际励磁电流控制在 $I_{sd}^* \in [I_{sd-min}, I_{sd-max}]$，输出电流限幅值时对应的最大转矩为

$$T_{e-max} = \frac{3p_n L_m^2}{2L_r} I_{sd}^* \sqrt{I_{smax}^2 - I_{sd}^{*2}} \tag{7-36}$$

由式（7-34）变换得

$$I_{sd}^* = \sqrt{\frac{\Phi_s^{*2} - L_\sigma^2 I_{smax}^2}{L_s^2 - L_\sigma^2}}$$

代入式（7-36）得转矩限幅为

$$T_{e-max} = \frac{3p_n}{2L_r} \frac{L_m^2}{L_s^2 - L_\sigma^2} \sqrt{[(\Phi_s^*)^2 - L_\sigma^2 I_{s-max}^2][L_s^2 I_{s-max}^2 - (\Phi_s^*)^2]} \tag{7-37}$$

最高线性输出电压为

$$V_{smax} = \frac{1}{\sqrt{3}} V_{dc} \qquad (7\text{-}38)$$

考虑直流电压与输出电压两个基准标幺化为

$$V_{smax}^{pu} = \frac{V_{dc-BASE}}{\sqrt{3} V_{BASE}} V_{dc}^{pu} \qquad (7\text{-}38a)$$

负载系数 K_T 可由第6章式（6-40）得

$$K_T = \sqrt{|T_e^* / T_{emax}|} \qquad (7\text{-}39)$$

电压矢量幅值为

$$V_{sm} = \sqrt{V_{s\alpha}^2 + V_{s\beta}^2} \qquad (7\text{-}40)$$

式中，$V_{s\alpha}$、$V_{s\beta}$ 来自电压重构。

DTC 重构电压幅值属于开关断续信号（见后文仿真波形），因此需要进行滤波（传统 PWM 重构采用占空比得到的平均电压幅值为常数可不需要滤波），滤波器模型为

$$V_{smf} = \frac{V_{sm}}{1 + \tau_1 s} \qquad (7\text{-}41)$$

7.7.5 转矩限幅特性

最大转矩限幅除了满足以上最优条件，还需要考虑制动过程直流电压泵升、极限转矩及极限频率等因素。对于恒定励磁曲线还需要额外考虑最大电流限制（优化励磁可不用关心）。

图 7-20 为恒定励磁曲线下的转矩限幅调节控制器。它可由图中的 4 个条件进行二次约束。

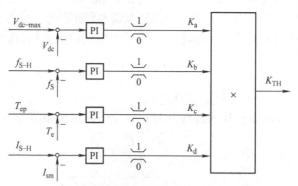

图 7-20 恒定励磁曲线下的转矩限幅调节控制器

图中，K_{TH} 为转矩限幅综合修正系数，且

$$K_{TH} = K_a K_b K_c K_d \qquad (7\text{-}42)$$

V_{dc-max} 为允许最高直流母线电压；f_{S-H} 为允许极限工作频率，当系统最高频率超过极限频率时修正转矩限幅。极限频率可取最高频率的 1.2 倍；T_{ep} 为电机极限转矩（pull-out，参考第 5 章）。当实际转矩接近极限转矩时，修正转矩限幅；I_{S-H} 为系统最大电流限制。

需要注意的是，在闭环在闭环最优磁场控制前提下，此最大电流限制可以忽略。

考虑以上修正，最大转矩限幅综合限幅可表示为

$$T_{emax}^{*pu} = K_{TH} T_{emax}^{pu} \qquad (7\text{-}43)$$

以上限幅特性，尤其是恒定励磁特性、优化励磁特性等对转矩限幅的要求应与图 7-20 所示的转矩限幅相互协调配合产生最终的限幅逻辑。

7.7.6 电感非线性

电感非线性曲线来自磁化曲线，磁化曲线可通过电机参数自测试得到（参考第 10 章）。可将磁化特性曲线转化为图 7-21 所示的 $L_m - \Phi_s^*$ 特性曲线。

系统根据当前磁链给定值查找相应的励磁电感（互感）值用于系统控制。

需要注意的是，用磁链给定代替实际值可提高稳定性及实时性。

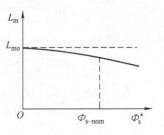

图 7-21　$L_m - \Phi_s^*$ 特性曲线

7.7.7 DTC 标量模式

所谓 DTC 标量模式是指在 DTC 滞环比较器框架下实现对任意感性负载（$R-L$）均适用并可替代传统参考电压 SVPWM 的变频控制方法。

设 $R-L$ 负载的给定磁链为

$$\boldsymbol{\Phi}_s^* = \Phi_s^* \, e^{j\theta_s^*} = \Phi_s^* \, e^{j\omega_s^* t} \tag{7-44}$$

$R-L$ 负载忽略电阻时实际磁链的电压模型为

$$\boldsymbol{\Phi}_s = \int(\boldsymbol{V}_s - \boldsymbol{I}_s R_s)\,\mathrm{d}t \approx \int \boldsymbol{V}_s \mathrm{d}t = \Phi_{s\alpha} + j\Phi_{s\beta} \tag{7-45}$$

或表示为

$$\begin{cases} \Phi_s = \sqrt{\Phi_{s\alpha}^2 + \Phi_{s\beta}^2} \\ \theta_s = \arctan(\Phi_{s\beta}/\Phi_{s\alpha}) \end{cases} \tag{7-45a}$$

给定磁链与反馈磁链之间的虚拟标幺转矩可表示为

$$T_e^{pu} \triangleq \frac{\boldsymbol{\Phi}_s \otimes \boldsymbol{\Phi}_s^*}{\Phi_s \Phi_s^*} = \frac{\Phi_{s\beta}\Phi_{s\alpha}^* - \Phi_{s\alpha}\Phi_{s\beta}^*}{\Phi_s \Phi_s^*} = \sin\gamma \approx \gamma \tag{7-46}$$

式中，γ 为给定磁链与实际磁链两个矢量之间的夹角。

可见，虚拟转矩标幺值近似反映了两个矢量的夹角的弧度值。若以虚拟转矩给定 $T_e^{pu\,*} = 0$ 为控制原则，按照 DTC 的滞环控制策略得到磁链请求（FS）和转矩请求（TS），查询 DTC 最佳矢量表实施驱动控制，即可达到实际磁链跟踪给定磁链的目的。

图 7-22 给出了 DTC 标量模式的控制框图。

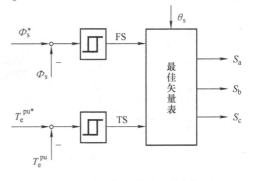

图 7-22　DTC 标量模式的控制框图

7.8 DTC 仿真研究

图 7-23 为稳态时转矩（T_e）、定子 a 相电压（V_{an}）和定子电流（I_α、I_β）波形。

可见，转矩脉动在可控范围之内，控制效果很好。定子稳态电压不同于传统 PWM，其

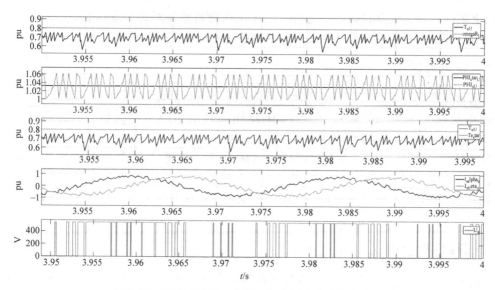

图 7-23　稳态时转矩、定子 a 相电压和定子电流波形

开关速率呈现随机性。

仿真还发现，转矩滞环窗口对开关速率影响较大，在当前窗口下，"平均开关速率在 1.7kHz 左右"；输出电流波形均匀，正弦度很好。

图 7-24 为无传感器 DTC 起动、加载动态响应。

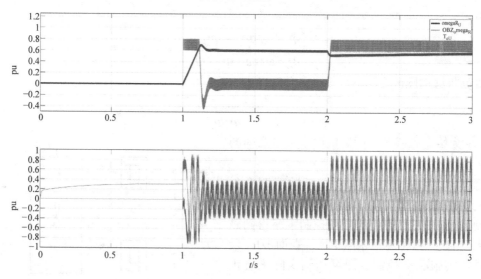

图 7-24　无传感器 DTC 起动、加载动态响应

可见，转矩动态响应很快，动态电流控制效果很好。

图 7-25 为动态励磁的预励磁 – 空载起动 – 加载过程的磁链轨迹。

可见，磁链开始由原点顺时针（正转）由弱变强，此为磁链动态跟踪过程，进入正常起动模式后，磁链进入过励磁实现最佳转矩起动，频率超过最佳临界频率后，励磁调节器回调，进入稳态模式，此时逼近稳态最佳磁链。

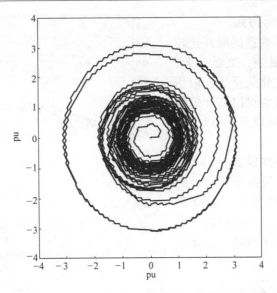

图 7-25　动态励磁的预励磁 – 空载起动 – 加载过程的磁链轨迹

图 7-26 为直流预励磁 – 磁场软投入 – 空载起动 – 加载（30N·m）– 反转全过程的仿真波形。

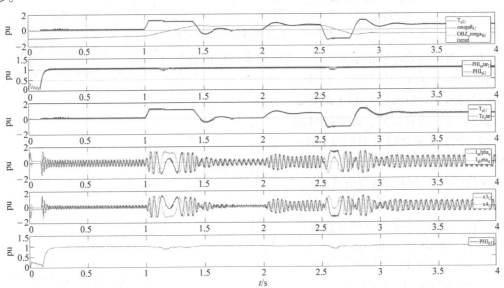

图 7-26　直流预励磁 – 磁场软投入 – 空载起动 – 加载（30N·m）– 反转全过程的仿真波形

可见，整个动态过程、电流、转矩、转速控制效果很好。

7.9　DTC 的优化策略[89-91]

因传统六扇区 DTC 矢量开关表在扇区交界处的切向分量较大，径向分量较小，故在扇区过渡区的磁链控制能力很弱。在逆变器输出零矢量时，定子电阻及饱和压降会引起磁链塌陷，从而引起转矩及电流的畸变。图 7-27 给出了传统六扇区磁链滞环恒定时，在扇区交界处所产生的电流畸变波形仿真。

文献［89］给出了改造的滞环比较器和对应六扇区的矢量表，文献［90,91］给出了十二扇区优化矢量表，但仿真发现，这些方法均需要付出高开关频率的代价（通常在5kHz以上）。以下给出几种实用方法。

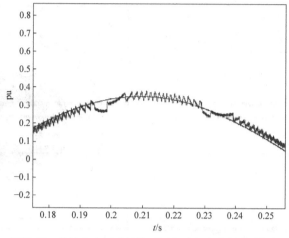

图7-27 传统六扇区磁链滞环恒定时电流畸变波形仿真

1. 六扇区磁链滞环加权法

为加强传统六扇区过渡扇区磁链的径向控制能力必须加强磁链二级滞环（FS = ±2）的控制比例。不妨将过渡扇区的磁链滞环幅值进行单边修正，修正系数如图7-28所示。

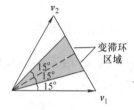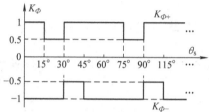

图7-28 磁链滞环加权修正系数

式中，$K_{\Phi+}$为正向滞环修正系数；$K_{\Phi-}$为负向滞环修正系数。

过渡区域变滞环特性强化了磁链二级滞环的径向介入成分，有利于改善磁链轨迹的畸变。仿真发现，磁链滞环加权修正后开关速率会略有增加（100～200Hz），但输出电流波形会大有改善。图7-29为该方法的输出电流仿真波形。

2. 十二扇区固定合成矢量法

所谓十二扇区固定矢量法是指在原始6矢量$v_1 \sim v_6$基础上再扩展6个对角线合成矢量，组成12矢量用于磁链轨迹合成。扩展的6个对角线矢量可表示为

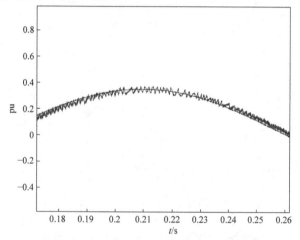

图7-29 磁链滞环加权法输出电流仿真波形

$$\begin{cases} v_{12} = v_{21} = (v_1 + v_2)/2 \\ v_{23} = v_{32} = (v_2 + v_3)/2 \\ v_{34} = v_{43} = (v_3 + v_4)/2 \\ v_{45} = v_{54} = (v_4 + v_5)/2 \\ v_{56} = v_{65} = (v_5 + v_6)/2 \\ v_{61} = v_{16} = (v_6 + v_1)/2 \end{cases} \qquad (7-47)$$

合成矢量可通过占空比 50% 的 PWM 方法来实现，若需要输出原始矢量时，PWM 占空比为 100% 即可。若将十二固定矢量与十二扇区结合，可较好地解决传统六扇区临界区域因径向分量不足所带来的磁链轨迹塌陷问题。十二固定矢量及等分十二扇区的分布如图 7-30 所示。

其中偶扇区（0、2、4 等）采用原始二矢量进行磁链轨迹生成，奇扇区（1、3、5 等）采用合成二矢量进行合成，这样可以输出半个时间片的最窄脉冲，提高了波形分辨率。奇、偶扇区采用等角度分割，即奇、偶扇区分割角均为 $\pi/6$。

表 7-3 给出了十二扇区合成矢量法的矢量选择表。

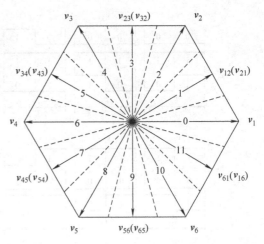

图 7-30　十二固定矢量及等分十二扇区的分布

表 7-3　十二扇区合成矢量法的矢量选择表

FS	TS	扇区（SECTR_dtc）											
		0	1	2	3	4	5	6	7	8	9	10	11
2	1	v_2	v_2	v_3	v_3	v_4	v_4	v_5	v_5	v_6	v_6	v_1	v_1
	0	v_1	v_{12}^{*}	v_2	v_{23}^{*}	v_3	v_{34}^{*}	v_4	v_{45}^{*}	v_5	v_{56}^{*}	v_6	v_{61}^{*}
	−1	v_6	v_1	v_1	v_2	v_2	v_3	v_3	v_4	v_4	v_5	v_5	v_6
1	1	v_2	v_{23}	v_3	v_{34}	v_4	v_{45}	v_5	v_{56}	v_6	v_{61}	v_1	v_{12}
	0	v_{00}	v_{00}	v_{00}	v_{00}	v_{00}	v_{00}	v_{00}	v_{00}	v_{00}	v_{00}	v_{00}	v_{00}
	−1	v_6	v_{16}	v_1	v_{21}	v_2	v_{32}	v_3	v_{43}	v_4	v_{54}	v_5	v_{65}
−1	1	v_3	v_{43}	v_4	v_{54}	v_5	v_{65}	v_6	v_{16}	v_1	v_{21}	v_2	v_{32}
	0	v_{00}	v_{00}	v_{00}	v_{00}	v_{00}	v_{00}	v_{00}	v_{00}	v_{00}	v_{00}	v_{00}	v_{00}
	−1	v_5	v_{56}	v_{61}	v_1	v_{12}	v_2	v_{23}	v_3	v_{34}	v_4		v_{45}
−2	1	v_3	v_4	v_4	v_5	v_5	v_6	v_6	v_1	v_1	v_2	v_2	v_3
	0	v_4	v_{45}^{*}	v_5	v_{56}^{*}	v_6	v_{61}^{*}	v_1	v_{12}^{*}	v_2	v_{23}^{*}	v_3	v_{34}^{*}
	−1	v_5	v_5	v_6	v_6	v_1	v_1	v_2	v_2	v_3	v_3	v_4	v_4

注：阴影部分带 "＊" 合成矢量为磁链二级请求的扇区中心矢量；v_{00} 代表广义零矢量（v_0 或 v_7）。

从 PWM 输出方式而言，表中的合成矢量又可分为二子矢量合成和四子矢量合成方法，分别对应锯齿波 PWM 和三角波 PWM。

图 7-31 给出了二子矢量合成的 PWM 典型时序波形。

图 7-32 给出了四子矢量合成的 PWM 典型时序波形。

具体 PWM 实施时，需根据上一拍的最末矢量决定本拍的矢量排序以及是否需要添加过渡矢量满足相邻矢量切换。

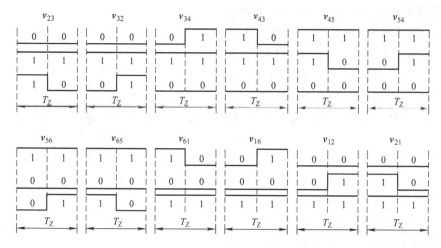

图 7-31　二子矢量合成的 PWM 典型时序波形

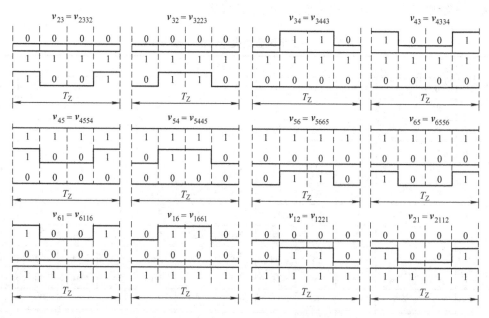

图 7-32　四子矢量合成的 PWM 典型时序波形

3. 最小拍磁链预测法（规划法）

所谓最小拍磁链预测法（规划法）是指：根据上一拍磁链与目标磁链的差值，选择本拍电压矢量及占空比，达到本拍一次性跟踪到目标磁链的方法。磁链规划法可实现开关频率恒定，改善电流波形。因零矢量不会产生磁链轨迹贡献，故磁链规划只涉及 6 个非零矢量 $v_1 \sim v_6$，其生成的磁链属于净磁链。DTC 模式下的磁链预测需采用时间片组合 PWM 方法实现（参考第 3 章 3.9 节）。

（1）逆变器电压矢量与磁链误差矢量

逆变器理想输出电压与当前定子磁链的关系可表示为

$$V_{\text{ref}} = V_{\text{s}} = \frac{\mathrm{d}\boldsymbol{\Phi}_{\text{s}}}{\mathrm{d}t} + I_{\text{s}}R_{\text{s}} + V_{\text{err}} \approx \frac{\Delta\boldsymbol{\Phi}_{\text{s}}}{\Delta T} + I_{\text{s}}R_{\text{s}} + V_{\text{err}} \tag{7-48}$$

式中，V_{err} 为逆变器非线性误差，包含饱和特性及死区电压误差两种成分，它是定子电流矢量的函数；R_{s} 为定子电阻；ΔT 为采样时间，对应 PWM 模式下的载波周期 T_{c}。

可见，若已知 ΔT，根据磁链误差 $\Delta\boldsymbol{\Phi}_{\text{s}}$ 即可得到希望的逆变器输出电压 V_{ref}。

（2）非零二矢量占空比

在恒定载波频率 PWM 模式下，根据式（7-48）得到的 V_{ref}，采用第 3 章 3.6 节的方法求取三矢量占空比（对 NPC 三电平可参考第 4 章 4.3 节）。因 DTC 净磁链规划并不关心零矢量的作用时间（零矢量采用转矩比较器进行额外添加），故仅需求取两个非零矢量的作用时间，即

$$\begin{cases} d_{\text{m}} = A \triangleq v_g = v_d - \dfrac{v_q}{\sqrt{3}} \\[2mm] d_{\text{n}} = B \triangleq v_h = \dfrac{2}{\sqrt{3}}v_q \\[2mm] T_{\text{m}} = d_{\text{m}}T_{\text{c}} \\[2mm] T_{\text{n}} = d_{\text{n}}T_{\text{c}} \end{cases} \tag{7-49}$$

式中，T_{c} 对应 PWM 载波周期。

（3）当前磁链

对标量控制模式，当前磁链 $\boldsymbol{\Phi}_{\text{s}}$ 可由式（7-48）变换为

$$\boldsymbol{\Phi}_{\text{s}} = \int (V_{\text{ref}} - I_{\text{s}}R_{\text{s}} - V_{\text{err}})\mathrm{d}t = \Phi_{s\alpha} + \mathrm{j}\Phi_{s\beta} = \Phi_{\text{s}}\cos\theta_{\text{s}} + \mathrm{j}\Phi_{\text{s}}\sin\theta_{\text{s}} \tag{7-50}$$

式中，θ_{s} 为当前磁链角；Φ_{s} 为当前磁链幅值。

对 DTC 模式，当前磁链 $\boldsymbol{\Phi}_{\text{s}}$ 来自磁链，观测器，见 7.6 节。

（4）目标磁链

若希望的目标磁链为

$$\boldsymbol{\Phi}_{\text{s}}^* = \Phi_{\text{s}}^* \mathrm{e}^{\mathrm{j}(\theta_{\text{s}} + \Delta\theta_{\text{s}})} = \Phi_{\text{s}}^* \cos(\theta_{\text{s}} + \Delta\theta_{\text{s}}) + \mathrm{j}\Phi_{\text{s}}^* \sin(\theta_{\text{s}} + \Delta\theta_{\text{s}}) \tag{7-51}$$

式中，Φ_{s}^* 为预测的目标磁链幅值；$\Delta\theta_{\text{s}}$ 为规划策略决定的预测步进角。

（5）磁链误差

当前磁链与目标磁链的差值可表示为

$$\begin{cases} \Delta\boldsymbol{\Phi}_{\text{s}} = \boldsymbol{\Phi}_{\text{s}}^* - \boldsymbol{\Phi}_{\text{s}} = \Delta\Phi_{s\alpha} + \mathrm{j}\Delta\Phi_{s\beta} \\[1mm] \Delta\Phi_{s\alpha} = \Phi_{\text{s}}^* \cos(\theta_{\text{s}} + \Delta\theta_{\text{s}}) - \Phi_{\text{s}}\cos\theta_{\text{s}} \\[1mm] \Delta\Phi_{s\beta} = \Phi_{\text{s}}^* \sin(\theta_{\text{s}} + \Delta\theta_{\text{s}}) - \Phi_{\text{s}}\sin\theta_{\text{s}} \end{cases} \tag{7-52}$$

（6）磁链预测步进角 $\Delta\theta_{\text{s}}$

最高净磁链频率大于额定频率（为 1.047 倍，计算见后文），因此，对额定频率下的磁链轨迹进行等角度 $\Delta\theta_{\text{s}} = \Delta\theta_{\text{s-nom}}$ 分割，客观上能够实现。此时，分割角与开关频率的关系为

$$\Delta\theta_{\text{s-nom}} = \omega_{\text{s-nom}}T_{\text{c}}^*$$

式中，T_{c}^* 为取整开关周期；$\omega_{\text{s-nom}}$ 为额定角频率。

因 $\Delta\theta_{\text{s}}$ 代表净磁链步进角，若保持开关频率固定，在变频过程中，$\Delta\theta_{\text{s}}$ 应与当前磁链频

率（ω_s）保持正比关系，并在额定频率时达到 $\Delta\theta_{s-nom}$，即

$$\Delta\theta_s \triangleq \frac{\omega_s}{\omega_{s-nom}}\Delta\theta_{s-nom} = \omega_s T_c^* \qquad (7-53)$$

式中，ω_s 为带符号磁链频率，可实现磁链的正、反转。考虑弱磁区间载波频率恒定希望保持非零矢量时间，步进角也应服从式（7-53）关系。

图 7-33 给出了当前磁链、目标磁链及误差磁链之间的矢量关系。

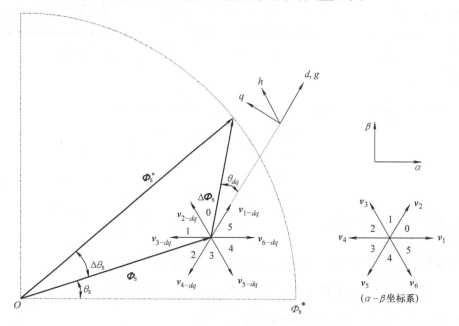

图 7-33 当前磁链、目标磁链及误差磁链之间的矢量关系

（7）最大取整采样周期

净磁链规划需要高采样频率时间片组合 PWM（时间片 $T_Z = 10\mu s$）的配合，故需对 T_Z 进行取整处理，即

$$T_c^* = \text{INT}\left[\frac{T_c}{T_Z}\right]T_Z \qquad (7-54)$$

式中，T_c 为系统设计希望的采样周期，它与 PWM 开关速率成反比（取决于 PWM 载波方式）；T_c^* 为取整后的采样周期，它决定磁链规划 PWM 线性区的最大限幅值。

（8）过调制与最小脉冲限制

由于磁链的积分作用，有损最小脉冲限制法（剔除或保留）所造成的积累误差均会在后续的电压输出得以自然校正，考虑过调制推方波，这里采用最小零矢量剔除法，即

$$\begin{cases} \text{if } T_m + T_n > T_c^* \text{ then}\left\{ T_m^* = \frac{T_m}{T_m + T_n}T_c^*; T_n^* = \frac{T_n}{T_m + T_n}T_c^*; \right\}\text{else}\left\{ T_m^* = T_m; T_n^* = T_n\right\} \\ \text{if } T_m^* < T_{min}\text{then}\left\{ T_m^* = 0; T_n^* = T_c^*; \right\} \\ \text{if } T_n^* < T_{min}\text{then}\left\{ T_n^* = 0; T_m^* = T_c^*; \right\} \end{cases}$$

$$(7-55)$$

（9）余数补足零矢量

因 $T_m^* + T_n^*$ 未必能被 T_Z 整除。考虑零矢量对轨迹无影响，不妨对 $T_m^* + T_n^*$ 按 T_Z 向上取整，所差的时间用零矢量进行补足，所需补足添加的零矢量时间应为

$$T_{00} = T_Z - \text{REM}\left[\frac{T_m^* + T_n^*}{T_Z}\right] \tag{7-56}$$

添加余数补足零矢量后的规划磁链会有少量的零矢量参与，故称为"准净磁链规划"。考虑过调制退方波以及转矩控制器还要继续添加零矢量，补足零矢量不做最小脉冲限制，但在最终 PWM 矢量输出时，要考虑实际零矢量消失所带来的不相邻矢量问题。

（10）准净磁链 PWM 周期及三矢量占空比

因精确磁链规划包含有余数零矢量，故实际参与净磁链 PWM 输出的仍为三矢量，三矢量 PWM 周期及占空比可修正为

$$\begin{cases} T_{\text{pwm}}^* = T_m^* + T_n^* + T_{00}^* \\ d_i^* = \dfrac{T_i^*}{T_{\text{pwm}}} \\ i = 00, m, n \end{cases} \tag{7-57}$$

因 T_{pwm}^* 并非常数，故磁链规划属于变载波 PWM 方式。

（11）最高净磁链频率

若当前磁链始终与目标圆周重合，即 $\Phi_s = \hat{\Phi}_s = \Phi_s^*$ 时，磁链矢量进入稳态，此时磁链轨迹的切向分量最强，可获得最高净磁链频率。由式（7-50）可知 $\alpha - \beta$ 坐标系稳态磁链误差为

$$\begin{cases} \Delta\hat{\Phi}_{s\alpha} = \Phi_s^*\left[\cos(\theta_s + \Delta\theta_s) - \cos\theta_s\right] \\ \Delta\hat{\Phi}_{s\beta} = \Phi_s^*\left[\sin(\theta_s + \Delta\theta_s) - \sin\theta_s\right] \end{cases} \tag{7-58}$$

式中，Φ_s^* 为系统给定的定子磁链幅值。

从磁链合成图中容易理解，在稳态且磁链角 θ_s 在 $[-\pi/6 \sim \pi/6]$ 时，磁链误差角超前磁链角 $\pi/2$，即处于 $[\pi/3 \sim 2\pi/3]$。又因磁链误差角与参考电压矢量角相等，则对应电压矢量为第 1 扇区，非零二矢量为 v_2、v_3，误差磁链合成矢量可表示为

$$\Delta\Phi_{s\alpha} + j\Delta\Phi_{s\beta} = \frac{2V_{\text{dc}}}{3}(v_2 T_m + v_3 T_n) = \frac{2V_{\text{dc}}}{3}\left(\frac{1}{2} + j\frac{\sqrt{3}}{2}\right)T_m + \frac{2V_{\text{dc}}}{3}\left(-\frac{1}{2} + j\frac{\sqrt{3}}{2}\right)T_n$$

比较虚部，得非零二矢量的总时间为

$$T_{\text{mn}} = T_m + T_n = \frac{\sqrt{3}}{V_{\text{dc}}}\Delta\Phi_{s\beta} = \frac{\sqrt{3}}{V_{\text{dc}}}\Phi_s^*\left[\sin(\theta_s + \Delta\theta_s) - \sin\theta_s\right] \tag{7-59}$$

方程两侧除以 $\Delta\theta_s$，得

$$\frac{T_{\text{mn}}}{\Delta\theta_s} = \frac{\sqrt{3}}{V_{\text{dc}}}\Phi_s^* \frac{\left[\sin(\theta_s + \Delta\theta_s) - \sin\theta_s\right]}{\Delta\theta_s}$$

考虑 $\Delta\theta_s$ 无穷小，有

$$\lim_{\Delta\theta_s \to 0}\left(\frac{T_{\text{mn}}}{\Delta\theta_s}\right) = \frac{\sqrt{3}}{V_{\text{dc}}}\Phi_s^* \lim_{\Delta\theta_s \to 0}\frac{\left[\sin(\theta_s + \Delta\theta_s) - \sin\theta_s\right]}{\Delta\theta_s}$$

根据导数定义得

$$\frac{\mathrm{d}T}{\mathrm{d}\theta_\mathrm{s}} = \frac{\sqrt{3}}{V_\mathrm{dc}}\Phi_\mathrm{s}^* \frac{\mathrm{d}\sin\theta_\mathrm{s}}{\mathrm{d}\theta_\mathrm{s}} = \frac{\sqrt{3}}{V_\mathrm{dc}}\Phi_\mathrm{s}^* \cos\theta_\mathrm{s} \tag{7-60}$$

对式（7-60）在 $\theta_\mathrm{s} \in [-\pi/6, \pi/6]$ 做定积分，可得到磁链旋转一个扇区的时间。6个扇区的时间总和对应磁链旋转的一个周期（T），即

$$T = 6\frac{\sqrt{3}}{V_\mathrm{dc}}\Phi_\mathrm{s}^* \int_{-\frac{\pi}{6}}^{\frac{\pi}{6}} \cos\theta_\mathrm{s}\mathrm{d}\theta_\mathrm{s} = 6\frac{\sqrt{3}}{V_\mathrm{dc}}\Phi_\mathrm{s}^* \tag{7-61}$$

考虑系统给定磁链幅值为额定磁链，直流母线电压也为额定值，即

$$\begin{cases} \Phi_\mathrm{s}^* = \Phi_\mathrm{s-nom} = \dfrac{V_\mathrm{sm-nom}}{2\pi f_\mathrm{s-nom}} \\ V_\mathrm{dc} = V_\mathrm{dc-nom} = \sqrt{3}V_\mathrm{sm-nom} \end{cases}$$

代入式（7-61）得最高净磁链频率为

$$f_\mathrm{s-max} = \frac{1}{T} = \frac{\pi}{3}f_\mathrm{s-nom} \approx 1.047 f_\mathrm{s-nom} \tag{7-62}$$

可见，在额定状态下，最高净磁链频率一定能大于额定频率，约为 1.047 倍。对于 50Hz 电机，最高净磁链频率可达到 52.36Hz。

（12）余数补足零矢量对净磁链频率的影响

尽管余数补足所添加的零矢量不会改变磁链轨迹，但会产生时间损失，因而影响最高磁链频率。以磁链频率 $f_\mathrm{s} = 50\mathrm{Hz}$、载波频率 $f_\mathrm{c} = 3\mathrm{kHz}$、$T_\mathrm{Z} = 10\mu\mathrm{s}$ 为例，在一个磁链周期内，所添加补足零矢量最大总和为 $\sum T_{00}^* = 3000 \times 10\mu\mathrm{s}/50 = 600\mu\mathrm{s}$，对应的频率损失为 $1/(600\mu\mathrm{s}) = 1.67\mathrm{Hz}$。

可见，最大频率损失约为额定频率的 3%。根据式（7-62）可知，理论最高净磁链频率可达额定频率的 104.7%，故添加零矢量后的"准最高磁链频率"仍可达到额定频率。

（13）磁链幅值的最大波动范围

由几何关系可知，当 $\theta_\mathrm{s} = 0$ 时，非零二矢量所产生的径向分量最强，从而可获得规划磁链幅值波动的最大值，即

$$\Delta\Phi_\mathrm{s-max} = \frac{\Delta\theta_\mathrm{s}\Phi_\mathrm{s}^*}{2\sqrt{3}}$$

（14）低频特性

由式（7-59）得

$$T_\mathrm{m} + T_\mathrm{n} = \frac{2\sqrt{3}}{V_\mathrm{dc}}\Phi_\mathrm{s}^* \sin\frac{\Delta\theta_\mathrm{s}}{2}\sin\left(\frac{\pi}{6} - \theta_\mathrm{s} - \frac{\Delta\theta_\mathrm{s}}{2}\right) \approx \frac{\sqrt{3}}{V_\mathrm{dc}}\Phi_\mathrm{s}^* \Delta\theta_\mathrm{s}\sin\left(\frac{\pi}{6} - \theta_\mathrm{s} - \frac{\Delta\theta_\mathrm{s}}{2}\right)$$

当 $T_\mathrm{m} + T_\mathrm{n} < T_\mathrm{min}$ 时，T_m、T_n 全部满足最小脉冲限制条件，从而使 PWM 完全失效。令

$$\frac{\sqrt{3}}{V_\mathrm{dc}}\Phi_\mathrm{s}^* \Delta\theta_\mathrm{s-min} = T_\mathrm{min}$$

与式（7-57）联立得最低角频率为

$$\omega_\mathrm{s-min} = \frac{V_\mathrm{dc}}{\sqrt{3}\Phi_\mathrm{s}^*}\frac{T_\mathrm{min}}{T_\mathrm{c}^*}$$

对常规系统，$\Phi_\mathrm{s}^* = 0.99\mathrm{Wb}$，$V_\mathrm{dc} = 540\mathrm{V}$，$T_\mathrm{min} = 2\mu\mathrm{s}$，$T_\mathrm{c}^* = 250\mu\mathrm{s}$，有 $\omega_\mathrm{s-min} =$

$3.776\mathrm{rad/s}$，对应的输出频率$f_{\mathrm{s-min}}=0.6\mathrm{Hz}$。

可见，在低频段，因$\Delta\theta_{\mathrm{s}}$很小，加之计算精度及非零二矢量最小脉冲限制等因素的影响，矢量作用时间会产生较大的截断误差，从而影响控制效果。若对规划角进行限制，又会影响载波频率，又无法实现零频率（直流）输出，因此，必要时需切换到其他控制模式（如采用传统六扇区 DTC 法或十二扇区合成矢量法等）。

（15）弱磁控制

当磁链频率大于额定频率后，需要进行弱磁控制，即

$$\Phi_{\mathrm{s}}^{*}=\begin{cases}\Phi_{\mathrm{s-nom}} & |\omega_{\mathrm{s}}|\leqslant\omega_{\mathrm{s-nom}}\\\Phi_{\mathrm{hexgon}} & |\omega_{\mathrm{s}}|>\omega_{\mathrm{s-nom}}\end{cases} \tag{7-63}$$

式中，Φ_{hexgon}为磁链六边形轨迹幅值。它可将$\hat{\Phi}_{\mathrm{s}}$进行旋转变换到第 0 扇区（$d-q$坐标系，注意与误差磁链$d-q$坐标系的不同），再求取$g-h$坐标，用$g-h$坐标进行六边形的截取方法实现（见第 3 章 3.6.4 节）。

（16）DTC 控制零矢量添加

磁链规划解决了低采样率下磁链轨迹问题，在 DTC 模式下，还需与转矩控制进行融合。为提高系统响应速度，转矩控制需要在高采样率的时间片下工作。为摆脱零矢量添加对转矩滞环宽度的依赖，可采用正、反转独立的滞环比较器，滞环特性如图 7-34 所示。

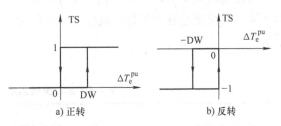

图 7-34 正、反转独立滞环比较器的滞环特性

图中，DW 为转矩滞环宽度。

为满足每次规划周期后均具备零矢量的添加条件，转矩滞环上限可取$\Delta\theta_{\mathrm{s}}$弧度值的一半，即

$$\mathrm{DW}\leqslant\frac{|\Delta\theta_{\mathrm{s}}|}{2} \tag{7-64}$$

按最小时间片T_{Z}循环考核 TS，若 TS = 0，则添加一个时间片的零矢量，直至 TS = 1 或 TS = -1，开始启动下一拍的磁链预测（转矩比较过程中，磁链规划处于休眠状态）。需要注意的是：若零矢量添加时间超过一个规划载波周期，应强迫进入磁链规划模式，或磁链误差超过一定限度，切换到传统 DTC 模式，以避免出现零矢量"逻辑陷死状态"。

DTC 模式下的控制策略如图 7-35 所示。

图中，$T_{\mathrm{e}}^{\mathrm{pu}*}$来自控制系统的速度调节器，$T_{\mathrm{e}}^{\mathrm{pu}}$、$\Phi_{\mathrm{s}}$、$\omega_{\mathrm{s}}$取自电机模型观测器。

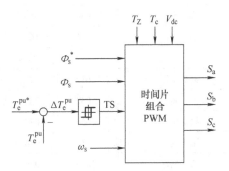

图 7-35 DTC 模式下的控制策略

特别地，$T_{\mathrm{e}}^{\mathrm{pu}}$为虚拟转矩时，可派生出 DTC 标量模式。仿照本章 7.7.7 节，有如下虚拟转矩算法，即

$$\begin{cases} \boldsymbol{\Phi}_s^* = \boldsymbol{\Phi}_s^* \, \mathrm{e}^{\mathrm{j}\theta_s^*} \\ T_e^{\mathrm{pu}} \triangleq \dfrac{\boldsymbol{\Phi}_s \otimes \boldsymbol{\Phi}_s^*}{\boldsymbol{\Phi}_s \boldsymbol{\Phi}_s^*} = \dfrac{\Phi_{s\beta} \Phi_{s\alpha}^* - \Phi_{s\alpha} \Phi_{s\beta}^*}{\boldsymbol{\Phi}_s \boldsymbol{\Phi}_s^*} \end{cases} \tag{7-65}$$

式中，θ_s^* 为给定磁链角，来自指令频率的积分；$\boldsymbol{\Phi}_s^*$ 为给定磁链幅值。

（17）传统 SVPWM 兼容模式

若不考虑采样周期取整，而直接采用 $T_{00} \triangle T_c - T_m - T_n$ 零矢量添加规则，即可实现与传统参考电压矢量 SVPWM 法类似的调制模式（详见第 3 章），这称为兼容模式。与传统参考电压矢量法不同的是，兼容模式因磁链积分作用，对最窄脉冲限制的要求可不必严格无损，但在极低频，特别是直流状态，目标磁链趋近无穷大，磁链预测法的应用受到限制。

（18）不定制矢量排序磁链规划 PWM

根据上拍最末矢量决定本拍首发矢量的相邻矢量排序法称为不定制矢量排序法，或继承矢量排序法。

考虑五段式 PWM 模式下死区时间对正、反转影响的不对称性（参考第 9 章 9.1 节），以非零二矢量最小脉冲保持法及 v_0、v_7 零矢量互换的原则，表 7-4 给出了正、反转六扇区继承矢量排序表。

表 7-4　正、反转六扇区继承矢量排序表

磁链误差扇区		上拍最末矢量							
		v_0	v_1	v_2	v_3	v_4	v_5	v_6	v_7
正转									
第 0 扇区	本拍矢量排序	012	210	210	210	721	012	721	721
第 1 扇区		032	032	327	327	327	032	723	723
第 2 扇区		034	034	743	430	430	430	743	743
第 3 扇区		054	054	745	054	547	547	547	745
第 4 扇区		056	650	765	056	765	650	650	765
第 5 扇区		016	167	167	016	761	016	167	761
反转									
第 0 扇区	本拍矢量排序	012	127	127	012	721	012	127	721
第 1 扇区		032	230	230	230	723	032	723	723
第 2 扇区		034	034	347	347	347	034	743	743
第 3 扇区		054	054	745	450	450	450	745	745
第 4 扇区		056	056	765	056	567	567	567	765
第 5 扇区		016	610	761	016	761	610	610	761

注：表中数字代表矢量下标。

需要注意的是，最终 PWM 输出零矢量由补足零矢量和转矩比较添加的零矢量两部分组成，故 PWM 发送时，需根据相邻矢量原则最终决定零矢量的保留或者剔除。

再者，磁链规划法属于积分法，具有闭环属性，对最小脉冲限制有自补偿能力。传统参

考电压矢量 SVPWM 方法属于开环法，不具备自修复能力，因此，磁链规划法的兼容模式比传统参考电压矢量法可输出更理想的低频驱动逻辑。

（19）仿真与实验

图 7-36 给出了输出频率 10Hz 的传统兼容模式仿真波形。

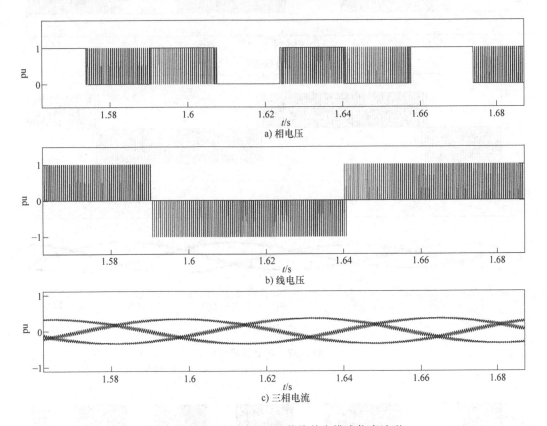

图 7-36　输出频率 10Hz 的传统兼容模式仿真波形

可见，在线电压过零区域出现双向脉冲交替现象，该现象由最小脉冲保持所引起的磁链自修复所致，也是与传统参考电压矢量 SVPWM 方法的不同。

图 7-37 给出了最小脉冲保持法 + 采样频率 2kHz + 输出频率 10Hz + DTC 标量模式逆变器相电压、线电压及三相电流的仿真波形。

可见，传统兼容模式与 DTC 标量模式波形非常相似，两者线电压过零区域均会出现双向脉冲交替现象。仿真还发现，频率越低，交替区越宽，但若采用最小脉冲剔除法，则不会出现此交替现象。

图 7-38 为有速度传感器 + 磁链规划时的 DTC 模式起动过程仿真波形。

可见，动态加速平稳，转矩响应很快；稳态时 PWM 开关速率恒定，稳态电流、转矩纹波较小。

需要注意的是，仿真条件：时间片 $T_Z = 10\mu s$；DT = 0；最小脉冲保持法，$T_{min} = 2\mu s$；采样周期为 $250\mu s$（载波 4kHz）；电机模型采样周期为 100ns；仿真模型电机，参数见第 6 章 6.9 节表 6-2 ~ 表 6-4。

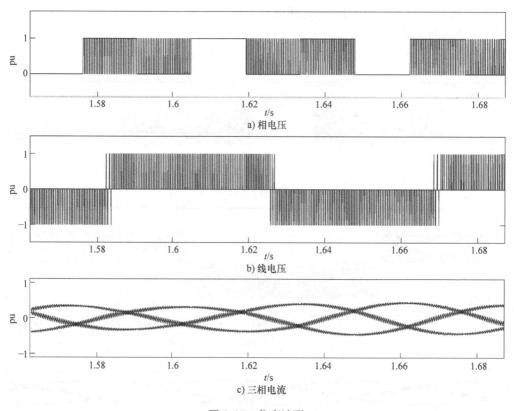

a) 相电压

b) 线电压

c) 三相电流

图 7-37　仿真波形

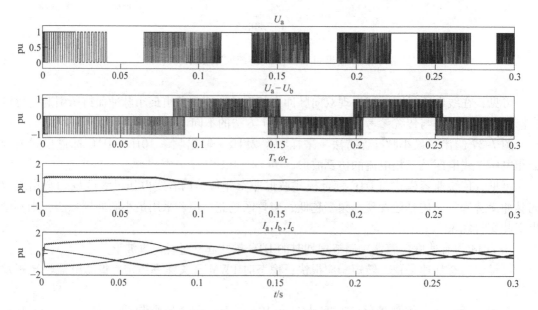

图 7-38　速度传感器 + 磁链规划时的 DTC 模式起动过程仿真波形

图 7-39 为磁链预测 DTC 标量模式，输出频率为 10Hz 时的实测波形。

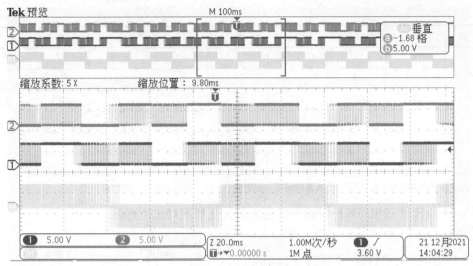

图 7-39　DTC 标量模式实测波形

可见，输出线电压过零区域的脉冲交替重叠现象。

7.10　定子电流动态跟踪法

电机直流励磁及飞车起动等场合需要用到动态电流控制。动态电流控制要求逆变器具有高增益的恒流源特性，以便对任意状态下的电机进行定子电流强迫而不至于产生过电流（跳闸）。因电机高频动态电流主要由漏感决定，故只要将定子电流控制到漏感级的响应水平即可实现无跳闸定子电流注入。

1. 电流滞环比较法

在高采样率下（如 $f_Z = 100\text{kHz}$，$T_Z = 10\mu\text{s}$），采用三相独立的电流滞环比较器输出驱动逻辑，可实现动态电流控制，其控制策略如图 7-40 所示。

该方法采用三相电流独立比较，无法避免不相邻矢量的切换，致使 dv/dt 过大且开关频率过高，为此需要对原始开关逻辑进行优化。

优化原则是比较前后两拍矢量，添加 1～2 个最近矢量实现过渡。所添加的每个矢量维持时间越短越好（略大于死区时间 DT）。考虑逆

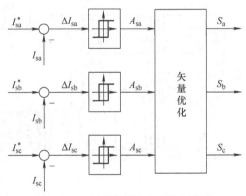

图 7-40　电流滞环比较法控制策略

变器全部 8 个矢量的相邻关系，表 7-5 给出了本拍所需添加的过渡矢量表。

表 7-5　动态电流跟踪矢量优化添加矢量表

上拍矢量		0	1	2	3	4	5	6	7
本拍矢量	0	/	/	①	/	③	/	⑤	⑥①
	1	/	/	/	⓪	⑦②	⓪	/	⑥

（续）

上拍矢量		0	1	2	3	4	5	6	7
本拍矢量	2	①	/	/	/	⑦	⓪③	⑦	/
	3	/	⓪	/	/	/	⓪	⑦④	④
	4	③	⓪③	⑦	/	/	/	⑦	/
	5	/	⓪	⑦④	⓪	/	/	/	⑥
	6	⑤	/	⑦	⓪⑤	⑦	/	/	/
	7	⑤⑥	②	/	④	/	⑥	/	/

注：表中数字代表矢量下标；"/"表示直接输出本拍矢量；"○"表示需要添加的过渡矢量。

图 7-41 给出了三相滞环比较输出优化前与优化后的对比仿真图。

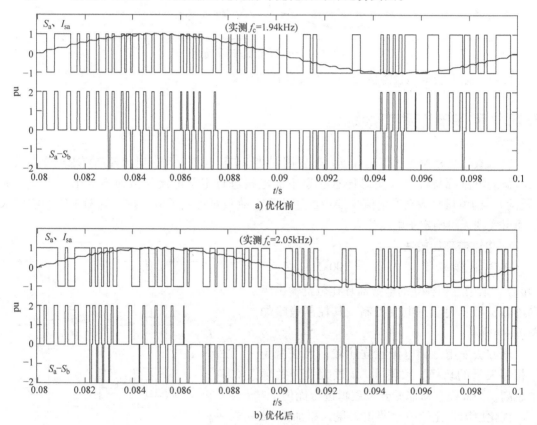

a) 优化前

b) 优化后

图 7-41 三相滞环比较输出优化前与优化后的对比仿真图

可见，矢量优化后，开关频率虽略有增加，但减小了输出波形的 dv/dt。此外，电流滞环比较法只能通过滞环宽度来调节平均开关速率，无法实现载波频率恒定，且受时间片所限，平均开关速率很难降低，故在中、大功率逆变器上存在应用瓶颈。但该方法不依赖电机模型，对任意三相感性负载均适用。

2. 漏感磁链 DTC 方法

尽管三相电流滞环比较法可以实现恒流控制，但由于三相独立比较，会出现大量的不相邻矢量，平添了不必要的开关逻辑。以下借用传统 DTC 磁链、转矩滞环器选择最优矢量的控制策略，实现动态电流控制。该方法也需要在高采样频率下工作，但其从三相磁链的综合角度参与控制，在矢量优化选择上，比独立电流滞环比较法更具优势。

由第 5 章式（5-30）的静止坐标系电机方程，整理得定子电压矢量、定子电流矢量关系为

$$V_s = \left[L_s - L_m \frac{(s - \mathrm{j}\omega_r) L_m}{R_r + (s - \mathrm{j}\omega_r) L_r} \right] s I_s + R_s I_s$$

忽略定、转子电阻，有

$$V_s \approx \frac{L_s L_r - L_m^2}{L_r} \frac{\mathrm{d}I_s}{\mathrm{d}t} = L_\sigma^* \frac{\mathrm{d}I_s}{\mathrm{d}t} \tag{7-66}$$

可见，电机动态可简化为纯漏感模型，则漏磁链可表示为

$$\begin{cases} \boldsymbol{\Phi}_{s\sigma} \triangleq \dfrac{\mathrm{d}}{\mathrm{d}t} V_s = L_\sigma^* \boldsymbol{I}_s = \Phi_{s\sigma} \mathrm{e}^{\mathrm{j}\theta_e} \\ \Phi_{s\sigma} = L_\sigma^* I_{sm} \end{cases} \tag{7-67}$$

式中，θ_e 为电流矢量角；L_σ^* 为电机总漏感；I_{sm} 为电流矢量幅值。

同 DTC 一样，根据漏磁链扇区选择适当的电压矢量即可实现漏磁链的圆形轨迹。对应的参考漏磁链为

$$\begin{cases} \boldsymbol{\Phi}_{s\sigma}^* = L_\sigma^* \boldsymbol{I}_s^* = \Phi_{s\sigma}^* \mathrm{e}^{\mathrm{j}\theta_e} \\ \Phi_{s\sigma}^* = L_\sigma^* I_{sm}^* \end{cases} \tag{7-68}$$

磁链幅值误差可表示为

$$\begin{cases} \Delta \Phi_{s\sigma} = \Phi_{s\sigma}^* - \Phi_{s\sigma} = L_\sigma^* \Delta I_{sm} \\ \Delta I_{sm} = I_{sm}^* - I_{sm} \end{cases} \tag{7-69}$$

两个矢量之间的虚拟转矩可表示为

$$T_e^{pu} \triangleq \sin\gamma = \frac{\boldsymbol{\Phi}_{s\sigma} \otimes \boldsymbol{\Phi}_{s\sigma}^*}{\Phi_{s\sigma} \Phi_{s\sigma}^*} = \frac{I_{s\beta} I_{s\alpha}^* - I_{s\alpha} I_{s\beta}^*}{I_{sm} I_{sm}^*} \tag{7-70}$$

根据 DTC 的控制策略，将定子磁链替换成电流，电机转矩替换成虚拟转矩，可得到图 7-42 所示的动态电流跟踪模型。

图中，$T_e^{pu*} = 0$ 的控制目的是使给定电流矢量与反馈电流矢量之间的夹角为 0（两者同步）；由于漏感磁链与电流的同步关系，故，DTC 磁链角即为电流矢量角。

将漏感常数与 DTC 滞环合并，可等效为新的滞环比较器（点画框内），与 DTC 滞环比较器功能相同，只是滞环宽度的意义和量值不同。

与电流比较法类似，漏感磁链 DTC 法同样存在开关速率不可控的弊端。

图 7-43 给出了漏感磁链法的三相电流跟踪过程。

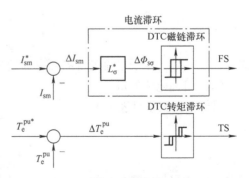

图 7-42　动态电流跟踪模型

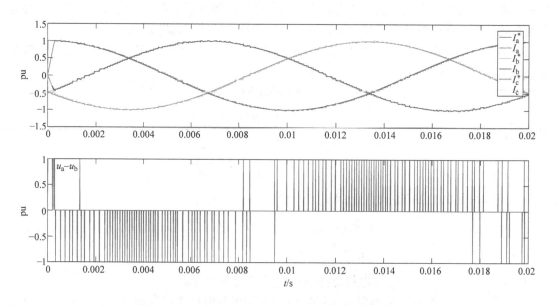

图 7-43　漏感磁链法的三相电流跟踪过程

可见，动态电流跟踪效果很好，线电压的规整度也优于三相独立电流比较方式。

3. 最小拍电流跟踪法

最小拍电流跟踪法是指：根据当前电流与目标电流的误差矢量选择本拍电压矢量，并在本拍电压矢量执行后，一次性达到跟踪目标电流矢量的控制方法。该方法结合了传统 PWM 的思想，与电流滞环比较法和漏感磁链 DTC 法相比，电流响应速度虽有所降低，但能够实现载波频率恒定；与传统 PWM 下的电流闭环控制相比，由于 PI 调节器的缺席，因此，具有更快的电流响应速度。该方法属于中等响应速度而开关速率恒定的动态电流跟踪法，是逆变器电流控制的理想选择。

（1）当前电流矢量

当前电流矢量可表示为

$$\begin{cases} I_{sm} = \sqrt{I_{s\alpha}^2 + I_{s\beta}^2} \\ \theta = \arctan(I_{s\beta}/I_{s\alpha}) \end{cases} \tag{7-71}$$

式中，$I_{s\alpha}$、$I_{s\beta}$ 为定子电流矢量的两个分量，来自电流检测；$\theta_{\alpha\beta}$ 为其在 $\alpha-\beta$ 坐标系的相位。

（2）目标电流矢量

目标电流矢量可表示为

$$\begin{cases} \hat{I}_{s\alpha} = I_{sm}^* \cos\theta^* \\ \hat{I}_{s\beta} = I_{sm}^* \sin\theta^* \end{cases} \tag{7-72}$$

式中，I_{sm}^* 为目标电流矢量幅值；θ^* 为给定电流矢量角，两者均来自给定参数。对于飞车起动所用到的同步交流励磁，θ^* 取自电机定子磁链观测角 θ_s。

（3）误差电流矢量

$$\begin{cases} \Delta \hat{I}_{s\alpha} = \hat{I}_{s\alpha} - I_{s\alpha} \\ \Delta \hat{I}_{s\beta} = \hat{I}_{s\beta} - I_{s\beta} \\ \theta_{\alpha\beta} = \arctan(\Delta \hat{I}_{s\beta}/\Delta \hat{I}_{s\alpha}) \end{cases} \qquad (7\text{-}73)$$

（4）电流误差矢量合成

根据式（7-66）的漏感模型，电机动态电流与电压关系可近似为

$$\frac{\mathrm{d}\boldsymbol{I}_s}{\mathrm{d}t} \approx \frac{\boldsymbol{V}_s}{L_\sigma^*}$$

差分化得

$$\boldsymbol{V}_s \approx \frac{L_\sigma^* \Delta \boldsymbol{I}_s}{\Delta T} \rightarrow \boldsymbol{V}_{\mathrm{ref}} \qquad (7\text{-}74)$$

因 ΔT 为设定的 PWM 载波周期，可按式（7-74）直接得到参考电压信号并与第 3 章（若是三电平逆变器则参考第 4 章）的 PWM 方法对接实现电流跟踪。

（5）直流特性

当参考电流为直流时，ν_2 矢量缺席，ν_1 矢量作用时间为

$$T_1 = T_m = \frac{\sqrt{3}L_\sigma^*}{2V_{\mathrm{dc}}}\sqrt{3}\Delta \hat{I}_{sd} = \frac{3L_\sigma^*}{2V_{\mathrm{dc}}}\Delta \hat{I}_{sd}$$

令 $T_m = T_{\min} = 4\mu\mathrm{s}$，$V_{\mathrm{dc}} = 540\mathrm{V}$，对 5.5kW 电机，$L_\sigma^* = 13\mathrm{mH}$，$I_{s-\mathrm{nom}} = 17\mathrm{A}$，则

$$\frac{\Delta \hat{I}_{sd}}{I_{s-\mathrm{nom}}} = \frac{2V_{\mathrm{dc}}}{3L_\sigma^* I_{s-\mathrm{nom}}}T_m = \frac{2 \times 540}{3 \times 13 \times 10^{-3} \times 17} \times 4 \times 10^{-6} \approx 0.65\%$$

这表明，最窄脉冲对应最小电流控制值为额定电流的 0.65%，能够满足系统要求。

仿真及实验还发现，当漏感参数大于实际参数时，直流稳态会出现多矢量切换，致使电机电流纹波加大。若漏感参数小于实际参数，会取得更好的直流稳态效果。

（6）交流特性

仿真发现，当参考电流为交流时，最小拍电流跟踪法的实际电流与指令电流总会出现一定的角度滞后（稳态尤为突出），且滞后角与漏感参数（L_σ^*）和采样周期（T_c）有关。在矢量控制系统中，滞后角会影响系统性能，必要时需要对电流指令进行角度补偿。

需要注意的是，三相电流滞环比较及漏感 DTC 模式同样存在电流滞后问题。

（7）仿真实验

仿真条件：①采样周期 250μs；②定制五段式 PWM 矢量排序；③5.5kW 电机模型。

图 7-44 给出了 100% 电流幅值 +10Hz 时直接起动过程的仿真。

可见，整个起动过程三相电流恒定，表明该方案控制效果很好。

图 7-45 为上述起动过程前 100ms 三相动态过程细节。

可见，整个起动过程三相电流恒定，表明该方案控制效果很好。约 4 个采样周期（800μs），定子电流从 0 跟踪到目标电流，且整个过程 PWM 开关速率恒定。

最小拍电流跟踪法以恒定采样频率 PWM 方式为基础，具有动态、静态兼备的电流控制特性，是实现电流型矢量控制、直流制动及飞车起动电流激励的理想选择。此外，该方法很容易推广到三电平以上的多电平逆变控制系统。

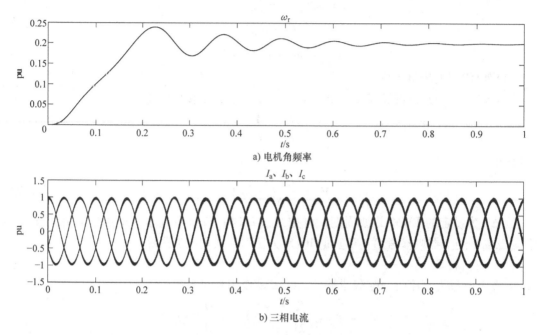

a) 电机角频率

b) 三相电流

图 7-44　恒流直接起动过程仿真

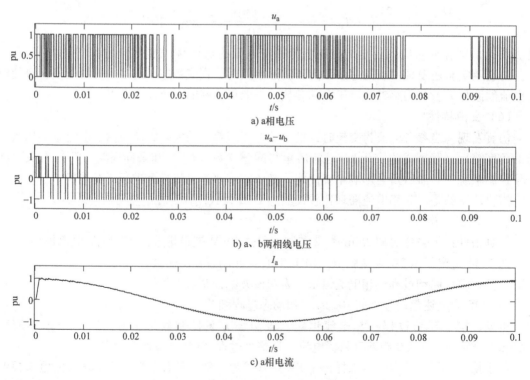

a) a相电压

b) a、b两相线电压

c) a相电流

图 7-45　起动过程前 100ms 三相动态过程细节

7.11　三电平逆变器 DTC

对于三电平逆变器，考虑相电压和线电压的变化率最小及中性点钳位（NPC）问题，DTC 决策可用采样周期（T_Z）内的 PWM 合成矢量（平均矢量）来等效[85-88]。

1. 合成矢量的定义

文献[86-88]分别给出了 DTC 的合成矢量法。所谓合成矢量法是指，在决策时间片（T_Z）内用等效平均矢量近似逆变器的实际矢量，从而将多电平系统等效成输出零矢量和合成矢量两种选择的"虚拟两电平系统"，然后与传统两电平 DTC 方法实现对接。

每个电压矢量扇区可生成两个合成矢量，图 7-46 给出了电压矢量第 0 扇区的两个合成矢量（V_1、V_2）示意图。

在 T_Z 参考时间内，NPC 逆变器原始中矢量（pon）、长矢量（pnn）均可以用某一固定的平均矢量来代替。为了最大限度地利用原始逆变器矢量，平均矢量应包含全部的原始 NPC 逆变器矢量，并尽可能使合成矢量接近原始矢量。于是有以下合成矢量定义：

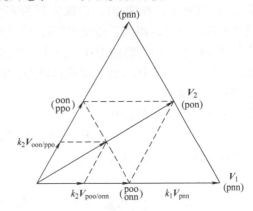

图 7-46　电压矢量第 0 扇区的两个合成矢量示意图

$$\begin{cases} \boldsymbol{V}_1 = \rho_1 \boldsymbol{V}_{\mathrm{pnn}} + \rho_2 \boldsymbol{V}_{\mathrm{poo/onn}} + \rho_{10} \boldsymbol{V}_{\mathrm{ooo}} \\ \boldsymbol{V}_2 = \rho_3 \boldsymbol{V}_{\mathrm{poo/onn}} + \rho_3 \boldsymbol{V}_{\mathrm{ppo/oon}} + \rho_3 \boldsymbol{V}_{\mathrm{pon}} + \rho_{20} \boldsymbol{V}_{\mathrm{ooo}} \\ \rho_1 + \rho_2 + \rho_{10} = 1 \\ 3\rho_3 + \rho_{20} = 1 \end{cases} \tag{7-75}$$

式中，$\boldsymbol{V}_1$ 为合成后的长矢量（奇数矢量）；ρ_1、ρ_2、ρ_{10} 为该合成矢量对应的原始矢量分配比例系数；$\boldsymbol{V}_2$ 为合成后的中矢量（偶数矢量），出于中性点电流平衡原则，取 3 个原始矢量的分配系数相等（ρ_3）。$\boldsymbol{V}_1$、$\boldsymbol{V}_2$ 中含有零矢量成分是出于相邻矢量排序原则考虑，为提高输出电压利用率，中、长合成矢量中应尽量减小零矢量的比例；$\boldsymbol{V}_{\mathrm{ooo}}$ 为原始零矢量（ooo/ppp/nnn）。

若设原始中矢量长度为 V_M，原始长矢量长度为 V_L，则从几何上容易得出合成矢量长度为

$$\begin{cases} |\boldsymbol{V}_1| = \rho_1 V_L + \rho_2 \dfrac{V_L}{2} = \left(\dfrac{\rho_1 + 1 - \rho_{10}}{2} \right) V_L \approx \left(\dfrac{\rho_1 + 1}{2} \right) V_L \\ |\boldsymbol{V}_2| = 2\rho_3 V_M = \dfrac{2(1 - \rho_{20})}{3} V_M \approx \dfrac{2}{3} V_M \end{cases} \tag{7-76}$$

可见，若忽略所添加的零矢量，合成矢量长矢量的幅值一定小于原始长矢量的幅值，而中矢量的长度只能达到原始矢量的 2/3。因最高输出电压由长矢量所组成的外六边形内切圆半径决定，故欲达到较高的输出电压利用率，合成长矢量所含的短矢量成分也应尽

可能减小。

合成矢量包含了原始逆变器全部的零矢量、长矢量、中矢量和短矢量。三电平逆变器可得到 12 个非零合成矢量（$V_1 \sim V_{12}$），均匀分布于复平面。图 7-47 给出了三电平逆变器 12 个合成矢量及十二扇区定义。

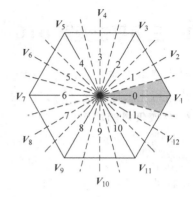

图 7-47　三电平逆变器 12 个合成矢量及十二扇区定义

从宏观角度看，若假想合成矢量是逆变器在 T_Z 时间内一次发出，则三电平逆变器可等效为能够输出 12 个等效矢量和 3 个原点零矢量的"虚拟两电平逆变器"；从微观上，在 T_Z 内，合成矢量为多个原始矢量按比例的合成，相当于传统 PWM，因此合成矢量法是虚拟两电平逆变器的 DTC 与 PWM 的组合，故可以借用传统两电平 DTC 的矢量选择概念，实现三电平逆变器的 DTC。

2. 开关矢量表

设定子磁链矢量可表示为

$$\boldsymbol{\Phi}_s = \boldsymbol{\Phi}_{s\alpha} + j\boldsymbol{\Phi}_{s\beta} = \boldsymbol{\Phi}_s e^{j\theta_s} \tag{7-77}$$

定子磁链角及 DTC 扇区算法为

$$\begin{cases} \theta_s = \arctan(\boldsymbol{\Phi}_{s\beta}/\boldsymbol{\Phi}_{s\alpha})\,;(0 \leqslant \theta_s \leqslant 2\pi) \\ \theta_{s\_dtc} = \theta_s + \pi/12\,;(0 \leqslant \theta_{s\_dtc} < 2\pi) \\ \mathrm{SECTR\_dtc} = \mathrm{INT}(6\theta_{s\_dtc}/\pi) \end{cases} \tag{7-78}$$

式中，θ_s 为定子磁链角；θ_{s_dtc} 为扇区辅助角；SECTR_dtc 为 DTC 定子磁链扇区标号。

表 7-6 给出了第 0 扇区的开关表[87]。

表 7-6　第 0 扇区开关表

目标	可选择固定矢量
增大磁链和转矩	V_2、V_3
增大磁链、减小转矩	V_{12}、V_{11}
减小磁链、增大转矩	V_5、V_6
减小磁链和转矩	V_9、V_8
略微减小磁链和转矩	零矢量

根据表 7-6 可推得表 7-7 所示的全部十二扇区最优开关表。

表 7-7　最优开关表（十二扇区）

FS	TS	扇区（SECTR_dtc）											
		0	1	2	3	4	5	6	7	8	9	10	11
2	1	V_2	V_3	V_4	V_5	V_6	V_7	V_8	V_9	V_{10}	V_{11}	V_{12}	V_1
	0	V_1	V_2	V_3	V_4	V_5	V_6	V_7	V_8	V_9	V_{10}	V_{11}	V_{12}
	−1	V_{12}	V_1	V_2	V_3	V_4	V_5	V_6	V_7	V_8	V_9	V_{10}	V_{11}

（续）

FS	TS	扇区（SECTR_dtc）											
		0	1	2	3	4	5	6	7	8	9	10	11
1	1	V_2	V_3	V_4	V_5	V_6	V_7	V_8	V_9	V_{10}	V_{11}	V_{12}	V_1
	0	V_{000}	V_{000}	V_{000}	V_{000}	V_{000}	V_{000}	V_{000}	V_{000}	V_{000}	V_{000}	V_{000}	V_{000}
	-1	V_{12}	V_1	V_2	V_3	V_4	V_5	V_6	V_7	V_8	V_9	V_{10}	V_{11}
-1	1	V_6	V_7	V_8	V_9	V_{10}	V_{11}	V_{12}	V_1	V_2	V_3	V_4	V_5
	0	V_{000}	V_{000}	V_{000}	V_{000}	V_{000}	V_{000}	V_{000}	V_{000}	V_{000}	V_{000}	V_{000}	V_{000}
	-1	V_8	V_9	V_{10}	V_{11}	V_{12}	V_1	V_2	V_3	V_4	V_5	V_6	V_7
-2	1	V_6	V_7	V_8	V_9	V_{10}	V_{11}	V_{12}	V_1	V_2	V_3	V_4	V_5
	0	V_7	V_8	V_9	V_{10}	V_{11}	V_{12}	V_1	V_2	V_3	V_4	V_5	V_6
	-1	V_8	V_9	V_{10}	V_{11}	V_{12}	V_1	V_2	V_3	V_4	V_5	V_6	V_7

3. 合成矢量的排序

在保证相电压及线电压均不会发生越级突变（不大于 $V_{dc}/2$）的前提下，按首发零矢量的不同可有 3 种合成矢量排序。不妨称以"ooo"首发的矢量排序为"o 组"，以"nnn"首发的矢量排序为"n 组"，以"ppp"首发的矢量排序为"p 组"。

因"o 组"在时序上不能保证 PWM 单调，故建议采用"n 组"或"p 组"。出于习惯，本书选择 n 组。

表 7-8 给出了 n 组序列合成的全部矢量（13 个非零矢量，1 个零矢量，1 个直流预励磁矢量）的合成顺序及占空比。

表 7-8　n 组序列合成矢量的合成顺序及占空比

合成矢量	合成矢量/占空比	I_{np}
$V_{\alpha 0}$	nnn/d_{10} – onn/d_{20} – onn/d_{30} – poo/d_{40}	I_a
V_{000}	nnn/1	0
V_1	nnn/d_1 – **onn**/d_2 – pnn/d_3 – **poo**/d_4	I_a
V_2	nnn/d_5 – onn/d_6 – pon/d_7 – ppo/d_8	/
V_3	nnn/d_1 – **oon**/d_2 – ppn/d_3 – **ppo**/d_4	$-I_c$
V_4	nnn/d_5 – oon/d_6 – opn/d_7 – opo/d_8	/
V_5	nnn/d_1 – **non**/d_2 – npn/d_3 – **opo**/d_4	I_b
V_6	nnn/d_5 – non/d_6 – npo/d_7 – opp/d_8	/
V_7	nnn/d_1 – **noo**/d_2 – npp/d_3 – **opp**/d_4	$-I_a$
V_8	nnn/d_5 – noo/d_6 – nop/d_7 – oop/d_8	/
V_9	nnn/d_1 – **nno**/d_2 – nnp/d_3 – **oop**/d_4	I_c
V_{10}	nnn/d_5 – nno/d_6 – onp/d_7 – pop/d_8	/
V_{11}	nnn/d_1 – **ono**/d_2 – pnp/d_3 – **pop**/d_4	$-I_b$
V_{12}	nnn/d_5 – ono/d_6 – pno/d_7 – poo/d_8	/

表中，$V_{\alpha 0}$ 为直流预励磁时使用的专用矢量，它相当于输出占空比固定的直流 PWM。

奇数矢量为合成长矢量，对应的各矢量占空比为 $d_1 \sim d_4$；偶数矢量为合成中矢量，对应的各矢量占空比为 $d_5 \sim d_8$；I_{np} 为合成长矢量序列中首发对偶短矢量所对应的中性点电流，如 V_3 矢量首发"oon"，其对应的中性点电流为"$-I_c$"，其余类推。合成中矢量不参与中性点钳位，故对中性点电流不关心。中性点钳位只能靠合成长矢量中所含的对偶短矢量的时间比例来实现。考虑输出电压利用率，不妨取

$$\begin{cases} d_1 = \rho_{10} \triangleq 0.02 \\ d_2 = \rho_2 K_{xx} \triangleq 0.2 K_{xx} \\ d_3 = \rho_1 \triangleq 0.78 \\ d_4 = 1 - d_1 - d_2 - d_3 \end{cases} \tag{7-79}$$

式中，K_{xx} 为对偶矢量时间分配系数，且 $0 < K_{xx} < 0.5$。根据式（7-79）可知，以上选择可获得 88% 的输出电压利用率。

合成中矢量所含原始短矢量、中矢量的比例为

$$\begin{cases} d_5 = \rho_{20} \triangleq 0.01 \\ d_6 = d_7 = d_8 = (1 - \rho_{20})/3 = 0.33 \end{cases} \tag{7-80}$$

式中，$d_6 = d_7 = d_8$ 为强制约束，以确保平均中性点电流为"0"。

直流励磁专用矢量的分配系数为

$$\begin{cases} d_{100} = 0.5(1 - M_{dc0}) \\ d_{200} = d_{300} = 0.5 K_{xx} M_{dc0} \\ d_4 = 1 - d_{100} - d_{200} - d_{300} \end{cases} \tag{7-81}$$

式中，M_{dc0} 为直流励磁电压系数；K_{xx} 为对偶矢量分配系数。

4. 中性点钳位

偶数矢量为中矢量对应的合成矢量，其中的短矢量对电流贡献不一样，但只要参与合成的 3 个矢量（两个短矢量和一个中矢量）作用时间相等（如各占 33%），则 3 个矢量对中性点电流在一个 PWM 周期内的平均贡献自然均衡，即 $I_a + I_b + I_c = I_{pn} = 0$。

为尽可能将所有矢量全部用到，表 7-8 中奇、偶扇区内采用了长合成矢量与中合成矢量的交错搭配。

表 7-8 中，奇数矢量为长矢量对应的等效矢量，其中黑体字为对偶短矢量。对偶矢量对中性点电流的贡献刚好相反，故可通过动态分配两个对偶矢量的时间比例（K_{np}）来实现中性点钳位"乒乓"控制（见第 4 章），K_{np} 服从下列算法，即

$$\begin{cases} SG\_V_{dc} = \text{sgn}(V_{dc1} - V_{dc2}) \\ SG\_I_{np} = -\text{sgn}(I_{np}) \\ K_{np} = \dfrac{1}{2}(1 + K_{dc} \times SG\_V_{dc} \times SG\_I_{np}) \end{cases} \tag{7-82}$$

式中，K_{dc} 为中性点钳位增益，$0 < K_{dc} < 1$；K_{np} 为对偶矢量时间分配系数，$0 < K_{np} < 0.5$；I_{np} 为以序列中首发短矢量对应的中性点电流，对应表 7-8 的最右侧一列；sgn 为符号函数，取值为 -1，0，1。

此外，奇数矢量（长）内添加了 2% 的零矢量；由于电压利用率主要受中矢量影响（外

切圆六边形），因此偶数矢量（中）添加了 1% 的零矢量，总体可使电压利用率提高到 99%。

注：文献[88]采用 p 组和 n 组切换的方法进行中性点钳位，两组切换必须通过"ooo"进行衔接，增加了指令延时，降低了电压利用率，作者以为本书方法更为可行。

5. 驱动逻辑生成

表 7-9 给出了 n 组全部合成矢量对应的逆变器驱动信号（$S_{x1} - S_{x2}$，$x =$ a、b、c）的开关时序及对应的 6 路 PWM 比较值（δ_{x1}、δ_{x2}，$x =$ a、b、c）。

表 7-9　开关时序及对应的 6 路 PWM 比较值

时序	PWM 比较值
$V_{\alpha0}$: 　　nnn　onn　ooo　poo S_{a1}:　0　0　0　1 S_{a2}:　0　1　1　1 S_{b1}:　0　0　0　0 S_{b2}:　0　0　1　1 S_{c1}:　0　0　0　0 S_{c2}:　0　0　1　1	$\begin{cases} \delta_{a1} = d_{100} + d_{200} + d_{300} \\ \delta_{a2} = d_{100} \\ \delta_{b1} = 1 \\ \delta_{b2} = d_{100} + d_{200} \\ \delta_{c1} = 1 \\ \delta_{c2} = d_{100} + d_{200} \end{cases}$
V_{000}:　　nnn　nnn　nnn　nnn S_{a1}:　0　0　0　0 S_{a2}:　0　0　0　0 S_{b1}:　0　0　0　0 S_{b2}:　0　0　0　0 S_{c1}:　0　0　0　0 S_{c2}:　0　0　0　0	$\begin{cases} \delta_{a1} = 1 \\ \delta_{a2} = 1 \\ \delta_{b1} = 1 \\ \delta_{b2} = 1 \\ \delta_{c1} = 1 \\ \delta_{c2} = 1 \end{cases}$
V_1:　　nnn　onn　pnn　poo S_{a1}:　0　0　1　1 S_{a2}:　0　1　1　1 S_{b1}:　0　0　0　0 S_{b2}:　0　0　0　1 S_{c1}:　0　0　0　0 S_{c2}:　0　0　0　1	$\begin{cases} \delta_{a1} = d_1 + d_2 \\ \delta_{a2} = d_1 \\ \delta_{b1} = 1 \\ \delta_{b2} = d_1 + d_2 + d_3 \\ \delta_{c1} = 1 \\ \delta_{c2} = d_1 + d_2 + d_3 \end{cases}$
V_2:　　nnn　onn　pon　ppo S_{a1}:　0　0　1　1 S_{a2}:　0　1　1　1 S_{b1}:　0　0　0　1 S_{b2}:　0　0　1　1 S_{c1}:　0　0　0　0 S_{c2}:　0　0　0　1	$\begin{cases} \delta_{a1} = d_5 + d_6 \\ \delta_{a2} = d_5 \\ \delta_{b1} = d_5 + d_6 + d_7 \\ \delta_{b2} = d_5 + d_6 \\ \delta_{c1} = 1 \\ \delta_{c2} = d_5 + d_6 + d_7 \end{cases}$

（续）

时序	PWM 比较值

V_3:

	nnn	oon	ppn	ppo
S_{a1}	0	0	1	1
S_{a2}	0	1	1	1
S_{b1}	0	0	1	1
S_{b2}	0	1	1	1
S_{c1}	0	0	0	0
S_{c2}	0	0	0	1

$$\begin{cases} \delta_{a1} = d_1 + d_2 \\ \delta_{a2} = d_1 \\ \delta_{b1} = d_1 + d_2 \\ \delta_{b2} = d_1 \\ \delta_{c1} = 1 \\ \delta_{c2} = d_1 + d_2 + d_3 \end{cases}$$

V_4:

	nnn	oon	opn	opo
S_{a1}	0	0	0	0
S_{a2}	0	1	1	1
S_{b1}	0	0	1	1
S_{b2}	0	1	1	1
S_{c1}	0	0	0	0
S_{c2}	0	0	0	1

$$\begin{cases} \delta_{a1} = 1 \\ \delta_{a2} = d_5 \\ \delta_{b1} = d_5 + d_6 \\ \delta_{b2} = d_5 \\ \delta_{c1} = 1 \\ \delta_{c2} = d_5 + d_6 + d_7 \end{cases}$$

V_5:

	nnn	non	npn	opo
S_{a1}	0	0	0	0
S_{a2}	0	0	0	1
S_{b1}	0	0	1	1
S_{b2}	0	1	1	1
S_{c1}	0	0	0	0
S_{c2}	0	0	0	1

$$\begin{cases} \delta_{a1} = 1 \\ \delta_{a2} = d_1 + d_2 + d_3 \\ \delta_{b1} = d_1 + d_2 \\ \delta_{b2} = d_1 \\ \delta_{c1} = 1 \\ \delta_{c2} = d_1 + d_2 + d_3 \end{cases}$$

V_6:

	nnn	non	npo	opp
S_{a1}	0	0	0	0
S_{a2}	0	0	0	1
S_{b1}	0	0	1	1
S_{b2}	0	1	1	1
S_{c1}	0	0	0	1
S_{c2}	0	0	1	1

$$\begin{cases} \delta_{a1} = 1 \\ \delta_{a2} = d_5 + d_6 + d_7 \\ \delta_{b1} = d_5 + d_6 \\ \delta_{b2} = d_5 \\ \delta_{c1} = d_5 + d_6 + d_7 \\ \delta_{c2} = d_5 + d_6 \end{cases}$$

V_7:

	nnn	noo	npp	opp
S_{a1}	0	0	0	0
S_{a2}	0	0	0	1
S_{b1}	0	0	1	1
S_{b2}	0	1	1	1
S_{c1}	0	0	1	1
S_{c2}	0	1	1	1

$$\begin{cases} \delta_{a1} = 1 \\ \delta_{a2} = d_1 + d_2 + d_3 \\ \delta_{b1} = d_1 + d_2 \\ \delta_{b2} = d_1 \\ \delta_{c1} = d_1 + d_2 \\ \delta_{c2} = d_1 \end{cases}$$

（续）

时序	PWM 比较值

V_8:

	nnn	noo	nop	oop
S_{a1}	0	0	0	0
S_{a2}	0	0	0	1
S_{b1}	0	0	0	0
S_{b2}	0	1	1	1
S_{c1}	0	0	1	1
S_{c2}	0	1	1	1

$$\begin{cases} \delta_{a1} = 1 \\ \delta_{a2} = d_5 + d_6 + d_7 \\ \delta_{b1} = 1 \\ \delta_{b2} = d_5 \\ \delta_{c1} = d_5 + d_6 \\ \delta_{c2} = d_5 \end{cases}$$

V_9:

	nnn	nno	nnp	oop
S_{a1}	0	0	0	0
S_{a2}	0	0	0	1
S_{b1}	0	0	0	0
S_{b2}	0	0	0	1
S_{c1}	0	0	1	1
S_{c2}	0	1	1	1

$$\begin{cases} \delta_{a1} = 1 \\ \delta_{a2} = d_1 + d_2 + d_3 \\ \delta_{b1} = 1 \\ \delta_{b2} = d_1 + d_2 + d_3 \\ \delta_{c1} = d_1 + d_2 \\ \delta_{c2} = d_1 \end{cases}$$

V_{10}:

	nnn	nno	onp	pop
S_{a1}	0	0	0	1
S_{a2}	0	0	1	1
S_{b1}	0	0	0	0
S_{b2}	0	0	0	1
S_{c1}	0	0	1	1
S_{c2}	0	1	1	1

$$\begin{cases} \delta_{a1} = d_5 + d_6 + d_7 \\ \delta_{a2} = d_5 + d_6 \\ \delta_{b1} = 1 \\ \delta_{b2} = d_5 + d_6 + d_7 \\ \delta_{c1} = d_5 + d_6 \\ \delta_{c2} = d_5 \end{cases}$$

V_{11}:

	nnn	ono	pnp	pop
S_{a1}	0	0	1	1
S_{a2}	0	1	1	1
S_{b1}	0	0	0	0
S_{b2}	0	0	0	1
S_{c1}	0	0	1	1
S_{c2}	0	1	1	1

$$\begin{cases} \delta_{a1} = d_1 + d_2 \\ \delta_{a2} = d_1 \\ \delta_{b1} = 1 \\ \delta_{b2} = d_1 + d_1 + d_3 \\ \delta_{c1} = d_1 + d_2 \\ \delta_{c2} = d_1 \end{cases}$$

V_{12}:

	nnn	ono	pno	poo
S_{a1}	0	0	1	1
S_{a2}	0	1	1	1
S_{b1}	0	0	0	0
S_{b2}	0	0	0	1
S_{c1}	0	0	1	1
S_{c2}	0	1	1	1

$$\begin{cases} \delta_{a1} = d_5 + d_6 \\ \delta_{a2} = d_5 \\ \delta_{b1} = 1 \\ \delta_{b2} = d_5 + d_6 + d_7 \\ \delta_{c1} = 1 \\ \delta_{c2} = d_5 \end{cases}$$

注：$d_1 \sim d_8$ 占空比由式（7-79）~式(7-81) 给出。

6. 逆变器平均输出电压重构

平均输出电压可用于电压幅值反馈或终端显示，它可用 PWM 占空比推算。由于每个采样周期为固定值，故也称为平均电压。

平均电压重构算法为

$$\hat{V}_{x0} = \frac{T_{xp}}{\Delta T}V_{dc1} - \frac{T_{xn}}{\Delta T}V_{dc2} = \delta_{xp}V_{dc1} - \delta_{xn}V_{dc2} \tag{7-83}$$

标幺化为

$$\hat{V}_{x0}^{pu} = \left(\frac{V_{DC-BASE}}{V_{BASE}}\right)(\delta_{xp}V_{dc1}^{pu} - \delta_{xn}V_{dc2}^{pu}) \tag{7-83a}$$

式中，$V_{DC-BASE}$ 为总直流母线电压基准，对应额定总直流电压 V_{dc-nom}（上半部分、下半部分电压之和）；V_{dc1} 为上母线直流电压，V_{dc2} 为下母线直流电压，额定状态下两个电压的标幺值均为 0.5；δ_{xp} 为在采样时间内 x 相输出"p"逻辑的占空比总和；δ_{xn} 为输出"n"逻辑的占空比总和，δ_{xp}、δ_{xn} 与合成矢量（n 组）的对应算法见表 7-10。

表 7-10　δ_{xp}、δ_{xn} 与合成矢量（n 组）的对应算法

合成矢量	"n"占空比总和／"p"占空比总和					
	a 相		b 相		c 相	
	δ_{an}	δ_{ap}	δ_{bn}	δ_{bp}	δ_{cn}	δ_{cp}
$V_{\alpha0}$	d_{100}	d_{400}	$d_{100}+d_{200}+d_{300}$	0	$d_{100}+d_{200}+d_{300}$	0
V_0	1	0	1	0	1	0
V_1	d_1	d_3+d_4	$d_1+d_2+d_3$	0	$d_1+d_2+d_3$	0
V_2	d_5	d_7+d_8	d_5+d_6	d_8	$d_5+d_6+d_7$	0
V_3	d_1	d_3+d_4	d_1	d_3+d_4	$d_1+d_2+d_3$	0
V_4	d_5	0	d_5	d_7+d_8	$d_5+d_6+d_7$	0
V_5	$d_1+d_2+d_3$	0	d_1	d_3+d_4	$d_1+d_2+d_3$	0
V_6	$d_5+d_6+d_7$	0	d_5	d_7+d_8	d_5+d_6	d_8
V_7	$d_1+d_2+d_3$	0	d_1	d_3+d_4	d_1	d_3+d_4
V_8	$d_5+d_6+d_7$	0	d_5	0	d_5	d_7+d_8
V_9	$d_1+d_2+d_3$	0	$d_1+d_2+d_3$	0	d_1	d_3+d_4
V_{10}	d_5+d_6	d_5	$d_5+d_6+d_7$	0	d_5	d_7+d_8
V_{11}	d_1	d_3+d_4	$d_1+d_2+d_3$	0	d_1	d_3+d_4
V_{12}	d_5	d_7+d_8	$d_5+d_6+d_7$	0	d_5	0

表 7-10 中，作为 n 组合成矢量，零矢量只能选择"nnn"，若采用"o 组"或"p 组"发送模式，零矢量应做相应调整。

DTC 有时需要瞬时电压重构，参考第 4 章 4.6 节。

7. 三电平 DTC 开关逻辑框图

图 7-48 给出三电平 DTC 开关逻辑模型框图。

将该模块加入图 7-14 所示的系统中，即可实现三电平逆变器的 DTC。

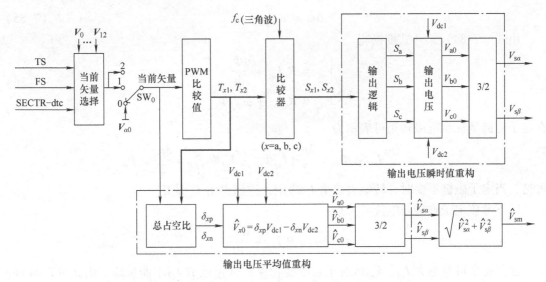

图 7-48　三电平 DTC 开关逻辑模型框图

7.12　PI 型直接转矩控制（PI – DTC）

　　传统 DTC 采用滞环比较，属于"乒乓"控制，带来较大的稳态转矩、电流脉动。若将传统 DTC 的滞环比较器改换成 PI 调节器，由磁链、转矩调节器直接控制定子电压，并与传统 PWM 实现对接，可实现载波频率恒定的 DTC 模式，这称为 PI 型直接转矩控制（PI – DTC）。

　　将传统 DTC 与 PI – DTC 相结合的方法较好地解决了动态、静态之间的矛盾[82,85]，其基本思想是根据转矩及磁链的误差水平选择在两种DTC 模式之间的切换，控制策略如图 7-49 所示。

　　PI – DTC 建立在定子磁链定向基础之上。由电机动态方程可得到定子磁链定向方程为

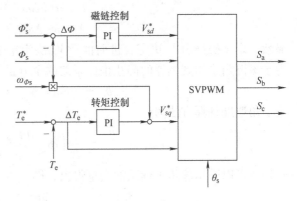

图 7-49　PI – DTC 控制器控制策略

$$\begin{cases} \boldsymbol{V}_s = \boldsymbol{I}_s R_s + \dfrac{\mathrm{d}\boldsymbol{\Phi}_s}{\mathrm{d}t} + \mathrm{j}\omega_{\Phi_s}\boldsymbol{\Phi}_s \\ 0 = \boldsymbol{I}_r R_r + \dfrac{\mathrm{d}\boldsymbol{\Phi}_r}{\mathrm{d}t} + \mathrm{j}\Delta\omega\boldsymbol{\Phi}_r \\ \boldsymbol{\Phi}_s = L_s\boldsymbol{I}_s + L_m\boldsymbol{I}_r \\ \boldsymbol{\Phi}_r = L_m\boldsymbol{I}_s + L_r\boldsymbol{I}_r \end{cases} \tag{7-84}$$

　　这里

$$\Delta\omega = \omega_{\Phi_s} - \omega_r \tag{7-85}$$

由式（7-84）第一式变换得

$$\begin{cases} V_{sd} = R_s I_{sd} + \dfrac{\mathrm{d}\Phi_s}{\mathrm{d}t} \\ V_{sq} = R_s I_{sq} + \omega_{\Phi_s}\Phi_s \end{cases} \tag{7-86}$$

在定子磁链坐标系电磁转矩可表示为

$$T_e = \frac{3p_n}{2}\boldsymbol{I}_s \otimes \boldsymbol{\Phi}_s = \frac{3p_n}{2}(I_{sq}\Phi_{sd} - I_{sd}\Phi_{sq}) = \frac{3p_n}{2}\Phi_s I_{sq}$$

可见，当定子磁链不变时，转矩直接由 I_{sq} 决定，进而也由 V_{sq} 决定。

以下考核定子磁链与电流的关系：

$$V_{sd} = R_s I_{sd} + \frac{\mathrm{d}\Phi_s}{\mathrm{d}t}$$

在高速区可忽略 $R_s I_{sd}$，V_{sd} 取决于磁链变化率，低速区 $R_s I_{sd}$ 不能忽略。由式（7-84）的后三式变换得如下传递函数：

$$\begin{cases} (1 + sT_r)\Phi_s = L_s(1 + s\sigma T_r)I_{sd} - (\omega_{\Phi_s} - \omega_r)L_{s\sigma}T_r I_{sq} \\ (\omega_{\Phi_s} - \omega_r)T_r\Phi_s = L_s(1 + s\sigma T_r)I_{sq} + (\omega_{\Phi_s} - \omega_r)L_{s\sigma}T_r I_{sd} \\ \sigma = \dfrac{L_s L_r - L_m^2}{L_s L_r} \end{cases} \tag{7-87}$$

式（7-87）令 $s=0$ 的稳态关系为

$$\Phi_s = \frac{1 + \sigma^2(\Delta\omega T_r)^2}{1 + \sigma(\Delta\omega T_r)^2}L_s I_{sd}$$

显然，定子磁链由 I_{sq} 决定，进而推至 V_{sd} 决定定子磁链。

定子磁链角采用观测器的静止坐标系的两个分量得出，即

$$\theta_s = \arctan(\Phi_{s\beta}/\Phi_{s\alpha}) \tag{7-88}$$

定子角速度计算方法为

$$\omega_{\Phi_s} = \frac{\mathrm{d}\theta_s}{\mathrm{d}t} = \frac{1}{\Phi_s^2}\Big(\Phi_{s\alpha}\frac{\mathrm{d}\Phi_{s\beta}}{\mathrm{d}t} - \Phi_{s\beta}\frac{\mathrm{d}\Phi_{s\alpha}}{\mathrm{d}t}\Big) \tag{7-89}$$

电磁转矩还可以采用静止坐标系的变量得出，即

$$T_e = \frac{3p_n}{2}\boldsymbol{I}_s \otimes \boldsymbol{\Phi}_s = \frac{3p_n}{2}(I_{sq}\Phi_{sd} - I_{sd}\Phi_{sq}) \tag{7-90}$$

静止坐标系定子电压指令为

$$\begin{cases} V_{sm}^* = \sqrt{(V_{sd}^*)^2 + (V_{sq}^*)^2} \\ \alpha = \arctan(V_{sq}^*/V_{sd}^*) + \theta_s \end{cases} \tag{7-91}$$

控制系统根据定子电压指令再通过 SVPWM 输出驱动波形（参考第 3、4 章）。

PI – DTC 采用了 PI 调节器，其动态响应与 SVPWM 矢量控制相当，比传统 DTC 或磁链规划 DTC 动态指标相对逊色。然而，对于多电平逆变器，传统 DTC 模式的最优矢量表的选择的复杂度随电平级数增加按几何级数增加，不妨采用 PI – DTC 或传统 PWM 矢量控制。

第8章 级联多电平高压变频控制系统设计

8.1 主电路拓扑

级联式变频器多用于6~10kV中、高压等级的电机控制，图8-1给出了$N=5$级联逆变器的主电路结构，它由一个网侧隔离移相变压器及$3N$个子单元（cell）组成。其中N个子单元串联组成每一相，三相按Y联结组成悬浮中性点的拓扑结构。

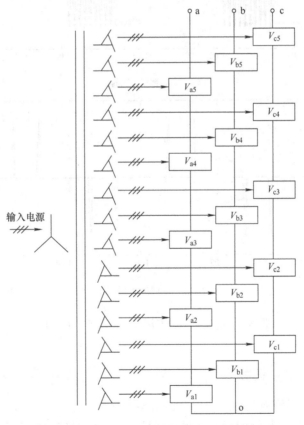

图8-1 $N=5$级联逆变器的主电路结构

为表述方便，不妨将最靠近悬浮中性点"o"的"#1"单元称为根部单元，或低压侧单元；连接总输出点的"#N"单元称为顶部单元，或高压侧单元。同一相串联的"#1~#N"

单元称为纵向单元。三相串联回路中级数相同的单元称为同位单元或同级单元，相与相之间的关系称为横向关系。

8.1.1 移相隔离变压器

隔离变压器有 N 个二次绕组，每个绕组通过改变接法可实现与一次侧电网相位的移相关系。移相绕组可大大降低网侧电流的谐波含量。图 8-2、图 8-3 给出空载和重载条件下的移相变压器网侧电流的仿真波形，从中可见移相变压器对网侧电流波形的改善。对 N 级逆变器系统，若将变压器二次绕组按 $60°/N$ 进行移相，变压器二次侧所对应的交流输出电压的工频移相角度（相位移）应该为 $12°$。

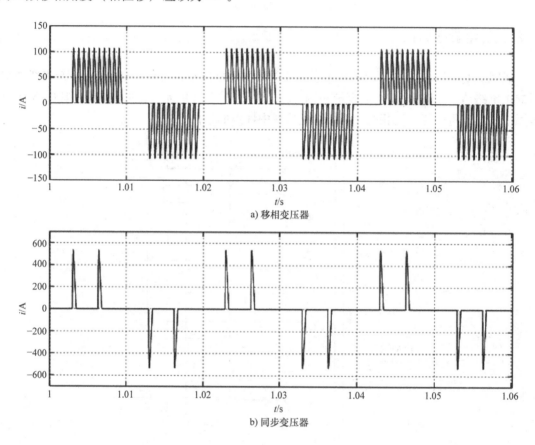

a) 移相变压器

b) 同步变压器

图 8-2　空载时两种变压器网侧电流仿真波形

8.1.2 子单元（cell）拓扑[58]

每个子单元为 H 形桥逆变电路结构，如图 8-4 所示。

图中，S_L、$\bar{S}_L$ 对应左桥臂的开关管驱动信号，S_R、$\bar{S}_R$ 对应右桥臂的开关管驱动信号。

与普通两电平逆变器一样，左右桥臂内的上、下两个开关管服从互锁关系，故 H 形子单元的驱动逻辑只有两个控制自由度"S_L 和 S_R"。

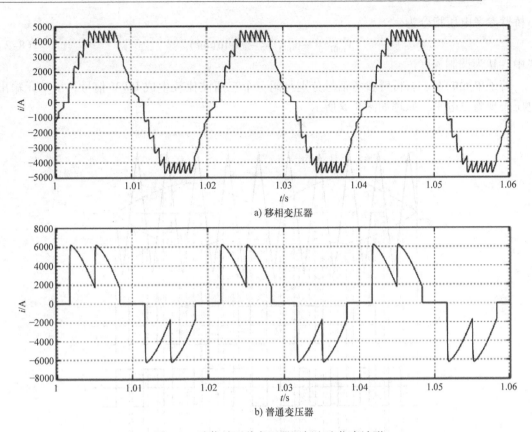

a) 移相变压器

b) 普通变压器

图 8-3　重载时两种变压器网侧电流仿真波形

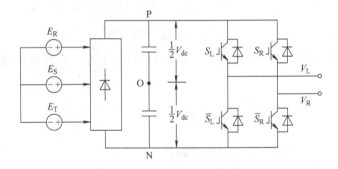

图 8-4　H 形桥逆变电路结构

8.2　子单元 PWM 驱动与输出

为控制简便，不妨设右桥臂基波参考信号（v_{refR}）为左桥臂基波参考信号（v_{refL}）的反极性，此时，子单元的控制逻辑将变为一个自由度，控制系统只需提供一个公共参考信号（v_{ref}）就可决定输出电压。

设左桥臂参考电压指令为

$$v_{\text{refL}} = M\sin(\omega t) \tag{8-1}$$

右桥臂参考电压指令为

$$v_{refR} = -v_{refL} = -M\sin(\omega t) \tag{8-2}$$

式中，M 为调制深度。

若子单元的左、右桥臂参考信号分别与同一个三角波比较生成 PWM 信号，子单元输出电压表现为三电平，原理如图 8-5 所示。

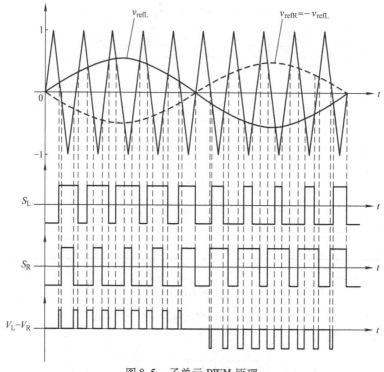

图 8-5 子单元 PWM 原理

由第 3 章 3.10 节可知正弦脉宽调制（SPWM）模式下左、右桥臂输出对直流母线中性点的电压基波为

$$\begin{cases} V_{L0} = \dfrac{V_{dc}}{2}M\sin(\omega t) \\[2mm] V_{R0} = -\dfrac{V_{dc}}{2}M\sin(\omega t) \\[2mm] V_{LR} = V_L - V_R = V_{dc}M\sin(\omega t) = V_{dc}v_{refL} \end{cases} \tag{8-3}$$

比较式（8-1）和式（8-3）可见，子单元输出电压基波无论幅值还是相位，完全由左单元上桥臂 G_1 所对应指令参考信号决定。

需要注意的是，就单纯 VF 控制而言，左、右桥臂参考信号也可采用其他的约束关系，不一定反相。

子单元输出电压利用率：

（1）SPWM 输出电压利用率

由式（8-3）可知，当 $M = 1$ 时，子单元将获得最高线性基波输出电压峰值为

$$V_{M-cell} = V_{dc} \tag{8-4}$$

则折算为有效值为

$$V_{Mrms-cell} = \frac{1}{\sqrt{2}}V_{dc} \qquad (8-5)$$

可见，H 形桥输出电压在 SPWM 条件下输出电压已经达到整流输入的网侧电压水平，即达到 100% 的电压利用率。

设 N 级联变频器额定输出线电压有效值为 V_{rms-H}，则每相每个子单元的对应电压有效值为 $V_{Mrms-cell}$，则有

$$V_{Mrms-cell} = \frac{V_{rms-H}}{N\sqrt{3}} \qquad (8-6)$$

联立式（8-5）与式（8-6）则得 SPWM 方式对应的母线电压为

$$V_{dc} = \sqrt{\frac{2}{3}} \times \frac{V_{rms-H}}{N} \qquad (8-7)$$

（2）SVPWM 输出电压利用率

若考虑空间矢量 PWM 法或谐波注入 PWM 法，子单元电压还可进一步提高 $2/\sqrt{3}$ 倍（见第 3 章），即

$$V_{Mrms-cell} = \frac{2}{\sqrt{3}}\frac{1}{\sqrt{2}}V_{dc} = V_{dc}\sqrt{\frac{2}{3}} \qquad (8-8)$$

联立式（8-6）与式（8-8），得 SVPWM 的母线电压为

$$V_{dc} = \frac{V_{rms-H}}{N\sqrt{2}} \qquad (8-9)$$

若 $V_{rms-H} = 10000V$，$N = 8$，代入式（8-7）得 SPWM 方式的子单元母线电压 $V_{dc} = 1020V$。代入式（8-9）得 SVPWM 方式的子单元母线电压 $V_{dc} = 884V$。

8.3　载波移相控制与单元奇偶数

为达到多级单元串联的阶梯效果，希望每相各子单元之间的载波按照载波周期依次错开固定的相位，此称载波移相。常用的方式为 π/N 和 $2\pi/N$ 两种。

图 8-6、图 8-7 分别给出了 $N = 4$（偶数）时两种载波移相方式的相电压仿真波形。

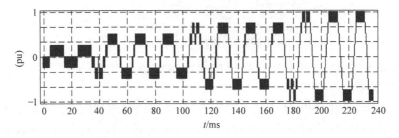

图 8-6　$N = 4$ 时载波移相 π/N 时相电压仿真波形

可见，π/N 移相方式比 $2\pi/N$ 移相方式获得比更多的输出电压阶梯，谐波含量及 dv/dt 指标也更好。可以证明：$2\pi/N$ 移相方式仅适用于级联单元个数为奇数的情形；而 π/N 移相

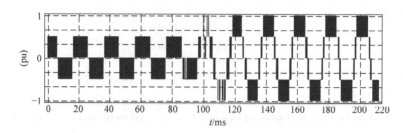

图 8-7 $N=4$ 时载波移相 $2\pi/N$ 时相电压仿真波形

方式适合于任意个数的单元级联[59,62]，故 π/N 方式为首选。

综上所述，N 级联逆变器参考信号应服从如下规则：

1）每相 N 个子单元（纵向）必须采用相同的参考电压指令。

2）每相 N 个子单元的载波（三角波）按载波周期依次移相 $2\pi/N$ 或 π/N。

3）三相同级子单元（横向）对应的载波完全相同。

8.4   子单元 SVPWM 方法[15,66-71,75]

因对 N 级逆变器直接采用最佳矢量组的 SVPWM 方法非常复杂[58,65,70]，因此有学者认为，当级联逆变器 $N>5$ 以后，直接 SVPWM 方法已不再实用[63]。

间接 SVPWM 方法是面向子单元建立的两电平 SVPWM 的载波移相法，该方法简单、明了，便于高低压产品共建高层控制平台，实现系列化。

1. 规则采样法

自然采样法适用于纯理论分析，数字系统实施只能采用规则采样法。

级联逆变器共涉及 $3N$ 个子单元的驱动逻辑，而 DSP 由于受 I/O 口数量的限制无法一次生成全部的 $3N$ 个驱动波形，故多采用可编程门阵列（FPGA）辅助生成全部波形。

图 8-8 给出每相对应的两级参考信号关系图。

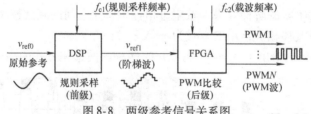

图 8-8   两级参考信号关系图

对于 SPWM 方式，v_{ref1} 可直接选择根据原始参考指令（v_{ref0}）。图 8-9 给出 v_{ref0} 与 v_{ref1}（T_{aL} 和 T_{aR}）的关系。

尽管 H 形桥拓扑结构 SPWM 方法可以达到 100% 网侧电压利用率，但仍达不到最高电压利用率，若采用 SVPWM 或谐波注入法得到二级参考信号（v_{ref1}），可使网侧电压利用率达到 115%。

由两电平 SVPWM 可知，根据参考信号 v_{ref0} 可得到的 3 个时间比较值 T_a、T_b、T_c，且 3 个比较值呈现"马鞍形"变化规律，分别对应 3 个 PWM 信号的占空比，也对应 PWM 信号的平均电压，故可充当二级参考信号，即

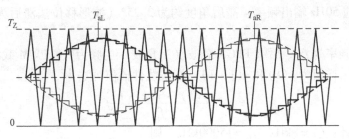

图 8-9　v_{ref0} 与 v_{ref1} 的关系

$$\begin{cases} v_{\text{refa1}} = T_a/T_Z = \delta_a \\ v_{\text{refb1}} = T_b/T_Z = \delta_b \\ v_{\text{refc1}} = T_c/T_Z = \delta_c \end{cases} \tag{8-10}$$

式中，T_x 为一级 SVPWM 时间比较值；δ_x 为对应的 PWM 占空比；v_{refx1} 为二级参考信号；$x =$ a，b，c。但这个求解过程需要进行繁杂的扇区判断和多种分段函数的计算。

两电平 SVPWM 与级联多电平 SVPWM 没有本质区别，只是多电平逆变器比两电平逆变器多了一级 FPGA 的多路 PWM 分解。就系统控制而言，完全可以共建控制平台。

当然，v_{ref1} 的生成会损失 v_{ref0} 的精度，但当前级采样频率 f_{c1} 比二级载波频率 f_{c2} 足够高时，精度损失可以忽略不计。仿真证明，当 $f_{c1} > 8f_{c2}$ 时，波形输出效果已接近自然采样法（详见 8.5.1 节）。

此外，多电平逆变器除涉及前级规则采样，还涉及后级多路 PWM 载波频率与加载点等问题，如立即加载、峰-峰点（pp）加载、峰-谷点（pn）加载等。从理论上讲，立即加载会得到最接近自然采样法的规则采样。尤其在载波频率极低时，立即加载的优势更为明显。但因二级参考信号 v_{ref1} 为非连续信号，立即加载时会在数据更新点附近出现多次 PWM 比较，从而产生多个窄脉冲，且窄脉冲重复速率为前级采样频率 f_{c1}。又因 $f_{c1} > f_{c2}$，故窄脉冲列的重复速率高于 PWM 输出的开关频率（f_{c2}），这会产生附加开关损耗及窄脉冲效应，这是我们所不希望的。

若在每个三角波（载波）上升沿和下降沿仅保留一次有效加载（如第一次加载数据），则可消除附加的窄脉冲。但这种强迫消除窄脉冲的方法破坏了 PWM 加载速率的均匀性，势必带来舍去误差，严重时会形成波形跳跃，引起电机抖动。最为理想的可实现方法是由 DSP 和 FPGA 联合组成线性插值-立即加载的 PWM 方法，它可实现窄脉冲消除并输出波形接近自然采样法。

仿真还证明：在 π/N 载波移相模式下，后级 PWM 比较器采用"峰-谷（pn）"点加载比"峰-峰（pp）"点加载的输出波形更好。这是因为 pp 加载不能保证恒定的加载速率所导致的，因此，pn 加载更适合 f_{c1} 接近 f_{c2} 的场合。

2. 线性插值规则采样法（准自然采样法）

线性差值法是由 FPGA 将二级阶梯参考信号 v_{ref1} 进一步改造成以 PWM 计数时钟（$f_p =$ 15MHz）为最小计数单位的"连续"参考信号，再与 PWM 载波进行立即比较的方法。插值法也称线性拟合法，它与自然采样法已非常接近，故称其为"准自然采样法"。插值法需要两个相邻采样值才能输出，故存在一个采样周期的滞后。如采样频率 $f_{c1} = 8\text{kHz}$ 时，滞后时

间为 $125\mu s$，对应 $50Hz$ 输出频率，滞后角度约为 $2.25°$（波形移位法滞后为 $18°$，详见后文本节第 3 点）。

设前级采样频率为 f_{c1}，后级 FPGA 载波（三角波）主频为 f_p，PWM 载波频率为 f_{c2}，相邻两次参考信号采样值为 $y(k)$ 和 $y(k-1)$，则按线性插值算法为

$$y = y + \frac{y(k) - y(k-1)}{f_p}f_{c1} \tag{8-11}$$

考虑实际系统设计：$f_{c1} = 8kHz$，$f_p = 15000kHz$，则

$$y = y + \frac{[y(k) - y(k-1)]}{1875} \tag{8-12}$$

FPGA 内仅含有一个 18bit 乘 18bit 的乘法器，同时完成 3 个参考信号的插值显然无法实现，故在保证计算精度的基础上，可让 DSP 完成复杂运算，提高计算精度。不妨将式（8-12）扩大为 2048 倍，即为

$$y \cdot 2^{11} = y \cdot 2^{11} + \Delta y32 \tag{8-13}$$

$$\Delta y32 = \frac{[y(k) - y(k-1)] \cdot 2^{11}}{1875} \tag{8-14}$$

此时数据结构扩充到 27bit，小数部分占据二进制的 11bit，相当于十进制的 1/2048 的小数精度。DSP 将 32bit 累加步距 $\Delta y32$ 传送给 FPGA，FPGA 只需进行加法运算和移位操作，即可实现插值拟合。

但上述计算仍存在取整误差（除非 f_{c1} 与 f_p 比例按 2 的整数倍选择），每次舍去的最大相对误差为 1/2048。考虑 FPGA 的计数主频为 f_p，则相邻两个采样点的时间间隔（$1/f_{c1}$）折算为计数主频 f_p 的计数单位为

$$N_p = \frac{f_p}{f_{c1}} \tag{8-15}$$

若 $f_{c1} = 8kHz$，$f_p = 15000kHz$，则 $N_p = 1875$。每个采样周期最大舍去的累积误差为 $1875/2048 = 0.9155$，不超过 1 个 f_p 计数单位，表明可以实现插值连续。

3. 波形移位法[58]

试想，若 DSP 输出规则采样信号（阶梯波）与三角载波采用相同的速率，则同一相所有单元的参考信号在一个载波周期内必然保持不变，而它们对应的载波则依次存在固定的移相关系。因此，它们比较得出的 PWM 波形的形状必然一致，只是在时间轴上依次错开（移相）固定的时间。对 π/N 移相而言，波形的推移（移相）时间为 $T_c/2N$。换言之，只要得到根部第 1 级单元的 PWM 波形，便可通过波形延时的手段得到该相全部子单元的驱动信号。第 1 级（根部）单元的 PWM 波形完全可以采用两电平逆变器的波形生成法取得，FPGA 不需要重新构造 PWM 调制器，只是履行 PWM 波形顺次移位即可，该方法被称为波形移位法。

早期的多电平产品，因受 CPU 运算能力所限，大多采用这种间接的载波移相方法[58]。波形移位法实施框图如图 8-10 所示。

可见，波形移位法采样速率与加载速率相同，均为载波频率 f_c。

波形移位法属于规则采样法的一个特例，其优点是比两级规则采样法更容易获得稳定的波形。其最大缺点波形质量差，且因相单元输出电压基波存在相位差，对于相同的相电流（串联），子单元的功率因数不一样，即第 1 级功率因数角 φ 最大（功率因数最低），其他子

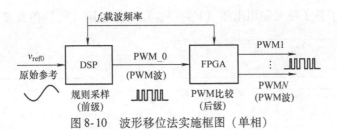

图 8-10　波形移位法实施框图（单相）

单元的功率因数角依次变小，这会带来子单元直流电压的不均衡性[64]，因此各单元的输出功率也会出现不均衡，第 1 级单元无功功率最大，故其直流泵升也最高，严重时会出现过电压。

此外，波形移位法输出电压会产生一个载波周期的指令延时，以 1kHz 载波为例，50Hz 时最大延时角度为 18°，这会影响矢量控制系统的动态性能。

8.5　PWM 波形仿真研究

8.5.1　自然采样载波移相法（纯理论）

图 8-11 给出了子单元自然采样（PWM 立即加载、$N = 5$、载波 1kHz）时 a 相左、右桥臂驱动（$S_{a1L} \sim S_{a5L}$，$S_{a1R} \sim S_{a5R}$）及相电压（V_a）仿真波形。

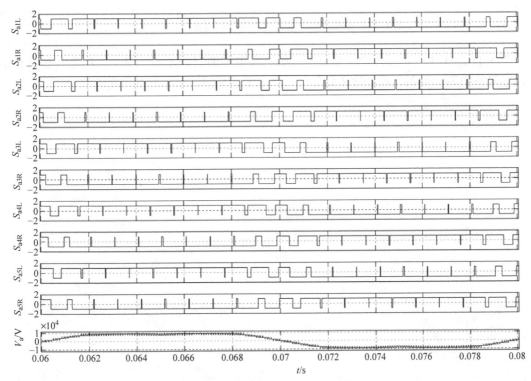

图 8-11　子单元 a 相左、右桥臂驱动及相电压仿真波形（$N = 5$）

图 8-12 给出了各子单元输出电压（$V_{a1} \sim V_{a5}$）与相电压（V_a）仿真波形。

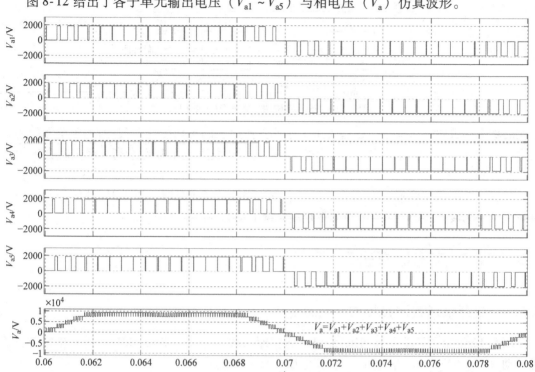

图 8-12　子单元输出电压与相电压仿真波形（$N = 5$）

图 8-13 给出了子单元纯理论输出相电压、线电压的宏观波形，可见，理想状态下相电压波形阶梯均匀、单调，每个阶梯最多有两个电平的交错，无波形奇异现象发生。

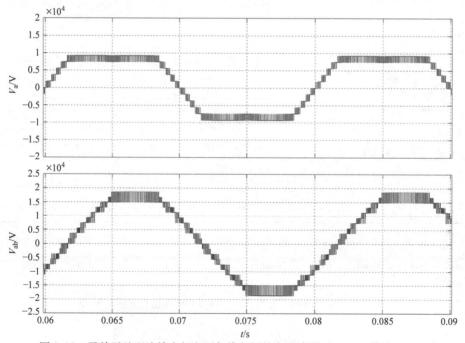

图 8-13　子单元纯理论输出相电压与线电压的宏观波形（$N = 5$，载波 1kHz）

8.5.2　规则采样法

实际系统实现时，DSP 作为前级按一定的采样速率生成等效的二级参考信号（阶梯波），后级 FPGA 将其与三角波比较产生多路 PWM 波形。事实上等同于两级 PWM。以下按两级采样方式（或加载方式）进行仿真比较。其中，"pp" 代表 "峰 – 峰" 点采样或加载，"pn" 代表 "峰 – 谷" 点采样或加载。

1. 奇异双窄脉冲现象研究

通过前文已知，前级为自然采样，后级为立即加载的纯理论条件下波形单调性、均匀性都很好。若前级为规则采样方式，后级 PWM 采用立即加载方式时，则驱动信号总会出现双窄脉冲（或多窄脉冲），如图 8-14 所示。

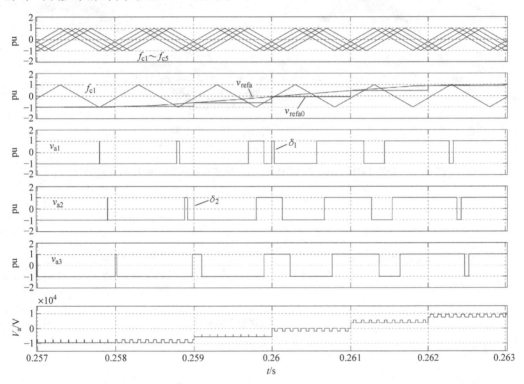

图 8-14　后级 PWM 采用立即加载方式时出现的多窄脉冲

可见，窄脉冲的出现是由于二级参考信号不连续所导致。

图 8-15 ~ 图 8-18 给出了后级采用 pp 和 pn 加载方式的输出电压仿真波形。

可见，后级 pp 加载方式会破坏相电压的单调性，而 pn 加载方式单调性较好，且加载速率越高，波形质量也越高。

由于 pn 或 pp 加载方式总会丢失部分原始参考信号的信息，而立即加载又会出现多窄脉冲问题，而强迫消除窄脉冲又会产生取舍畸变，因此，彻底解决窄脉冲问题可采用对二级参考信号进行插值拟合，使之变为连续信号，使参与二级 PWM 比较的参考信号变为 "连续" 的准自然采样信号。

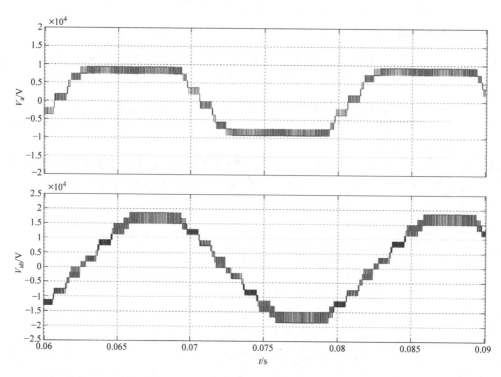

图 8-15　前级 $1\mathrm{kHz-pp}$，后级 $1\mathrm{kHz-pn}$ 加载方式的输出电压仿真波形

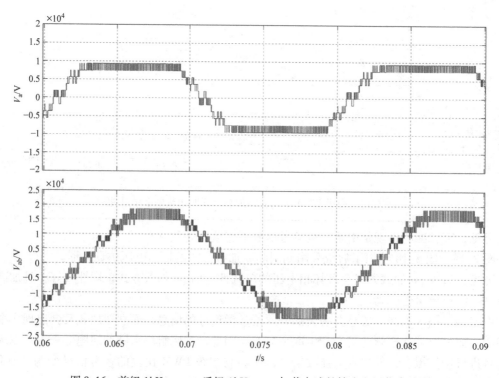

图 8-16　前级 $1\mathrm{kHz-pp}$，后级 $1\mathrm{kHz-pp}$ 加载方式的输出电压仿真波形

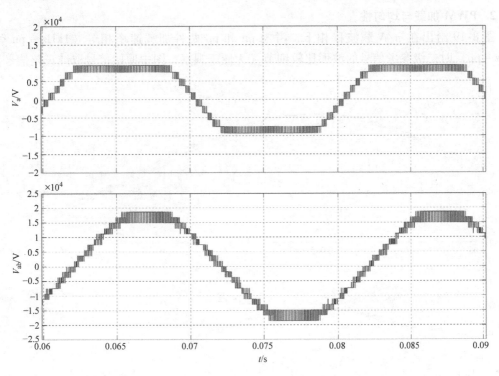

图 8-17　前级 4kHz－pp，后级 1kHz－pn 加载方式的输出电压仿真波形

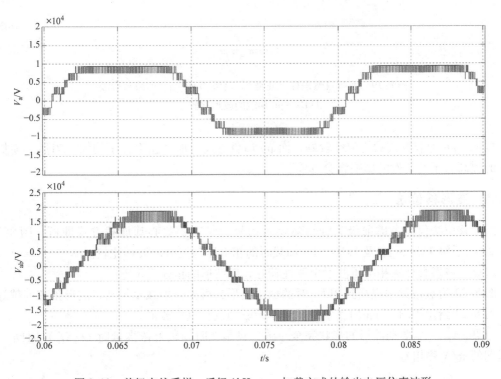

图 8-18　前级自然采样，后级 1kHz－pp 加载方式的输出电压仿真波形

2. PWM 加载与均匀性

图 8-19 给出在 π/N 载波移相下，考虑 pn 和 pp 两种加载速率相等（1kHz – pn 等于 2kHz – pp）时二级参考信号的波形比较细节（为便于观察，图中原始信号取纯正弦信号）。

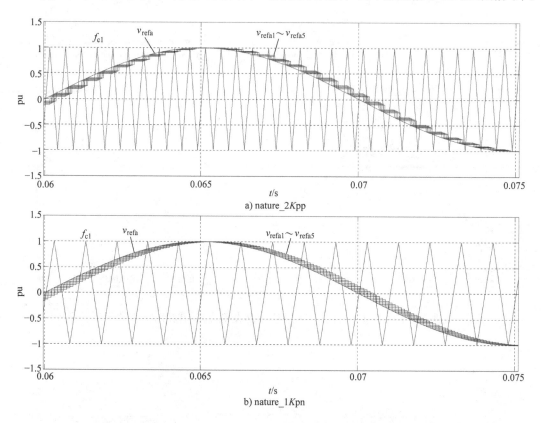

a) nature_2Kpp

b) nature_1Kpn

图 8-19 前级自然采样（正弦），后级 2kHz – pp 加载与后级
1kHz – pn 加载的波形比较

可见，pn 加载方式的均匀性较好，而 pp 加载方式的加载速率并不均匀。当然，随加载速率的提高，不均匀性的影响将会变弱。

8.5.3 波形移位法

波形移位法仅需考虑前级为纯自然参考信号，仅需要关心其加载方式即可。图 8-20、图 8-21 为后级 1kHz – pp 及 1kHz – pn 加载时的相电压与线电压波形比较。

可见，波形移位法相电压波形单调性较好，但波形的正弦度稍差。

图 8-22 为载波频率提高到 2kHz 时的输出波形，可见，加载率越高，波形正弦度越好。

图 8-23 给出 1kHz – pp 加载条件下子单元驱动及相电压波形。

可见，$v_{a1} \sim v_{a5}$ 驱动波形的形状完全一致，只是在时间轴上依次延时 $1/(2f_c)$ 时间（载波周期的 π/N 移相）。

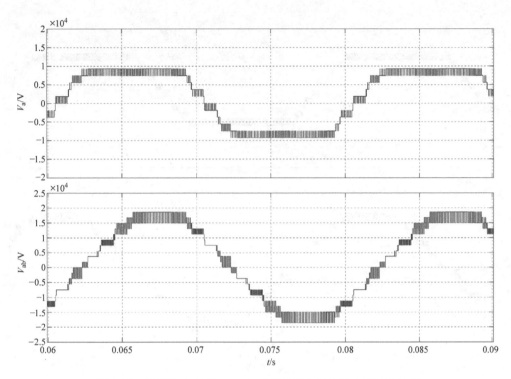

图 8-20　波形移位 1kHz – pp 加载时的相电压与线电压波形比较

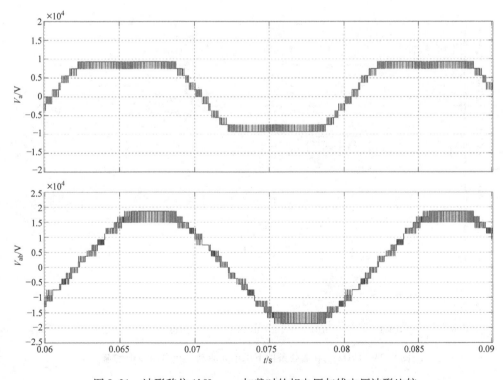

图 8-21　波形移位 1kHz – pn 加载时的相电压与线电压波形比较

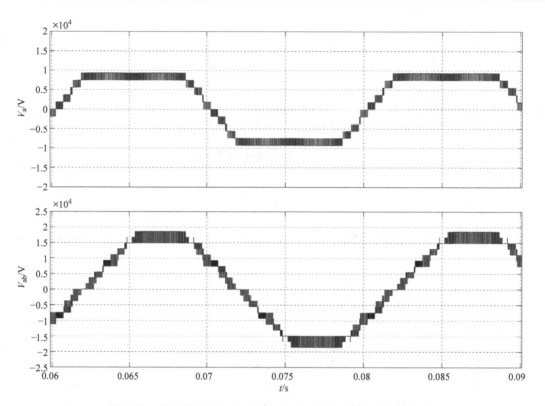

图 8-22　波形移位 $2\text{kHz}-\text{pp}$ 加载时的相电压与线电压波形比较

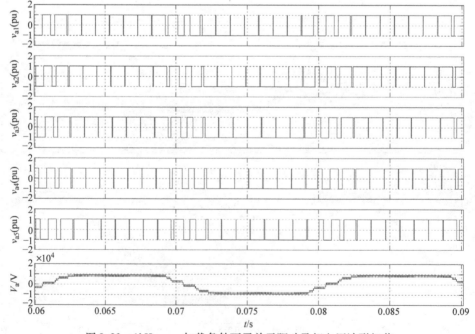

图 8-23　$1\text{kHz}-\text{pp}$ 加载条件下子单元驱动及相电压波形细节

8.5.4　不同模式下的子单元母线电压均衡性

以上仿真均假设各子单元母线电压为理想的恒定值。为考核直流母线电压特征，按实际系统构建了仿真模型，包括移相变压器、整流、子单元 4 个 IGBT 模块等。负载考虑等效 $R-L$ 负载（$R=5\Omega$，$L=735\text{mH}$，功率因数角 $\varphi=89°$）。仿真分别对纯理想方式、规则采样及波形移位条件下单元直流母线电压变化规律进行比较。

图 8-24 为纯理论载波移相（自然采样 + 立即加载）下各单元直流母线电压，可见一致性很好。

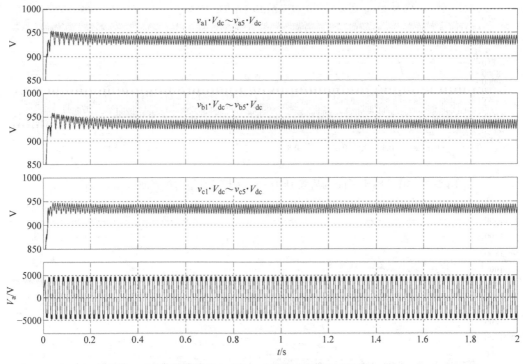

图 8-24　自然采样 + 立即加载 1kHz 各单元直线母线电压

图 8-25 为前级 $8\text{kHz}-\text{pp}$ 与后级 $1\text{kHz}-\text{pn}$ 采样条件下的仿真波形。

可见，与图 8-24 所示纯理论仿真结果比较接近。

图 8-26 为波形移位 $1\text{kHz}-\text{pp}$ 加载方式下的仿真波形，可见直流电压出现发散，且第一级（根部）单元母线电压高于其他级。仿真实验还证实：当载波频率提高时会减小母线电压的发散幅度。

此外，仿真还发现：三相单元母线电压变化规律（包括发散规律）表现不一致，且同一相各级单元母线电压偏移量并非线性关系。此现象可能与负载、电网初相位、仿真精度等因素有关，因不属本仿真的关注要点，故不作探讨。

8.5.5　小结

1）移相变压器可改善网侧电流质量，减小网侧污染。

2）π/N 载波移相方式不存在单元串联奇偶数问题，故为首选方案（$2\pi/N$ 移相有奇偶

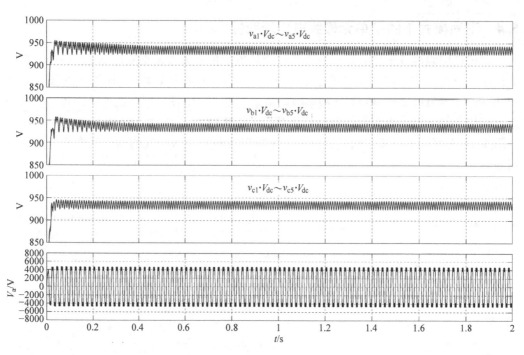

图 8-25　前级 $8\mathrm{kHz}-\mathrm{pp}$ 与后级 $1\mathrm{kHz}-\mathrm{pn}$ 采样条件下的仿真波形（$\varphi = 89°$）

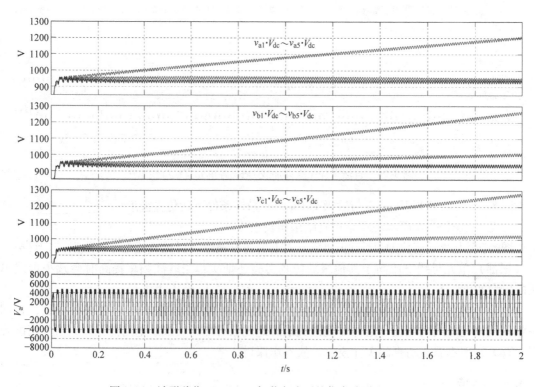

图 8-26　波形移位 $1\mathrm{kHz}-\mathrm{pp}$ 加载方式下的仿真波形（$\varphi = 89°$）

数问题）。

3）载波移相输出电压阶梯数随调制度增加而增加。

4）输出电压的平均开关速率为子单元的 $2N$ 倍。

5）立即加载会得到更理想的输出波形，特别是载波频率极低时优势更为明显。前级自然采样法、立即加载时总会出现多窄脉冲，故采用此加载方式必须对窄脉冲进行处理。理想的波形生成法为线性插值的立即加载法，其输出波形接近自然采样法。

6）峰 – 谷（pn）加载方式优于峰 – 峰（pp）加载方式。

7）当前级采样速率大于后级载波频率 8 倍以后，输出波形可与自然采样法相媲美。

8）波形移位法能够保证相电压波形的单调性，但波形质量较差。且因同相各子单元输出电压存在相位差，故造成功率因数不等，进而对单元直流母线电压影响不一致。在功率因数较低时，影响单元间母线电压的均衡，且总是根部（低压级）功率因数最小，母线电压升最高，严重时会出现单元母线过电压；且载波频率越低，母线电压的均衡性越差。

8.6　单元旁路输出电压矢量平衡控制

1. 单元旁路

级联多单元多电平变频器多采用模块化结构，偶发的个别单元故障会带来停机时有发生。如何在一个或少数几个模块故障时将故障单元旁路使系统维持降容运行是变频器厂商和用户极为关心的问题。简单的处理办法是等位对称切除法，即按照三相最小剩余单元数为基准，强迫旁路另外两相的单元多余单元使得三相剩余单元数相等。这种简单的处理方法由于输出电压的利用率太低，故一般不予采用。

2. 单元旁路下的电压矢量特征[60]

变频器作为一个柔性变换的三相交流电源，以无中性线的方式与电机连接，故而只要电机端的三相线电压对称即可。更确切地说，只要保证三相电压的合成矢量为理想圆周轨迹即可满足要求。以下根据电压矢量定义进行求解。正常工作时三相输出电压对称，对应的三相电压表达式为

$$\begin{cases} V_{a0} = R_0\cos\omega t \\ V_{b0} = R_0\cos\left(\omega t - \dfrac{2\pi}{3}\right) \\ V_{c0} = R_0\cos\left(\omega t - \dfrac{4\pi}{3}\right) \end{cases} \qquad (8\text{-}16)$$

式中，$R_0 = 1$，对应相电压标幺值。电压矢量表达式为

$$\boldsymbol{V}_{s0} = \frac{2}{3}\left(V_{a0} + V_{b0}\,\mathrm{e}^{\mathrm{j}2\pi/3} + V_{c0}\,\mathrm{e}^{\mathrm{j}4\pi/3}\right) = R_0\,\mathrm{e}^{\mathrm{j}\omega t} \qquad (8\text{-}17)$$

可见，非旁路状态下矢量轨迹为理想圆。

如果某些单元发生了损坏并进行了旁路，则三相剩余单元数不再相等，不妨设剩余单元系数为

$$\begin{cases} a = N_a/N \\ b = N_b/N \\ c = N_c/N \end{cases} \qquad (8\text{-}18)$$

式中，N 为旁路前的额定单元数；N_a、N_b、N_c 为三相旁路后的剩余单元数；a、b、c 对应三个相电压的标幺幅值。不妨设逆变器三相输出电压表达式为

$$\begin{cases} V_{a1} = a\cos\omega t \\ V_{b1} = b\cos\left(\omega t - \dfrac{2\pi}{3}\right) \\ V_{c1} = c\cos\left(\omega t - \dfrac{4\pi}{3}\right) \end{cases} \tag{8-19}$$

对应的电压矢量表达式为

$$\boldsymbol{V}_{s1} = \frac{2}{3}\left(V_{a1} + V_{b1}e^{j2\pi/3} + V_{c1}e^{j4\pi/3}\right) = \frac{2}{3}V_{a1} - \frac{1}{3}(V_{b1} + V_{c1}) + j\frac{\sqrt{3}}{3}(V_{b1} - V_{c1})$$

$$\triangleq V_{\alpha1} + jV_{\beta1} \tag{8-20}$$

$$V_{\alpha1} = a\cos\theta - \frac{1}{2}\left[b\cos\left(\theta - \frac{2\pi}{3}\right) + c\cos\left(\theta - \frac{4\pi}{3}\right)\right]$$

$$= \left[a - \frac{1}{2}\left[b\cos\left(\frac{2\pi}{3}\right) + c\cos\left(\frac{4\pi}{3}\right)\right]\right]\cos\theta - \frac{1}{2}\left[b\sin\left(\frac{2\pi}{3}\right) + c\sin\left(\frac{4\pi}{3}\right)\right]\sin\theta$$

$$\triangleq K_1^* \cos\theta + K_2^* \sin\theta = \sqrt{(K_1^*)^2 + (K_2^*)^2}\cos\left[\theta - \arctan\left(\frac{K_2^*}{K_1^*}\right)\right]$$

$$\triangleq K_1\cos(\theta - \varphi_1) \triangleq K_1\cos t \tag{8-21}$$

$$V_{\beta1} = \frac{\sqrt{3}}{2}\left[b\cos\left(\theta - \frac{2\pi}{3}\right) - c\cos\left(\theta - \frac{4\pi}{3}\right)\right]$$

$$= \frac{\sqrt{3}}{2}\left[b\cos\left(\frac{2\pi}{3}\right) - c\cos\left(\frac{4\pi}{3}\right)\right]\cos\theta + \frac{\sqrt{3}}{2}\left[b\sin\left(\frac{2\pi}{3}\right) - c\sin\left(\frac{4\pi}{3}\right)\right]\sin\theta$$

$$\triangleq K_3^* \cos\theta + K_4^* \sin\theta = \sqrt{(K_3^*)^2 + (K_4^*)^2}\cos\left[\theta - \arctan\left(\frac{K_4^*}{K_3^*}\right)\right]$$

$$\triangleq K_2\cos(\theta - \varphi_2) \triangleq K_2\cos[t - (\varphi_2 - \varphi_1)] \tag{8-22}$$

可以表示为

$$\begin{cases} K_1 = \sqrt{(K_1^*)^2 + (K_2^*)^2} \\ K_2 = \sqrt{(K_3^*)^2 + (K_4^*)^2} \\ V_{\alpha1} = K_1\cos t \\ V_{\beta1} = K_2\cos(t - \varphi) \\ \varphi = \arctan\left(\dfrac{K_4^*}{K_3^*}\right) - \arctan\left(\dfrac{K_2^*}{K_1^*}\right) \end{cases} \tag{8-23}$$

式中，K_1、K_2、φ 为任意的常数。式（8-23）消去 t 得到如下二元二次方程：

$$K_2^2 V_{\alpha1}^2 - 2K_1 K_2\cos\varphi V_{\alpha1}V_{\beta1} + K_1^2 V_{\beta1}^2 = K_1^2 K_2^2 \sin^2\varphi \tag{8-24}$$

写成通式

$$AV_{\alpha1}^2 + BV_{\alpha1}V_{\beta1} + CV_{\beta1}^2 + F = 0 \tag{8-25}$$

根据二次曲线图形特征可知，当

$$\delta = B^2 - 4AC = (2K_1 K_2 \cos\varphi)^2 - 4K_1^2 K_2^2 = 4K_1^2 K_2^2 (\cos^2\varphi - 1) < 0 \tag{8-26}$$

时，该二次曲线轨迹为椭圆。

若假设式（8-25）可以变换为下列形式，即

$$\frac{(q_1 x - q_2 y)^2}{m^2} + \frac{(q_2 x + q_1 y)^2}{n^2} = 1 \tag{8-27}$$

则为旋转椭圆方程，且旋转直角坐标系横轴直线为

$$y = \frac{q_1}{q_2} x \tag{8-28}$$

纵轴直线为

$$y = -\frac{q_2}{q_1} x \tag{8-29}$$

展开式（8-27）有

$$\begin{cases} A = q_1^2 n^2 + q_2^2 m^2 \\ B = 2q_1 q_2 (m^2 - n^2) \\ C = q_1^2 m^2 + q_2^2 n^2 \\ F = m^2 n^2 \end{cases} \tag{8-30}$$

求解式（8-30），若方程组有实数根，则表明式（8-27）的椭圆表达式存在，且长短轴直线方程由式（8-28）、式（8-29）表示。对于 $[N_a - N_b - N_c] = [9 - 7 - 5]$ 旁路组合，可求解其具体的二次表达式为

$$1.0093 V_{\alpha 1}{}^2 + 0.4491 V_{\alpha 1} V_{\beta 1} + 1.7870 V_{\beta 1}{}^2 = 1.7532 \tag{8-31}$$

对应的式（8-30）的解为

$$\begin{cases} q_1 = -0.9659 \\ q_2 = -0.2588 \\ m = 1.3591 \\ n = 0.9742 \end{cases} \tag{8-32}$$

横轴直线方程为

$$y = \frac{q_1}{q_2} x \tag{8-33}$$

由于旁路后电压轨迹为椭圆，因此不能满足三相平衡输出，因此必须对参考信号进行改造，使输出电压轨迹为理想圆。

文献[72,73]给出了三个相量角度的离线求解办法，文献[61,74]分别给出了闭环控制法及椭圆轨迹校正法，后两种在线方法属于在线校正法，不需要进行复杂的参考信号改造，并通过非等量三次谐波注入方式提高输出电压利用率。以下给出通过电压矢量定义反推出参考信号指令的数学求解方法。

3. 电压矢量平衡的数学解析法

设旁路后三相输出电压时域通式为

$$\begin{cases} V_a = a\cos(\theta - \alpha) \\ V_b = b\cos(\theta - \beta) \\ V_c = c\cos(\theta - \gamma) \end{cases} \tag{8-34}$$

式中，α，β，γ 为三相输出电压初相位；$\theta = \omega t$。由电压矢量定义有

$$\frac{3}{2}V_s = (V_a + V_b e^{j\frac{2\pi}{3}} + V_c e^{j\frac{4\pi}{3}})$$

$$= a\cos(\theta - \alpha) + b\cos(\theta - \beta)e^{j\frac{2\pi}{3}} + c\cos(\theta - \gamma)e^{j\frac{4\pi}{3}}$$

$$= \cos\theta(a\cos\alpha + b\cos\beta e^{j\frac{2\pi}{3}} + c\cos\gamma e^{j\frac{4\pi}{3}}) + \sin\theta(a\sin\alpha + b\sin\beta e^{j\frac{2\pi}{3}} + c\sin\gamma e^{j\frac{4\pi}{3}})$$

$$\triangleq \cos\theta K_x + j\sin\theta K_y \tag{8-35}$$

若使 $K_x = K_y = r$ 均为恒定实数，则式（8-35）的矢量轨迹将为理想圆，且 R 刚好为矢量圆周的半径，也对应三相电压幅值，此时输出电压矢量可表示为

$$V_s = \frac{2}{3}r(\cos\theta + j\sin\theta) \triangleq Re^{j\theta} \tag{8-36}$$

其中

$$R = \frac{2}{3}r \tag{8-37}$$

因

$$K_x = a\cos\alpha + b\cos\beta e^{j\frac{2\pi}{3}} + c\cos\gamma e^{j\frac{4\pi}{3}}$$

$$= a\cos\alpha - \frac{1}{2}(b\cos\beta + c\cos\gamma) + j\frac{\sqrt{3}}{2}(b\cos\beta - c\cos\gamma) \tag{8-38}$$

$$K_y = -j(a\sin\alpha + b\sin\beta e^{j\frac{2\pi}{3}} + c\sin\gamma e^{j\frac{4\pi}{3}})$$

$$= \frac{\sqrt{3}}{2}(b\sin\beta - c\sin\gamma) - j\left[a\sin\alpha - \frac{1}{2}(b\sin\beta + c\sin\gamma)\right] \tag{8-39}$$

根据以上约束条件，比较 K_x、K_y 实部、虚部得到下列条件方程：

$$\begin{cases} a\cos\alpha - \frac{1}{2}b\cos\beta - \frac{1}{2}c\cos\gamma = r \\ b\cos\beta - c\cos\gamma = 0 \\ \frac{\sqrt{3}}{2}(b\sin\beta - c\sin\gamma) = r \\ a\sin\alpha - \frac{1}{2}b\sin\beta - \frac{1}{2}c\sin\gamma = 0 \end{cases} \tag{8-40}$$

$$\begin{cases} ax - \frac{1}{2}by - \frac{1}{2}cz = r \\ by - cz = 0 \\ by_1 - cz_1 = (2/\sqrt{3})r \\ ax_1 - \frac{1}{2}by_1 - \frac{1}{2}cz_1 = 0 \end{cases} \tag{8-41}$$

其中

$$\begin{cases} x = \cos\alpha \\ x_1 = \sin\alpha = \pm\sqrt{1-x^2} \\ y = \cos\beta \\ y_1 = \sin\beta = \pm\sqrt{1-y^2} \\ z = \cos\gamma \\ z_1 = \sin\gamma = \pm\sqrt{1-z^2} \end{cases} \qquad (8\text{-}42)$$

对式（8-41）的后两式相加替代第四式，并考虑式（8-42）得

$$\begin{cases} by = ax - r; \ cz = by \\ x^2 + x_1^2 = 1; \ y^2 + y_1^2 = 1 \\ z^2 + z_1^2 = 1 \\ by_1 - cz_1 = (2/\sqrt{3})r \\ ax_1 - cz_1 = (1/\sqrt{3})r \end{cases} \qquad (8\text{-}43)$$

由于根有多组，因此有用根首先要求半径 r 值取最大的正根，以保证输出电压最高；x 取第一象限，故有根的定义域为

$$\begin{cases} r > 0; \ x \geqslant 0; \ |x_1| \leqslant 1; \\ |y| \leqslant 1; \ |y_1| \leqslant 1; \ |z| \leqslant 1; \ |z_1| \leqslant 1; \end{cases} \qquad (8\text{-}44)$$

式（8-43）、式（8-44）为七元二次方程组。可采用 MATLAB 的 solve（）函数进行直接求解。

为求解方便也可按以下化简后的降阶方程求解。对式（8-43）后两式做平方运算及变量替换得到简化方程组为

$$\begin{cases} y = \dfrac{ax-r}{b}; \ z = \dfrac{by}{c}; \ R = \dfrac{2}{3}r \\ \dfrac{16}{3}a^2x^2r^2 - \dfrac{32}{3}axr^3 + \dfrac{64}{9}r^4 - \dfrac{8}{3}(b^2+c^2)r^2 + (b^2-c^2)^2 = 0 \\ \dfrac{16}{3}a^2x^2r^2 - \dfrac{16}{3}axr^3 - 4a(a^2-c^2)xr + \dfrac{16}{9}r^4 + \dfrac{4}{3}(a^2-2c^2)r^2 + (a^2-c^2)^2 = 0 \end{cases}$$

$$(8\text{-}45)$$

考虑式（8-43）的定义域，利用 MATLAB 的 solve（）函数，对式（8-45）的后两个方程求解 r、x，再代入前三个方程得到 R、y、z。由于 x_1 有正、负两个解，不妨取正解（取负根解也可得到另外的一组轨迹等效的可用解），即

$$x_1 \triangleq \sqrt{1-x^2} \qquad (8\text{-}46)$$

再用式（8-43）的后两个表达式求解 z_1、y_1，得

$$\begin{cases} z_1 = \dfrac{1}{c}\left(ax_1 - \dfrac{1}{\sqrt{3}}r\right) \\ y_1 = \dfrac{1}{b}\left(\dfrac{2}{\sqrt{3}}r + cz_1\right) \end{cases} \qquad (8\text{-}47)$$

事实上，旁路后参考信号的构造不需要角度值，只需要 x、y、z、x_1、y_1、z_1、r 值。

表8-1～表8-5 给出了典型旁路单元组合的求解结果。

表8-1　N=9 单元逆变器旁路参考信号余弦参数

$N_a - N_b - N_c$	x	y	z	r	$R = 2r/3$
9 - 9 - 9	1	-0.5	-0.5	1.5	1
9 - 9 - 8	0.998	-0.4445	-0.5	1.4425	0.9617
9 - 9 - 7	0.9923	-0.3889	-0.5	1.3812	0.9208
9 - 8 - 9	0.998	-0.5	-0.4445	1.4425	0.9617
8 - 8 - 8	1	-0.4348	-0.4348	1.3865	0.9243
8 - 8 - 7	0.9982	-0.3690	-0.4217	1.3262	0.8841
8 - 7 - 9	0.9923	-0.5	-0.3889	1.3812	0.9208
8 - 7 - 8	0.9982	-0.4217	-0.3690	1.3262	0.8841
8 - 7 - 7	1	-0.3419	-0.3419	1.2659	0.8439
8 - 7 - 5	0.9935	-0.1750	-0.2450	1.1296	0.7531

表8-2　N=8 单元逆变器旁路参考信号余弦参数

$N_a - N_b - N_c$	x	y	z	r	$R = 2r/3$
8 - 8 - 8	1	-0.5	-0.5	1.5	1
8 - 8 - 7	0.9975	-0.4375	-0.5	1.435	0.9567
8 - 8 - 6	0.9903	-0.3750	-0.5	1.3653	0.9102
8 - 7 - 8	0.9975	-0.5	-0.4375	1.435	0.9567
8 - 7 - 7	1	-0.4250	-0.4250	1.3719	0.9146
8 - 7 - 6	0.9977	-0.3493	-0.4075	1.3033	0.8689
8 - 6 - 8	0.9903	-0.5	-0.3750	1.3653	0.9102
8 - 6 - 7	0.9977	-0.4075	-0.3493	1.3033	0.8689
8 - 6 - 6	1	-0.3121	-0.3121	1.2341	0.8227

表8-3　N=7 单元逆变器旁路参考信号余弦参数

$N_a - N_b - N_c$	x	y	z	r	$R = 2r/3$
7 - 7 - 7	1	-0.5	-0.5	1.5	1
7 - 7 - 6	0.9967	-0.4286	-0.5	1.4253	0.9502
7 - 7 - 5	0.9875	-0.3571	-0.5	1.3446	0.8964
7 - 6 - 7	0.9967	-0.5	-0.4286	1.4253	0.9502
7 - 6 - 6	1	-0.4117	-0.4117	1.3529	0.9019
7 - 6 - 5	0.9971	-0.3221	-0.3865	1.2732	0.8488
7 - 5 - 7	0.9875	-0.5	-0.3571	1.3446	0.8964
7 - 5 - 6	0.9971	-0.3865	-0.3221	1.2732	0.8488
7 - 5 - 5	1	-0.2685	-0.2685	1.1918	0.7945

表 8-4　$N=6$ 单元逆变器旁路参考信号余弦参数

$N_a - N_b - N_c$	x	y	z	r	$R = 2r/3$
$6 - 6 - 6$	1	-0.5	-0.5	1.5	1
$6 - 6 - 5$	0.9956	-0.4167	-0.5	1.4123	0.9415
$6 - 6 - 4$	0.9832	-0.3333	-0.5	1.3165	0.8777
$6 - 5 - 6$	0.9956	-0.5	-0.4167	1.4123	0.9415
$6 - 5 - 5$	1	-0.3929	-0.3929	1.3274	0.8849
$6 - 5 - 4$	0.9961	-0.2832	-0.3540	1.2321	0.8214
$6 - 4 - 6$	0.9832	-0.5	-0.3333	1.3165	0.8777
$6 - 4 - 5$	0.9961	-0.3540	-0.2832	1.2321	0.8214
$6 - 4 - 4$	1	-0.1978	-0.1978	1.1319	0.7546

表 8-5　$N=5$ 单元逆变器旁路参考信号余弦参数

$N_a - N_b - N_c$	x	y	z	r	$R = 2r/3$
$5 - 5 - 5$	1	-0.5	-0.5	1.5	1
$5 - 5 - 4$	0.9937	-0.4	-0.5	1.3937	0.9291
$5 - 4 - 5$	0.9937	-0.5	-0.4	1.3937	0.9291
$5 - 4 - 4$	1	-0.3635	-0.3635	1.2908	0.8605

4. 角度偏移法参考信号指令的构造

由于控制系统希望输出圆形轨迹，不妨设原始参考电压指令为

$$\begin{cases} v_{\mathrm{refa}} = M\cos\theta \\ v_{\mathrm{refb}} = M\left(\cos\theta - \dfrac{2\pi}{3}\right) \\ v_{\mathrm{refc}} = M\left(\cos\theta - \dfrac{4\pi}{3}\right) \end{cases} \tag{8-48}$$

式中，M 为调制深度。式（8-48）写为指令矢量形式为

$$\begin{cases} \boldsymbol{v}_{\mathrm{ref}} = v_\alpha + \mathrm{j}v_\beta \\ v_\alpha = M\cos\theta \\ v_\beta = M\sin\theta \end{cases} \tag{8-49}$$

由式（8-34）可将输出电压表达式改写为

$$\begin{cases} V_a = M(a\cos\alpha\cos\theta + a\sin\alpha\sin\theta) = M(ax\cos\theta + ax_1\sin\theta) = a(xv_\alpha + x_1 v_\beta) \\ V_b = M(b\cos\beta\cos\theta + b\sin\beta\sin\theta) = M(by\cos\theta + by_1\sin\theta) = b(yv_\alpha + y_1 v_\beta) \\ V_c = M(c\cos\gamma\cos\theta + c\sin\gamma\sin\theta) = M(cz\cos\theta + cz_1\sin\theta) = c(zv_\alpha + z_1 v_\beta) \end{cases} \tag{8-50}$$

由于每相增益为 a、b、c，因此反推旁路后二级参考指令的幅值应该相等，相位服从三

相输出电压的相位关系（α、β、γ），于是构造三相原始参考信号为

$$\begin{cases} v_{\text{refa}}^* = V_a/a = xv_\alpha + x_1v_\beta \\ v_{\text{refb}}^* = V_b/b = yv_\alpha + y_1v_\beta \\ v_{\text{refc}}^* = V_c/c = zv_\alpha + z_1v_\beta \end{cases} \quad (8\text{-}51)$$

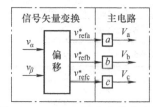

图 8-27　SPWM 下角度偏移法的
算法模型

式（8-51）实现了对原始参考信号的角度偏移变换。图 8-27 给出了 SPWM 下角度偏移法的算法模型。

将参考信号写成矢量形式为

$$v_{\text{ref}}^* \triangleq v_\alpha^* + jv_\beta^* = \frac{2}{3}(v_{\text{refa}}^* + v_{\text{refb}}^* e^{j2\pi/3} + v_{\text{refc}}^* e^{j4\pi/3})$$

$$= \frac{2}{3}v_{\text{refa}}^* - \frac{1}{3}(v_{\text{refb}}^* + v_{\text{refc}}^*) + j\frac{\sqrt{3}}{3}(v_{\text{refb}}^* - v_{\text{refc}}^*)$$

$$= \left[\frac{2}{3}x - \frac{1}{3}(y+z)\right]v_\alpha + \left[\frac{2}{3}x_1 - \frac{1}{3}(y_1+z_1)\right]v_\beta + j\frac{\sqrt{3}}{3}\left[(y-z)v_\alpha + (y_1-z_1)v_\beta\right]$$

$$= k_1^* v_\alpha + k_2^* v_\beta + j(k_3^* v_\alpha + k_4^* v_\beta) \quad (8\text{-}52)$$

或写成分量表达式为

$$\begin{cases} v_\alpha^* = k_1^* v_\alpha + k_2^* v_\beta = k_1^* M\cos\theta + k_2^* M\sin\theta \\ v_\beta^* = k_3^* v_\alpha + k_4^* v_\beta = k_3^* M\cos\theta + k_4^* M\sin\theta \end{cases} \quad (8\text{-}53)$$

式中，v_α、v_β 为原始控制信号矢量；$k_1^* \sim k_4^*$ 为常数，计算方法为

$$\begin{cases} x = \cos\alpha; \; y = \cos\beta; \; z = \cos\gamma \\ x_1 \triangleq \sqrt{1-x^2}; \; R = 2/3 \\ y_1 = \frac{1}{b}\left(\frac{2}{\sqrt{3}}r + cz_1\right); \; z_1 = \frac{1}{c}\left(ax_1 - \frac{1}{\sqrt{3}}r\right) \\ k_1^* = (2/3)x - (y+z)/3; \; k_2^* = (2/3)x_1 - (y_1+z_1)/3 \\ k_3^* = (\sqrt{3}/3)(y-z); \; k_4^* = (\sqrt{3}/3)(y_1-z_1) \end{cases} \quad (8\text{-}54)$$

式中，x、y、z、r、R 取表 8-1～表 8-4 中给出的离线常数。由于式（8-53）具有式（8-21）、式（8-22）的形式，故该信号轨迹也为椭圆。考虑 $M=1$、$N=9$ 时，在 $[8-7-5]$ 旁路组合时的具体表达式为

$$2.8675U_{\alpha1}{}^2 - 0.5048U_{\alpha1}U_{\beta1} + 1.4597U_{\beta1}{}^2 = 4.1221 \quad (8\text{-}55)$$

$$\begin{cases} q_1 = 0.1713 \\ q_2 = -0.9852 \\ m = 1.7063 \\ n = 1.1899 \end{cases} \quad (8\text{-}56)$$

对式（8-17）、式（8-20）、式（8-36）、式（8-53）4 组表达式在 $[8-7-5]$ 旁路组合时在 $0\sim5\pi/3$ 之间的轨迹进行仿真，如图 8-28 所示。

图中，①为 $N=9$ 无旁路 $[9-9-9]$ 组合时的电压矢量轨迹，可见轨迹为理想圆，初相位为 0；②为旁路后 $[8-7-5]$ 组合、不做角度偏移时的电压矢量轨迹，可见其为椭圆，

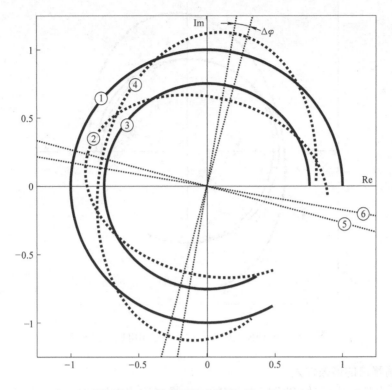

图 8-28　三相电压轨迹仿真（0~5π/3）

且初相位为略负；③为采用角度偏移后的电压矢量，轨迹恢复为理想圆，且初相位也为零，半径 $R=0.7531$，说明旁路后输出电压可以达到旁路前额定电压的 75.31%；④为反推的参考电压信号矢量，可见信号矢量也为椭圆；⑤⑥为两个椭圆轴的坐标轴。根据式（8-54）、式（8-32）的解析法可求得坐标轴的夹角 $\Delta\varphi\approx5.2°$，且椭圆的长短半径的比例也不一致，表明两个椭圆不是相似图形。

　　综上所述，可以理解为角度偏移法实质上是通过对旁路状态下的椭圆轨迹非正交、不相似的椭圆指令轨迹的校正达到输出理想圆周轨迹半径最大的目的（取方程组中 r 的最大正根），且保证了校正后的轨迹相位与原始指令一致，这是我们所期望的，也是在旁路下状态下实施矢量控制的必要前提。

　　5. 变换顺序对输出电压的影响

　　若改变图 8-27 中前两级变换顺序，则算法模型如图 8-29 所示。

　　仿真发现，参考信号相同的前提下输出电压轨迹与图 8-27 所示算法模型的圆形轨迹发生了偏离。两种模型的参考信号与输出电压矢量轨迹如图 8-30 所示。

　　可见变换顺序绝对不能改变。

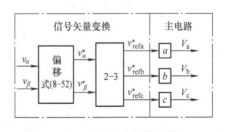

图 8-29　变换顺序的算法模型

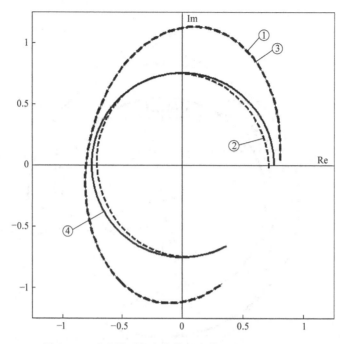

图 8-30　两种模型的参考信号与输出电压矢量轨迹

6. 角度偏移法的谐波注入

以上中性点偏移法仅对 SPWM 方式有效。为提高输出电压利用率，我们通常采用 SVP-WM 或谐波注入。但由于旁路后各相电压的增益不同，参考信号中注入的等量谐波反映到输出侧的谐波幅值不同，致使逆变器拓扑结构不能完全剔除三次谐波，从而使合成电压矢量的轨迹发生畸变。因此，谐波注入量应该遵循三相输出电压的谐波总量相等为原则，即，反推到控制信号中应采用不等量谐波注入的方式。

图 8-31 给出了不等量谐波注入的 PWM 算法模型。

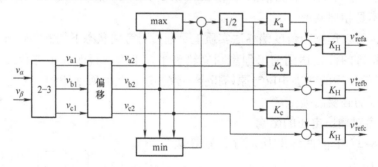

图 8-31　不等量谐波注入的 PWM 算法模型

假设旁路后三相最小剩余单元数为

$$N_{\text{min}} = \min(N_{\text{a}}, N_{\text{b}}, N_{\text{c}}) \tag{8-57}$$

则三相注入的谐波量增益应为

$$\begin{cases} K_{\text{a}} = N_{\min}/N_{\text{a}} \\ K_{\text{b}} = N_{\min}/N_{\text{b}} \\ K_{\text{c}} = N_{\min}/N_{\text{c}} \end{cases} \tag{8-58}$$

由于谐波注入使二级参考信号的幅值减低，因此在 100% 调制度下存在一个附加线性增益 K_{H}（对称三相信号的谐波注入增益 $K_{\text{H}} = 2/\sqrt{3}$）。

由图 8-31 可见，原始参考信号经过 2 – 3 变换得到三相等幅、角度对称的正弦参考信号，然后经过式（8-51）的角度偏移得到 3 个等幅、角度不对称的三相正弦参考信号，再经过不等量谐波注入得到马鞍形二级参考信号用于生成 PWM 波形驱动旁路逆变器。

由于三相主电路增益分别为 a、b、c，因此只有按照 K_{a}、K_{b}、K_{c} 比例进行分配的不等量谐波在逆变器三相输出侧才能得到三相等量的谐波值，从而被三相系统抵消。又因为不同旁路组合的不等量谐波注入量反映到二级参考信号的幅值减低量的解析法相当困难，故只能通过仿真试探得到增益 K_{H} 值。

根据图 8-31，有谐波注入的等效参考信号为

$$\begin{cases} v_{\text{com}} = \dfrac{1}{2}\big[\max(v_{\text{a2}}, v_{\text{b2}}, v_{\text{c2}}) + \min(v_{\text{a2}}, v_{\text{b2}}, v_{\text{c2}})\big] \\ K_{\text{a}} = N_{\min}/N_{\text{a}}; \ K_{\text{b}} = N_{\min}/N_{\text{b}}; \ K_{\text{c}} = N_{\min}/N_{\text{c}} \\ v_{\text{refa}}^{*} = K_{\text{H}}(v_{\text{a2}} - K_{\text{a}} v_{\text{com}}) \\ v_{\text{refb}}^{*} = K_{\text{H}}(v_{\text{b2}} - K_{\text{b}} v_{\text{com}}) \\ v_{\text{refc}}^{*} = K_{\text{H}}(v_{\text{c2}} - K_{\text{c}} v_{\text{com}}) \end{cases} \tag{8-59}$$

令 $K_{\text{H}} = 1$，对式（8-59）中的 $v_{\text{a}}^{*} \sim v_{\text{c}}^{*}$ 进行波形仿真，并以 3 个波形幅值最高者为基准进行归一化，试探求取 K_{H} 值。再将 K_{H} 代入式（8-59）便获得占空比 100% 时的指令轨迹表达式，即

$$\begin{cases} v_{\alpha}^{*} = \dfrac{2}{3} v_{\text{refa}}^{*} - \dfrac{1}{3}(v_{\text{refb}}^{*} + v_{\text{refc}}^{*}) \\ v_{\beta}^{*} = \dfrac{1}{\sqrt{3}}(v_{\text{refb}}^{*} + v_{\text{refc}}^{*}) \end{cases} \tag{8-60}$$

考虑式（8-51）得到输出电压轨迹矢量表达式为

$$\begin{cases} V_{\alpha} = \dfrac{2}{3} a v_{\text{refa}}^{*} - \dfrac{1}{3}(b v_{\text{refb}}^{*} + c v_{\text{refc}}^{*}) \\ V_{\beta} = \dfrac{1}{\sqrt{3}}(b v_{\text{refb}}^{*} + c v_{\text{refc}}^{*}) \end{cases} \tag{8-61}$$

仿真可知，[8 – 7 – 5] 旁路组合时 $K_{\text{H}} = 1.0229$，最高输出电压标幺值 $R_{\text{H}} = 0.7703$；[8 – 8 – 8] 旁路组合时 $K_{\text{H}} = 1.1992$，最高输出电压标幺值取 $R_{\text{H}} = 1.0265$。表明角度偏移条件下谐波注入对输出电压提升能力达不到对称三相情况下的 "$K_{\text{H}} = 2/\sqrt{3}$"（见第 3 章）。

图 8-32 给出了 [8 – 7 – 5] 旁路组合时 100% 调制度对应的二级参考信号（$v_{\alpha}^{*} - v_{\beta}^{*}$）矢量轨迹与输出电压 $V_{\alpha} - V_{\beta}$ 轨迹圆。

可见，尽管二级参考信号（马鞍形）轨迹呈现不规则形状，但输出电压轨迹却表现为理想圆周，且初相位为 0，与原始参考信号初相位一致。

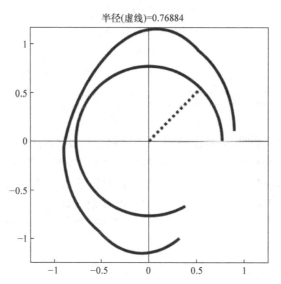

图 8-32 ［8－7－5］组合时 100% 调制度对应的二级参考信号矢量轨迹与
输出电压轨迹圆（0～5π/3）

7. 载波移相重组

由于单元旁路后每相剩余单元数不同，若维持原有的 π/N 移相方式，相电压输出势必会出现不均匀的载波移相关系，因而产生高次谐波。为此，每相的载波移相规则需要重组，按照各相的剩余单元数进行移相，即相位移分别为 π/N_a、π/N_b、π/N_c。

8. 正交椭圆轨迹校正法（幅值－相位校正法）[12]

前文的角度偏移法反推出的 3 个参考指令信号具有幅值对称（相同）而相位偏移的特点。若以椭圆信号矢量轨迹直接校正旁路主电路的椭圆轨迹，则同样可达到旁路校正的目的，只是三相信号的幅值和相位均会发生"偏移"。

图 8-33 给出了正交椭圆轨迹校正法的算法模型。

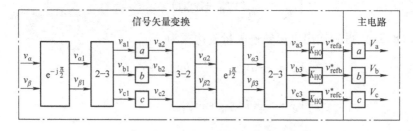

图 8-33 正交椭圆轨迹校正法的算法模型

其中前级的"$e^{-j\pi/2}$"旋转变换作为角度预设环节并不改变原始指令轨迹圆的形状；中间的"$e^{j\pi/2}$"实现椭圆垂直变换同时恢复原始指令的相位；K_{H0} 为附加增益，该增益在原始参考信号幅值 v_{ref} 为 1 时对应二级参考信号（$v_{refa}^* \sim v_{refc}^*$）100% 的调制深度。

根据此模型推导出原始参考信号矢量（$v_\alpha - v_\beta$）与二级参考信号（v_{a3}、v_{b3}、v_{c3}）的关系式为

$$\begin{cases} v_{a3} = \dfrac{1}{2}(b+c)v_\alpha + \dfrac{\sqrt{3}}{6}(b-c)v_\beta \triangleq v_{a3m}\cos(\theta+\varphi_a) \\[2mm] v_{b3} = \dfrac{1}{2}cv_\alpha + \dfrac{\sqrt{3}}{6}(2a+c)v_\beta \triangleq v_{b3m}\cos(\theta+\varphi_b) \\[2mm] v_{c3} = -\dfrac{1}{2}bv_\alpha - \dfrac{\sqrt{3}}{6}(2a+b)v_\beta \triangleq v_{c3m}\cos(\theta+\varphi_c) \end{cases} \tag{8-62}$$

其中

$$\begin{cases} v_{a3m} = \dfrac{1}{\sqrt{3}}\sqrt{b^2+c^2+bc} \\[3mm] v_{b3m} = \dfrac{1}{\sqrt{3}}\sqrt{a^2+c^2+ac} \\[3mm] v_{c3m} = \dfrac{1}{\sqrt{3}}\sqrt{a^2+b^2+ab} \\[3mm] \varphi_a = \dfrac{b-c}{\sqrt{3}(b+c)};\ \varphi_b = \dfrac{2a+c}{\sqrt{3}c};\ \varphi_c = \dfrac{2a+b}{\sqrt{3}b} \end{cases} \tag{8-63}$$

考虑得到输出电压表达式为

$$\begin{cases} V_a = av^*_{refa} = K_{H0}av_{a3} \\[1mm] V_b = bv^*_{refb} = K_{H0}bv_{b3} \\[1mm] V_c = cv^*_{refc} = K_{H0}cv_{c3} \end{cases} \tag{8-64}$$

写成矢量（$V_\alpha - V_\beta$）形式

$$\begin{cases} V_\alpha \triangleq \dfrac{2}{3}V_a - \dfrac{1}{3}(V_b+V_c) = K_{H0}Rv_\alpha \\[2mm] V_\beta \triangleq \dfrac{1}{\sqrt{3}}(V_b-V_c) = K_{H0}Rv_\beta \\[2mm] R = \dfrac{1}{3}(ab+bc+ca) \end{cases} \tag{8-65}$$

　　从式（8-62）可见：3 个参考信号的幅值不等，相位也不对称，且 3 个信号幅值均小于 1，表明欲达到 100% 调制度，还有增益潜力。不妨取 3 个参考信号最大幅值为 K_{H0}，即

$$K_{H0} = \frac{1}{\max[v_{a3m},v_{b3m},v_{c3m}]} \tag{8-66}$$

故得 100% 调制度时的输出电压轨迹半径为

$$R_{H0} = K_{H0}R \tag{8-67}$$

　　从式（8-65）可见：正交椭圆轨迹校正法可以得到与指令同步的输出电压矢量的理想圆，且半径为 R_{H0}。对 [8-7-5] 旁路组合，由式（8-63）有

$$\begin{cases} v_{a3m} = 0.6697 \\[1mm] v_{b3m} = 0.7883 \\[1mm] v_{c3m} = 0.8912 \\[1mm] K_{H0} = \dfrac{1}{v_{c3m}} = 1.1221 \\[1mm] R = 0.5885 \\[1mm] R_{H0} = K_{H0}R = 0.6602 \end{cases} \tag{8-68}$$

可见正交椭圆轨迹校正法在 SPWM 方式下的输出能力 R_{H0} 介于等位旁路（$R = 5/9 = 0.5556$）和角度偏移（$R = 0.7531$）之间。

图 8-34 给出了正交椭圆轨迹校正法的典型仿真轨迹（$0 \sim 5\pi/3$）。

图中①为控制系统信号矢量（$v_\alpha - v_\beta$）轨迹，它是幅值为 1 的理想圆；②为信号椭圆的参考轨迹（$v_{\alpha2} - v_{\beta2}$），它是旁路不校正的输出电压椭圆的映射（见式（8-19））；③为与映射椭圆正交的椭圆信号（$v_{\alpha3} - v_{\beta3}$）；④为最终的输出电压轨迹（$V_\alpha - V_\beta$）。

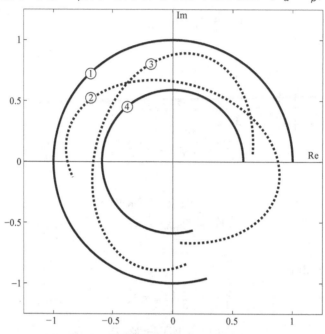

图 8-34　正交椭圆轨迹校正法的典型仿真轨迹

为进一步提高输出电压，需采用不等量谐波注入法。

图 8-35 给出了椭圆轨迹校正的谐波注入算法模型，即

$$
\begin{cases}
v_{com1} = 0.5 \times \left[\max(v_{a3}, v_{b3}, v_{c3}) + \min(v_{a3}, v_{b3}, v_{c3}) \right] \\
K_a = N_{min}/N_a;\ K_b = N_{min}/N_b;\ K_c = N_{min}/N_c \\
v_{refa}^* = K_H(v_{a3} - K_a v_{com1}) \\
v_{refb}^* = K_H(v_{b3} - K_b v_{com1}) \\
v_{refc}^* = K_H(v_{c3} - K_c v_{com1})
\end{cases}
\tag{8-69}
$$

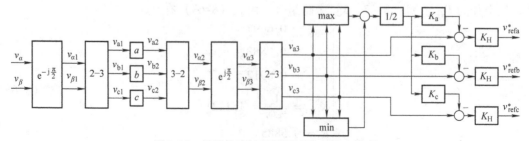

图 8-35　椭圆轨迹校正的谐波注入算法模型

仿真试探得到 100% 调制度时对应的输出电压轨迹半径 R_H 及附加增益 K_H。

表 8-6 给出了在谐波注入方式下，角度偏移法（表中简称偏移）与正交椭圆轨迹变换法（表中简称轨迹）的最高输出电压（R_H）比较。

表 8-6 两种策略谐波注入法最高电压比较

N	$N_a - N_b - N_c$	R		K_H		R_H	
		偏移	轨迹	偏移	轨迹	偏移	轨迹
9	9 – 9 – 9	1	1	1.1547	1.1547	1.1547	1.1547
	9 – 9 – 8	0.9617	0.9259	1.1290	1.1759	1.0857	1.1759
	9 – 9 – 7	0.9208	0.8518	1.1107	1.1965	1.0228	1.0192
	9 – 8 – 9	0.9617	0.9259	1.1206	1.1759	1.0776	1.0888
	8 – 8 – 8	0.9243	0.8559	1.1104	1.1991	1.0264	1.0264
	8 – 8 – 7	0.8841	0.7860	1.0828	1.2219	0.9573	0.9604
	8 – 7 – 9	0.9208	0.8518	1.0761	1.1965	0.9908	1.0192
	8 – 7 – 8	0.8841	0.7860	1.0725	1.2219	0.9481	0.9604
	8 – 7 – 7	0.8439	0.7201	1.0642	1.2471	0.8981	0.8981
	8 – 7 – 5	0.7531	0.5884	1.0209	1.2957	0.7688	0.7624
8	8 – 8 – 8	1	1	1.1547	1.1547	1.1547	1.1547
	8 – 8 – 7	0.9567	0.9166	1.1264	1.1785	1.0776	1.0803
	8 – 8 – 6	0.9102	0.8333	1.1063	1.2015	1.0069	1.0013
	8 – 7 – 8	0.9567	0.9166	1.1156	1.1785	1.0673	1.0803
	8 – 7 – 7	0.9146	0.8385	1.1047	1.2049	1.0103	1.0104
	8 – 7 – 6	0.8689	0.7604	1.0741	1.2308	0.9332	0.9359
	8 – 6 – 8	0.9102	0.8333	1.0631	1.2015	0.9676	1.0013
	8 – 6 – 7	0.8689	0.7604	1.0606	1.2308	0.9215	0.9359
	8 – 6 – 6	0.8227	0.6875	1.0526	1.2597	0.8660	0.8660
7	7 – 7 – 7	1	1	1.1547	1.1547	1.1547	1.1547
	7 – 7 – 6	0.9502	0.9048	1.1232	1.1818	1.0672	1.0693
	7 – 7 – 5	0.8964	0.8095	1.0970	1.2079	0.9833	0.9778
	7 – 6 – 7	0.9502	0.9048	1.1091	1.1818	1.0538	1.0693
	7 – 6 – 6	0.9019	0.8163	1.0974	1.2124	0.9897	0.9897
	7 – 6 – 5	0.8488	0.7279	1.0633	1.2423	0.9024	0.9043
	7 – 5 – 7	0.8964	0.80952	1.0449	1.2079	0.9367	0.9778
	7 – 5 – 6	0.8488	0.7279	1.0448	1.2423	0.8867	0.9043
	7 – 5 – 5	0.7945	0.6463	1.0381	1.2762	0.8247	0.8248
6	6 – 6 – 6	1	1	1.1547	1.1547	1.1547	1.1547
	6 – 6 – 5	0.9415	0.8888	1.1192	1.1862	1.0537	1.0544
	6 – 6 – 4	0.8767	0.7777	1.0806	1.2163	0.9484	0.9460

（续）

N	$N_a - N_b - N_c$	R		K_H		R_H	
		偏移	轨迹	偏移	轨迹	偏移	轨迹
6	6 – 5 – 6	0.9415	0.8888	1.0998	1.1862	1.0355	1.0544
	6 – 5 – 5	0.8849	0.7870	1.0874	1.222	0.9622	0.9622
	6 – 5 – 4	0.8214	0.6851	1.0492	1.257	0.8618	0.8619
	6 – 4 – 6	0.8767	0.7777	1.0182	1.216	0.8936	0.9460
	6 – 4 – 5	0.8214	0.6851	1.0225	1.258	0.8398	0.8619
	6 – 4 – 4	0.7546	0.5925	1.0201	1.299	0.7697	0.7698
5	5 – 5 – 5	1	1	1.1547	1.1547	1.1547	1.1547
	5 – 5 – 4	0.9291	0.8666	1.1144	1.1924	1.0354	1.0334
	5 – 4 – 5	0.9291	0.8666	1.086	1.1924	1.009	1.0334
	5 – 4 – 4	0.8605	0.74667	1.0735	1.2372	0.9237	0.9237

比较表中数据可见：正交椭圆轨迹校正法比角度偏移法在谐波注入量上更有优势。正交椭圆轨迹校正法的 R_H 值比角度偏移法的 R_H 值总体略高，且不需要复杂的离线角度运算，非常适合在线旁路控制的实施，这也是作者在文献 [61] 中推出正交椭圆轨迹校正法的根本原因。

9. 控制系统指令限幅

由于旁路后的输出电压幅值只能达到 R_H（$R_H < 1$），故实际控制系统给出的参考指令 v_{ref} 应做如下限幅，即

$$0 \leq v_{ref} \leq R_H \tag{8-70}$$

式中，v_{ref} 为参考指令矢量幅值，$v_{ref} = \sqrt{v_\alpha^2 + v_\beta^2}$。

需要注意的是，对 SPWM 方式不存在附加增益，故 $R_H = R$。

10. 波形仿真

考虑 $N = 9$ 单元逆变器，单元直流电压为 690V，等效星形 $R - L$ 负载（$R = 690\Omega$，$L = 160mH$）。

图 8-36 给出了单元旁路前 [8 – 8 – 9] 组合时在 SPWM 方式下的参考信号、输出相电压、输出线电压、输出电流的仿真波形。可见输出线电压、输出电流对称。

图 8-37 给出 SPWM 方式下采用角度偏移后的剩余单元 [8 – 7 – 5] 组合时且载波移相仍然维持旁路前 π/9 载波移相方式下的仿真波形。

可见，参考信号的幅值相等但角度不对称，输出相电压幅值不对称且角度偏移，但输出线电压及输出电流达到了对称，只是输出电压高频纹波略大。

图 8-38 给出了参考信号注入了等量三次谐波（HIPWM）情况下角度偏移波形。

可见，因主电路三相增益不同导致输出相电压的谐波总量产生差异，从而造成输出线电压及输出电流的三次谐波畸变。

图 8-39 为不等量三次谐波注入时的仿真波形，与图 8-37 相比，输出电压、电流实现了对称。

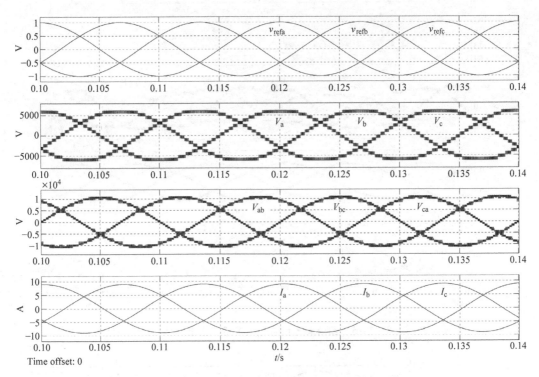

图 8-36　单元旁路前 ［8-8-9］ 组合时在 SPWM 方式下相电压、线电压、电流的仿真波形

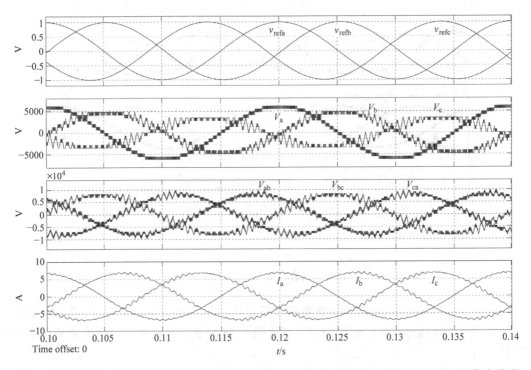

图 8-37　［8-7-5］ 组合 SPWM 角度偏移，载波 π/9 移相输出相电压、线电压、电流的仿真波形

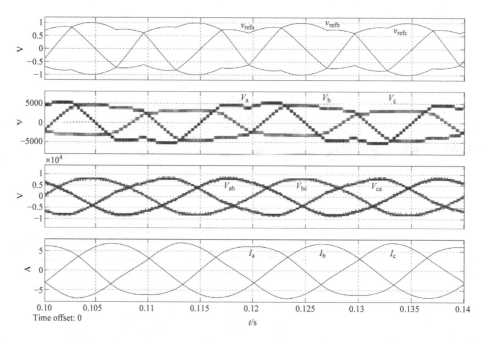

图 8-38 ［8－7－5］组合参考信号注入等量三次谐波情况的仿真波形

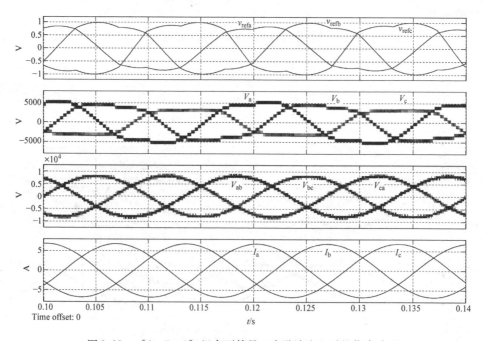

图 8-39 ［8－7－5］组合不等量三次谐波注入时的仿真波形

图 8-40 给出了按实际剩余单元数重新进行载波移相的仿真波形，即［8－7－5］组合的三相载波相位移分别为 π/9、π/7、π/5。对比图 8-38 可见，输出电压、电流的高次谐波得到明显抑制。

图 8-41 给出了［8－7－5］组合正交椭圆轨迹校正法的仿真波形。可见参考信号及相

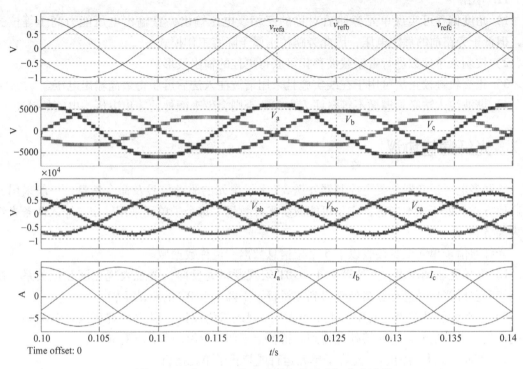

图 8-40 ［8-7-5］组合重新载波移相仿真波形

电压发生马鞍形畸变，而输出线电压、线电流达到了平衡。

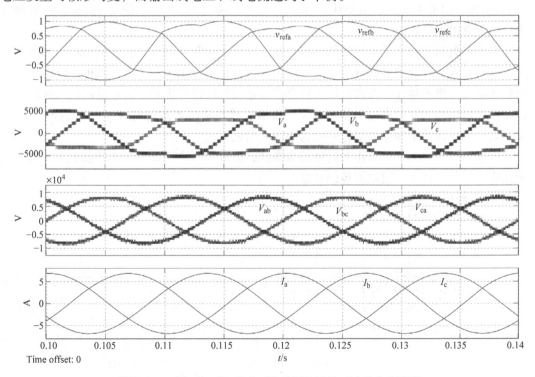

图 8-41 ［8-7-5］组合正交椭圆轨迹校正法的仿真波形

11. 小结

1）角度偏移可实现单元旁路后对称的三相线电压输出，且输出电压能力高于等位旁路，但低于旁路前的额定电压，因此旁路校正属于降容工作模式。

2）按剩余单元数进行重新载波移相可获得更佳的输出波形。

3）正交轨迹校正法可用于在线实施且采用谐波注入法后可获得最高输出电压。

4）谐波注入法必须遵循不等量注入方式，否则会带来额外的输出电压、电流的畸变。

8.7 光纤通信协议

级联多电平逆变器需要主控制器发送 $3N$ 个子单元的驱动信号及命令信息，一般采用光纤通信方式。处于成本考虑，应尽可能减少光纤数量。每个子单元采用输出、输入两条光纤最为经济。

光纤通信子单元至少接收以下 5 个位信息数据，也称数据域。

1）左单元驱动逻辑：左桥臂上下 IGBT 宏观逻辑为反向，微观表现死区互锁关系。接收端接到左桥臂信号进行互锁处理得到左桥臂上下两个 IGBT 的驱动逻辑。

2）右单元驱动逻辑：右桥臂上下 IGBT 宏观逻辑为反向，微观表现死区互锁关系。接收端接到右桥臂信号进行互锁处理得到右桥臂上下两个 IGBT 的驱动逻辑。

3）使能（运行/停止）：允许子单元运行或禁止子单元运行。

4）旁路：因子单元损坏需要退出组态，主控制器发送旁路指令，子单元接收该指令触发子单元的旁路晶闸管（SRC）完成单元输出旁路。

5）复位：驱动单元若采用 D315A 驱动，发生故障后 D315A 内部执行自锁，故需要外部复位指令退出锁定状态。

除以上数据域之外，还要考虑数据包开始位、结束位及奇偶校验位。其中：信息数据可以采用编码形式，以减少数据域长度。开始位及校验位可分别采用 1bit，停止位以能够区分数据包为原则，越短越好。因数据域内信息组合在编排时已考虑到不会连续出现 2bit 的高电平，则停止位选用 3bit 的高电平便可确保接收端能够判别出数据包的首尾（见表 8-7），为此要求发送端确保两个相邻数据包间隔大于 3bit 时间。

接收端以开始位的下降沿作为时钟同步条件，通过判断大于 2.5bit 连续高电平来判断数据包结束，以便启动下一组数据包的接收。

图 8-42 给出发送数据包的时序图。

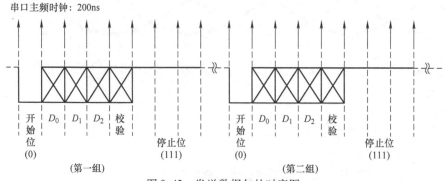

图 8-42 发送数据包的时序图

1. 奇偶校验原则

数据域高电平 bit 位总和个数为偶数填充 0，为奇数填充 1，即偶校验。接收端（子单元）若出现校验错误不更新数据。

2. 指令编码

由于旁路、复位指令均需要首先停机运行或在系统停止以后执行，因此旁路、复位、停止可以采用 $D_0 - D_1 - D_2$ 编码形式给出。

接收端首先判断 D_2 位的状态，若 $D_2 = 1$，则首先执行停机操作，然后再根据 $D_0 - D_1$ 状态区分旁路或复位。若 $D_2 = 0$，表明系统允许运行，此时 $D_0 - D_1$ 两位所载信息为子单元 H 桥左、右两个桥臂的驱动逻辑 X（L）及 X（R），见表 8-7。

有关预留指令：根据编码原则，若数据域 $D_0 - D_1 - D_2 = 111$ 时，校验为填充 1，虽然数据包内部出现多于连续 2bit 的高电平，但其与后面的校验位、停止位连接刚好形成全部高电平，此时若按 2.5bit 连续高电平判断数据包结束，接收端会提前判定数据包结束，若接收端程序设计不严谨，可能会出现错误逻辑，因此本方案对此不采纳。

表 8-7 数据包格式

开始域	数据域			校验位	结束域			说明
开始位	D_0	D_1	D_2	V	停止位			
0	0	0	1	1	1	1	1	旁路（PS）
0	0	1	1	0	1	1	1	复位（RS）
0	1	0	1	1	1	1	1	停止（ST）
0	1	1	1	1	1	1	1	预留
0	X（L）	X（R）	0	X	1	1	1	运行（EN）

注：1. X（L）为子单元 H 桥的左桥臂驱动逻辑；X（R）为子单元 H 桥的右桥臂驱动逻辑。

2. X（L）或 X（R）代表逻辑电平由主控器 PWM 电平决定取 "0" 或 "1"。

3. 波形分辨率

1）考虑光纤频响范围（5MHz），串行数据参考时钟采用 5MHz 主频，时钟分辨率为 200ns。

2）数据包长度共 8bit，发送一包数据需要 $200ns \times 8 = 1600ns = 1.6\mu s$。

3）发送端连续发送数据包，即数据包间隔 3bit 高电平，保证数据包发送周期 $1.6\mu s$。

4）若单元左、右桥臂开关频率为 1000Hz，对应的开关周期为 $1000\mu s$。由于接收端波形时间分辨率则为数据包发送间隔时间，即 $1.6\mu s$。故接收端最高波形分辨率为

$$\frac{1.6}{1000} = \frac{1}{625}$$

该指标表明，对于 10000V 输出，逆变器输出最小电压级差为 $10000V/625 = 16V$。

5）缩短数据包长度或提高波特率是提高接收端精度的唯一途径。但目前塑料光纤最高传输速率为 5MHz，已经用到极限，况且 FPGA 波形实测结果表明，再提高发送波特率，波形边沿已经变得迟缓，提升潜力不大。

4. 子单元接收原则

1）由于编码制式保证了数据包内部不会出现大于 2bit 的高电平，因此可将 2.5bit 高电平作为数据包结束判据。另外考虑数据包长度决定接收端复现驱动信号的分辨率，数据包越

短越好，因此选择 3bit 的停止位作为数据包结束。

2）数据包结束确定后，开始查询下降沿，该下降沿即为新的数据包起始位，也作为接收端的时钟同步信号，然后解码得到所需子单元状态信息，X（L）、X（R）、EN、PS、RS、ST 等。

3）子单元接收端采用 CPLD 按照数据包间隔（1.6μs）作为分辨率复现控制器所发送的驱动指逻辑，该驱动逻辑再通过硬件互锁延时（CPLD 实现），得到子单元全部的控制信号。不难想象，开关频率越高，子单元驱动信号再现的分辨率越低。故在现有条件下，主控器以 1000Hz 典型载波频率可达到约 1/625 的驱动波形分辨率。

5. FPGA 试验

采用 FPGA 编写发送、接收程序，连接后在仿真板上测试结果。

1）接收侧波形复现稳定。

2）接收侧与发送侧存在大约 2.5μs 的滞后，此延时各路均存在，与分辨率无关。

6. 子单元返回数据包

子单元每 6.4μs 向主控器交替返回 12bit 的两个数据包，图 8-43 给出了返回数据包的时序图。

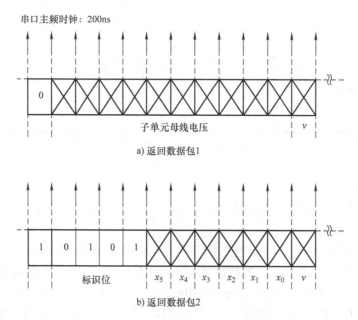

图 8-43 返回数据包的时序图

图中，最低位 "v" 为校验位，校验位采用偶校验原则，即数据域高电平 bit 位总和个数为偶数填充 0，为奇数填充 1；高 11bit 有效数据位数据域。数据域交替返回子单元母线电压和子单元状态两组数据。

1）最高位为 "0" 时，低 10bit 为子单元母线电压值标幺值（最大为 1024，分辨率为 1/1024）。

2）最高位为 "1" 时，低 10bit 为子单元状态数据包，数据格式为 "$1-0-1-0-1-x_5-x_4-x_3-x_2-x_1-x_0$"，且高位 5bit（含最高位）为识别码 "10101"，便于主控系统判别数据类型，其余 6bit 为子单元状态。其中：

x_5：子单元电压失速状态：　　　 0 – 失速，1 – 正常；

x_4：子单元输出使能：　　　　　 0 – 运行，1 – 停止；

x_3：子单元旁路状态反馈：　　　 0 – 旁路，1 – 正常；

$x_2 - x_1 - x_0$：　　　　　　　子单元故障编码。

需要注意的是，预留位用于四象限子单元有源前端的综合故障。

8.8　实验

以下 PWM 波形在实验室模拟机上采集，输出频率均为 50Hz。

图 8-44 给出 1kHz – pp 波形移位法相电压实测波形。

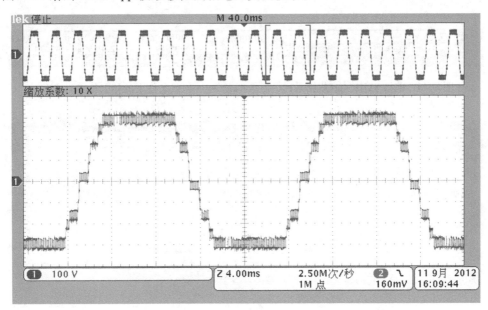

图 8-44　1kHz – pp 波形移位法相电压实测波形

可见输出电压波形的阶梯粗糙、棱角分明。

图 8-45 给出前级 8kHz – pp 规则采样、后级 1kHz – pn 加载条件下的相电压实测波形。

可见，在不改变子单元开关频率时，pn 加载方式比波形移位法输出波形质量有明显改善。

图 8-46 为前级 8kHz – pp，后级载波 250Hz – pn 加载时输出电压波形。

可见，低载波频率下输出波形质量较差。

图 8-47 为前级 8kHz – pp、后级载波 250Hz 立即加载（窄脉冲消除）时输出电压波形，它已非常理想。

图 8-48 为前级 8kHz – pp、后级 1kHz 立即加载且强迫窄脉冲消除时的输出波形。

可见，波形细腻程度高于 pn 加载方式，已接近自然采样法的输出波形质量。但强迫窄脉冲消除也会带来附加低频抖动，这在电机试验中得以证实。

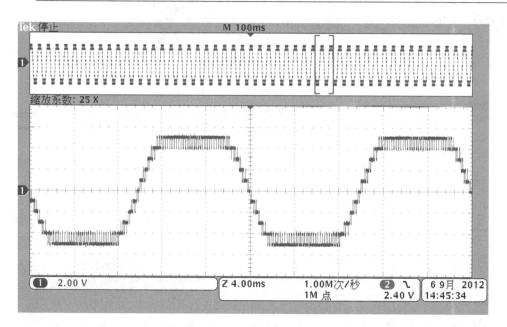

图 8-45　前级 8kHz – pp 规则采样，后级 1kHz – pn 加载条件下的相电压实测波形

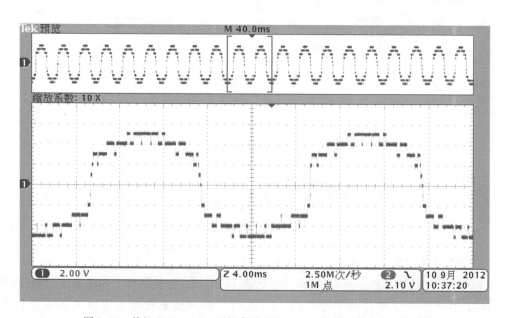

图 8-46　前级 8kHz – pp、后级载波 250Hz – pn 加载时输出电压波形

图 8-49 为采用线性插值法（准自然采样法）得到的波形，可见它已接近自然采样法。

动态观察发现，该波形不存在强迫窄脉冲消除法所带来的波形"跳跃"问题，其波形蠕动平滑、细腻，接近自然采样法的仿真波形。

综上所述，波形移位法 PWM 效果最差，前级规则采样法后级 pn 加载方式次之，立即加载方式最好。但立即加载方式会出现窄脉冲（列），必须设法消除。最理想的窄脉冲消除办法是线性插值法，但线性插值法需要得到两个采样点的采样值，因此需要 DSP 与 FPGA 联

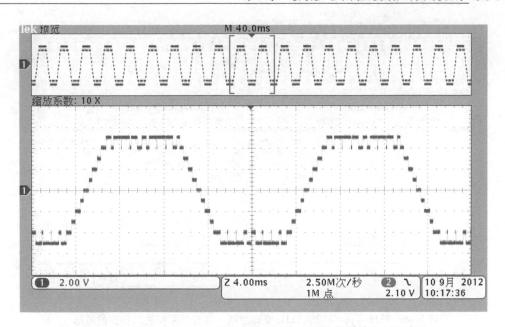

图 8-47　前级 8kHz – pp、后级载波 250Hz 立即加载时输出电压波形

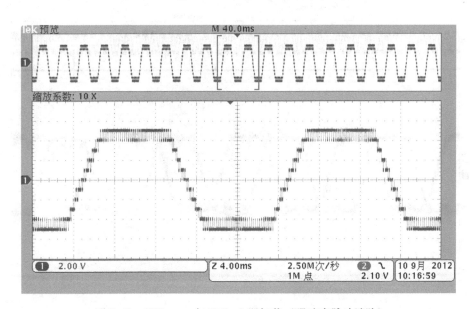

图 8-48　8kHz – pp 与 1kHz 立即加载（强迫窄脉冲消除）

合实现。

以下中性点偏移实验于 2011 年 9 月在上海某公司实验室进行，实验产品规格为 $N=8$ 单元级联变频器，负载为 500kW/10kV/36A。

图 8-50 为旁路前单元数为 [8 – 8 – 8] 时的 a、c 两相输出电压波形。可见波形幅值相等、相位相差 $2\pi/3$ 对称。

图 8-51 为旁路后组合 [8 – 6 – 5] 且不采取任何控制措施时 a、c 两相输出电压。可见输出相电压波形虽然角度差 $2\pi/3$，但幅值不再相等，已经失去了平衡。

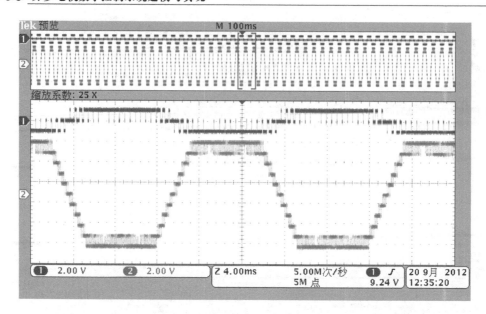

图 8-49　8kHz – pp 与插值 1kHz 立即加载（准自然采样法）得到的波形

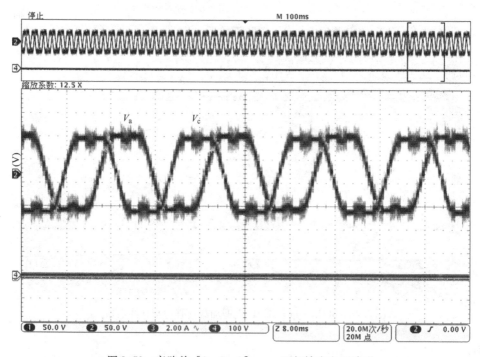

图 8-50　旁路前 ［8 – 8 – 8］a、c 两相输出电压波形

图 8-52 给出旁路组合 ［8 – 6 – 5］采用参考信号角度偏移法输出电压比较波形。
可见逆变器输出线电压达到了平衡。

图 8-53 为旁路组合 ［8 – 7 – 6］采用角度偏移法后逆变器输出相电压与输出电流波形。
可见 3 个相电压虽然不对称但输出电流达到平衡，达到了校正的目的。

图 8-54 和图 8-55 给出了在旁路状态下采用角度偏移后逆变器工作在 VF 模式下的速度

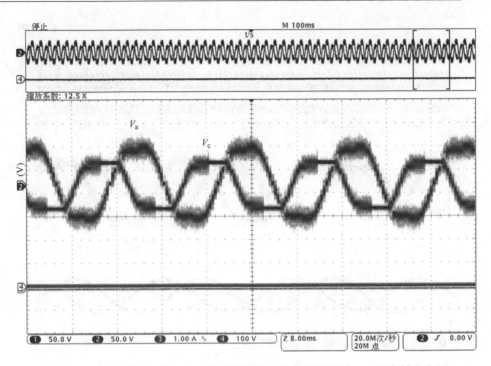

图 8-51　旁路后组合 [8 - 6 - 5] 且不采取任何控制措施时 a、c 两相输出电压

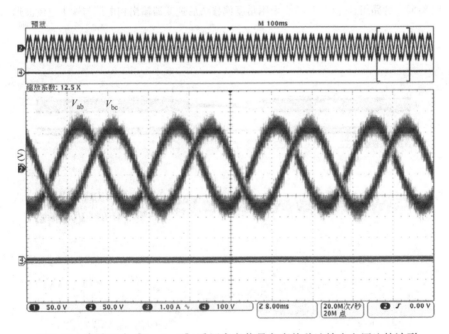

图 8-52　旁路组合 [8 - 6 - 5] 采用参考信号角度偏移法输出电压比较波形

搜索再起动以及矢量控制模式下的实验波形。

　　可见，角度偏移校正在特殊工作模式输出波形达到了预期的效果。正交椭圆轨迹校正法在实际系统的应用中也得到了全面验证（波形略）。

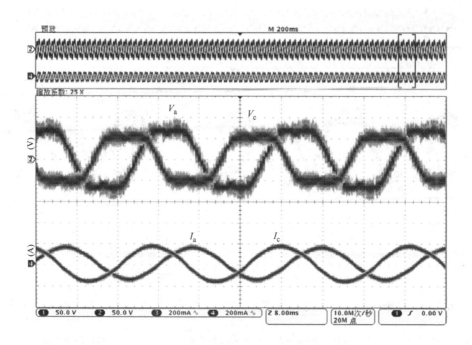

图 8-53　旁路组合［8 − 7 − 6］采用角度偏移法后逆变器输出相电压与输出电流波形

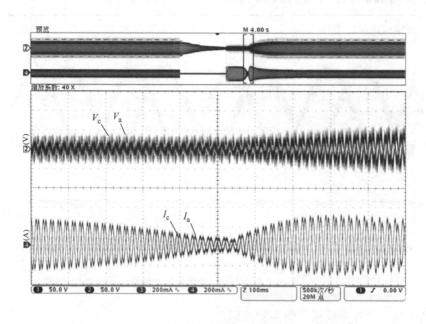

图 8-54　［8 − 8 − 6］速度搜索再起动的电压、电流波形

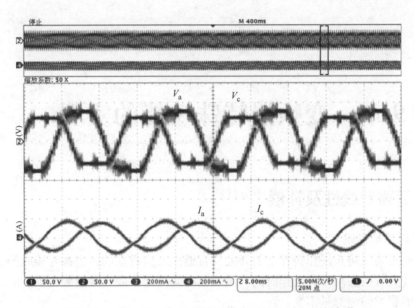

图 8-55　［8 - 8 - 6］矢量控制模式下的电压、电流波形

第9章　变频器特殊功能的实现

9.1　逆变器非线性及补偿[16-18]

1. 死区时间的影响

死区时间是为了防止同相桥臂上的开关管直通而人为设立的，也称互锁时间。死区时间必须要大于开关管的实际开关动作时间。因死区时间固定，故当载波频率不变时，死区时间对输出电压的影响的绝对量不变。

图9-1给出了逆变桥一个桥臂（a相）死区时间（DT）对输出电压的影响波形。

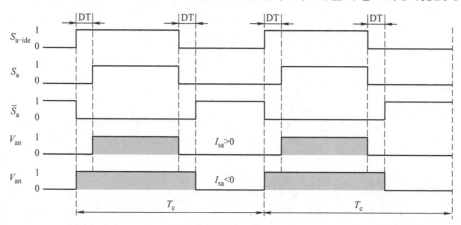

图9-1　死区对输出电压的影响波形

图中，S_{a-ide}为理论PWM开关驱动逻辑；S_a为上桥臂驱动逻辑；$\overline{S}_a$为下桥臂驱动逻辑；DT为死区时间；V_{an}为逆变器实际输出电压；I_{sa}为输出电流。

依图可得出如下结论：

1）每个开关周期实际输出电压（V_{an}）与理想驱动逻辑（S_{a-ide}）总会产生1个死区时间的电压误差，且误差的极性由输出电流的极性决定；

2）误差电压发生在两个驱动跳变沿中的一个。当电流为正时，发生在上升沿；电流为负时，发生在下降沿。由此推得，若对死区进行补偿，需根据电流的极性决定对其中的那个沿进行修正。

死区误差电压的理论描述为

$$V_{DT} = \text{sgn}(I_{sa}) \frac{DT}{T_c} V_{dc} \tag{9-1}$$

式中，sgn 为取值"－1"或"1"的符号函数；DT 为死区时间；T_c 为开关周期；V_{dc} 为直流母线电压。

由三相死区误差电压决定的死区误差电压矢量为

$$V_{DT} = \frac{2}{3} \frac{DT \times V_{dc}}{T_c} \big[\operatorname{sgn}(I_{sa}) + a\operatorname{sgn}(I_{sb}) + a^2 \operatorname{sgn}(I_{sc}) \big] \tag{9-2}$$

式中，$a = e^{j2\pi/3}$ 为单位矢量因子。

2. 零矢量分配与死区效应

传统五段式 PWM 根据扇区的奇、偶交替选择零矢量（v_0 或 v_7），零矢量的交替频率（f_{s0}）为输出频率的 6 倍，即

$$f_{s0} = 6f_s \tag{9-3}$$

图 9-2 给出了采样频率 4kHz + 死区时间 5μs + 无最小脉冲限制 + 输出频率 2Hz + 常规五段式 PWM + 扇区零矢量交替 v_0（0 扇区）－v_7（1 扇区）－v_0（2 扇区）…+ 5.5kW 电机的仿真结果。

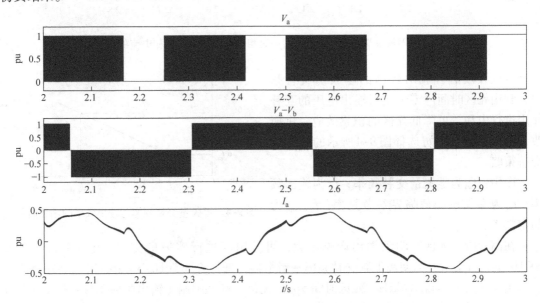

图 9-2　扇区零矢量交替为 $v_0 - v_7 - v_0$…时相电压、线电压、相电流的仿真结果

图 9-3 给出了采样频率 4kHz + 死区时间 5μs + 无最小脉冲限制 + 输出频率 2Hz + 常规五段式 PWM + 扇区零矢量交替 v_7（0 扇区）－v_0（1 扇区）－v_7（2 扇区）…+ 5.5kW 电机的仿真结果。

比较图 9-2 和图 9-3 中的电流模型可见，v_0、v_7 两个零矢量对输出电流畸变的影响具有一定相似程度的互补性。

随着频率的降低，扇区时间加长，零矢量的交替频率也随之降低，死区时间对输出的影响积累加大，所带来明显的波形畸变。可以想象，若在低频段采用某一固定频率进行零矢量交替，可利用零矢量对输出影响的互补性实现一定程度的死区补偿。

仿真还发现：在常规五段式 PWM 模式下，死区对电机不同旋转方向时的输出电流具有"不对称特征"（仿真波形略），即正、反转电流畸变不一致，这与零矢量的选择有关。

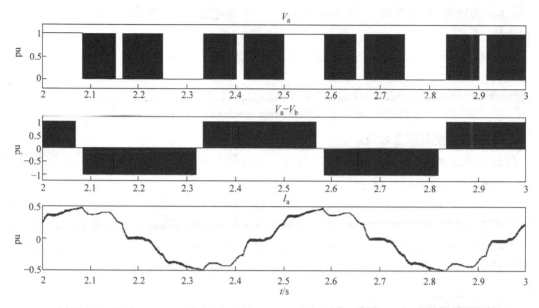

图 9-3　扇区零矢量交替为 $v_7 - v_0 - v_7 \cdots$ 时相电压、线电压、相电流的仿真结果

若低频段选择相对较高的零矢量交替频率，利用死区时间内零矢量对输出电压的互补作用进行中和，可降低死区的积累效应，进而改善低速性能。不妨选择图 9-4 所示的零矢量交替策略。

图中：f_{s0} 为零矢量交替频率；f_s 为输出频率；f_{sa} 为零矢量交替临界参考频率；f_{s-nom} 为额定频率。

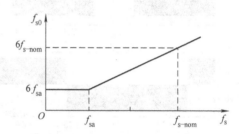

图 9-4　零矢量交替频率与输出频率的函数曲线

在高频段，死区对驱动输出影响不大，可按扇区进行零矢量交替；在低频段，选择 100Hz 零矢量交替。为使高低频交替频率平滑衔接，选择 $f_{sa} = 50\text{Hz}/3 = 16.67\text{Hz}$ 刚好合适。

图 9-5 为采样频率 4kHz + 死区时间 5μs + 无最小脉冲限制 + 输出频率 2Hz + 零矢量交替频率 100Hz 五段式 + 5.5kW 电机时的仿真波形。

对比图 9-3 与图 9-5 可见，提高零矢量交替频率后，死区对输出电流的影响得到中和，与常规定制五段式相比，电流波形畸变得到明显改善。

需要注意的是，提高零矢量交替频率后，线电压出现了奇异的尖锐脉冲。事实上，当死区时间选择合理时，实际系统的奇异脉冲很难被示波器捕捉。

图 9-6 给出了为采样频率 4kHz + 死区时间 5μs + 无最小脉冲限制 + 输出频率 2Hz + 定制七段式 + 5.5kW 电机时的纯理论仿真结果。

可见，死区时间会产生较明显的输出电流畸变，且线电压波形可能出现的不单调奇异脉冲，该脉冲的宽度与死区宽度一致。由于七段式采用 v_0、v_7 交替模式，故不存在正反转死区影响的不对称现象。

3. 逆变器的饱和压降[20]

饱和压降同样也是电流符号矢量的函数。当电流极性为正时，IGBT 导通，导通压降为

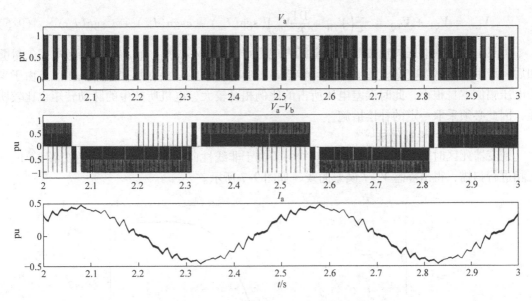

图 9-5　定制五段式 PWM 的仿真波形

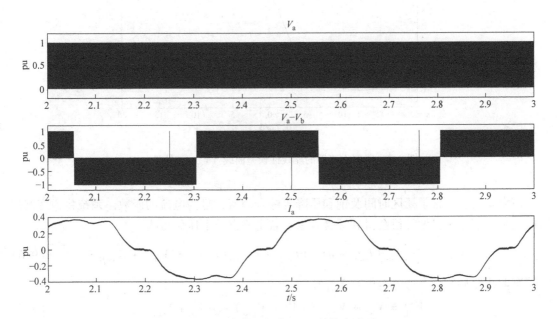

图 9-6　定制七段式 PWM 的仿真波形

IGBT 管压降，当电流方向为负时，续流二极管导通，导通压降为二极管压降。若取平均管压降为 V_{TH}，则饱和压降也为电流符号的函数，表现为电机侧相电压矢量的损失为

$$V_{\text{TH}} = \frac{2}{3} V_{\text{TH}} \left[\, \text{sgn}(I_{\text{sa}}) + a\,\text{sgn}(I_{\text{sb}}) + a^2\,\text{sgn}(I_{\text{sc}}) \,\right] \tag{9-4}$$

比较式（9-2）和式（9-4），可见饱和压降与死区效应，两者均为电流极性矢量的函数。所不同的是，饱和电压降为常数，而死区效应由 T_{c}、DT 及 V_{dc} 决定。死区时间及饱和电压降所产生的总电压矢量误差为

$$V_{err} = V_{DT} + V_{TH} = \frac{2}{3}\left(V_{TH} + \frac{DT}{T_c}V_{dc}\right)\left[\,\text{sgn}(I_{sa}) + a\,\text{sgn}(I_{sb}) + a^2\,\text{sgn}(I_{sc})\,\right] \quad (9\text{-}5)$$

可见，总误差电压矢量按照电流扇区表现为 6 个恒定小矢量，它与原始参考电压矢量叠加后将产生 6 次谐波畸变，并形成脉动转矩，影响电机性能。特别是在低频工作区，由于参考电压幅值本身很小，此时误差电压所占的比例相对较大，电机所产生的脉动转矩也比较明显，因此必须采取一定的补偿措施。

4. 逆变器非线性补偿法[20]

逆变器死区时间及饱和压降的影响均可归类于非线性曲线。控制系统对逆变器 a、b、c 三相进行扫描，得出静态 V–I 误差曲线，如图 9-7 所示。

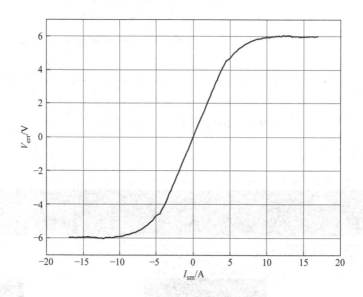

图 9-7　典型逆变器的非线性误差曲线（V_{err}–I 特性）

该误差曲线包含了死区时间及饱和压降等综合因素，且为电流的函数。系统将逆变器误差曲线加到信号中再做补偿会得到综合效果。若定义误差电压矢量为

$$V_{err} = \frac{2}{3}\left[V_{err}(I_{sa}) + aV_{err}(I_{sb}) + a^2 V_{err}(I_{sc})\right] = V_{err\alpha} + jV_{err\beta} \quad (9\text{-}6)$$

则带有非线性补偿的参考电压信号 V_{ref}^* 为

$$V_{ref}^* = V_{ref} + V_{err} = (V_\alpha + V_{err\alpha}) + j(V_\beta + V_{err\beta}) \quad (9\text{-}7)$$

通过扫描得到的静态非线性特性包含了死区时间、饱和压降等因素，以该特性进行指令补偿法可得到比较理想的补偿效果。它不但改善了电流正弦度，对空载电机振荡也有很好的抑制作用。

误差曲线可在电机参数测试中得到（参考第 10 章），它不仅可用于逆变器非线性补偿，更可以提高电机参数自测试的精度。

实验表明该方法可在 0.1～50Hz 频率范围内获得非常理想的补偿效果。

5. 电流符号函数的取得

直接根据三相电流判断极性确立符号函数为最直接方法，但由于逆变器电流波形并非平

滑的正弦信号，特别是零区附近极易出现符号判别的不稳定性，为此提出借助电流矢量来判断电流极性的方法。由于电流矢量为三相合成结果，相对于各相电流直接判断更准确。不妨设

$$I_s = \frac{2}{3}(I_{sa} + aI_{sb} + a^2I_{sc}) = I_{sa} + j\frac{1}{\sqrt{3}}(I_{sb} - I_{sc}) = I_\alpha + jI_\beta = I_{sm}\cos\theta + jI_{sm}\sin\theta \tag{9-8}$$

可见若按电流矢量角作为相电流角 a 相电流为余弦函数，不方便得出电流符号。若将坐标系逆时针旋转 π/2，在该坐标系电流矢量表现为

$$I_s^* = I_s e^{-j\frac{\pi}{2}} = I_{sm}\sin\theta - jI_{sm}\cos\theta \tag{9-9}$$

可见，通过电流矢量角 θ 再加 π/2 即可反推得出三相电流极性符号函数。

死区补偿也可以通过在理论电压矢量基础上叠加反向误差电压矢量的方法来实现。

9.2　直流制动

直流制动泛指输出频率为零时的电机工作状态，从宏观上讲，它又分为开环和闭环两种方法。开环方式由控制器直流电压指令，采用 PWM 实现直流制动。开关模式的制动电流与电网电压及负载有关；闭环方式则采用零频方式下的矢量电流闭环方法实现，该方法依赖于电流传感器（见第 6 章矢量控制系统框图）。

1. 开环直流电压控制

图 9-8 给出 PWM 逆变器输出电压矢量（参考矢量）的动态轨迹图。

在输出频率非零时，参考电压矢量以参考时间 T_Z 为时间间隔的节奏跳动旋转，一旦输出频率为零，电压矢量将保持静止不动。所谓零制动实质上是逆变器参考电压矢量维持静止不动时的特殊工作状态，如图 9-8 中的 V_{dcb} 为零制动时的矢量状态。

由于多数情况下要求直流制动电压（V_{dcb}）与原始 V-f 曲线独立，即 $V_{ref} \neq V_{dcb}$，若此时强迫进入直流制动，势必会因电压矢量幅值的突变产生电流冲击，为此需要增设软连接。

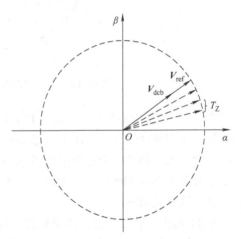

图 9-8　PWM 逆变器输出电压矢量的动态轨迹图

图 9-9 给出直流制动电压（V_{dcb}）与 V-f 曲线电压（V_{ref0}）之间采用一阶滤波器软连接的算法模型。

图中，V_{ref0} 为 V-f 曲线对应的电压，V_{ref1} 为滤波器输入，V_{ref} 为实际参考电压指令。滤波器减小零制动进入或退出时的动态冲击，滤波时间常数以不会带来明显的参考矢量滞后为宜。例如，额定频率 50Hz 时选择 10ms 作为滤波时间常数是恰当的。

此外，由于零制动电压一般都很小（典型值为 1%），而此时的误差电压矢量 Δu 所占的比例较大，致使合成后的实际电压矢量产生畸变，如图 9-10 所示。

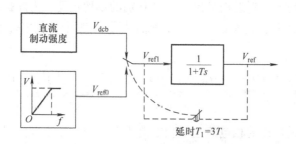

图 9-9　直流制动电压与 V–f 曲线电压软连接的算法模型

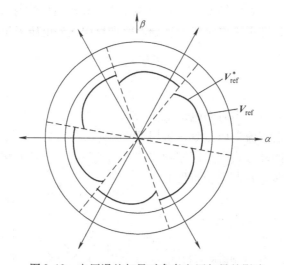

图 9-10　电压误差矢量对参考电压矢量的影响

图中，V_{ref} 为原始参考电压矢量，V_{ref}^* 为合成后实际的参考电压矢量。

可见，不同角度时合成电压矢量幅值一致，因此，零制动电流分散性较大。实验表明，按随机角度进入零制动，电流分散性可达到 20%。不妨在进入直流制动以前按照直流制动参考下限频率（如 0.5Hz）等待角度，当参考电压角度穿越 0 或 π 角度时，给出零制动标志，以便实施直流制动。

图 9-11 给出零制动的设计模型和算法程序。

图中，V_{ref0} 为 V–f 曲线对应的电压幅值；V_{ref1} 为滤波器输入电压幅值；V_{ref} 为参考电压幅值；dcb – flg 为直流制动标志；dcb – flg – old 为直流制动标志过去值；T 为滤波器时间常数。

2. 闭环直流电流控制

闭环直流电流控制来自磁场定向控制原理，参考图 9-12。

将矢量控制双闭环系统（参考第 6 章）的磁链角强迫为 "$\theta_e = 0$"；转矩给定量也强迫为 "$I_{sq}^* = 0$"，励磁电流 I_{sd}^* 给定将决定直流制动电流的大小。该模式仅依赖电流传感器，与电机参数无关。

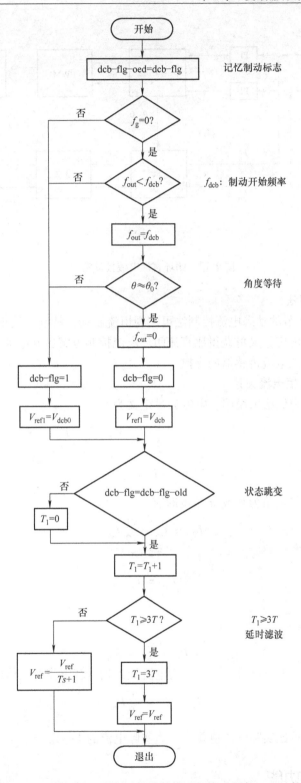

图 9-11　零制动的设计模型和算法程序

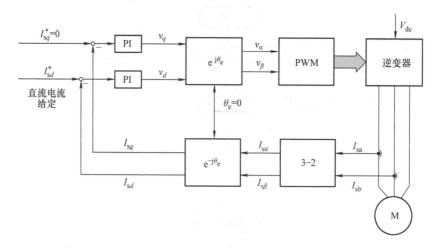

图 9-12　闭环直流电流控动策略

3. 动态电流控制法

采用第 7 章 7.10 节的动态电流控制法可实现恒流制动,特别是最小拍电流矢量跟踪法,它既可实现载波频率恒定,又可获得比直流闭环电流控制方案更好的动态响应。动态电流控制需要电机漏感参数及电流传感器的支撑。

4. 零制动电流与相电流关系

以 a 相直流制动为例给出说明。电流矢量定义为

$$\begin{cases} I_{s\alpha} = \dfrac{2}{3}I_{sa} - \dfrac{1}{3}(I_{bs} + I_{cs}) = I_{sa} \\[3mm] I_{s\beta} = \dfrac{\sqrt{3}}{3}(I_{sb} - I_{sc}) \end{cases} \tag{9-10}$$

零制动考虑参考矢量角为 0 或 π 角度时有

$$I_{sb} = I_{sc} = \frac{1}{2}I_{sa}$$

即

$$\begin{cases} I_{s\alpha} = I_{sa} \\ I_{s\beta} = 0 \end{cases}$$

实际电流矢量幅值为

$$I_{sm} = \sqrt{I_{s\alpha}^2 + I_{s\beta}^2} = I_{s\alpha} = I_{sa} \tag{9-11}$$

可见 a 相电流即与矢量电流相等,且为电流最大相。若电流有效值的显示算法为

$$I_{sm-AMP} = \frac{1}{\sqrt{2}}I_{sm} \tag{9-12}$$

则直流状态下电流显示比实际电流值要小,为实际电流的 $1/\sqrt{2}$。

9.3　无电跨越功能

在车辆牵引控制场合多涉及分区供电及受电弓接触问题,经常发生短时掉电现象[22]。

若不采取措施，势必造成逆变器直流电压跌落，严重时不得不实施逆变器欠封锁。由于机车本身惯性较大，不妨利用电机反发电能力保持直流母线电压恒定，系统以热态待机状态渡过断电间隙，此即无电跨越模式[21]。

无电跨越的判断条件可利用硬件检测电网供电状态来实现，也可以根据直流母线电压变化规律由软件进行判别，参考图 9-13。

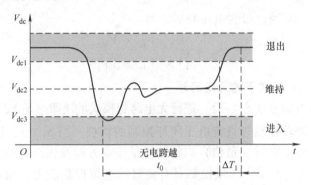

图 9-13　无电跨越直流母线电压变化规律

电网断后逆变器直流母线电压在开始下降，设

$$V_{dc3} < V_{dc2} < V_{dc1} < V_{dc0} \tag{9-13}$$

式中，V_{dc0} 为系统欠电压电平。

当该电压下降到 V_{dc3} 水平后系统认为进入断电模式（$S_0 = 0$），于是将原有的速度闭环改为直流电压闭环，电压调节器输出控制电流的力矩成分，从而达到以直流电压为控制目的的闭环控制，此时直流电压维持在 V_{dc2} 水平，此过程为无电跨越过程。当直流电压再次进入正常工作范围（即图中高位阴影部分）后，经过 ΔT_1 保持时间以后，解除断电模式恢复（$S_0 = 1$），系统退出跨越模式而转为常规牵引模式（速度控制模式）。

图 9-14 给出电网掉电模式与无电跨越逻辑关系图。

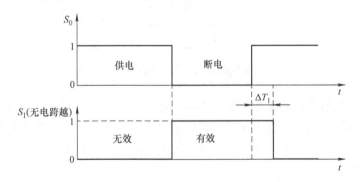

图 9-14　电网掉电模式与无电跨越逻辑关系

图中，S_0 为电网断电检测状态，它可分为硬件与软件检测两种方式；S_1 为无电跨越实施逻辑，即 $S_1 = 0$ 为无电跨越无效（常规模式），$S_1 = 1$ 为无电跨越有效。

为实现平稳过渡，电网恢复应增加一定的退出延时 ΔT_1（典型值为 30ms），以便电网达到正常水平在进入常规模式。

此外，无电跨越只在相对高速度区有效，当电机速度低于额定频率的 10% 以后可禁止无电跨越。

在有硬件掉电检测方式下，S_0 由硬件检测逻辑 S_{00} 及母线电压两个条件决定，即

$$S_0 = \begin{cases} 0, & S_{00} = 0 \cap (V_{dc} < V_{dc3}) \\ 1, & V_{dc} \geq V_{dc1} \end{cases} \tag{9-14}$$

对于纯软件方式，S_0 通过母线电压判断，即

$$S_0 = \begin{cases} 0, & V_{dc} < V_{dc3} \\ 1, & V_{dc} \geq V_{dc1} \end{cases} \tag{9-15}$$

1. 矢量控制（VC）模式下的无电跨越

当系统检测到掉电信号（S_0）后，进行无电跨越模式的决策（S_1），系统根据 S_1 状态选择由常规模式的速度外环控制与直流电压闭环控制的切换。当 $S_1 = 1$，即无电跨越有效时，电压调节器直接控制转矩电流（负值）以控制能量流动方向及强度，给直流母线电容充电，并使母线电压维持在 V_{dc2} 水平。矢量控制具有良好的电流控制能力，很容易实现无电跨越。需要指出的是，电压调节器输出符号代表能量方向，电机反向运行时力矩电流符号为负，故电压调节器的输出方向也需要跟随电机旋转方向调整符号。

图 9-15 给出矢量控制模式下的无电跨越控制策略框图。图中，S_1 代表无电跨越工作模式选择开关。

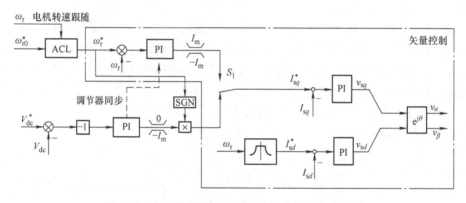

图 9-15   矢量控制模式下的无电跨越控制策略框图

为避免恢复常规模式后的速度阶跃，无电跨越期间速度给定需要按实际速度进行同步刷新，且速度调节器输出也要根据电压调节器的输出进行同步刷新。由于常规模式 $V_{dc}^* < V_{dce}$，则电压调节器输出将会自动钳位 0 点，故进入无电跨越时可直接切换，不需要跟随速度调节器输出进行刷新。

又因系统断电后总会有不同程度的内部损耗，欲维持母线直流电压不变，电机一定要处于发电状态，故转矩电流一定为"负"，因此，电压调节器宜采用单边限幅。

图 9-16 为电压调节器采用 [−1 ~ 0] 单边限幅，无电跨越指令电压为 500V 时的仿真结果。

可见，直流电压在 4s 开始断电，直流母线电压开始跌落并进入无电跨越模式。闭环调节在 4.5s 进入稳态调节并使直流电压稳定在目标值（500V）。8s 时电网恢复，直流电压回

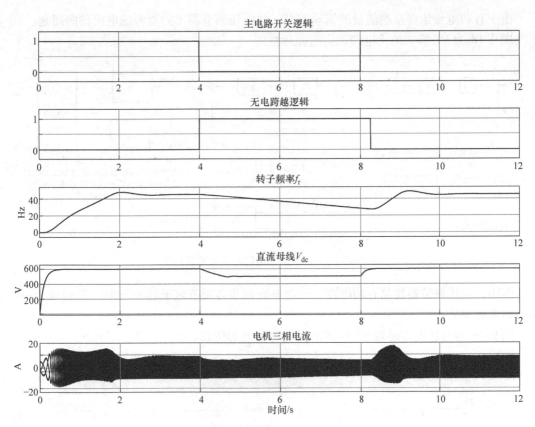

图 9-16　电压调节器采用单边限幅，无电跨越动态仿真结果（VC）

升经过 ΔT_1 延时后进入常规模式，电机开始朝目标转速加速。

需要注意的是，对于 DTC 方式，只需要将以上的 $I_{sd} - I_{sd}^*$ 和 $I_{sq} - I_{sq}^*$ 用 $\Phi_s - \Phi_s^*$ 和 $T_e - T_e^*$ 代替即可。

2. VF 模式下的无电跨越

对于 VF 模式，直流电压调节器连接有功电流调节器，有功电流反馈取自电流矢量朝电压矢量定向分量。有功电流间接反映直流母线电流的充电、放电，而直流电压调节器更直接地反映逆变器直流母线充、放电电流，母线电流除以 $V-f$ 特性的调制深度则考虑了恒功率充电的特性（作者曾尝试忽略其中的电压调制深度补偿，系统也能正常工作）。有功电流可采用电流矢量朝输出电压矢量定向的方法求解，如图 9-17 所示。

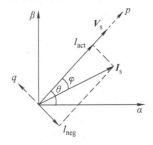

图 9-17　有功电流检测原理（定子电压定向）

根据旋转变换及矢量图有

$$\begin{cases} I_{act} = I_{s\alpha}\cos\theta + I_{s\beta}\sin\theta = I_{sm}\cos\varphi \\ I_{neg} = I_{s\beta}\cos\theta - I_{s\alpha}\sin\theta = I_{sm}\sin\varphi \end{cases} \tag{9-16}$$

式中，θ 为电压矢量的夹角；φ 为电流矢量相对于电压矢量的滞后角，即功率因数角；I_{sm} 为电流矢量的模；I_{act} 为有功电流分量；I_{neg} 为无功电流分量。

由于有功电流始终反映能量的流动方向，故电压调节器不需要考虑电机转向问题。

图 9-18 为 VF 模式的无电跨越实施原理框图。

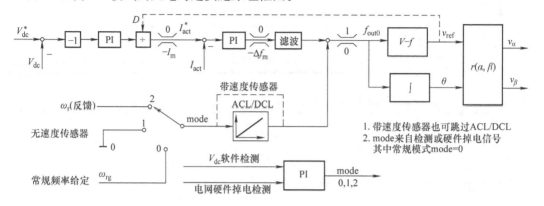

图 9-18　VF 模式的无电跨越实施原理框图

图中，电压调节器控制有功电流，有功电流调节器调节定子转差频率（限幅取 3 ~ 4 倍额定转差频率）。

图 9-19 为有速度传感器 VF 模式的无电跨越动态仿真。

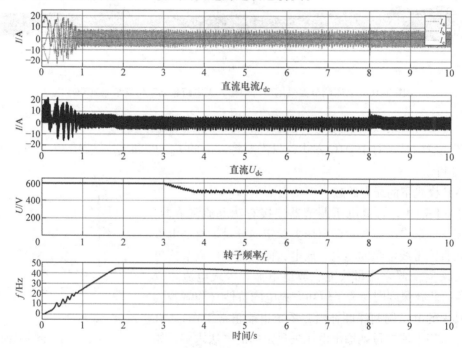

图 9-19　有速度传感器 VF 模式的无电跨越动态仿真

3. 试验结果

图 9-20 给出了模拟电源输入掉电再恢复供电过程无电跨越实验波形。

从图 9-20 可见，电网掉电后逆变器利用电机的机械动能向直流母线回馈能量，使直流母线电压维持一定的水平，以保证控制系统不掉电的连续恢复过程。

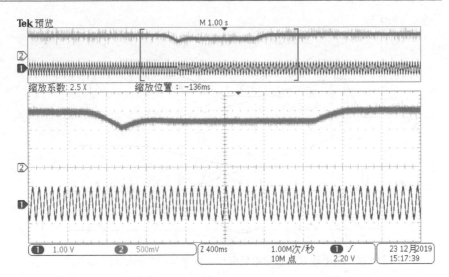

图 9-20 模拟电源输入掉电再恢复供电过程无电跨越实验波形

需要注意的是，在矢量控制模式下，特别是有速度传感器模式下，可以取得非常理想的无电跨越效果；对于 VF 模式，若系统未加装速度传感器很难实现理想的无电跨越。

9.4 速度搜索跟踪再起动

工业现场经常会遇到非静止状态下的电机起动问题，此称飞车起动或转速跟踪。在 VF 模式下，简单的起动方式无法满足要求。诸多学者对转速跟踪进行了探索[21-23]，但在系统实施时多不尽如人意。以下给出一种 VF 模式下的速度搜索再起动方法。

1. 速度搜索压频特性

异步电机稳态等效电路如图 9-21 所示。

若对电机进行变频电压励磁，当激励频率偏离电机同步频率时，电机转差较大（$s \approx 1$），等效阻抗很小，电机电流主要由定、转子电阻和电机漏感决定。若激励电压过高，势必造成过电流。

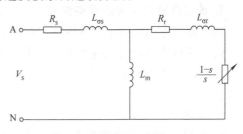

图 9-21 异步电机稳态等效电路

实验表明，对于 100kW 以内的异步电机，取额定压频特性斜率的 15% 左右进行扫频激励不会超过额定电流。对更大容量电机，搜索额定压频特性斜率应适当减低。

2. 速度搜索的一般方法

为避免速度搜索过程出现直流过电压，可采用由高频向低频扫描方式进行。搜索过程中若功率因数极性发生变化，则此时的搜索频率即为电机实际的同步频率。功率因数角可通过逆变器输出电流矢量向定子电压矢量定向方法得到[21]。

图 9-22 给出上述方案速度搜索过程中电机电压、频率及功率因数的一般规律。

图中，f_0 为初始频率，通常取额定频率的 1.1 倍；f_r 为电机转子频率，即电机同步频率；f_g 为设定频率；V_0 为搜索初始电压，一般取额定电压的 15%；k 为额定 V-f 曲线的斜率；k_0 为搜索所采用 V-f 曲线的斜率，通常 $k_0 < k_1$；$\cos\varphi$ 为功率因数。

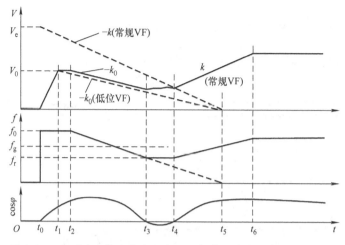

图 9-22　向下速度搜索中电机电压、频率及功率因数的一般规律

　　$0 \sim t_0$ 为电机去磁时间；$t_0 \sim t_1$ 为初始化时间，即搜索电压建立时间；$t_1 \sim t_2$ 为初始状态保持时间；$t_2 \sim t_3$ 为向下速度搜索过程并在 t_3 点功率因数发生极性变化，记录电机同步频率；$t_3 \sim t_4$ 为同步点升压过程，实现低 $V - f$ 曲线向额定 $V - f$ 曲线过渡；$t_4 \sim t_6$ 是进入常规模式后电机由同步频率向目标给定频率的动态加、减速过程。

3. 速度搜索下限频率

　　受定子电阻影响，低频段电机 $\cos\varphi$ 的识别误差较大，因此速度搜索必须考虑下限频率。当搜索频率低于下限频率时可认为电机处于静止，可采用常规模式起动。

4. 双向速度搜索软件实施

　　图 9-23 给出了双向速度搜索程序框图。

5. 速度搜索与逆变器误差曲线

　　逆变器误差曲线对逆变器振荡抑制及输出电压精确度均有明显改善，但在速度搜索过程中，附加的直流偏置会在电压恢复过程中出现过电流。实验表明，速度搜索期间可不进行误差电压补偿，待搜索到同步速度后按照升压系数加权进行误差电压恢复，进入常规工作模式。

6. 实验

　　图 9-24 为两电平逆变器 VF 模式下 5.5kW 试验电机的双向速度搜索再起动实验波形。

　　图 9-25 给出了中性点钳位式三电平逆变器拖动 5.5kW 电机在无速度传感器模式下的双向速度搜索实验波形。

　　图 9-26 为级联 9 电平 10kV – 500kW 高压变频机组上 VF 模式下速度搜索再起动的实验波形。可见整个起动过程电流波形非常平稳。

　　可见，速度搜索过程各区间衔接平顺，输出电流受控。

7. 小结

　　速度搜索再起动方式解决了任意随机旋转状态中的电机起动问题，它适合于无速度传感器条件下的 VF 模式及矢量控制模式。然而，该方法终究属于电机稳态模型支持下的控制策略，搜索效率较低。完美的动态飞车起动还需要电流跟踪与电机模型的支持（参考第 6 章 6.7.5 节、第 7 章 7.7.2 节）。

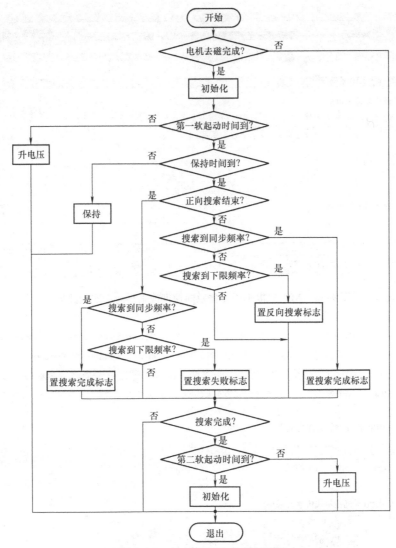

图 9-23　双向速度搜索程序框图

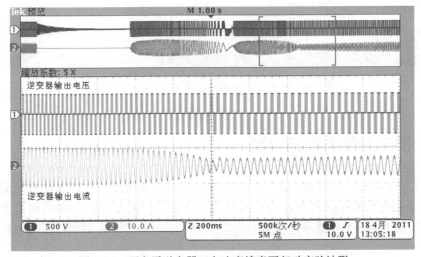

图 9-24　两电平逆变器双向速度搜索再起动实验波形

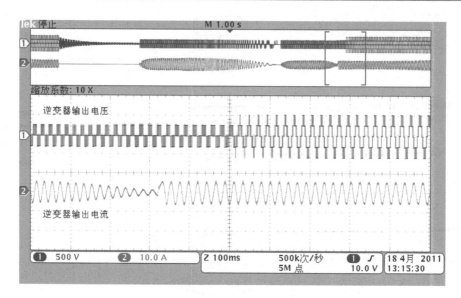

图 9-25　NPC 三电平逆变器双向速度搜索再起动实验波形

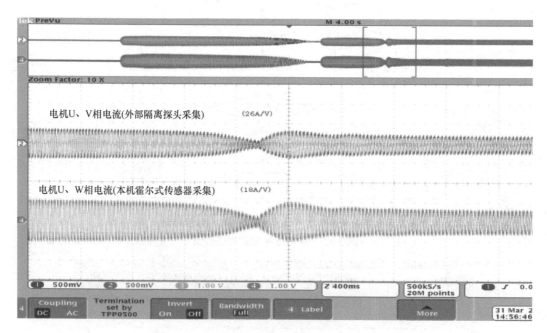

图 9-26　级联式逆变器双向速度再起动实验波形

9.5　VF 模式的最大电流限制

VF 模式属于电机稳态控制模式，它具有控制简单、系统稳定性好等优点。但在重载情况下，常常会因电机失速（转差过大）而导致过电流。目前变频器大多采用最大电流监控或限制方式，以提高 VF 模式下逆变器的适应能力。所谓最大电流限制是指当电机电流达到目标电流时，通过闭环控制调整输出，并使输出电流保持该最大值，避免变频器跳闸。对于三相系统，电机电流为交流量，为保证电流环较好的动态响应，反馈量可选择电流矢量的模值。

1. 电动条件下最大电流限制

当发生最大电流限制时，欲使逆变器输出电流保持在该水平，必须通过降低输出电压来实现。针对实验室 5.5kW 异步电机进行堵转，实验表明：在 50Hz 时，设定 1.5 倍最大电流对电机进行堵转，输出电压降低至常规值的 38%。而在 40Hz 时发生最大电流限制，输出电压降低至常规的 40%。由于堵转条件下电机处于大转差工作模式，虽然电流得以限制，但电机的维持转矩却很小。欲提高维持转矩，势必需要对电机频率进行调整，以尽可能降低电机转差。

一种限流闭环调频方法如图 9-27 所示。

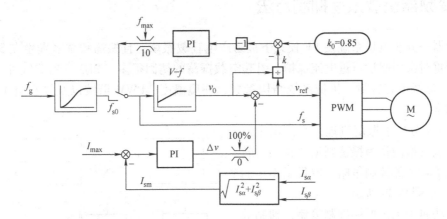

图 9-27　限流闭环调频方法（电动条件下最大电流限制）

发生最大电流限制时，输出电压会在额定 $V-f$ 曲线基础上自然降低，若此时降低输出频率，考虑频率与降压系数的正定关系，故以 85% 作为目标降压系数，并通过 PI 调节输出频率。实验表明，以 85% 作为目标电压减低系数构成闭环，可以实现堵转时输出频率向下滑动的效果。

2. 制动条件下最大电流限制

在制动条件下，电机处于发电状态，若按图 9-27 所示方法通过降压调节实现最大电流限制是不可行的，而可用的方法是升压或升频。升压方法在调制深度较小或低于额定频率时可行，在额定频率下，由于输出电压已经达到饱和无法实现继续升压，为此只能尝试升频。即一旦发现电机处于制动状态，则采用保持当前输出电压而提高输出频率的办法。具体实现方法是：以某一有功电流为目标，与实际有功电流构成 PI 调节，输出量作为实际输出频率，如图 9-28 所示。

需要注意的是：因受电机参数影响，电机在低频条件下存在较大偏差，但在相对较高频率段，定向准确性较高。实验表明，在 10Hz 以上，基本能够反映电机工况。本方案也将下限频率限制在 10Hz，以确保 VF 模式下堵转特性基本不受电机参数影响。

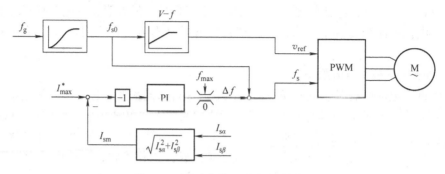

图 9-28　制动条件下最大电流限制

9.6　变频器空载振荡抑制方法

变频器—异步电机系统在 VF 模式下极易产生轻载振荡，且振荡频率多发生在 5～30Hz 之间，严重时会引起运行过电流保护。引起空载振荡的诱因很多，如逆变器非线性（死区、管压降）、母线电容容量、机械系统结构参数、环境温度、PWM 谐波以及异步电机非线性等多种因素[24]。

Mutoh N 分析了振荡机理，并给出了以母线直流电流检测作为振荡判据并按动态转差补偿定子频率的控制策略，取得了不错的效果[24]，如图 9-29 所示。

该方法属于动态振荡抑制策略，抑制效果较为理想，但需要增设直流母线电流检测。对于传统 PWM 方式需要增加硬件开销，但对于短时间片控制的 DTC 或电流跟踪模式，逆变器动态开关状态已知，可实现直流母线电流重构（详见第 6 章）替代硬件检测。其对应的控制信号波形示意图如图 9-30 所示。

图中，I_D 为直流母线电流；I_A 为正母线

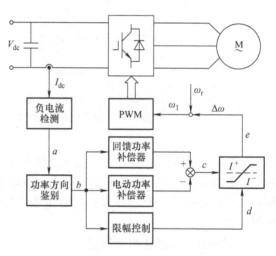

图 9-29　母线直流电流–频率增量控制策略

电流；I_B 为负直流母线电流；T_R 为给定输出频率对应的周期；f_c 为载波频率；t_i 为本拍的振荡周期；i 为振荡拍序号；$\Delta\omega_{max}$ 为最大修正频率（一般不大于电机额定转差频率）；$\Delta\omega$ 为当前修正频率。

该方案通过提取直流母线电流的方向逻辑进行单稳态处理得到能量回馈状态信号（b）。系统出现振荡时，b 信号振荡切换，系统根据 b 信号得到回馈补偿或电动补偿信号（c）及频率限幅信号（d），经限幅控制最终得到振荡抑制的修正频率（e）。一般情况下振荡频率总要高于当前给定频率（ω_R），系统通过振荡周期（t_i）与给定信号周期（T_R，$T_R = 1/\omega_R$）的比例调整修正频率（$\Delta\omega$）。系统振荡越严重，状态切换频率也越低，对应的修正频率幅值也越大。反之，振荡越轻，修正频率幅值越低。当系统进入稳定状态时，b 信号几乎按载

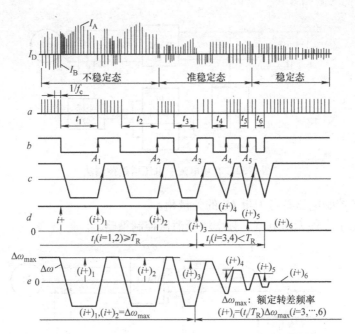

图 9-30　母线电流－频率增量控制信号波形示意图

波周期高频交替切换，修正频率幅值也逼近为 0。

1. 频率、电压控制法

文献［23］认为，通过提高 V/f 值增加电机的励磁来增加电机转矩，降低了电机进入颠覆区域的概率，从而抑制振荡。

Ma Zhiwen 等在文献［25］中给出了通过综合电流取样（电流矢量模值）进行电压增量 PI 补偿策略，如图 9-31 所示。

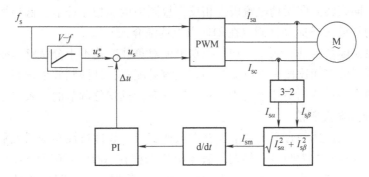

图 9-31　通过综合电流取样（电流矢量模值）进行电压增量 PI 补偿策略

梁信信在文献［26］给出了有功电流（电流矢量向电压矢量定向）定向及 PD（比例微分）电压增量调节方法。

综合以上文献，结合现有系列产品拓扑结构，首先考虑按有功电流加比例电压调节的方法，即文献［26］的类似方法，如图 9-32 所示。

图中，LPF_1 和 LPF_2 为两个时间常数相差较大的低通滤波器（如 LPF_1 的时间常数为 LPF_2 时间常数的 8 ~ 50 倍，旨在提取电流的振荡分量）；ΔI_{act} 为有功电流变化量；PD 为比例微分

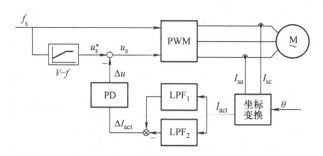

图 9-32　有功电流－电压增量控制法

调节器；θ 为 VF 控制电压参考矢量 $\boldsymbol{U}_\mathrm{s}$ 的矢量角。

图 9-33 给出了一种无功电流－频率增量消振控制策略。

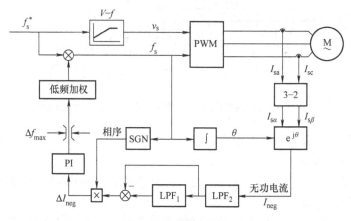

图 9-33　无功电流－频率增量消振控制策略

由于电机不同旋转方向无功电流极性相反，故图中增加相序环节。低频加权目的是为低频段消振模块的软投入（振荡抑制仅在 2Hz 以上逐渐介入）。

此外，观察实际系统动态频率发现，无功电流对负载变化不十分敏感，故采用无功电流抑制方法在电流滤波方面比按有功电流控制方法容易配置，且抑制效果较好。实验发现，振荡抑制过程中频率增量的调整几乎处于乒乓控制状态，且积分调节的介入未见明显优势。

2. 直流电压动态控制法

实验发现，空载振荡与直流母线电压补偿及逆变器非线性特性有密切关系，特别是对于较大功率的电机此现象尤为明显。早期的直流电压采样在 A/D 转换后增加了几毫秒的低通滤波。去掉低通滤波器，改用当拍补偿 PWM 对改善空载振荡也有明显效果。对于高性能的 DSP，可采用 DMA 方式进行 A/D 采样，进一步提高模拟量采集的实时性，可进一步提高振荡抑制效果。

3. 逆变器非线性补偿法

通过电机参数自学习得到逆变器的误差曲线，在参考电压矢量中叠加误差电压矢量，可改善低频特性，对空载振荡也有一定的抑制效果（参考前文 9.1 节的第 4 点）。

4. 实验

图 9-34 给出了不采用振荡抑制措施时，7.5kW 裸轴电机在 21Hz 时的电流振荡波形。

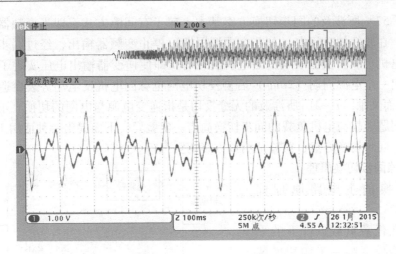

图 9-34　无振荡抑制措施 21Hz 时输出电流振荡波形

可见，电机在 21Hz 左右出现了非常明显的电流振荡。

图 9-35 为加入有功电流–电压增量振荡抑制模块以后输出频率为 21Hz 时的电流波形。

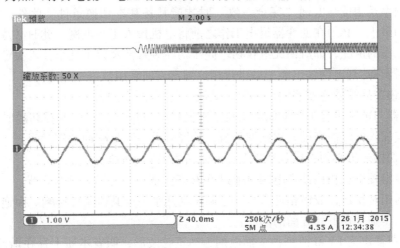

图 9-35　加入振荡抑制模块 21Hz 时输出电流波形

可见，起动及稳态过程的电流波形均很好。

采用无功电流–频率增量方法实验波形与上述有功电流–电压增量法类似（波形略）。

5. 小结

根据有功电流或无功电流调节输出频率或输出电压幅值对轻载电机的振荡抑制方法可行。此外，按有功电流进行振荡抑制模块兼有自动力矩提升的功能，这对提高电机的带载能力有一定好处。

9.7　逆变器—电网同步切换

有些场合，希望变频起动电机达到额定转速后切入电网，此时将涉及同步切换问题。现有文献［27，57］所涉及的同步切换方案基本上属于有间隙方式，即当变频器输出电压与电网同步后，在较短的时间内（如几个电源周期）停止变频器输出，经过同步锁相后再将电网投切到电机负载。实验表明：当电机满载时，即使逆变器输出电压实现了电网同步锁相，封锁输出一个电源周期（20ms）后再投切电网也会因电机反电动势衰变造成较大的冲击电流[25]。而文献[27~31]所涉及的无缝投切是指逆变电源与电网的切换，不存在电机反电动势衰变问题，故与电机负载的同步切换尚有一定差异。下面提出一种适用于任意负载情况下的无间隙同步切换方案，实验证明该方案切实可行。

1. 无间隙同步切换原理

同步切换的主电路原理如图9-36所示。

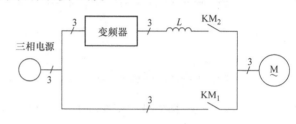

图9-36 同步切换主电路原理

为保证在任意负载条件下的平滑切换，需增设变频－工频切换装置。平滑切换以切换电流最小、负载扰动最小及电机不间断工作为最高原则。显然，只有当变频器输出电压幅值、频率及相位与电网"完全一致"时才能具备基本切换条件。此外，为保障负载电机所受扰动最小，必须在逆变器退出工作之前将电机投入工频电网，此时必然涉及变频器与电网重叠工作的情况，即所谓无缝投切。同步切换装置涉及以下几个技术关键点：

1）逆变器在达到电网输出频率后进行相位锁定，即采用数字锁相环（PLL）。

2）相位锁定后需使逆变器输出电压（基波）逼近电网电压。

3）变频器与电网重叠工作期间需增设平衡元件（电抗器）以限制投切瞬时环流，且重叠工作期间应加入电流控制模式以限制环流，给屏外设备以足够的动作时间。

4）整个切换逻辑必须考虑各物理器件开关特性及响应时间。

逆变器输出频率、相位锁定电网可通过 PLL 来实现，参考第6章6.8节。

由于电网相对稳定，故锁相环参数一旦调定则几乎不受其他条件影响。而逆变器输出电压跟随电网电压则存在下列方面的问题：

1）逆变器输出为 PWM 阶梯波，而电网为纯正弦波形，两者本质上存在谐波电压差值，故不能直接并联运行。

2）即便采用空间矢量 PWM 算法（或谐波注入法）实现逆变输出，其理论最大线性电压利用率仅为100%，考虑逆变器存在自身损失，实际输出电压基波成分必定低于电网电压。一般变频器内部电压损失约为5%，若不采用前端升压变压器，逆变器输出电压基波客观上不可能达到电网电压水平。因此，逆变器基波电压与电网电压的压差客观存在，无法回避，即便完成锁相，直接并联势必造成电流冲击。

需要注意的是：PLL 属于非线性调节，欲保证工作稳定，闭环增益需调整至合适的值。仿真研究表明，PI 比例系数过小时，锁相环在注入20%高频谐波时无法稳定锁相；而 PI 比例系数较大时，锁相时间较短，因而锁相期间的电流动态加大，尤其是投切瞬间随机相位滞后电网时可能造成直流母线过电压（大惯量空载电机），此现象在级联式高压变频实验中得以证实。若加入相位等待，在变频器当前相位与电网相位"基本重合时"投入 PLL 工作，可避免过电压出现。但加入相位等待就必须保证逆变器与电网存在一定频差，差频越小，等待时间越长，反之依然。对于工业电机额定转差频率一般不会小于 0.5Hz，故按小于 0.2Hz 的差频进行相位等待，不会造成较大动态电流，而此时最长等待时间为 5s，可以满足同步投切的要求。

3）逆变器电压检测电路本身存在误差，常规模拟器件只能达到 1% 的测量精度，DSP 的模拟采样亦存在转换精度，实际上逆变器无法保证逆变器输出基波电压与电网电压完全吻合。

综上所述，直接并联切换势必产生冲击电流（环流），严重时损坏变频器。为此采用以下电网定向控制实现无缝切换。

2. 同步切换逻辑

同步切换逻辑如图 9-37 所示。

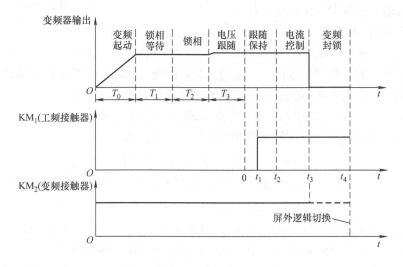

图 9-37　同步切换逻辑

首先，逆变器在 T_0 时间内变频起动电机至目标频率（如 50Hz），经 T_1 延时确认变频器完全进入稳态。在 T_2 时间内投入锁相环（PLL）工作。PLL 起动时宜将逆变器当前"算法角度"作为初值对 PLL 输出角 θ 进行初始化。锁相环工作稳定后，变频器输出频率、相位将与电网完全同步。

在 T_3 时间段内，逆变器根据检测到的电网电压调整 PWM 信号的调制深度，实现电压逼近。电压调整完成后，系统具备了同步切换的基本条件。

在 T_3 时间完成后，可选择在 t_1 时刻由变频器向外发出 KM_1 吸合指令，以便控制工频接触器投入工频电网。在 t_2 时刻，变频器将自动转化为环流控制模式，确保变频器与工频同时工作时环流为"零"。自动环流控制的加入将允许变频器与电网同时并网连续工作。在 t_3 时刻，变频器确认 KM_1 已可靠吸合（也可通过增设 KM_1 辅助触点反馈来实现），变频器将主动进入封锁状态。变频器封锁后，屏外同步切换逻辑（PLC）可在 t_4 时刻可释放变频输出接触器 KM_2，使变频器彻底脱离系统。需要指出的是，t_4 时刻由屏外同步切换逻辑（PLC）保证，编程时，PLC 必须保证与本变频器的动作逻辑正确匹配。在 $0 \sim t_4$ 时间内，变频器与电网处于并网工作模式，故本方案在任意负载条件下的无缝切换。

延时时间可根据变频器、电机、中间继电器、接触器等相关设备的特性的实验结果来确定。

3. 平衡电流控制（环流控制）

当逆变器输出与电网完成锁相后，切入电网，短时间存在逆变器与电网重叠工作的情况，此时若将逆变器改为有源前端工作模式，这样即可控制逆变器电流，又达到限制逆变器直流电压的目的。有源前端控制策略参考第 6 章 6.8 节。

试验表明，当逆变器与电网完成锁相后，凭借输出电抗器能够保障短时间逆变器与电网并网工作，在 3~5 个电源周期内直接并联不会产生较大的冲击电流。欲实现无间隙切换，此段重叠时间不可避免，也是切换有源前端工作模式的前提。此外，实验还表明，若使直流电压环处于开环状态，而投入两个电流环（$I_d^* = I_q^* = 0$），虽然能够限制逆变器电流，但长时间工作也会造成逆变器直流不稳，甚至过电压。

4. 平衡元件选择

从基波意义上讲，平衡电抗属无损储能元件，但平衡过程中电抗内电流需要释放，可能会引起切换过程中的逆变器过电压，或需增设相应的吸收回路。而采用电阻器进行平衡，虽不存在过压问题，但由于其不能抑制谐波峰值，故不宜在本系统中使用。

现以 380V、7.5kW、额定电流 15A 的变频器为例进行选择。考虑切换瞬间逆变器基波电压与电网电压的电压差（必须折算到相电压）为 5%，则

$$\begin{cases} \Delta U = (380V/\sqrt{3}) \times 5\% = 11V \\ R = \Delta U/I_e = 11V/15A = 0.73\Omega \\ P = I_e \Delta U = 15A \times 11V = 165W \end{cases}$$

可见，若采用电阻器进行平衡，逆变器 PWM 输出最大电压变化率为 540V，采用以上电阻参数会产生 540V/0.73Ω≈740A 以上的谐波电流，故电阻方案显然不可取。

而采用电感方案谐波电流会得到一定抑制，可由仿真波形对此验证。若同样按 5% 压差限制基波电流，则有

$$L = \Delta U/(2\pi f I_e) = 2.3mH$$

以某品牌 6kV、450kW、54A 高压变频器为例，按 3% 相电压误差考虑，则

$$\begin{cases} \Delta U = (6000V/\sqrt{3}) \times 3\% = 104V \\ L = \Delta U/(2\pi f I_e) = [104/(314 \times 54)]H = 6.1mH \end{cases}$$

由于检测环节增益较大，因此输出电压跟随误差会加大，加之整个级联逆变系统输出误差累计，可能会有较大差异，故实际系统电感参数还需经过充分的试验选定。

5. 角度补偿

受检测、滤波、采样等因素的影响，电网电压经锁相环输出的相位总会滞后实际电网角度。实验表明：对于 7 单元级联式变频器，锁相完成后，逆变器输出电压相位滞后实际电网约为 13°，故必须增设锁相角度超前补偿，具体补偿角度应由实际测量结果来决定（参考第 6 章 6.8 节）。

6. 实验

图 9-38 给出 10kV/500kW 高压变频实验机组上的满载实验结果。

可见，同步锁相、电压跟踪、环流控制及电网投切过程的非常理想，逆变器动态电流冲

击很小过程，实现了真正意义上的无缝投切。

无间隙同步投切实验在两电平、三电平等系列产品上的实验均得到了满意的结果。

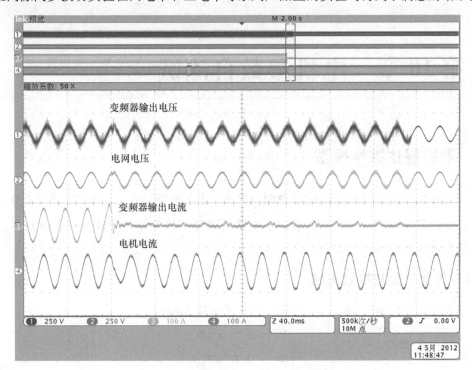

图 9-38 高压变频实验机组上的满载实验结果

第 10 章　电机参数自测试

10.1　电机静止数学模型

磁场定向控制需要得到电机定子电阻（R_s）、定子电感（L_s）、励磁电感（L_m）、转子电阻（R_r）及转子电感（L_r）等参数。工业现场通常不具备旋转测试条件，故自测试需要在电机静止条件下实施。

10.1.1　传递函数与等效电路[42,43,50]

由第 5 章式（5-24），令 $\omega = 0$ 得静止坐标系电机方程为

$$\begin{cases} \boldsymbol{V}_s = \boldsymbol{I}_s R_s + s\boldsymbol{\Phi}_s \\ \boldsymbol{\Phi}_s = L_s \boldsymbol{I}_s + L_m \boldsymbol{I}_r \\ \boldsymbol{\Phi}_r = L_m \boldsymbol{I}_s + L_r \boldsymbol{I}_r \\ 0 = \boldsymbol{I}_r R_r + s\boldsymbol{\Phi}_r \end{cases} \tag{10-1}$$

其中

$$\begin{cases} L_s = L_m + L_{\sigma s} \\ L_r = L_m + L_{\sigma r} \end{cases} \tag{10-2}$$

当电机转子静止时，即 $\omega_r = 0$，电机模型表现为线性定常系统，故存在传递函数。非线性定常系统不存在传递函数。

式（10-2）消去转子变量，化简得

$$\boldsymbol{V}_s = \boldsymbol{I}_s(R_s + sL_s) - \frac{s^2 L_m^2 \boldsymbol{I}_s}{sL_r + R_r} \tag{10-3}$$

按上式推导矢量传递函数为

$$\begin{aligned} G(s) \triangleq \frac{\boldsymbol{V}_s}{\boldsymbol{I}_s} &= R_s + sL_{\sigma s} + \frac{sL_m(sL_{\sigma r} + R_r)}{sL_m + (sL_{\sigma r} + R_r)} \\ &= R_s + sL_{\sigma s} + \left[sL_m // (sL_{\sigma r} + R_r) \right] \end{aligned} \tag{10-4}$$

式中，R_s 为定子电阻；R_r 为转子电阻；$L_{\sigma s}$ 为定子漏感；$L_{\sigma r}$ 为转子漏感；L_m 为励磁电感；L_s 为定子电感；L_r 为转子电感。

式（10-4）的矢量传递函数 $G(s)$ 可等效为图 10-1 所示的矢量第一等效电路。

若令

$$\begin{cases} L_\sigma^* = \dfrac{L_s L_r - L_m^2}{L_r} = L_s - \dfrac{L_m^2}{L_r} \approx L_{\sigma s} + L_{\sigma r} \\[2ex] L_{\sigma s} \triangleq L_{\sigma r} \\[2ex] L_m^* = \dfrac{L_m^2}{L_r} \\[2ex] R_r^* = \dfrac{L_m^2}{L_r^2} R_r \end{cases} \tag{10-5}$$

矢量传递函数可做如下推导:

$$\begin{aligned} G(s) \triangleq \frac{\boldsymbol{V}_s}{\boldsymbol{I}_s} &= R_s + sL_s - \frac{s^2 L_m^2}{sL_r + R_r} \\[2ex] &= R_s + sL_\sigma^* + \frac{sL_m^* R_r^*}{sL_m^* + R_r^*} \\[2ex] &= R_s + sL_\sigma^* + sL_m^* \mathbin{/\!\!/} R_r^* \end{aligned} \tag{10-6}$$

因此有第二等效电路或转化等效电路, 如图 10-2 所示。

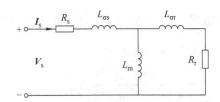

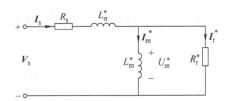

图 10-1　电机静止时矢量第一等效电路　　　图 10-2　电机静止时矢量第二等效电路

第二等效电路比第一等效电路更为简捷, 可用于电机参数自测试。

按照图 10-2 所示等效电路列写微分方程组为

$$\begin{cases} V_s = I_s R_s + L_\sigma^* \dfrac{\mathrm{d}I_s}{\mathrm{d}t} + U_m^* \\[2ex] U_m^* = L_m^* \dfrac{\mathrm{d}I_m^*}{\mathrm{d}t} \\[2ex] I_s = I_m^* + I_r^* \\[2ex] U_m^* = I_r^* R_r^* \end{cases} \tag{10-7}$$

10.1.2　动态响应分析

消去转子与励磁变量整理成二阶微分方程为

$$\frac{\mathrm{d}^2 I_s}{\mathrm{d}t^2} + \frac{R_r^* L_\sigma^* + R_r^* L_m^* + R_s L_m^*}{L_\sigma^* L_m^*} \frac{\mathrm{d}I_s}{\mathrm{d}t} + \frac{R_s R_r^*}{L_\sigma^* L_m^*} I_s = \frac{V_s R_r^*}{L_\sigma^* L_m^*} \tag{10-8}$$

以上微分方程的通解为

$$\begin{cases} I_s(t) = C_1 e^{-\frac{t}{T_1}} + C_2 e^{-\frac{t}{T_2}} + C_3 \\[2mm] T_1 = \dfrac{-2L_\sigma^* L_m^*}{-(R_r^* L_\sigma^* + R_r^* L_m^* + R_s L_m^*) + \sqrt{(R_r^* L_\sigma^* + R_r^* L_m^* + R_s L_m^*)^2 - 4R_s R_r^* L_\sigma^* L_m^*}} \\[4mm] T_2' = \dfrac{-2L_\sigma^* L_m^*}{-(R_r^* L_\sigma^* + R_r^* L_m^* + R_s L_m^*) - \sqrt{(R_r^* L_\sigma^* + R_r^* L_m^* + R_s L_m^*)^2 - 4R_s R_r^* L_\sigma^* L_m^*}} \end{cases}$$

$$(10\text{-}9)$$

因 $L_m^* \gg L_\sigma^*$，式（10-9）中的 T_2 表达式忽略 L_σ^* 有

$$\begin{aligned} T_2 &= \frac{-2L_\sigma^* L_m^*}{-(R_r^* L_\sigma^* + R_r^* L_m^* + R_s L_m^*) - \sqrt{(R_r^* L_\sigma^* + R_r^* L_m^* + R_s L_m^*)^2 - 4R_s R_r^* L_\sigma^* L_m^*}} \\[3mm] &= \frac{-2L_\sigma^* L_m^*}{-(R_r^* L_\sigma^* + R_r^* L_m^* + R_s L_m^*) - \sqrt{(R_r^* L_\sigma^* - R_s L_m^*)^2 + 2R_r^* L_m^*(R_s L_\sigma^* + R_s L_m^*) + (R_r^* L_m^*)^2}} \\[3mm] &\approx \frac{L_\sigma^*}{R_s + R_r^*} \end{aligned}$$

$$(10\text{-}9a)$$

T_1 表达式若直接忽略 L_σ^*，会出现分母为零的情况，故需先对分母进行平方差变换再做近似，于是有

$$\begin{cases} T_1 = \dfrac{-2L_\sigma^* L_m^*}{-(R_r^* L_\sigma^* + R_r^* L_m^* + R_s L_m^*) + \sqrt{(R_r^* L_\sigma^* + R_r^* L_m^* + R_s L_m^*)^2 - 4R_s R_r^* L_\sigma^* L_m^*}} \\[4mm] = \dfrac{-2L_\sigma^* L_m^* \{-(R_r^* L_\sigma^* + R_r^* L_m^* + R_s L_m^*) - \sqrt{(R_r^* L_\sigma^* + R_r^* L_m^* + R_s L_m^*)^2 - 4R_s R_r^* L_\sigma^* L_m^*}\}}{(R_r^* L_\sigma^* + R_r^* L_m^* + R_s L_m^*)^2 - (R_r^* L_\sigma^* + R_r^* L_m^* + R_s L_m^*)^2 + 4R_s R_r^* L_\sigma^* L_m^*} \\[4mm] = \dfrac{\{(R_r^* L_\sigma^* + R_r^* L_m^* + R_s L_m^*) + \sqrt{(R_r^* L_\sigma^* + R_r^* L_m^* + R_s L_m^*)^2 - 4R_s R_r^* L_\sigma^* L_m^*}\}}{2R_s R_r^*} \\[4mm] \approx \dfrac{(R_r^* L_m^* + R_s L_m^*) + L_m^*(R_s + R_r^*)}{2R_s R_r^*} \approx \dfrac{L_m^*}{R_s R_r^*/(R_r^* + R_s)} = \dfrac{L_m^*}{R_s \, /\!/ \, R_r^*} \end{cases}$$

$$(10\text{-}9b)$$

可见，输出相应两个指数分量的时间常数一个服从漏感，一个服从互感，且 $T_1 \gg T_2$。再考虑以下初始条件

$$\begin{cases} I_s(0) = 0 \\[2mm] I_s(\infty) = \dfrac{V_s}{R_s} = C_3 \\[2mm] I_m^*(0) = 0 \end{cases}$$

$$(10\text{-}10)$$

进而得出

$$\begin{cases} I_r^*(0) = I_s(0) - I_m^*(0) = 0 \\[2mm] U_m^*(0) = I_r^*(0)R_r^* = L_m^* \dfrac{\mathrm{d}I_m^*(0)}{\mathrm{d}t} = 0 \end{cases}$$

$$(10\text{-}11)$$

代入式（10-7）第一式得

$$V_s = I_s(0)R_s + L_\sigma^* \frac{dI_s}{dt}(0) + U_m^*(0)$$

或

$$\frac{dI_s}{dt}(0) = \frac{V_s}{L_\sigma^*} \tag{10-12}$$

根据式（10-10）~式（10-12）初始条件对式（10-9）的 $I_s(t)$ 表达式及其导数函数求解 C_1、C_2 常数为

$$
\begin{cases}
C_1 = -V_s\left[\dfrac{R_s - L_\sigma^* \dfrac{1}{T_1}}{L_\sigma^* R_s\left(\dfrac{1}{T_1} - \dfrac{1}{T_2}\right)} + \dfrac{1}{R_s}\right] \\[4mm]
\quad \approx -V_s\left\{\dfrac{R_s - L_\sigma^* \dfrac{R_s R_r^*}{L_m^*(R_r^* + R_s)}}{L_\sigma^* R_s\left[\dfrac{R_s R_r^*}{L_m^*(R_r^* + R_s)} - \dfrac{R_s + R_r^*}{L_\sigma^*}\right]} + \dfrac{1}{R_s}\right\} \\[4mm]
\quad \approx -V_s\left(\dfrac{1}{R_s} - \dfrac{1}{R_r^* + R_s}\right) \\[4mm]
C_2 = V_s\left[\dfrac{R_s - L_\sigma^* \dfrac{1}{T_1}}{L_\sigma^* R_s\left(\dfrac{1}{T_1} - \dfrac{1}{T_2}\right)}\right] \\[4mm]
C_3 = V_s\left\{\dfrac{R_s - \dfrac{L_\sigma^* R_s R_r^*}{L_m^*(R_r^* + R_s)}}{L_\sigma^* R_s\left[\dfrac{R_s R_r^*}{L_m^*(R_r^* + R_s)} - \dfrac{R_s + R_r^*}{L_\sigma^*}\right]}\right\} \approx -\dfrac{V_s}{R_s + R_r^*}
\end{cases} \tag{10-13}
$$

故式（10-9）可近似表示为

$$
\begin{cases}
I_s(t) \approx \dfrac{V_s}{R_s} - \left(\dfrac{1}{R_s} - \dfrac{1}{R_r^* + R_s}\right)V_s e^{-\frac{t}{T_1}} - \dfrac{V_s}{R_s + R_r^*} e^{-\frac{t}{T_2}} \\[4mm]
T_1 \approx \dfrac{L_m^*}{R_s \mathbin{/\mkern-5mu/} R_r^*} \\[4mm]
T_2 \approx \dfrac{L_\sigma^*}{R_s + R_r^*}
\end{cases} \tag{10-14}
$$

注意：用实验室 5.5kW 电机参数验证，式（10-14）近似表达式与式（10-9）精确表达式的误差在 1% 以内。

换言之，若所加的电压脉冲足够短，则 $e^{-t/T_1} \approx 1$，于是上升阶段动态响应方程为

$$
\begin{cases}
I_s(t) \approx \dfrac{V_s}{R_s + R_r^*}(1 - e^{-\frac{t}{T_2}}) \\[4mm]
T_2 = \dfrac{L_\sigma^*}{R_s + R_r^*}
\end{cases} \tag{10-15}
$$

此时电机模型可以进一步简化为图 10-3a 所示的一阶等效电路（时间常数 T_2）。图 10-3a所示电路可用于漏感测试。

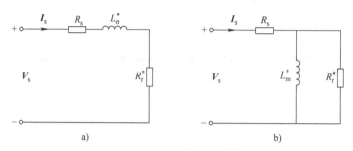

图 10-3　电机静止时 T_2、T_1 近似一阶等效电路

设 R_{sr} 为定子电阻与转子折算电阻之和，即

$$R_{sr} = R_s + R_r^*\tag{10-16}$$

不妨定义一阶等效电路的总漏感时间常数为

$$T_\sigma \triangleq T_2 = \frac{L_\sigma^*}{R_{sr}} = \frac{L_\sigma^*}{R_s + R_r^*}\tag{10-17}$$

对一般电机，漏感占总电感的 $2\% \sim 7\%$，取漏感系数 5%，并认为 $R_s \approx R_r^* \approx R_r$，则

$$T_\sigma = \frac{L_\sigma^*}{R_s + R_r^*} \approx \frac{5\% L_r}{2R_r^*} \approx \frac{5\% L_r}{2R_r} = \frac{25}{1000}T_r\tag{10-17a}$$

当 $t > 5T_2$ 时，$\mathrm{e}^{-t/T_2} \approx 0$，于是二阶等效电路蜕变成以 T_1 为时间常数的一阶等效电路，如图 10-3b 所示。

其上升阶段的动态响应为

$$\begin{cases} I_s(t) \approx \dfrac{V_s}{R_s} + \left(\dfrac{1}{R_s + R_r^*} - \dfrac{1}{R_s} \right) V_s \mathrm{e}^{-\frac{t}{T_1}} \\[3mm] T_1 \approx \dfrac{L_m^*}{R_s /\!/ R_r^*} \end{cases}\tag{10-18}$$

同理，T_1 等效电路的下降阶段的动态相应为

$$\begin{cases} I_s(t) = I(\infty) + [I(0) - I(\infty)]\mathrm{e}^{-\frac{t}{T_1}} = I(0)\mathrm{e}^{-\frac{t}{T_1}} \\[3mm] I_m(t) = I_s(t)\dfrac{R_s + R_r^*}{R_r^*} \end{cases}\tag{10-19}$$

在精度要求不高的场合可采用图 10-3b 进行互感（L_m^*）测试。T_1 测试及 T_2 测试所得到的 R_r^* 可能会有偏差，不妨取两者的平均值作为 R_r^* 的真值。

自测试过程涉及的去磁时间均以 $3 \sim 5$ 倍定子时间常数（τ_s）来考量，考虑式（10-17a）有

$$\tau_s \triangleq T_1 = \frac{L_m^*}{R_s /\!/ R_r^*} \approx 2T_r = \frac{2 \times 1000}{25}T_\sigma = 80T_\sigma\tag{10-20}$$

图 10-4 给出了仿真模型电机（电机参数为 $I_e = 17\mathrm{A}$，$L_m = 212\mathrm{mH}$，$L_{\sigma s} = L_{\sigma r} = 6\mathrm{mH}$，

$R_s = R_r = 1.5\Omega$）的电压阶跃响应。

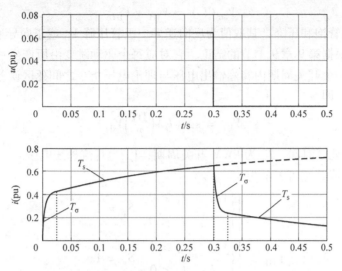

图 10-4　仿真模型电机的电压阶跃响应

可见，上升和下降的动态过程均表现为两个过程，其中变化斜率大者 T_2 对应漏感时间常数（T_σ），变化斜率小者 T_1 对应定子时间常数（τ_s）。

特别地，当电压矢量固定在 α 轴上变化时，即电压矢量不含有虚数成分，如

$$\boldsymbol{V}_s = V_{s\alpha} + jV_{s\beta} = V_x(t) + j0 = V_{sa}$$

于是

$$\boldsymbol{I}_s = I_{s\alpha} + j0 = I_{sa}$$

或

$$V_{sa}/I_{sa} = G(s)$$

表明，矢量传递函数转化为标量传递函数，因此 $G(s)$ 也就转化为单相等效电路。

10.1.3　逆变器等效模型

1. 逆变器半桥理想模型

图 10-5 给出了逆变器半桥的理想模型等效流程。

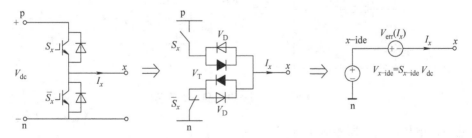

图 10-5　逆变器半桥的理想模型等效流程

图中，S_x 代表上桥臂物理开关逻辑；$\bar{S}_x$ 代表下桥臂物理开关逻辑；$S_{x-\text{ide}}$ 为上桥臂理想开关逻辑，它对应不含互锁死区的理论 PWM 信号；I_x 为输出电流；V_x 为实际输出电压；

$V_{\text{err}}(I_x)$ 为综合误差电压。一个开关周期内综合误差电压可表示为

$$V_{\text{err}}(I_x) = V_{\text{TH}} + V_{\text{DT}} \tag{10-21}$$

其中，V_{TH} 为开关管饱和压降，其取值为反向逆导二极管压降 V_D 或正向导通压降 V_T；V_{DT} 为死区误差电压。根据第9章9.1节的结论，它对应每个驱动跳变沿所产生一个死区时间的误差电压，也对应一个开关周期内实际输出电压与理论电压指令之间死区误差电压，且为输出电流的符号函数，即

$$V_{\text{DT}} = \text{sgn}(I_s)\left(\frac{\text{DT}}{T_c}\right)V_{\text{dc}} \tag{10-22}$$

式中，DT 为实际死区时间；T_c 为 PWM 开关周期；V_{dc} 为直流母线电压。

V_{TH} 为饱和压降，它可表示为

$$V_{\text{TH}} = \begin{cases} \begin{cases} V_T & I_x \geqslant 0 \\ -V_D & I_x < 0 \end{cases} & S_x = 1 \\[2ex] \begin{cases} V_D & I_x \geqslant 0 \\ -V_T & I_x < 0 \end{cases} & \overline{S}_x = 1 \\[2ex] \begin{cases} V_D & I_x \geqslant 0 \\ -V_D & I_x < 0 \end{cases} & \overline{S}_x = S_x = 0 \end{cases} \tag{10-23}$$

可见，误差函数表现为输出电流与开关状态的多变量非线性特征。通常考虑 $V_T = V_D$，则 V_{TH} 仅与输出电流有关。

误差函数属逆变桥固有非时变特性，故可通过直流稳态测量方法得到。

桥臂理想输出电压与负载电压可表示为

$$V_{x\text{-ide}} = \delta_{x\text{-ide}}V_{\text{dc}} = V_{\text{err}}(I_x) + V_x \tag{10-24}$$

2. H 形桥—电机系统静态模型

若测试时 a 相采用 PWM 方式，b 相下桥臂处于导通（$S_b = 0$，$\overline{S}_b = 1$）的控制方式，则 H 形桥—电机静态等效电路如图 10-6 所示。

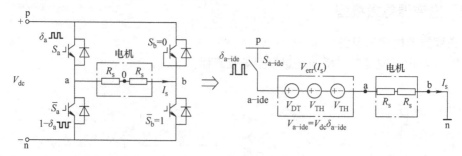

图 10-6　H 形桥—电机静态等效模型

理想输出电压的逆变器侧描述为

$$V_{a\text{-ide}} = \delta_{a\text{-ide}}V_{\text{dc}} \tag{10-25}$$

式中，$\delta_{a\text{-ide}}$ 为 a 相上桥臂的理想开关占空比；V_{dc} 为直流母线电压。

理想输出电压的负载侧描述为

$$V_{a-ide} = V_{err}(I_s) + 2I_sR_s \tag{10-26}$$

式中，R_s 为电机定子相电阻；I_s 为输出电流；V_{err}（I_s）为综合误差电压，它包含一个死区误差电压和两个饱和压降，即

$$V_{err}(I_s) = V_{DT} + 2V_{TH} \tag{10-27}$$

式中，V_{TH} 为饱和压降；V_{DT} 为死区误差电压，当电流方向为正时，式（10-22）可表示为

$$V_{DT} = \frac{DT}{T_c}V_{dc} \tag{10-28}$$

通过直流电流扫描，由式（10-25）及实测电流 I_s 数据，得到 $V_{a-ide} - I_s$ 的特性曲线，也称 $V-I$ 特性曲线。曲线的高端的斜率可用于求取定子电阻 $2R_s$，进而由式（10-26）求出综合误差曲线 V_{err}（I_s）。

若采用两种不同载波频率进行两次扫描，还可根据两组 $V-I$ 数据由式（10-28）求取实际的死区时间 DT，进而再由式（10-27）得到饱和压降 $2V_{TH}$。

H 形桥测试可得到精准的实际死区时间及误差曲线，但只适合两电平逆变器。

3. 三相逆变器—电机系统静态模型

图 10-7 给出了三相逆变器—电机系统静态等效模型。

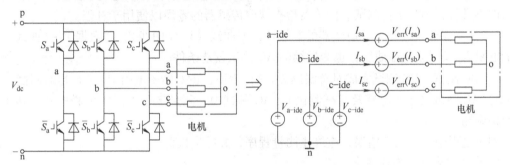

图 10-7　三相逆变器—电机系统静态等效模型

图中，V_{err}（I_x）为综合误差曲线，它包含了死区误差及开关管压降误差。

理想电压的逆变器侧描述为

$$V_{sx-ide} = \delta_{x-ide}V_{dc} \tag{10-29}$$

式中，δ_{x-ide} 为控制系统给出的三相理想开关 S_x 的理想 PWM 占空比；V_{dc} 为直流母线电压；$x = a$，b，c，对应三相。

以上理想电压的占空比重构算法包含了 PWM 模块输出分辨率及过调制非线性区的电压损失，具有广义可行性（用参考电压指令评估理想输出电压只在线性调制区有效）。

理想电压的负载测描述为

$$V_{sx-ide} = V_{err}(I_{sx}) + I_{sx}R_s \tag{10-30}$$

式中，V_{err}（I_{sx}）为综合误差电压，它包含死区误差电压及饱和压降。

三相拓扑结构下测试通常采用矢量法进行，以 a 相直流测试为例，电流约束条件为

$$\begin{cases} I_{sa} + I_{sb} + I_{sc} = 0 \\ I_{sb} = I_{sc} \end{cases}$$

综合误差矢量可表示为

$$
\begin{cases}
V_{\text{err}\alpha} = \dfrac{2}{3}V_{\text{err}}(I_{\text{sa}}) - \dfrac{1}{3}\big[V_{\text{err}}(I_{\text{sb}}) + V_{\text{err}}(I_{\text{sc}})\big] = \dfrac{2}{3}V_{\text{err}}(I_{\text{sa}}) + \dfrac{1}{3}\Big[2V_{\text{err}}\Big(\dfrac{I_{\text{sa}}}{2}\Big)\Big] \approx V_{\text{err}}(I_{\text{sa}}) \\[3mm]
V_{\text{err}\beta} = \dfrac{1}{\sqrt{3}}\big[V_{\text{err}}(I_{\text{sb}}) - V_{\text{err}}(I_{\text{sc}})\big] = 0
\end{cases}
$$

可见，由于误差曲线的非线性，三相拓扑结构下得到的测试结果无法像 H 形桥测试方法那样实现单相误差电压的解耦，只能得到近似的综合误差特性曲线（近似误差远小于 33%），但该测量方式有利于推广到三电平以上的多电平逆变系统。

10.2 传统 PWM 模式下静止电机参数自测试

自测试可分为如下几个步骤：

1）初始化。自测试前必须"正确输入电机铭牌数据"，以便对部分测试参数进行估计，正确实施自测试。由于电机与装置不一定完全匹配，故本章将电机额定电流（$I_{\text{sm}-\text{nom}}$）与装置额定电流，即电流基准（I_{BASE}）加以区分。

2）电机接线及传感器检查。电机接线及传感器检查是正确辨识电机参数的前提，若测试条件不具备，则终止自测试。传感器检查获取传感器的零漂以便用于补偿。

3）逆变器非线性测试。逆变器的非线性误差曲线（$V-I$ 曲线），并根据 $V-I$ 曲线求取定子电阻 R_{s} 及误差特性曲线，也为后续的 AC 测试创造条件。

4）DC 测试。DC 测试完成对总漏感 L_{σ}^{*} 进行辨识，也对转子电阻 R_{r}^{*} 进行粗略测试。

5）AC 测试（定子电感及互感测试）。AC 测试中，测量定子电感、励磁电感、转子电阻的精确测试。

测量过程中，若发生错误，应终止测量程序，并给出报警。

1. 自测试电压、电流定义

出于测量精度及稳定性的要求，自测试中所涉及的电压、电流均以其矢量的幅值来评价，并非其瞬时值，欲还原瞬时值还要进行符号添加，这一点在 AC 测试中尤为重要。

图 10-8 给出了自测试电压、电流矢量的计算模型。

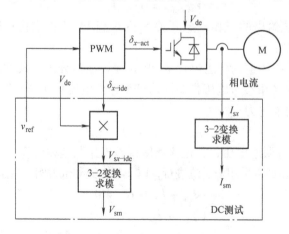

图 10-8 自测试电压、电流矢量的计算模型

图中，V_{sm} 为逆变器理论估算电压矢量幅值；I_{sm} 为检测得到的电流矢量幅值；v_{ref} 为指令电压矢量的幅值；δ_{x-ide} 为理想 PWM 占空比；δ_{x-act} 为实际 PWM 占空比。

（1）电压矢量计算

电压矢量可表示为

$$\begin{cases} V_{s\alpha} = \dfrac{2}{3}V_{sa-ide} - \dfrac{1}{3}(V_{sb-ide} + V_{sc-ide}) \\[2mm] V_{s\beta} = \dfrac{1}{\sqrt{3}}(V_{sb-ide} - V_{sc-ide}) \\[2mm] V_{sm} = \sqrt{V_{s\alpha}^2 + V_{s\beta}^2} \end{cases} \tag{10-31}$$

式中，V_{sx-ide} 为式（10-29）得到的理想估计电压；V_{sm} 为该电压矢量幅值，用于 DC 测试。

为消除测量干扰，电压矢量可增设一阶数字滤波器（参考第 2 章）。

（2）电流矢量计算

三相电流瞬时值为

$$I_{sx} = I_{sx0} - \text{offset}\_I_{sx} \tag{10-32}$$

式中，I_{sx0} 为实际电流采样值；offset_I_{sx} 为后文得出的电流传感器偏移量。电流矢量可表示为

$$\begin{cases} I_{s\alpha} = \dfrac{2}{3}I_{sa} - \dfrac{1}{3}(I_{sb} + I_{sc}) \\[2mm] I_{s\beta} = \dfrac{1}{\sqrt{3}}(I_{sb} - I_{sc}) \\[2mm] I_{sm} = \sqrt{I_{s\alpha}^2 + I_{s\beta}^2} \end{cases} \tag{10-33}$$

注：因三相负载服从 $I_{sa} + I_{sb} + I_{sc} = 0$，上述算法也可简化两相电流表达式。

2. 电压参考矢量

因电机控制系统建立在矢量模型基础上，故采用矢量模型进行自测试利于一体化设计。

为保持使电机静止，测试过程不能产生任何电磁转矩，测试过程"必须使电压矢量保持固定角度"，以确保不会形成旋转磁场。自测试所用到的 a、b、c 三个方向的参考电压可描述为

$$\begin{cases} \boldsymbol{V}_{refa} = u_{test}e^{j0} \\[2mm] \boldsymbol{V}_{refb} = u_{test}e^{j\frac{2\pi}{3}} \\[2mm] \boldsymbol{V}_{refc} = u_{test}e^{j\frac{4\pi}{3}} \end{cases} \tag{10-34}$$

式中，u_{test} 为测试时在对应相所要施加的电压。对于 DC 测试，u_{test} 为直流信号，在 AC 测试中，u_{test} 将含有交流成分，两种情况均不会形成旋转磁场。

测试过程会涉及在 a、b、c 三个方向电压矢量的切换，为避免矢量方向突变时产生旋转磁场，需在原矢量方向进行 3~5 倍定子时间常数的零电压矢量去磁。

此外，为保证传感器的零漂不影响测试精度，测试过程中应使逆变器始终处于驱动状态，不同测试步骤间转换均要经过零电压矢量进行过渡，而不是封锁逆变器（加零电压矢量相当于逆变器短接电机定子绕组，而封锁逆变桥相当于电机绕组开路）。

3. 电流传感器偏移量检查

电流传感器是保证测试结果精度的关键。在 a、b、c 三个方向分别施加 1000ms 以上时间的零电压矢量并对三相电流进行采样。取 400 个采样周期三相电流平均值作为传感器偏移量（offset_I_{sx}, x = a, b, c）。若平均值大于电机额定电流的 7%，则停止自测试，给出错误报警。

4. 逆变器—电机匹配检查

在进行后续测试之前，首先要检查逆变器的输出能力实验，也称烽火实验。烽火实验参考电压及电流波形如图 10-9 所示。

测试时电压指令脉冲从弱到强逐渐增加（一个电压指令脉冲对应逆变器若干个 PWM 脉冲）。电压指令脉冲宽度持续 6 个 PWM 周期（对于 f_c = 2kHz，相当于 3ms）。

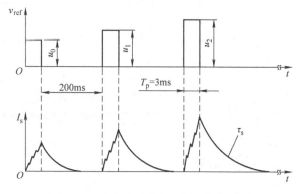

图 10-9　烽火实验参考电压与电流波形

第一个电压指令脉冲幅值选择 u_0 = V_{e0}（典型值 $V_{e0} \approx 7.1V$），然后按 1% 步距逐级增加，检测当前电流，直至电流达到电机额定电流的 60% 为止，记录最后一次的电压指令脉冲的幅值（V_{peak}），并以此作为另外两相测试及后续漏感测试的依据。

每个电压脉冲后，施加关断参考电压即 $v_{ref} = V_{off} = V_{e0}$ 后，检测电流必定归零，若 50 个定子时间常数后电流仍未归零，则给出“超时错误”报警。

烽火实验要求对 a、b、c 三相依次进行检查。

（1）传感器错误

若传感器连接正确，某相电流应随该相电压指令线性变化，否则停止自测试，并给出传感器连接错误报警。

（2）电机连接检查

实验过程中，若某相输出电压达到特定水平（如 20% 额定电压）时，该相电流脉冲峰值仍小于 3% 装置额定电流（I_{BASE}），则认为电机该相开路，终止自测试，并给出故障报警。

首次实验因定子时间常数（τ_s）未知，去磁时间只能预估。一般选择 1000ms 去磁时间能够满足多数电机的要求。去磁期间逆变器输出零电压矢量，以便将前一个电压脉冲所形成的电机电流衰减到零。

烽火实验的电流下降过程可粗略估算全漏感时间常数 T_σ，并粗略估计定子时间常数 τ_s。由一阶等效电路电流衰减变化规律可表示为

$$\begin{cases} I_s(t) = I_s(0)\mathrm{e}^{-\frac{t}{T_\sigma}} \\ T_\sigma = \dfrac{L_\sigma^*}{R_{sr}} \end{cases}$$

对两个采样时刻有

$$\begin{cases} I_s(t_1) = I_s(0)e^{-\frac{t_1}{T_\sigma}} \\ I_s(t_2) = I_s(0)e^{-\frac{t_2}{T_\sigma}} \end{cases}$$

或

$$I_s(t_2) = I_s(t_1)e^{-\frac{t_2-t_1}{T_\sigma}}$$

变换得

$$T_\sigma = -\frac{t_2 - t_1}{\ln[I_s(t_2)/I_s(t_1)]} \qquad (10-35)$$

对一般电机而言，电机总漏感占总电感的 3% ~ 7%，取下限 5% 系数估算转子全电感，于是由式（10-20）可粗略估算定子时间常数为 $\tau_s \approx 80T_\sigma$，此后将以 3 ~ 5 倍定子时间常数作为后续测试中规定的去磁时间。

5. DC 测试

DC 测试目的是测量逆变器的非线性、计算误差曲线、求取电机的定子电阻及漏感。

（1）$V-I$ 特性曲线

$V-I$ 特性曲线即可采用开环电压指令扫描，也可采用图 10-10 所示的闭环电流扫描方式获得。

电流指令在 0 ~ 100% 额定电流区间按 1% 步距进行扫描（扫描次数 $N = 100$）。

图 10-10　闭环电流扫描方式

每级扫描需维持 3 ~ 5 倍定子时间常数，截取每级后 5 拍电流、电压平均值作为原始扫描数据。

为获得精确的 $V-I$ 特性曲线，需要在 a、b、c 3 个方向进行扫描，取三相的平均值作为最终数据存入电流、电压数组 $[I_{sm}(k)、V_{sm}(k)]$。

（2）定子电阻及综合误差曲线

理想的误差曲线可通过 H 形桥测试方法取得，三相静态等效模型扫描得到的误差曲线不能完全解耦，只能得到近似误差曲线。考虑多电平逆变器的兼容性，以下给出三相测试条件下的准综合误差曲线。

为保证电阻计算接近实际值 R_s，测量采用截取扫描过程中电流在 80% ~ 100% 额定电流之间的数据进行最小二乘法线性回归。线性回归法的几个中间计算变量值为

$$\begin{cases} a = \sum_{k=0}^{n-1} V_{sm}(k); b = \sum_{k=0}^{n-1} V_{sm}(k)V_{sm}(k) \\ c = \sum_{k=0}^{n-1} I_{sm}(k); d = \sum_{k=0}^{n-1} V_{sm}(k)I_{sm}(k) \\ K_0 = \frac{ad - bc}{a^2 - nb} \end{cases} \qquad (10-36)$$

式中，n 为线性回归扫描指数。定子电阻计算为

$$R_s = \frac{a}{c - NK_0} \qquad (10-37)$$

式中，K_0 为线性回归系数。

　加入规定的去磁时间，对 a、b、c 三相进行扫描，取三相平均值得到最终的定子电阻及综合误差曲线。若三相电阻偏离三相平均值的 5%，给出电机三相不对称报警。

　图 10-11 给出了 5.5kW 逆变器—电机系统实测的 $V-I$ 非线性曲线（标幺值）。

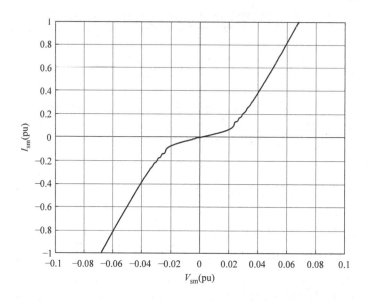

图 10-11　5.5kW 逆变器—电机系统实测的 $V-I$ 非线性曲线（标幺值）

　图 10-12、图 10-13 分别给出了 5.5kW 逆变器—电机按表 10-1 所示测试条件得到的一组综合 $V-I$ 特性曲线误差曲线。

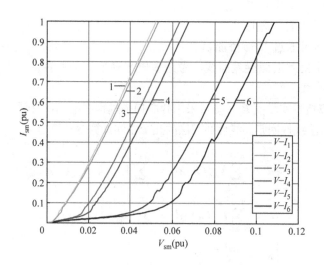

图 10-12　不同测试条件下的 $V-I$ 特性曲线（正向）

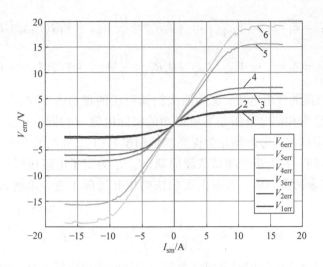

图 10-13 典型综合误差电压曲线 $V_{\text{err}} - I_{\text{sm}}$

表 10-1 不同测试条件对测试结果的影响

	母线电压 V_{dc}/V	载波频率 f_{c}/Hz	死区时间 DT/μs	定子电阻 R_{s}/mΩ
$V - I_1$	510	1000	2.65	816
$V - I_2$	640	1000	2.65	822
$V - I_3$	510	1000	7.95	810
$V - I_4$	640	1000	7.95	818
$V - I_5$	510	3000	7.95	836
$V - I_6$	640	3000	7.95	855

注：采用直流斩波器人工测试得到的真实电阻约为 800mΩ。

由式（10-30）可得误差曲线计算方法为

$$V_{\text{err}}(I_{\text{sm}}) = V_{\text{sm}}(k) - R_{\text{s}}I_{\text{sm}}(k) \tag{10-38}$$

需要注意的是，该误差曲线为离散曲线，实际应用需进行线性插值得到连续曲线。

可见，载波频率及死区时间对线性段斜率影响不大，故不影响定子电阻辨识，但对误差曲线影响较大，因此改变载波频率或死区时间必须重新自测试。

误差曲线不但在后续的 AC 自测试中采用，也会在逆变控制系统的 PWM 常规模式下采用。实验表明，在逆变器电压指令中加入综合误差曲线可大大改善低频电流波形。

由于线性区内的误差逐渐趋于饱和，它作为最大指令误差将在后文的测试中采用，即

$$V_{\text{e0}} = |K_0 R_{\text{s}}| \tag{10-39}$$

对于上述逆变器—5.5kW 电机系统恒定误差电压 V_{e0} 约为 7.1V。

（3）实际死区时间辨识

精确电机控制需要进行死区补偿，尽管系统设计时理论死区时间已知，但还不能反映开关管的真实情况。实际死区时间可通过两种载波频率下相同的直流电流扫描得到。

注：DTC 模式下可采用第 3 章 3.9 节给出的时间片组合 PWM 方式并结合直流闭环实现扫描。

当扫描电流参考方向为正时，两组测试过程在各自开关周期的理想电压可表示为

$$\begin{cases} V_{sm1} = \delta_1 V_{dc1} = V_{err1}(I_{s1}) + I_s R_s = \dfrac{DT}{T_1} V_{dc1} + V_{TH}(I_{s1}) + I_{s1} R_s \\[3mm] V_{sm2} = \delta_2 V_{dc2} = V_{err2}(I_{s2}) + I_s R_s = \dfrac{DT}{T_2} V_{dc2} + V_{TH}(I_{s2}) + I_{s2} R_s \end{cases} \tag{10-40}$$

式中，V_{smx} 为两次扫描的理想电压；δ_x 为两次扫描对应的理想占空比；V_{dcx} 为两次扫描对应的直流母线电压；I_{sx} 为相同电流指令下所得到的实际电流（相同电流指令下所得到的两个实际电流总会有一定偏差，考虑偏差会提高测量精度）；$V_{errx}(I_{sx})$ 为两次扫描的综合误差电压；DT 为死区时间；T_x 为两个测试载波周期；$I_{sx} R_s$ 为定子电阻压降；$V_{TH}(I_{sx})$ 为饱和压降；$x=1$、2，代表两次扫描。考虑两次扫描的饱和压降不变，求解式（10-40）得实际死区时间 DT 为

$$DT = \frac{\delta_1 V_{dc1} - \delta_2 V_{dc2} - (I_{s1} - I_{s2}) R_s}{T_2 V_{dc1} - T_1 V_{dc2}} T_1 T_2 \tag{10-41}$$

为提高测试精度，实际应用时采用多个载波周期的平均值作为 DT 的辨识参数。

得到实际死区时间后，根据理想死区时间参数设定值即可得到开关管的动作时间，即

$$T_{off} - T_{on} = T_d - DT \tag{10-41a}$$

式中，T_{off} 为关断时间；T_{on} 为导通时间；T_d 为理论设定死区时间；DT 为实测死区时间。

（4）饱和压降特性

联立式（10-40）、式（10-41）还可得出饱和压降表达式为

$$V_{TH} = \frac{V_{sm1} T_1 - V_{sm2} T_2}{T_1 - T_2} - I_s R_s \tag{10-42}$$

可见，当确定了定子电阻后，由式（10-42）可得到逆变器的饱和压降曲线。

需要注意的是，三相拓扑机构若工作在单桥臂 PWM 模式下，可以得到严格的死区时间特性，但无法得到精确的单相饱和压降曲线；若三桥臂均工作在 PWM 模式下，测试所得到的死区时间及饱和压降均为近似值。

图 10-14 给出了三相拓扑结构下（a 相 PWM，$S_b = S_c = 0$），5.5kW 逆变器—电机系统在 $f_{c1} = 1\text{kHz}$、$f_{c2} = 2\text{kHz}$ 测试条件下实测死区时间（DT）特性曲线（理论死区时间为 3μs）。

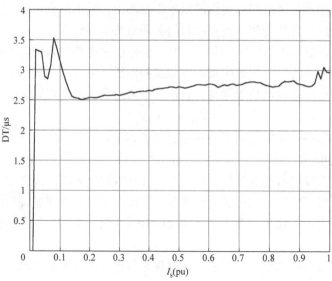

图 10-14　5.5kW 逆变器—电机系统实测死区时间特性曲线

可见，当电流较小时测量误差较大，实际应用时可取 20% ~ 80% 电流范围进行线性规划。

图 10-15 为上述测试剔除电阻压降得到的两组综合误差（V_{err1}、V_{err2}）及饱和压降（V_{TH}）曲线。

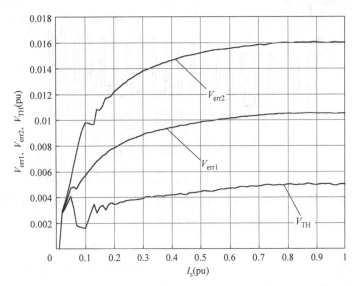

图 10-15　5.5kW 逆变器—电机实测饱和压降曲线

可见，饱和压降约为 0.005pu，$V_{\mathrm{BASE}} = 311\mathrm{V}$ 时，对应物理电压约为 1.5V。

需要注意的是，三相拓扑所测 DT、V_{TH} 为近似值，精确测试结果需要在 H 形拓扑结构支持下进行。

（5）转子电阻与漏感测试

在计算 L_{s} 时要用到总漏感 L_{σ}^{*} 和励磁电感 L_{m}^{*}。不妨先考虑 L_{σ}^{*} 的测试。图 10-16 再次给出漏感测试的简化等效电路。

其中

$$
\begin{cases}
L_{\sigma}^{*} = L_{\mathrm{s}} - \dfrac{L_{\mathrm{m}}^{2}}{L_{\mathrm{r}}} \\[2mm]
R_{\mathrm{sr}} = R_{\mathrm{s}} + R_{\mathrm{r}}^{*}
\end{cases}
\qquad (10\text{-}43)
$$

图 10-16　漏感测试的简化等效电路

所谓漏感是指不经过气隙而与自身绕组形成磁路闭合的那部分磁通对应的电感，它又可细分为经过自身磁路和不经过磁路两部分，前者对应的电感具有铁磁效应，具有非线性，后者为空芯磁路成分，可认为电感量维持常值，但总体而言，电机漏感 L_{σ}^{*} 与当前的励磁水平有关，故在交流测试中，需要得到不同励磁水平下的 L_{σ}^{*} 值。以下考虑 7 个励磁水平。由于高频电压脉冲对电机励磁电流影响很小，故可认为直流励磁不变，而所施加的直流电压产生的稳态电流可认为是励磁电流。7 级电压水平对应 7 级励磁电流。

L_{σ}^{*} 测试通过电压参考信号指令（v_{ref}）的顶部叠加电压脉冲并测量电流方法实现（电压脉冲高度应尽量一致）。由于脉冲高频成分较重，故可忽略主电感 L_{m}^{*} 的作用。

L_σ^* 测试中所施加的脉冲均以正 a 相作为参考方向。7 个直流电平中的每一级上叠加 3 个脉冲，但仅取最后两次脉冲电流平均值作为电流采集值用于漏感计算。

图 10-17 给出 L_σ^* 序列中宏观电压指令范例。

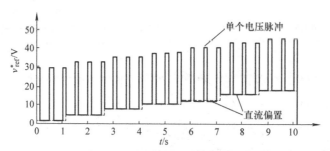

图 10-17　L_σ^* 序列中的微观电压指令范例

图中，每个电压指令反映到逆变器上均对应若干个 PWM 驱动脉冲。

1）电压指令脉冲幅值。在脉冲施加前，需对各级期望的直流电流和直流电压进行预估：

$$\begin{cases} \hat{I}_{\mathrm{dc}}(n) = I_{\mathrm{m0}} K_{\mathrm{dc}}(n) \\ \hat{E}_{\mathrm{dc}}(n) = R_{\mathrm{s}}\,\hat{I}_{\mathrm{dc}}(n) \end{cases} \tag{10-44}$$

式中，$n = 0 \sim 6$；$K_{\mathrm{dc}}(n) = (0\%, 25\%, 50\%, 75\%, 100\%, 125\%, 150\%)$，对应 7 个直流偏置等级；$I_{\mathrm{m0}}$ 为电机铭牌所估算的励磁电流，作为经验值可暂时考虑 30% 电机额定电流；R_{s} 为直流测试中得到的定子电阻。

从图 10-3 可见，随着 DC 电压增加，为控制总电流，所叠加电压脉冲幅值不能过大，不妨采用前文的烽火实验所得到的 V_{peak} 作为叠加量（它对应 60% 额定电流有一定裕量）。7 级脉冲电压指令幅值为

$$\begin{cases} v_{\mathrm{on}}(n) = \hat{E}_{\mathrm{dc}}(n) + V_{\mathrm{peak}} \\ v_{\mathrm{off}}(n) = \hat{E}_{\mathrm{dc}}(n) + V_{\mathrm{e0}} \end{cases} \tag{10-45}$$

式中，v_{on} 为每级电压脉冲高电平幅值；v_{off} 为低电平幅值；V_{e0} 为式（10-39）给出的误差曲线饱和值。电压及脉冲幅值计算完成后，将脉冲加到电机并测量电流。

2）电压指令脉冲与电流。图 10-18 给出了单个参考电压指令脉冲、逆变器输出电压脉冲及电流变化示意图。

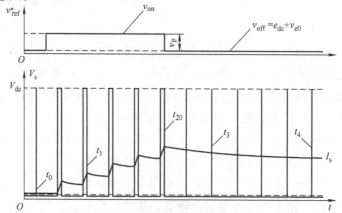

图 10-18　单个参考电压指令脉冲、逆变器输出电压脉冲及电流变化示意图

可见，一个指令脉冲（v_{on}）对应逆变器输出电压的 5 个 PWM 宽脉冲（$f_c = 2\text{kHz}$）及若干个窄脉冲（v_{off}）。电流的微观变化规律表现为多段指数变化规律；$0 \sim t_4$ 为所关注的采样窗口，它对应 12 个载波周期。

L_σ^* 测试中单个电压指令脉冲（v_{on}）持续 6 个 T_c 开关周期，然后按 $3 \sim 5$ 倍定子时间常数施加直流电平（v_{off}），使电流达到稳态，然后再开始下一个脉冲。

7 级直流电平的每一级叠加 3 个脉冲，去除暂态所带来的影响，只需对后面两个脉冲进行采样，并取两次计算结果的平均值。

软件上设计需注意，被测量的电流被延时一个 PWM 周期，故新的计算值及指令电压实际与加到电机上实际值均存在 1 个 PWM 周期的延时。而以下算法用两个采样点的时间差值来计算，采样延时的影响被消除。此外，为得到更精确结果，电流采样值应尽量取高值，即采样点取 t_{20} 附近的点。

3）R_r^* 及 L_σ^* 的计算。将单个电压指令脉冲可抽象为图 10-19 所示的漏感一阶线性等效电路。

图 10-19 中，V_p 为直流电平 V_{off} 之上所施加的电压脉冲净增量，即

$$V_p = V_{on} - V_{off} \tag{10-46}$$

注：为区别于指令信号，此处物理模型 V_{on}、V_{off} 改用大写。

动态电流响应可抽象为图 10-20 所示的理论波形。

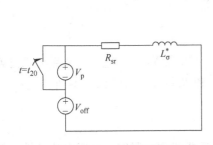 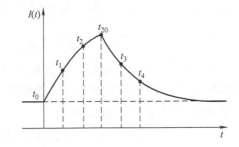

图 10-19　漏感一阶线性等效电路　　　图 10-20　单个电压指令对应的理论波形

由线性一阶电路的三要素定理可知，任意电量的响应表达通式为

$$X(t) = X(\infty) + [X(0) - X(\infty)]e^{-\frac{t}{T}} \tag{10-47}$$

式中，X 为任意电量；$X(\infty)$ 为变量终值；$X(0)$ 为变量初值；T 为时间常数。该通式上升、下降阶段的过渡过程均适用。

首先考虑下降段电流变化规律求取电路时间常数 T_σ。由通式得

$$I(t) = I(\infty) + [I(0) - I(\infty)]e^{-\frac{t}{T_\sigma}} \tag{10-48}$$

其中，$t = 0$ 为电流下降的初始时刻，不难得出

$$\begin{cases} I_3 = I_\infty + (I_0 - I_\infty)e^{-t_3/T_\sigma} \\ I_4 = I_\infty + (I_0 - I_\infty)e^{-t_4/T_\sigma} \end{cases}$$

进一步得

$$T_\sigma = \frac{L_\sigma^*}{R_{sr}} = -(t_4 - t_3)/\ln\left(\frac{I_4 - I_\infty}{I_3 - I_\infty}\right) \tag{10-49}$$

在 DSP 数字实施时考虑所关心的定义域，将指数函数及对数函数建立表格并进行曲线拟合方法得到。

求取电阻 R_{sr} 可采用上升阶段的变化规律。由三要素定理得时域通式为

$$I(t) = \frac{V_p + V_{off}}{R_{sr}} + \left(\frac{V_{off}}{R_{sr}} - \frac{V_p + V_{off}}{R_{sr}}\right)e^{-t/T_\sigma} = \frac{V_{off}}{R_{sr}} + \frac{V_p}{R_{sr}}(1 - e^{-t/T_\sigma})$$

式中，V_p 为直流电平上所施加的电压脉冲净增量。由上述通式不难得出上升阶段两个电流采样点对应的数学表达式为

$$\begin{cases} I_1 = \dfrac{V_p + V_{off}}{R_{sr}} - \dfrac{V_p}{R_{sr}}e^{-t_1/T_\sigma} = I_0 + \dfrac{V_p}{R_{sr}}(1 - e^{-t_1/T_\sigma}) \\ I_2 = I_0 + \dfrac{V_p}{R_{sr}}(1 - e^{t_2/T_\sigma}) \end{cases} \tag{10-50}$$

式中，I_0 为上升阶段初始值，对于上升沿与下降沿的连续测量过程有

$$I_0 = I_\infty = \frac{V_{off}}{R_{sr}} \tag{10-51}$$

联立式（10-50）、式（10-51），进行变换可消去 V_{off} 并得到电阻计算的差值形式表达式为

$$R_{sr} = \frac{V_p\left[1 - e^{-(t_2-t_1)/T_\sigma}\right]}{I_2 - I_0 - (I_1 - I_0)e^{-(t_2-t_1)/T_\sigma}} \tag{10-52}$$

考虑

$$R_r^* = R_{sr} - R_s$$

由于漏感在近似等效电路下进行，加之 R_{sr} 受 L_m、L_r 的影响，而 L_m、L_r 又与励磁电流水平有关，此处求得的 R_r^* 精度相对较差，更精确的 R_r^* 和 R_r 将在交流测试中得到。

由式（10-49）可求取漏感值 L_σ^* 为

$$L_\sigma^* = R_{sr}T_\sigma$$

将 7 个直流电平下的稳态电流 $I(t_0)$ 和漏感的关系曲线称为漏感 – 励磁电流特性，该特性将用于后文的电机标称电感特性的计算。

漏感也可以由上升过渡过程求取漏感。由式（10-43）变换可得到

$$L_\sigma^* = \frac{-(t_2 - t_1)R_{sr}}{\ln\left\{1 - \dfrac{I(t_2) - I(t_1)}{(V_p/R_{sr}) - [I(t_1) - I(t_0)]}\right\}} \tag{10-53}$$

实测实验室 5.5kW 电机的参数如下：$R_{sr}^* = 1\Omega$，$T_\sigma = 6.6\text{ms}$，$R_s = 0.85\Omega$。

图 10-21 给出逆变器 5.5kW 电机系统在 7 级直流偏置下的实测 $L_\sigma^* - I_{dc}$ 曲线。图中虚线为载波频率 1kHz 时所测电机漏感 – 励磁电流特性，其余均为 2kHz 载波下所测得的结果。

点画线为理想 $R - L$ 电机模拟器 1（空心电感）所测得的电感特性，改变死区时间或载波频率对电机模拟器 1 的电感测试结果几乎为常数，验证了测量方法的可行性。

一组实线为改变死区时间或母线电压所对应的电机测试结果，表明这些测试条件对结果影响较小；虚线为载波频率降低且死区时间变小时电机测试结果。可见，电机漏感对励磁电流和逆变器开关频率有一定关联性，载波频率越高，漏感下降；励磁电流越大，漏感降低。

电机模拟器 1 的参数如下：$R = 0.7\Omega$；$L = 5.3\text{mH}$（空心电感）。

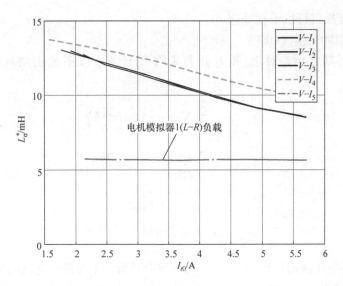

图 10-21　漏感 – 励磁电流特性

6. 交流测试

交流测试采用图 10-2 所示的第二等效电路。

（1）交流测试的电压、电流信号

图 10-22 给出了在交流测试电流及实际电压的估计方法。

图中，V_s 为实际电压瞬时估计值；V_{sm} 为理想估计电压矢量幅值；$V_{err}(I_x)$ 为误差电压。以下交流测试仅对 a 相测试进行考量。误差电压的矢量表达式为

$$\begin{cases} V_{err\alpha} = \dfrac{2}{3}V_{err}(I_{sa}) - \dfrac{1}{3}\left[V_{err}(I_{sb}) + V_{err}(I_{sc})\right] \\ V_{err\beta} = \dfrac{1}{\sqrt{3}}\left[V_{err}(I_{sb}) - V_{err}(I_{sc})\right] \end{cases}$$

$$(10\text{-}54)$$

式中，$V_{err}(I_{sx})$ 为连续误差曲线，可对式（10-38）的离散曲线进行插值处理获得。

交流测试中所用到的电压、电流瞬时值可对矢量幅值进行算术符号添加得到。实际瞬时输出电压估计值为

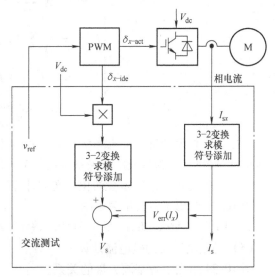

图 10-22　交流测试电流及实际电压的估计方法

$$V_s = \text{sgn}(V_{s\alpha\text{-ide}})V_{sm} - V_{err\alpha} \tag{10-55}$$

实际电流的瞬时值为

$$I_s \triangleq I_{s\alpha} = \text{sgn}(I_{s\alpha})I_{sm} \tag{10-56}$$

由于测试方法采用 $v_{s\beta}=0$ 方案，故可不必关心 $V_{s\beta}$。

与直流测试不同的是，交流信号加入滤波器会带来相位误差，从而影响最终结果，为此

采用数字傅里叶变换进行抗干扰处理。

（2）数字傅里叶变换（DFT）

在每个正弦周期之后，对 V_s 和 I_s 进行 DFT 的计算。以下给出估算的实际电压 DFT 算法：

$$
\begin{cases}
V_{s\text{-}a1} = \dfrac{2}{N}\sum_{k=1}^{N} V_s(k)\sin\left(\dfrac{2k\pi}{N}\right) \\[2mm]
V_{s\text{-}b1} = \dfrac{2}{N}\sum_{k=1}^{N} V_s(k)\cos\left(\dfrac{2k\pi}{N}\right) \\[2mm]
V_{sm1} = \sqrt{V_{s\text{-}a1}^2 + V_{s\text{-}b1}^2} \\[2mm]
\varphi_{us} = \arctan\left(\dfrac{V_{s\text{-}b1}}{V_{s\text{-}a1}}\right)
\end{cases}
\tag{10-57}
$$

式中，V_{sm1} 为基波电压幅值；$V_{s\text{-}a1}$、$V_{s\text{-}b1}$ 为傅里叶系数；N 为每个交流周期的采样次数。

电流 DFT 算法为

$$
\begin{cases}
I_{s\text{-}a0} = \dfrac{1}{N}\sum_{k=1}^{N} I_s(k) \\[2mm]
I_{s\text{-}a1} = \dfrac{2}{N}\sum_{k=1}^{N}\left[I_s(k)\sin\left(\dfrac{2\pi k}{N}\right)\right] \\[2mm]
I_{s\text{-}b1} = \dfrac{2}{N}\sum_{k=1}^{N}\left[I_s(k)\cos\left(\dfrac{2\pi k}{N}\right)\right] \\[2mm]
I_{sm1} = \sqrt{I_{s\text{-}a1}^2 + I_{s\text{-}b1}^2} \\[2mm]
\varphi_{is} = \arctan\left(\dfrac{I_{s\text{-}b1}}{I_{s\text{-}a1}}\right) - \varphi_{us}
\end{cases}
\tag{10-58}
$$

式中，$I_{s\text{-}a0}$ 为直流分量，交流测试中电压指令不含直流分量，故可不必关心；$I_{s\text{-}a1}$ 和 $I_{s\text{-}b1}$ 为傅里叶系数；I_{sm1} 为基波电流矢量幅值；N 为每个交流周期的采样次数；φ_{is} 为电流矢量与电压矢量的角度差（角度差会简化后文的计算）。

图 10-23 给出了各矢量关系图。

注：对于 $R-L$ 负载，电流一般滞后电压，故此时实际的 φ_{is} 应该为负值。

（3）励磁电压与励磁电流计算

图 10-24 给出了各基波矢量的关系。

根据正弦稳态电路计算方法可得出励磁电压（U_m^*）、励磁电流（I_m^*）及励磁电感（L_m^*）、转子电流（I_r^*）及转子电阻（R_r^*）之间的关系。

$$
\begin{cases}
\text{Re}[\boldsymbol{I}_s] = I_{sm1}\cos\varphi_{is} \\[1mm]
\text{Im}[\boldsymbol{I}_s] = I_{sm1}\sin\varphi_{is}
\end{cases}
\tag{10-59}
$$

励磁电压分量为

$$
\begin{cases}
\text{Re}(\boldsymbol{U}_m^*) = V_{sm1} - \text{Re}(\boldsymbol{I}_s)R_s + \text{Im}(\boldsymbol{I}_s)\omega L_\sigma^* \\[1mm]
\text{Im}(\overline{\boldsymbol{U}}_m^*) = -\text{Im}(\boldsymbol{I}_s)R_s - \text{Re}(\boldsymbol{I}_s)\omega L_\sigma^*
\end{cases}
\tag{10-60}
$$

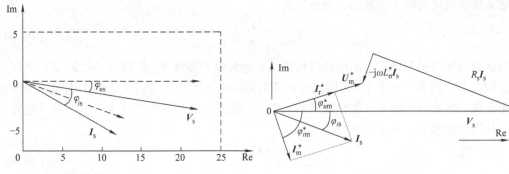

图 10-23 旋转的电压－电流矢量图　　图 10-24 交流测试等效电路各基波矢量图

励磁电压的幅值与相位为

$$
\begin{cases}
U_m^* = \sqrt{\mathrm{Re}(U_m^*)^2 + \mathrm{Im}(U_m^*)^2} \\
\varphi_{um} = \arctan\left[\dfrac{\mathrm{Im}(U_m^*)}{\mathrm{Re}(U_m^*)}\right]
\end{cases}
\tag{10-61}
$$

对于正弦稳态电路，因励磁电流滞后励磁电压矢量 $\pi/2$，参考图 10-24 得励磁电流与转子电流的幅值为

$$
\begin{cases}
|I_m^*| = |I_{sm1}\sin(\varphi_{um} - \varphi_{is})| \\
|I_r^*| = |I_{sm1}\cos(\varphi_{um} - \varphi_{is})|
\end{cases}
\tag{10-62}
$$

励磁电感 L_m^* 和转子转换电阻 R_r^* 为

$$
\begin{cases}
L_m^* = \dfrac{U_m^*}{|I_m^*|\omega} \\
R_r^* = \dfrac{U_m^*}{|I_r^*|}
\end{cases}
\tag{10-63}
$$

由于励磁电感对励磁电流敏感，因此不同励磁电流下 R_r^* 不是常数，故可得求取 7 级 R_r^* 平均值评价转子电阻。

在漏感测试中也可以得到 $R_r^* - I_{dc}$ 特性，但由于建立在近似等效电路基础之上，且测试条件下很难建立较宽范围的励磁电流水平，故可不予理睬。交流测试条件下可建立较宽范围的励磁电流，测量的 R_r^* 特性会更宽。

（4）频率初值及调整

交流测试需要在低频下进行，根据经验，表 10-2 给出了可参考的频率。

表 10-2 系列产品对应不同直流电平的频率

电机功率/kW	不同直流电平对应的频率/Hz						
	0	1	2	3	4	5	6 级以上
0 ~ 11	0.5	0.5	0.5	0.5	0.5	0.5	0.5
11 ~ 115	0.5	0.5	0.5	0.5	0.5	0.5	0.5
115 ~ 250	0.5	0.5	0.5	0.5	0.5	0.5	0.5
>250	0.4	0.4	0.4	0.4	0.4	0.4	0.4

定义励磁电流与转子电流的比例系数为

$$K_{mr} = \frac{|I_m^*|}{|I_r^*|} \qquad (10\text{-}64)$$

为达到励磁电感和转子电阻的测试精度，作为经验，需将 K_{mr} 控制在 $[1.2 \sim 2]$ 之间的有效范围。若比例系数小于1.2，即流过转子电阻的电流远大于流过主电感的电流，表明测试频率太高，需要降低频率。若比例系数大于2，则流过主电感的电流大于流过转子电阻的电流，故需增加频率。频率调整方法为

$$f_{AC\text{-}new} = \frac{5K_{mr}}{8}f_{AC\text{-}old} \qquad (10\text{-}65)$$

如果新的计算频率低于 0.05Hz 或高于两倍额定转差频率（$2\omega_{s\text{-}nom}$），尝试3次均未进入 K_{mr} 的有效范围，则可直接采用表10-2的默认值。

式（10-65）中系数5/8的意义在于以激磁电流与转子电流的比值为 $K_{mr} = 8/5 = 1.6$ 为中心的原则，以便使频率调节落入 $1.2 \sim 2$ 之间。

（5）电压调整

为使得电机保持静止，电压矢量必须保持角度恒定。出于习惯和算法简单两个方面的考虑，不妨将参考电压矢量与 α 轴对齐，即

$$\begin{cases} v_{s\alpha} = v_{ac}\sin(\omega t) \\ v_{s\beta} = 0 \end{cases} \qquad (10\text{-}66)$$

式中，v_{ac} 为交流分量幅值。

因励磁电感的非线性，故需在不同励磁电流水平下进行测试获得励磁曲线。将目标电流在 $20\% \sim 80\%$ 额定电流之间分为9档，从某一低电压开始试探寻找每级电流对应的电压值。

直流测试中励磁电流以直流电流来评价，交流测试用交流励磁电流峰值来评价。

图10-25给出了9级电压指令的波形示范。

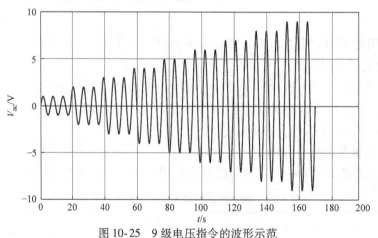

图10-25 9级电压指令的波形示范

图10-26为典型电机（5.5kW）励磁曲线。

7. 电机标称参数计算小结

（1）定子电感

由式（10-5）可得

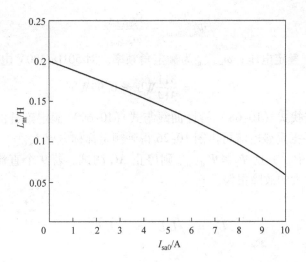

图 10-26　典型电机励磁曲线

$$L_{\mathrm{s}} = \frac{L_{\mathrm{m}}^2}{L_{\mathrm{r}}} + \frac{L_{\mathrm{s}}L_{\mathrm{r}} - L_{\mathrm{m}}^2}{L_{\mathrm{r}}} = L_{\mathrm{m}}^* + L_{\sigma}^* \qquad (10\text{-}67)$$

可见，定子全电感为 L_{m}^*、L_{σ}^* 之和，而 L_{σ}^*、L_{m}^* 特性均已在前文测试中得到。

又因

$$\varPsi_{\mathrm{s}} = L_{\mathrm{s}} I_{\mathrm{sa0}} \qquad (10\text{-}68)$$

即可得到 $\varPsi_{\mathrm{s}} - I_{\mathrm{sa0}}$ 特性曲线，如图 10-27 所示。

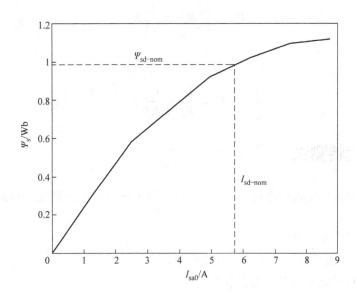

图 10-27　磁链-励磁电流特性曲线

忽略定子电阻，电机额定磁链可表示为

$$\Psi_{\text{sd-nom}} = \frac{V_{\text{sm-nom}}}{\omega_{\text{s-nom}}} \tag{10-69}$$

式中，$V_{\text{sm-nom}}$ 为定子额定电压；$\omega_{\text{s-nom}}$ 为额定角频率。对 50Hz/380V 电机，有

$$\Psi_{\text{sd-nom}} = \frac{311}{314}\text{Wb} \approx 0.99\text{Wb} \tag{10-69a}$$

用线性插值法查找式（10-68）特性曲线与式（10-69）额定磁链的交点即可得到额定励磁电流 $I_{\text{sd-nom}}$，根据励磁电流可由图 10-26 得到额定标称电感 L_{s}。

在 AC 测试过程中，一旦 $\Psi_{\text{s}} \geq \Psi_{\text{sd-nom}}$ 则停止 AC 测试。若 9 个直流电平仍未达到额定磁链，则给出电机太大的故障报警。

（2）励磁电感

$$L_{\text{m}} = \sqrt{L_{\text{r}}L_{\text{m}}^*} = \sqrt{L_{\text{s}}L_{\text{m}}^*} \tag{10-70}$$

（3）总漏感

因转子漏感不可辨识，作为经验，通常认为定、转子漏感相等。于是由式（10-5）有

$$L_{\sigma\text{r}} = L_{\sigma\text{s}} = L_{\text{s}} - L_{\text{m}} \tag{10-71}$$

（4）转子电感

考虑定转子漏感相等，则转子电感与定子电感相等，即

$$L_{\text{r}} = L_{\text{s}} \tag{10-72}$$

（5）转子电阻

转子电阻由转子转换电阻 R_{r}^* 得出，根据交流测试中得到的 7 级 $R_{\text{r}}^* - I_{\text{s-a0}}$ 特性曲线查找额定励磁电流下的值并按下式计算转子电阻，即

$$R_{\text{r}} = \frac{L_{\text{r}}^2}{L_{\text{m}}^2}R_{\text{r}}^* = \frac{L_{\text{s}}^2}{L_{\text{m}}^2}R_{\text{r}}^* \tag{10-73}$$

（6）转子时间常数

由式（10-5）得

$$T_{\text{r}} = \frac{L_{\text{r}}}{R_{\text{r}}} = \frac{L_{\text{m}}^*}{R_{\text{r}}^*} \tag{10-74}$$

10.3　电机运转测试

若电机具备负载恒定运行条件（包括空载），则可用电机的正弦稳态电路来进行定子全电感测试。

图 10-28 给出了电机单相稳态电路。

图中，s 为电机转差率。由于电机负载稳定，转差率为常数，转子侧总电阻也为常数。

可见，与电机单相稳态等效电路与单机静止矢量等效电路类似，故计算方法与前文的 AC 测试方法相同，所不同的是这里电压、电流直接采用单相动态电压和单相动态电流（而非矢量）。

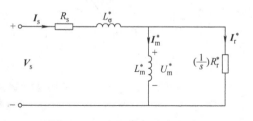

图 10-28　电机单相稳态电路

采集一个周期的单相电压和相电流（如 a 相）瞬时值进行傅里叶变换得到基波信号的幅值与相位，计算电机互感（L_m^*），再根据 DC 测试的总漏感（L_σ^*）得到定子全电感（L_s）。

特别地，如电机具备空载运行条件，等效电路可近似简化为一阶 $R-L$ 负载，定子全电感也可表示为

$$L_s = \frac{1}{\omega} \sqrt{\left(\frac{V_{sm}}{I_{sm}}\right)^2 - R_s^2} \tag{10-75}$$

式中，L_s 为电机定子电感；V_{sm} 为电机定子电压矢量幅值；I_{sm} 为定子电流矢量幅值；ω 为定子供电频率；R_s 为来自 DC 测试得到的定子电阻。

已知定子全电感即可得到电机互感 L_m，计算如下：

$$L_m = \sqrt{L_s^2 - L_s L_\sigma^*} \tag{10-76}$$

图 10-29 给出了逆变器按恒定 V/f 曲线拖动 5.5kW 空载电机测试得到的 L_s-f 特性曲线。

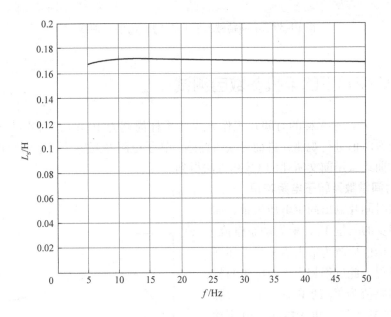

图 10-29　逆变器按恒定 V/f 曲线拖动 5.5kW 空载电机
测试得到的 L_s-f 特性曲线

此时定子空载电流基本不变，所测试得到的励磁电感也基本不变，L_s 大约为 170mH。可见，电机电感与电机工作频率关系不大。

图 10-30 给出了 25Hz 下改变励磁电压时得到不同励磁水平下的电机电感（L_m^*）－励磁电流（I_m）特性曲线。

空载运行测试得到的励磁曲线为比较精确的曲线。

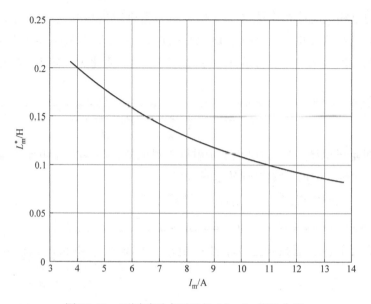

图 10-30　不同励磁水平下的 $L_{\mathrm{m}}^{*} - I_{\mathrm{m}}$ 特性曲线

10.4　DTC 模式下的电机参数自测试

由于 DTC 采用高速采样的时间片工作方式（采样周期为 $10\mu\mathrm{s}$），因此可直接利用输出电压、电流的瞬时值进行观测，进而可获得漏感、转子电阻及互感等更精确的测量结果。定子电阻及误差曲线采用前文所述的 PWM 方法得到。

1. 漏感时间常数及转子电阻辨识

逆变器按时间片输出固定电压矢量，如输出与 a 相同步的矢量 V_1，采集动态电流。当电流达到目标值后改为输出零矢量以便开始电流衰减过程。此过程相当于对电机两相串联绕组施加幅值为 V_{dc} 的单个电压矢量脉冲。与传统 PWM 不同，由于电压、电流动态过渡过程连续，故可得到较为精确的测量，测试过程电压、电流矢量幅值变化规律如图 10-31 所示。

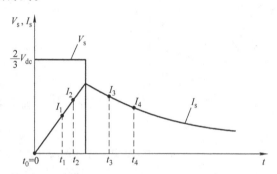

图 10-31　测试过程电压、电流矢量幅值变化规律

与前文漏感测试算法类似，考虑下降阶段 $I_0 = I_\infty = 0$，根据电流下降过程 t_3、t_4 的电流采样值求取漏感时间常数 T_σ，电流上升阶段 t_0、t_1、t_2 的电流采样值求取等效电阻 R_{sr}。

由于在零电流初值时对电机施加单个电压窄脉冲所引起励磁电流变化很小，故可认为此时的励磁电流近似为 0，故记作 $T_{\sigma 0}$。下降过程的电流表达式为

$$I(t) = I(0)\,\mathrm{e}^{-\frac{t}{T_{\sigma 0}}} \tag{10-77}$$

可根据两点电流采样由式（10-77）求取漏感时间常数为

$$T_{\sigma 0} = \frac{L_\sigma^*}{R_{\rm sr}} = -\frac{t_4 - t_3}{\ln(I_4/I_3)} \tag{10-78}$$

但该方法受电流采样精度影响误差较大，为此引入平均值法。一个时间常数内电流平均值可表示为

$$\arg I(T_{\sigma 0}) = \frac{1}{T_{\sigma 0}}\int_0^{T_{\sigma 0}} I(0)\,{\rm e}^{\frac{t}{T_{\sigma 0}}}{\rm d}t = 0.6321 I(0) \tag{10-79}$$

式（10-79）表明：下降过程平均电流衰减到初始电流的 63.21% 时所对应的时间即为电流响应的漏感时间常数。该方法很容易由数字系统实现，且具有很好的实时性。得到漏感时间常数后可再根据上升过程求取电机单相电阻为

$$\begin{cases} R_{\rm sr} = \dfrac{2V_{\rm dc}}{3}\dfrac{1 - {\rm e}^{-(t_2-t_1)/T_{\sigma 0}}}{I_2 - I_1{\rm e}^{-(t_2-t_1)/T_{\sigma 0}}} \\[2mm] R_{\rm r}^* = R_{\rm sr} - R_{\rm s} \end{cases} \tag{10-80}$$

尽管直流模式下测量得到的转子电阻比 PWM 模式下得到的结果更为精确，但同样存在误差，更精密的转子电阻测量可通过交流测试方式实现。

2. 漏感特性

图 10-32 给出了定子注入恒流稳态，电机定子短路（逆变器输出零电压矢量）后的定子电流响应过程。

电流下降过程逆变器的饱和压降在一定电流水平上可认为是常数，不影响电路线性特征，故可忽略其对电路时间常数的测量。

可见，3 倍漏感时间常数（$3T_{\sigma x}$）内，定子电流以漏感时间常数为主的一

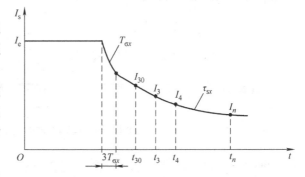

图 10-32　漏感特性测试定子电流响应过程

阶指数曲线快速下降，故漏感测试电流采样应尽量采集早期电流下降过程。

不同励磁电流下漏感参数也不一样，可通过不同水平的直流励磁电流测量漏感特性。具体做法是向定子注入不同水平的直流电流，当电流达到稳态时，定子电流即为励磁电流，然后立即输出零电压矢量，采集定子电流早期下降过程（对应漏感时间常数）。因此时励磁电流变化很小，故所测得的漏感时间常数可认为是当前励磁电流下的漏感时间常数（$T_{\sigma x}$）。根据式（10-80）所得到的 $R_{\rm sr}$ 即可确定该励磁电流下的漏感（$L_{\sigma x}^*$），即

$$L_{\sigma x}^* = R_{\rm sr}T_{\sigma x} \tag{10-81}$$

根据不同励磁电流可得到相应的 $L_\sigma^* - I_{\rm m}$ 特性曲线。

3. 互感特性及转子电阻

尽管采用图 10-32 的 $t_3 - t_4$ 段电流可近似得到互感时间常数，但实际测量过程中很难得到精确的互感及转子电阻测试结果，故采用与本章 10.2 节类似的交流测试方法。与本章 10.2 节交流测试不同的是，此处采用第 7 章 7.10 节给出的定子电流矢量跟踪法实现定子电流注入。

根据多级单相交流励磁下的相电压、电流瞬时值进行傅里叶变换，按本章 10.2 节的计

算方法得到电机互感特性及转子电阻。

此外，若电机允许空载运行，还可用 DTC 的标量控制方式进行空载测试。空载测试会得到更精确的互感特性。

4. 测试波形

图 10-33 给出了实验室 5.5kW 电机漏感测试时，定子施加单脉冲时的定子电流波形。

图 10-34 为互感测试时，定子电流恒定初值突加零矢量时的实测动态电流波形。

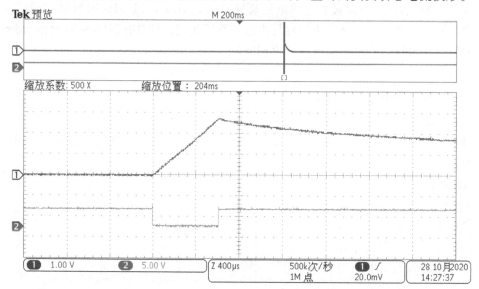

图 10-33　漏感测试的定子电流波形图

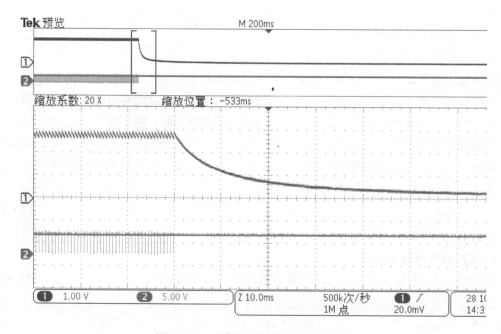

图 10-34　互感测试实测动态电流波形

参 考 文 献

[1] JARDAN K R, DEWAN S B, SLEMON G R. General analysis of three – phase inverter [J]. IEEE Trans. Ind. Gen. App. , 1969 (6): 672 – 679.

[2] BOOST M A, ZIOGAS P D. State – of – the – art carrier PWM techniques: a critical evaluation [J]. IEEE Trans. Ind. App. , 1988, 24 (2): 271 – 280.

[3] 曾允文. 变频调速 SVPWM 技术的原理、算法与应用 [M]. 北京: 机械工业出版社, 2010.

[4] BERNET F. Diminishing torque pulsation in induction motors powered by pulse/width modulated inverters [J]. IFAC Proceeding Volumes, 1974, 7 (2): 615 – 634.

[5] HOLTZ J, STADTFELD S. A predictive controller for the stator current vector of AC machines fed from a switched voltage source [C] Conf. Rec. IPEC – Tokyo' 83, 1983.

[6] MURAI Y, OHASHI K, HOSONO I. new PWM method for fully digitized inverters [J]. IEEE Trans. Ind. App. , 1987 (5): 887 – 893.

[7] MORIMOTO M, SATO S, SUMITO K, et al. Voltage modulation factor of the magnetic flux control PWM method for inverter [J]. IEEE Trans. Ind. Elec. , 1991, 38 (1): 57 – 61.

[8] Murphy JMD, T F G. Power electronic control of AC motor [M]. New York: Pergamon, 1988.

[9] HAMMOND P W. Enhancing the reliability of modular medium – voltage drives [J]. IEEE Transactions on Industrial Electronics, 2002, 49 (5): 948 – 954.

[10] SONG Q, LIU W H, YU Q G, et al. A neutral – point potential balancing algorithm for three – level NPC inverters using analytically injected zero – sequence voltage [C]. The Eighteen Annual IEEE Applied Power Electronics Conference and Exposition, 2003.

[11] 张德宽. 一种实用中点嵌位（NPC）逆变器的空间矢量方法 [J]. 电气传动, 2003 (2): 4 – 7.

[12] 胡存刚, 王群京, 李国丽, 等. 基于虚拟空间矢量的三电平 NPC 逆变器中点电压平衡控制方法 [J]. 电工技术学报, 2009, 24 (5): 100 – 107.

[13] 贾煜, 粟梅. 基于 TMS320F2812 的三电平逆变器载波调制方法研究 [J]. 电子元器件应用, 2010, 12 (6): 12 – 16.

[14] ROJAS R, OHNISHI T, SUZUKI T. An improved voltage vector control method for Neutral – Point – Clamped inveters [C]. Proceeding of 1994 Power Electronics Specialist Conference, 1994.

[15] 张德宽, 张军军, 乔奕玮, 等. 一种实用级联式多电平逆变器 SVPWM 方法研究 [J]. 电气传动, 2011, 41 (8): 3 – 6.

[16] 郑伟, 季筱隆, 刘玮, 等. 一种基于电流矢量的死区时间补偿方案 [J]. 电气传动, 2005, 35 (4): 34 – 36.

[17] 郑志波, 刘开培, 陈华, 等. 变频器逆变单元控制死区时间的补偿 [J]. 电气传动, 2005, 35 (11): 24 – 28.

[18] 黄志武, 阳同光. 一种新型的矢量控制逆变器死区时间补偿 [J]. 电气传动, 2008, 38 (8): 48 – 51.

[19] 张德宽, 徐道恒, 曲国杰, 等. 一种新型多段式广义电压矢量波形生成法的数字仿真研究及单片机实现 [J]. 电气传动, 1994, 24 (2): 31 – 37.

[20] HOLTZ J, QUAN J T. Sensorless vector control of induction motors at very low speed using a nonlinear inverter model and parameter identification [J]. IEEE Transactions on Industry Applications, 2002, 38 (4): 1087 – 1095.

[21] HOLTZ J, LOTZKAT W, STADTFELD S. Controlled AC drives with ride – through capability at power interruption [J]. IEEE trans. Ind. App. , 1994, 30 (5): 1275 – 1283.

[22] 周玲玲, 侯立军, 苏彦民. 高压变频器瞬时停电再起动方法的研究 [J]. 电气传动, 2005, 35 (6): 14 – 17.

[23] UDDIN M B, PRAMANIK M N, REZA S A. Low frequency stability study of a three – phase induction motor [C]. The 7th International Conference on Power Electronics, 2007.

[24] MUTOH N, UEDA A, SAKAI K, et al. Stabilizing control method for suppressing oscillations of induction motor drive by PWM inverters [J]. IEEE Transactions on Industrial Electronics, 1990, 37 (1): 48 – 56.

[25] MA Z W, LIN F, ZHENG T Q. A new stabilizing control method for suppressing oscillations of V/Hz controlled PWM inverter – fed induction motors drives [C]. 37th IEEE Power Electronics Specialists Conference, 2006.

[26] 梁信信. 感应电动机变频驱动系统轻载振荡抑制策略研究 [D]. 哈尔滨: 哈尔滨工业大学, 2011.

[27] 张少云, 刘斐, 张铁军, 等. 一种变频器和工频电网之间同步切换的方法 [J]. 大功率变频技术, 2011 (3): 51 – 53.

[28] 高健, 刘昆. 一种新颖有效的逆变器无缝切换方法 [J]. 电力电子技术, 2006, 40 (5): 56 – 57.

[29] SIVAKUMAR S, PARSONS T, SIVAKUMAR S C. Modeling, analysis and control of bidirectional power flow in grid connected inverter systems [C]. Proceedings of the Power Conversion Conference – Osaka 2002.

[30] FATU M, TUTELEA L, TEODORESUCU R, et al. Motion senseless bidirectional PWM converter control with seamless switching from power grid to stand alone and back [C]. IEEE 38th Annual Power Electronics Specialists Conference, Orlands Florida, USA, 2007.

[31] TIRUMALA R, MOHAN N, HENZE C. Seamless transfer of gird – connected PWM inverters between untility – interactive and stand – alone modes [C]. APEC 17th Annual IEEE, 2002.

[32] 李敏. 用于潜油电泵的三电平逆变器调速系统研究 [D]. 北京: 清华大学, 2002.

[33] 束满堂, 吴晓新, 宋文祥, 等. 三电平逆变器空间矢量调制及其中点控制的研究 [J]. 电气传动, 2006, 36 (8): 26 – 29.

[34] 张晔, 汤钰鹏, 王文军. 三电平逆变器空间矢量调制中点电位平衡研究 [J]. 电气传动, 2010, 40 (2): 33 – 36.

[35] 伍文俊, 钟彦儒, 伍超. 基于合成中矢量的三电平 PWM 整流中点平衡新方法 [J]. 电气传动, 2007, 37 (12): 26 – 30.

[36] 罗永杰, 尹华杰, 周艳青. 三电平 NPC 逆变器中点电位平衡的软件算法 [J]. 电气传动, 2008, 38 (5): 3 – 7.

[37] LASCU C, BOLDEA I, BLAABJERG F. A modified direct torque control for induction motor sensorless drive [J]. IEEE Trans. Ind. App. , 2000, 36 (1): 122 – 130.

[38] HOLTZ J. Sensorless control of induction motor drives [J]. Proceedings of IEEE, 2002, 90 (8): 1359 – 1394.

[39] 陈伯时, 杨耕. 无速度传感器高性能交流调速控制的三条思路及其发展建议 [J]. 电气传动, 2006, 36 (1): 3 – 8.

[40] 张旭宁, 郑泽东, 李永东. 矿山机车无速度传感器矢量控制系统 [J]. 电气传动, 2010, 40 (4): 15 – 19.

[41] 冯纯伯, 史维. 自适应控制理论 [M]. 北京: 电子工业出版社, 1986.

[42] 罗慧, 刘军锋, 万淑芸. 感应电机参数的离线辨识 [J]. 电气传动, 2006, 36 (8): 16 – 21.

[43] 张虎, 李正熙, 童朝南. 基于递推最小二乘法的感应电动机参数的离线辨识 [J]. 中国电机工程学

报，2011，31（18）：79 – 86.

[44] 王琰，程善美. 空间矢量 PWM 过调制策略的分析和仿真 [J]. 电气传动，2005，35（4）：37 – 40.

[45] 张俊洪，赵镜红. 空间矢量脉宽调制过调制技术研究 [J]. 电气传动，2005，35（1）：16 – 18.

[46] 全恒立，张钢，陈杰，等. 一种 SVPWM 过调制算法的数字化实现 [J]. 电气传动，2010，40（5）：44 – 48.

[47] 周柏雄，章兢，刘侃. 基于免疫克隆算法的逆变器非线性补偿 [J]. 计算机工程，2011，37（3）：238 – 240.

[48] BOSE B K. 现代电力电子学与交流传动 [M]. 王聪，赵金，于庆广，等译. 北京：机械工业出版社，2005.

[49] 马小亮. 大功率交 – 交变频调速及矢量控制技术 [M]. 3 版. 北京：机械工业出版社，2004.

[50] 天津电气传动设计研究所. 电气传动自动化技术手册 [M]. 2 版. 北京：机械工业出版社，2005.

[51] 何启莲. 80C196 微机实现异步的自调试及矢量控制 [D]. 天津：天津大学，1993.

[52] Texas Instruments. Field orientated control of 3 – phase AC – motors [Z]. 1998.

[53] KIM S H，SUL S K，PARK M H. Maximum torque control of an induction machine in the field weakening region：Conference Record of the 1993 IEEE Industry Applications Conference Twenty – Eighth IAS Annual Meeting [CYOL]. https：//ieeexplore. ieee. org/document/298955.

[54] LIN P Y，LAI Y S. Novel voltage trajectory control for field – weakening opertion of induction motor drives [J]. IEEE Trans. Ind. App.，2011，47（1）：122 – 127.

[55] 张德宽，孙继先，乔奕玮，等. 交流牵引多轴控制系统的研究与应用 [J]. 电气传动，2006，36（1）：19 – 21.

[56] 张崇巍，张兴. PWM 整流器及其控制 [M]. 北京：机械工业出版社，2005.

[57] 付子义，董彦杰. 三电平 SVPWM 窄脉冲抑制算法 [J]. 传感器与微系统，2018，37（12）：122 – 124.

[58] 李永东，肖曦，高跃. 大容量多电平变换器：原理·控制·应用 [M]. 北京：科学出版社，2005.

[59] 江友华，曹以龙，龚幼民. 基于载波移相角度的级联多点平变频器输出性能的研究 [J]. 中国电工工程学报，2007，27（1）：76 – 81.

[60] 臧义，林家泉，王旭，等. 基于差补调制方式的级联 H 桥逆变器单元故障控制方法 [J]. 中国电机工程学报，2006，26（19）：66 – 69.

[61] 张德宽，张军军，乔奕玮，等. 级联式逆变器故障单元旁路下输出平衡的椭圆校正法 [J]. 电气传动，2012，42（3）：3 – 6.

[62] 周京华，张琳，沈传文，等. 多电平逆变器通用组合拓扑结构及调制策略的研究 [J]. 电气传动，2005，35（10）：25 – 30.

[63] 周京华，杨振，苏彦民. 多电平逆变器多载波 PWM 调制策略的研究 [J]. 电气传动，2005，35（1）：23 – 27.

[64] 周轩，赵剑锋. H 桥级联式结构直流电压平衡控制研究 [J]. 电气应用，2010，29（4）：46 – 48.

[65] 陈林，熊有伦，侯立军. 一种基于空间矢量的串联多电平 SPWM 算法 [J]. 电气传动，2002，32（4）：9 – 12.

[66] 江友华，曹以龙，龚幼民. 多电平中几种阶梯波算法的分析和比较 [J]. 电气传动，2005，35（2）：34 – 36.

[67] 薄保中，刘卫国，罗兵，等. 多电平逆变器 PWM 控制方法的研究 [J]. 电气传动，2005，35（2）：41 – 45.

[68] 葛照强，黄守道. 基于载波移相控制的单元串联多电平变频器的分析研究 [J]. 电气传动，2006，36

(10): 22 - 25.

[69] 王志华, 尹项根, 程汉湘, 等. 基于 CPLD 的级联型多电平变换器 PWM 脉冲的实现 [J]. 电气传动, 2003, 33 (5): 28 - 30.

[70] 刘子建, 吴敏, 桂武鸣. 级联型多电平逆变器的空间矢量控制 [J]. 电气传动, 2006, 36 (1): 33 - 36.

[71] 楚子林, 伍丰林. H 桥单元串联型多电平中压变频器 [J]. 电气传动, 2007, 37 (2): 3 - 7.

[72] 马学亮, 周玲玲. 多单元高压变频器中点漂移法分析 [J]. 变频器世界, 2007 (5): 58 - 59.

[73] 臧义, 孙红鸽, 徐彬. 级联逆变器单元故障处理方法研究 [J]. 电气传动, 2009, 39 (7): 29 - 31.

[74] 汪伟, 蔡慧, 陈卫民, 等. 单元串联式高压变频器功率单元故障处理技术的研究 [J]. 电气传动, 2010, 40 (12): 12 - 16.

[75] 张纯江, 顾和荣, 王宝诚, 等. 基于新型相位幅值控制的三相 PWM 整流器数学模型 [J]. 中国电机工程学报, 2003, 23 (7): 28 - 31.

[76] 伍小杰, 罗悦华, 乔树通. 三相电压型 PWM 整流器控制技术综述 [J]. 电工技术学报, 2005, 20 (12): 7 - 12.

[77] 夏超英. 交直流传动系统的自适应控制 [M]. 北京: 机械工业出版社, 1998.

[78] 陈伯时, 陈敏逊. 交流调速系统 [M]. 3 版. 北京: 机械工业出版社, 2013.

[79] RASHID M H. 电力电子技术手册 [M]. 陈建业, 杨德刚, 于歆杰, 等译. 北京: 机械工业出版社, 2004.

[80] ABU - RUB H, SCHMIRGEL H, HOLTZ J. Sensorless control of induction motors for maximum steady - state torque and fast dynamics at field weakening [C]. IAS 2006, Tampa, Florida, 8 - 12 Oct. 2006.

[81] 张恒, 文小琴, 游林儒. 一种改进的异步电机弱磁控制方法 [J]. 电气传动, 2010, 40 (12): 17 - 20.

[82] NASH J N. Direct torque control, induction motor vector control without an encoder [J]. IEEE trans. Ind. App., 1997, 33 (2): 333 - 341.

[83] 孙笑辉, 韩曾晋. 异步电动机直接转矩控制启动方法仿真研究 [J]. 电气传动, 2000, 30 (2): 13 - 17.

[84] 张玉田, 朱承高. FPGA 在直接转矩控制中的应用 [J]. 电气传动, 2000, 30 (5): 11 - 13.

[85] 朱国军. 三电平直接转矩控制系统的研究 [D]. 合肥: 合肥工业大学, 2009.

[86] 李永东, 侯轩, 谭卓辉. 三电平逆变器异步电动机直接转矩控制: I 单一矢量法 [J]: 电工技术学报, 2004, 19 (4): 34 - 39.

[87] 李永东, 侯轩, 谭卓辉. 三电平逆变器异步电动机直接转矩控制: II 合成矢量法 [J]: 电工技术学报, 2004, 19 (5): 31 - 35.

[88] 王建渊, 蔡剑, 钟彦儒. 一种新的合成矢量三电平 PWM 方法仿真研究 [J]. 系统仿真学报, 2008, 20 (1): 147 - 150.

[89] 韩如成, 潘峰, 智译英. 直接转矩控制理论及应用 [M]. 北京: 电子工业出版社, 2012.

[90] ESSAADI M, KHAFALLAH M, ABDALLAH S, et al. A comparative analysis between conventional and new direct torque control strategies of induction machine [C]. Second World Conference on Complex System (WCCS), 2014.

[91] 艾祥. 内置式永磁同步电机十二扇区直接转矩控制方法研究 [D]. 乌鲁木齐: 新疆大学, 2019.

[92] CASSDEI D, SERRA G, TANI A. Improvement of direct torque control performance by using a discrete SVM technique [C]. PESC 98, 1998.

[93] 周扬忠, 胡育文. 交流电动机直接转矩控制 [M]. 北京: 机械工业出版社, 2009.

[94] ZHANG G Q, WANG G L, XU D G, et al. ADALINE - network - based PLL for position sensorless interior permanent magnet synchronous motor drives [J]. IEEE Transaction on Power Electronics, 2016, 31 (2): 1450 - 1460.

[95] 徐华，高菊玲，何礼高．三电平逆变器 SVPWM 的死区补偿和窄脉冲处理 [J]．电力电子技术，2012，46（1）：26－28．

[96] 李敏裕，马晓军，魏曙光，等．三电平虚拟空间矢量脉宽调制算法窄脉冲抑制研究 [J]．电工技术学报，2018，33（14）：3264－3273．

[97] LIU H L, CHO G H. Three－level space vector PWM in low index modulation region avoiding narrow pulse problem [J]. IEEE Transactions on Power Electronics, 1994, 9（5）：481－486.